普通高等教育
本科数学专业
课程教材

A Concise Coursebook of
Advanced Algebra

高等代数简明教程

主　编◎戴立辉
副主编◎彭梁榕　陈　翔　吴霖芳

（下册）

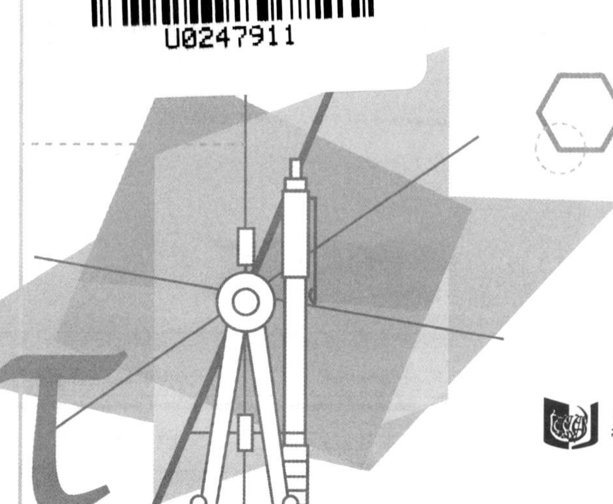

·上海·

内容提要

为满足教学改革与专业课程建设的需要，本书以教育部高等学校数学类专业教学指导委员会最新会议精神为指导，结合应用型普通本科院校相关专业的学生基础和教学特点编写而成.全书分为上、下两册，以通俗易懂的语言，全面而系统地讲解高等代数的基本知识.

本书是下册，内容包括：线性空间、线性变换、λ-矩阵与矩阵的约当标准形、欧氏空间、二次型，共5章.每章分若干节，每节有相应的习题，同时还有总习题，书末附有部分习题和总习题的参考答案.

本书理论系统，举例丰富，讲解透彻，重点突出，难度适宜，适合作为应用型普通本科院校数学与统计学专业高等代数课程的教材使用，也可供广大考研学子作为复习高等代数或线性代数的参考教材，还可供相关专业人员和广大教师参考使用.

图书在版编目(CIP)数据

高等代数简明教程.下册/戴立辉主编.--上海：同济大学出版社，2022.1

ISBN 978-7-5765-0138-4

Ⅰ.①高… Ⅱ.①戴… Ⅲ.①高等代数—高等学校—教材 Ⅳ.①O15

中国版本图书馆CIP数据核字(2022)第022973号

普通高等教育本科数学专业课程教材

高等代数简明教程(下册)

主　编 戴立辉　**副主编** 彭梁榕　陈　翔　吴霖芳

责任编辑 陈佳蔚　**责任校对** 徐逢乔　**封面设计** 渲彩轩

出版发行　同济大学出版社　www.tongjipress.com.cn

(地址：上海市四平路1239号　邮编：200092　电话：021-65985622)

经　　销　全国各地新华书店

印　　刷　启东市人民印刷有限公司

开　　本　710 mm×1000 mm　1/16

印　　张　13.75

字　　数　275 000

版　　次　2022年1月第1版　2022年1月第1次印刷

书　　号　ISBN 978-7-5765-0138-4

定　　价　45.00元

前　言

“高等代数”是普通高等院校数学类专业的一门重要的基础课程，具有较强的逻辑性和抽象性.高等代数的理论与方法广泛渗透于各个学科之中，在国民经济与科学技术中的地位已经越来越高，作用也越来越大，在培养具有良好数学素质的应用型人才方面起着特别重要的作用.

随着高等教育的普及和高等学校教学改革的深入，无论是学校层面还是学生层面均有很大变化，学校之间的差异也在逐步增大.为适应教学改革与专业课程建设的需要，编者以教育部高等学校数学类专业教学指导委员会最新会议精神为指导，同时参考了多年来国内出版的一些相关教材，根据多年的教学实践，从教学的实际情况出发，精心安排各章、各节的内容，在多次研讨的基础上编写了此书，以满足应用型本科院校数学及统计学专业“高等代数”课程教学的需要.本书亦可作为其他本科院校相关专业的高等代数课程教材.

本书以通俗易懂的语言，全面而系统地讲解高等代数的基本知识.每章分若干节，每节配有相应的习题，同时还有总习题，书末附有部分习题和总习题的参考答案.

需要特别说明的是，本书的编写得益于多年来福建省“高等代数”和“线性代数”课程建设教学研讨会的收获.从 2003 年 12 月首次会议起，每次会议逐章研讨高等代数教学体会、教材处理、教学思想、备课心得、典型题解、问题探讨等.会议给编者带来了许多新的教学理念，使编者了解了各兄弟院校高等代数教学情况，为本书编写提供了许多宝贵的经验总结.

本书是下册，内容包括：线性空间、线性变换、λ - 矩阵与矩阵的约当标准形、欧氏空间、二次型，共 5 章，各章的编写特点和主要内容如下：

第 5 章线性空间.线性空间是高等代数的中心内容，编写时，通过将几何空间进行抽象推广，引出了一般线性空间的概念，详细介绍有限维线性空间的基、维数与向量的坐标，探讨了线性子空间及其运算，以及线性空间的同构等知识.主要内容为线性空间的概念与基本性质，维数、基与坐标，线性子空间，线性子空间的交与和，线性子空间的直和，线性空间的同构.

第 6 章线性变换.同线性空间一样，线性变换也是高等代数的中心内容，它对于研究线性空间的整体结构以及向量之间的内在联系起着重要作用.编写时,以有限维线性空间的基为桥梁,借助矩阵研究线性变换的代数性质.主要内容为线性变换的概念与基本性质,线性变换的运算,线性变换的矩阵,特征值与特征向量,相似对角化,线性变换的值域与核,线性变换的不变子空间.

第7章λ-矩阵与矩阵的约当标准形.λ-矩阵是数字矩阵的推广,通过讨论λ-矩阵的初等变换及其等价标准形,介绍矩阵的"三因子"(行列式因子、不变因子和初等因子),进一步研究矩阵相似的条件,证明了任意复矩阵都与其约当标准形相似,并得到矩阵的约当标准形的求法.主要内容为λ-矩阵及其等价标准形,行列式因子与不变因子,初等因子,矩阵相似的条件,矩阵的约当标准形,最小多项式.

第8章欧氏空间.将几何空间的内积引申到实数域上的线性空间,就得到欧氏空间,并解决了欧氏空间中向量的某些度量概念,并强调有限维欧氏空间标准正交基的作用.而正交变换与对称变换是有限维欧氏空间的两个重要的线性变换,对应的正交矩阵和实对称矩阵是两类重要的矩阵.主要内容为欧氏空间的概念,标准正交基,正交矩阵与正交变换,实对称矩阵与对称变换,欧氏子空间的正交性.

第9章二次型.二次型的理论起源于解析几何中二次曲线、二次曲面的分类,主要涉及标准形和正定性两个问题.主要内容为二次型及其矩阵表示,化二次型为标准形,二次型的规范形,正定二次型.

本书中部分内容标注了"*"号,读者可根据学时和教学需要自行选择.

本书由戴立辉担任主编,彭梁榕、陈翔、吴霖芳担任副主编.全书由戴立辉编写大纲,并经过编者充分讨论而确定.具体分工如下:戴立辉编写第5章和第8章,彭梁榕编写第6章,陈翔编写第9章,吴霖芳编写第7章.全书最后由戴立辉统稿并定稿.

在本书的编写过程中参考了书后所列参考文献,谨此对参考文献的作者表示感谢!本书的出版得到闽江学院领导及同事的关心和鼓励,受到闽江学院引进人才科技预研项目(mjy19033)的资助,得到了同济大学出版社的领导、编辑的大力支持,在此一并表示衷心的感谢!

由于编者水平和学识有限,书中如有不当和疏漏之处,敬请各位同行和读者不吝赐教,并批评指正.

戴立辉

2021年10月于福州

目　录

第 5 章

线 性 空 间

线性空间是学习高等代数时遇到的第一个抽象概念，它是近代数学最基本的概念之一，其理论和方法具有十分广泛的应用.上册第 3 章中的 n 维向量空间 $\mathbf{F}^n$ 是线性空间的具体模型，因此，线性空间可看作是 $\mathbf{F}^n$ 的推广，线性空间的结论对于 $\mathbf{F}^n$ 来说是“一般”与“特殊”的关系.

本章主要介绍线性空间的概念与基本性质，有限维线性空间的维数、基与坐标，线性子空间，以及线性空间的同构等知识.

5.1 线性空间的概念与基本性质

本节将介绍线性空间的概念，并讨论它的一些基本性质.为了说明线性空间的来源，在引入其定义之前，先看几个熟悉的例子.

5.1.1 线性空间的概念与例子

例 5.1 数域 F 上的 n 维向量空间

$$\mathbf{F}^n=\{(a_1, a_2, \cdots, a_n)^{\mathrm{T}} \mid a_i \in F, i=1, 2, \cdots, n\}$$

中有加法和数乘运算：

$$(a_1, a_2, \cdots, a_n)^{\mathrm{T}}+(b_1, b_2, \cdots, b_n)^{\mathrm{T}}=(a_1+b_1, a_2+b_2, \cdots, a_n+b_n)^{\mathrm{T}},$$
$$k(a_1, a_2, \cdots, a_n)^{\mathrm{T}}=(ka_1, ka_2, \cdots, ka_n)^{\mathrm{T}}, \quad k \in F.$$

例 5.2 数域 F 上所有 $m\times n$ 矩阵的集合

$$\mathbf{F}^{m\times n}=\{(a_{ij})_{m\times n} \mid a_{ij} \in F, i=1, 2, \cdots, m; j=1, 2, \cdots, n\}$$

中有加法和数乘运算：

$$(a_{ij})_{m\times n}+(b_{ij})_{m\times n}=(a_{ij}+b_{ij})_{m\times n},$$
$$k(a_{ij})_{m\times n}=(ka_{ij})_{m\times n}, \quad k \in F.$$

例 5.3 数域 F 上所有多项式的集合

$$F[x]=\{\sum_{i=0}^{n}a_ix^i \mid a_i\in F,\quad i=0,1,\cdots,n;n\in\mathbf{N}\}$$

中有加法和数乘运算.令

$$f(x)=\sum_{i=0}^{n}a_ix^i,\quad g(x)=\sum_{j=0}^{m}b_jx^j\in F[x],$$

$$b_{m+1}=b_{m+2}=\cdots=b_n=0,\quad m\leqslant n,$$

则

$$f(x)+g(x)=\sum_{i=0}^{n}(a_i+b_i)x^i,$$

$$kf(x)=\sum_{i=0}^{n}ka_ix^i,\quad k\in F.$$

以上例子中所讨论的对象虽然完全不同,但是它们有一个共同点,那就是它们都具有加法和数量乘法(数乘)两种运算.虽然这两种运算的定义不同,但它们却有许多共同的运算规律.在实际中还有许多具有加法和数乘运算的研究对象,为了抓住它们的共同点,把具有这两种运算的集合统一起来加以研究,就产生了线性空间的概念.

设数域 F 的元素用小写英文字母 $\boldsymbol{k},\boldsymbol{l},\cdots$表示,$V$ 是一个非空集合,它的元素用小写希腊字母 $\boldsymbol{\alpha},\boldsymbol{\beta},\boldsymbol{\gamma},\cdots$表示.下面先定义加法运算和数乘运算.

如果对任意 $\boldsymbol{\alpha},\boldsymbol{\beta}\in V$,按照某个给定的法则,在 V 中有唯一确定的元素 $\boldsymbol{\gamma}$ 与它们对应,则称 $\boldsymbol{\gamma}$ 为 $\boldsymbol{\alpha}$ 与 $\boldsymbol{\beta}$ 的和,记作 $\boldsymbol{\gamma}=\boldsymbol{\alpha}+\boldsymbol{\beta}$. 此时,称 V 中有一个加法运算.如果对任意 $\boldsymbol{\alpha}\in V$,对任意 $k\in F$ 按照某个给定的法则,在 V 中有唯一确定的元素 $\boldsymbol{\delta}$ 与它们对应,则称 $\boldsymbol{\delta}$ 为 $\boldsymbol{\alpha}$ 与 k 的数量乘积(简称**数乘**),记作 $\boldsymbol{\delta}=k\boldsymbol{\alpha}$. 此时,称 V 中有一个数乘运算.

定义 5.1 设 F 是一个数域,V 是一个非空集合,若 V 有加法与数乘运算,且满足下列八条运算律($\boldsymbol{\alpha},\boldsymbol{\beta},\boldsymbol{\gamma}\in V$, k, $l\in F$):

(1) $\boldsymbol{\alpha}+\boldsymbol{\beta}=\boldsymbol{\beta}+\boldsymbol{\alpha}$;

(2) $(\boldsymbol{\alpha}+\boldsymbol{\beta})+\boldsymbol{\gamma}=\boldsymbol{\alpha}+(\boldsymbol{\beta}+\boldsymbol{\gamma})$;

(3) 存在 $\mathbf{0}\in V$,使得 $\boldsymbol{\alpha}+\mathbf{0}=\boldsymbol{\alpha}$ (称 $\mathbf{0}$ 为 V 的零元素);

(4) 存在 $\boldsymbol{\delta}\in V$,使得 $\boldsymbol{\alpha}+\boldsymbol{\delta}=\mathbf{0}$(称 $\boldsymbol{\delta}$ 为 $\boldsymbol{\alpha}$ 的负元素);

(5) $1\boldsymbol{\alpha}=\boldsymbol{\alpha}$;

(6) $k(l\boldsymbol{\alpha})=(kl)\boldsymbol{\alpha}$;

(7) $(k+l)\boldsymbol{\alpha}=k\boldsymbol{\alpha}+l\boldsymbol{\alpha}$;

(8) $k(\boldsymbol{\alpha}+\boldsymbol{\beta})=k\boldsymbol{\alpha}+k\boldsymbol{\beta}$,

则称 V 是数域 F 上关于所给加法与数乘的线性空间,简称**线性空间**.

易证,例 5.1、例 5.2、例 5.3 中的集合 $\mathbf{F}^n$, $\mathbf{F}^{m\times n}$, $F[x]$ 关于所给的加法和数乘运算是数域 F 上的线性空间,分别称为向量空间、矩阵空间、多项式空间.

通常把线性空间 V 中的元素称为向量(这里所谓的向量比几何中的向量涵义要广泛得多),V 中的加法和数乘运算称为线性运算,线性空间有时也称为**向量空间**,其中元素也称为**向量**.

实数域上的线性空间简称为实线性空间,复数域上的线性空间简称为**复线性空间**.

例 5.4 数域 F 上全体次数小于 n 的多项式连同零多项式构成的集合记为 $P[x]_n$,即 $F[x]_n=\{f(x)\in F[x]\mid \deg f(x)<n$ 或 $f(x)=0\}$,则 $P[x]_n$ 关于多项式的加法和数乘运算是数域 F 上的线性空间.

例 5.5 在闭区间 $[a, b]$ 上全体连续实函数的集合记为 $C[a, b]$,则 $C[a, b]$ 关于函数的加法和数乘运算是实数域 $\mathbf{R}$ 上的线性空间.

例 5.6 每个数域 F 都是其自身上的线性空间,其中加法运算是数的加法,数乘运算是数的乘法.

作为例 5.6 的特殊情形,复数域 $\mathbf{C}$ 是 C 上的线性空间. 容易验证,复数域 $\mathbf{C}$ 也是实数域 $\mathbf{R}$ 上的线性空间,但这两个线性空间是互不相同的,这就是说,同一个集合,相同的加法与数乘运算,对于不同数域构成的线性空间是不同的. 由此可见,线性空间有无穷多个.

例 5.7 只含零向量的集合 $V=\{\mathbf{0}\}$ 可以看成任意数域上的线性空间,这个线性空间称为**零空间**.

例 5.8 证明:正实数集合 $\mathbf{R}^+$ 关于下列运算是实数域 $\mathbf{R}$ 上的线性空间.

$$a\oplus b=ab,\quad k\odot a=a^k,\quad \forall a, b\in\mathbf{R}^+,\quad \forall k\in\mathbf{R}.$$

证明 首先,$\forall a, b\in\mathbf{R}^+$, $\forall k\in\mathbf{R}$, $a\oplus b=ab\in\mathbf{R}^+$, $k\odot a=a^k\in\mathbf{R}^+$,所以“$\oplus$”与“$\odot$”是加法运算和数乘运算. 下面证明加法运算“$\oplus$”和数乘运算“$\odot$”满足八条运算律.

$\forall a, b, c\in\mathbf{R}^+$, $\forall k, l\in\mathbf{R}$,可得

(1) $a\oplus b=ab=ba=b\oplus a$;

(2) $(a\oplus b)\oplus c=ab\oplus c=(ab)c=a(bc)=a\oplus bc=a\oplus(b\oplus c)$;

(3) 因为 $1\in\mathbf{R}^+$,且 $a\oplus 1=a$,所以 1 为 $\mathbf{R}^+$ 的零向量;

(4) 因为 $\dfrac{1}{a}\in\mathbf{R}^+$,且 $a\oplus\dfrac{1}{a}=1$,所以 $\dfrac{1}{a}$ 为 a 的负向量;

(5) $1\odot a=a^1=a$;

(6) $k\odot(l\odot a)=k\odot a^l=(a^l)^k=a^{kl}=(kl)\odot a$;

(7) $(k+l)\odot a=a^{k+l}=a^k a^l=a^k\oplus a^l=(k\odot a)\oplus(l\odot a)$;

(8) $k\odot(a\oplus b)=k\odot(ab)=(ab)^k=a^k b^k=a^k\oplus b^k=k\odot a\oplus k\odot b$.

所以,正实数集合 $\mathbf{R}^+$ 关于运算"$\oplus$""$\odot$"是实数域 $\mathbf{R}$ 上的线性空间.

5.1.2 线性空间的基本性质

数域 F 上的线性空间 V 有下列基本性质.

性质 1 零向量是唯一的.

证明 设 $\mathbf{0}_1$, $\mathbf{0}_2$ 都是线性空间 V 的零向量,则由运算律(1)和(3),可得

$$\mathbf{0}_1=\mathbf{0}_1+\mathbf{0}_2=\mathbf{0}_2+\mathbf{0}_1=\mathbf{0}_2.$$

性质 2 负向量是唯一的.

证明 设 $\boldsymbol{\delta}_1$, $\boldsymbol{\delta}_2$ 都是向量 $\boldsymbol{\alpha}$ 的负向量,则由运算律(1)、(2)、(3),可得

$$\boldsymbol{\delta}_1=\boldsymbol{\delta}_1+\mathbf{0}=\boldsymbol{\delta}_1+(\boldsymbol{\alpha}+\boldsymbol{\delta}_2)=(\boldsymbol{\delta}_1+\boldsymbol{\alpha})+\boldsymbol{\delta}_2=\mathbf{0}+\boldsymbol{\delta}_2=\boldsymbol{\delta}_2.$$ **证毕.**

通常把向量 $\boldsymbol{\alpha}$ 的唯一负向量记作 $-\boldsymbol{\alpha}$. 利用负向量可以定义向量的减法:

$$\boldsymbol{\alpha}-\boldsymbol{\beta}=\boldsymbol{\alpha}+(-\boldsymbol{\beta}),$$

且易证

$$\boldsymbol{\alpha}+\boldsymbol{\beta}=\boldsymbol{\gamma}\Leftrightarrow\boldsymbol{\alpha}=\boldsymbol{\gamma}-\boldsymbol{\beta}.$$

性质 3 $0\boldsymbol{\alpha}=\mathbf{0}$; $k\mathbf{0}=\mathbf{0}$; $(-1)\boldsymbol{\alpha}=-\boldsymbol{\alpha}$.

注意前面两个等式中,等号左右两边 0 和 $\mathbf{0}$ 的含义不同.

证明 由于

$$\boldsymbol{\alpha}+0\boldsymbol{\alpha}=1\boldsymbol{\alpha}+0\boldsymbol{\alpha}=(1+0)\boldsymbol{\alpha}=1\boldsymbol{\alpha}=\boldsymbol{\alpha},$$

因此,$0\boldsymbol{\alpha}=\mathbf{0}$.

同理可证后面两个等式成立.

性质 4 设 $k\boldsymbol{\alpha}=\mathbf{0}$,则 $k=0$ 或 $\boldsymbol{\alpha}=\mathbf{0}$.

证明 如果 $k\boldsymbol{\alpha}=\mathbf{0}$,假定 $k\neq 0$,下面证明 $\boldsymbol{\alpha}=\mathbf{0}$.

事实上,$\boldsymbol{\alpha}=1\boldsymbol{\alpha}=(k^{-1}k)\boldsymbol{\alpha}=k^{-1}(k\boldsymbol{\alpha})=k^{-1}\mathbf{0}=\mathbf{0}$.

性质 5 只有零空间的向量个数是有限的,其他非零空间的向量个数都是无限的.

证明 若 V 是非零空间,则存在 $\boldsymbol{\alpha}\in V$, $\boldsymbol{\alpha}\neq\mathbf{0}$,从而当 m, $n\in F$, $m\neq n$ 时,$n\boldsymbol{\alpha}\neq m\boldsymbol{\alpha}$. 所以 $\boldsymbol{\alpha}$, $2\boldsymbol{\alpha}$, $3\boldsymbol{\alpha}$, $\cdots$ 是 V 中不同的向量,故 V 中的向量个数是无限的.

习题 5.1

1. 关于数的加法与数的乘法,下列数集是否是有理数域 Q 上的线性空间?

(1) 自然数集合 $\mathbf{N}$; (2) 整数集合 $\mathbf{Z}$; (3) 有理数集合 $\mathbf{Q}$;

(4) 实数集合 $\mathbf{R}$; (5) 复数集合 $\mathbf{C}$.

2. 判断下列集合是否是数域 F 上的线性空间:

(1) 正实数集 $\mathbf{R}^+$ 上全体正实数关于数的加法和乘法运算;

(2) 实数域上全体 n 阶对称矩阵关于矩阵的加法和数乘运算;

(3) 实数域上全体次数等于 n $(n\geqslant 1)$的多项式的集合,关于多项式的加法和数乘.

3. 设 $\mathbf{C}^n$ 是复数域上所有 n 维向量集合,证明:$\mathbf{C}^n$ 关于 n 维向量的加法和数乘运算是实数域 $\mathbf{R}$ 上的线性空间.

4. 设 $V=\{xf(x) \mid f(x)\in F[x]\}$,证明:$V$ 关于多项式的加法和数乘运算是数域 F 上的线性空间.

5. 证明:在数域 F 上线性空间 V 中,下列运算律成立 $(\boldsymbol{\alpha}, \boldsymbol{\beta}\in V,\ k,\ l\in F)$.

(1) $k(\boldsymbol{\alpha}-\boldsymbol{\beta})=k\boldsymbol{\alpha}-k\boldsymbol{\beta}$; (2) $(k-l)\boldsymbol{\alpha}=k\boldsymbol{\alpha}-l\boldsymbol{\alpha}$;

(3) 若 $k\boldsymbol{\alpha}=\boldsymbol{\beta}$ 且 $k\neq 0$,则 $\boldsymbol{\alpha}=k^{-1}\boldsymbol{\beta}$; (4) 若 $k\boldsymbol{\alpha}=l\boldsymbol{\alpha}$ 且 $\boldsymbol{\alpha}\neq\mathbf{0}$,则 $k=l$;

(5) $k\boldsymbol{\alpha}+l\boldsymbol{\beta}=l\boldsymbol{\alpha}+k\boldsymbol{\beta}\Leftrightarrow k=l$ 或 $\boldsymbol{\alpha}=\boldsymbol{\beta}$.

5.2 维数、基与坐标

上册的第 3 章介绍了 n 维向量空间中向量的线性相关与线性无关的概念,本节要把这一概念推广到一般的线性空间. 进而在有限维线性空间中引入维数、基与坐标的概念.

5.2.1 线性相关与线性无关

定义 5.2 设 V 是数域 F 上的一个线性空间,$\boldsymbol{\alpha}_1, \boldsymbol{\alpha}_2, \cdots, \boldsymbol{\alpha}_m (m\geqslant 1)$ 是 V 中一组向量,$k_1, k_2, \cdots, k_m$ 是数域 F 中的数,则向量

$$\boldsymbol{\beta}=k_1\boldsymbol{\alpha}_1+k_2\boldsymbol{\alpha}_2+\cdots+k_m\boldsymbol{\alpha}_m$$

称为向量组 $\boldsymbol{\alpha}_1, \boldsymbol{\alpha}_2, \cdots, \boldsymbol{\alpha}_m$ 的一个线性组合,或称向量 $\boldsymbol{\beta}$ 可由向量组 $\boldsymbol{\alpha}_1, \boldsymbol{\alpha}_2, \cdots, \boldsymbol{\alpha}_m$ 线性表示.

显然,零向量可由任意一组向量 $\boldsymbol{\alpha}_1, \boldsymbol{\alpha}_2, \cdots, \boldsymbol{\alpha}_m$ 线性表示,这是因为

$$\mathbf{0}=0\boldsymbol{\alpha}_1+0\boldsymbol{\alpha}_2+\cdots+0\boldsymbol{\alpha}_m.$$

定义 5.3 设 $\boldsymbol{\alpha}_1, \boldsymbol{\alpha}_2, \cdots, \boldsymbol{\alpha}_m$ 与 $\boldsymbol{\beta}_1, \boldsymbol{\beta}_2, \cdots, \boldsymbol{\beta}_t$ 是数域 F 上的线性空间 V 中

的两个向量组.若向量组 $\boldsymbol{\alpha}_1, \boldsymbol{\alpha}_2, \cdots, \boldsymbol{\alpha}_m$ 中的每个向量都可由向量组 $\boldsymbol{\beta}_1, \boldsymbol{\beta}_2, \cdots, \boldsymbol{\beta}_t$ 线性表示,则称向量组 $\boldsymbol{\alpha}_1, \boldsymbol{\alpha}_2, \cdots, \boldsymbol{\alpha}_m$ 可由向量组 $\boldsymbol{\beta}_1, \boldsymbol{\beta}_2, \cdots, \boldsymbol{\beta}_t$ 线性表示;

如果向量组 $\boldsymbol{\alpha}_1, \boldsymbol{\alpha}_2, \cdots, \boldsymbol{\alpha}_m$ 与 $\boldsymbol{\beta}_1, \boldsymbol{\beta}_2, \cdots, \boldsymbol{\beta}_t$ 可以互相线性表示,则称向量组 $\boldsymbol{\alpha}_1, \boldsymbol{\alpha}_2, \cdots, \boldsymbol{\alpha}_m$ 与向量组 $\boldsymbol{\beta}_1, \boldsymbol{\beta}_2, \cdots, \boldsymbol{\beta}_t$ 等价.

定义 5.4 设 $\boldsymbol{\alpha}_1, \boldsymbol{\alpha}_2, \cdots, \boldsymbol{\alpha}_m (m \geqslant 1)$ 是数域 F 上的线性空间 V 中的 m 个向量,如果存在数域 F 中的 m 个不全为零的数 $k_1, k_2, \cdots, k_m$,使得

$$k_1\boldsymbol{\alpha}_1 + k_2\boldsymbol{\alpha}_2 + \cdots + k_m\boldsymbol{\alpha}_m = \mathbf{0},$$

则称 $\boldsymbol{\alpha}_1, \boldsymbol{\alpha}_2, \cdots, \boldsymbol{\alpha}_m$ 线性相关;否则,称 $\boldsymbol{\alpha}_1, \boldsymbol{\alpha}_2, \cdots, \boldsymbol{\alpha}_m$ 线性无关.

以上定义几乎是逐字逐句地重复第 3 章中 n 维向量空间 $\mathbf{F}^n$ 中相应的概念,所以 $\mathbf{F}^n$ 中从这些定义出发对 n 维向量所做的那些论证也完全可以应用到数域 F 上的一般线性空间 V 中来,并得出相同的结论,在这里就不再重复这些论证,而只是把几个常用的结论叙述如下.

(1) 单个向量 $\boldsymbol{\alpha}$ 线性相关,当且仅当 $\boldsymbol{\alpha} = \mathbf{0}$.

(2) 向量组 $\boldsymbol{\alpha}_1, \boldsymbol{\alpha}_2, \cdots, \boldsymbol{\alpha}_m (m \geqslant 2)$ 线性相关,当且仅当向量组中有一个向量是其余向量的线性组合.

(3) 设向量组 $\boldsymbol{\alpha}_1, \boldsymbol{\alpha}_2, \cdots, \boldsymbol{\alpha}_m$ 线性无关,且可由向量组 $\boldsymbol{\beta}_1, \boldsymbol{\beta}_2, \cdots, \boldsymbol{\beta}_t$ 线性表示,则 $m \leqslant t$.

由此推出,两个等价的线性无关的向量组必定含有相同个数的向量.

另外,此结论的等价结论是:

设向量组 $\boldsymbol{\alpha}_1, \boldsymbol{\alpha}_2, \cdots, \boldsymbol{\alpha}_m$ 可由向量组 $\boldsymbol{\beta}_1, \boldsymbol{\beta}_2, \cdots, \boldsymbol{\beta}_t$ 线性表示,且 $m > t$,则向量组 $\boldsymbol{\alpha}_1, \boldsymbol{\alpha}_2, \cdots, \boldsymbol{\alpha}_m$ 线性相关.

(4) 设向量组 $\boldsymbol{\alpha}_1, \boldsymbol{\alpha}_2, \cdots, \boldsymbol{\alpha}_m$ 线性无关,而向量组 $\boldsymbol{\alpha}_1, \boldsymbol{\alpha}_2, \cdots, \boldsymbol{\alpha}_m, \boldsymbol{\beta}$ 线性相关,则 $\boldsymbol{\beta}$ 可由 $\boldsymbol{\alpha}_1, \boldsymbol{\alpha}_2, \cdots, \boldsymbol{\alpha}_m$ 线性表示,且表示法唯一.

5.2.2 维数、基、坐标

在线性空间 $\mathbf{F}^n$ 中有 n 个线性无关的向量(n 维单位坐标向量)

$$\boldsymbol{e}_1 = (1, 0, \cdots, 0)^{\mathrm{T}}, \boldsymbol{e}_2 = (0, 1, \cdots, 0)^{\mathrm{T}}, \cdots, \boldsymbol{e}_n = (0, \cdots, 0, 1)^{\mathrm{T}},$$

且 $\mathbf{F}^n$ 中的每个向量 $\boldsymbol{\alpha} = (a_1, a_2, \cdots, a_n)^{\mathrm{T}}$ 都可用 $\boldsymbol{e}_1, \boldsymbol{e}_2, \cdots, \boldsymbol{e}_n$ 线性表示为

$$\boldsymbol{\alpha} = a_1\boldsymbol{e}_1 + a_2\boldsymbol{e}_2 + \cdots + a_n\boldsymbol{e}_n,$$

所以在 $\mathbf{F}^n$ 中线性无关的向量不多于 n 个.

在线性空间 $F[x]$ 中 n 个向量 $1, x, x^2, \cdots, x^{n-1}$ 是线性无关的,这里 n 可以是任意正整数,所以在 $F[x]$ 中可以有任意多个线性无关的向量.

由此可见,线性空间中线性无关的向量个数可能有限也可能无限,那么在一个线性空间中,究竟最多能有几个线性无关的向量呢?这显然是线性空间的一个重要属性.

定义 5.5 设在数域 F 上的线性空间 V 中有 n 个线性无关的向量,再也没有更多数目的线性无关的向量,则称 V 为 **n 维线性空间**,记作 $\dim V=n$;若在 V 中可以找到任意多个线性无关的向量,则称 V 为无限维线性空间,记作 $\dim V=\infty$.

无限维线性空间与有限维线性空间有比较大的差别,是一个专门研究的对象.而在高等代数课程中,主要讨论有限维线性空间的情形.

定义 5.6 在 n 维线性空间 V 中,n 个线性无关的向量称为 V 的一个**基**.

设 $\boldsymbol{\varepsilon}_1, \boldsymbol{\varepsilon}_2, \cdots, \boldsymbol{\varepsilon}_n$ 是 n 维线性空间 V 的一个基,$\boldsymbol{\alpha}$ 是 V 中任一向量,则 $\boldsymbol{\varepsilon}_1, \boldsymbol{\varepsilon}_2, \cdots, \boldsymbol{\varepsilon}_n$ 线性无关,而 $\boldsymbol{\varepsilon}_1, \boldsymbol{\varepsilon}_2, \cdots, \boldsymbol{\varepsilon}_n, \boldsymbol{\alpha}$ 线性相关,因此,$\boldsymbol{\alpha}$ 可由 $\boldsymbol{\varepsilon}_1, \boldsymbol{\varepsilon}_2, \cdots, \boldsymbol{\varepsilon}_n$ 线性表示,设

$$\boldsymbol{\alpha}=x_1\boldsymbol{\varepsilon}_1+x_2\boldsymbol{\varepsilon}_2+\cdots+x_n\boldsymbol{\varepsilon}_n, \tag{5.1}$$

其中,系数 $x_1, x_2, \cdots, x_n$ 是由向量 $\boldsymbol{\alpha}$ 和基 $\boldsymbol{\varepsilon}_1, \boldsymbol{\varepsilon}_2, \cdots, \boldsymbol{\varepsilon}_n$ 唯一确定的.

定义 5.7 式(5.1)中的系数构成的 n 维向量 $(x_1, x_2, \cdots, x_n)^{\mathrm{T}}$,称为向量 $\boldsymbol{\alpha}$ 在基 $\boldsymbol{\varepsilon}_1, \boldsymbol{\varepsilon}_2, \cdots, \boldsymbol{\varepsilon}_n$ 下的**坐标**.

显然,线性空间中的向量在一个基下的坐标是唯一的.

例如,$\dim \mathbf{F}^n=n$,而 $\boldsymbol{e}_1, \boldsymbol{e}_2, \cdots, \boldsymbol{e}_n$ 是 $\mathbf{F}^n$ 的一个基,且 $\mathbf{F}^n$ 中的向量 $\boldsymbol{\alpha}=(a_1, a_2, \cdots, a_n)^{\mathrm{T}}$ 在这个基下的坐标就是 $(a_1, a_2, \cdots, a_n)^{\mathrm{T}}$,称 $\boldsymbol{e}_1, \boldsymbol{e}_2, \cdots, \boldsymbol{e}_n$ 为 $\mathbf{F}^n$ 的**单位基**.

从以上定义来看,在给出有限维线性空间 V 的一个基之前,必须先确定 V 的维数,但事实上这两个问题是可以同时解决的.

定理 5.1 设在线性空间 V 中有 n 个线性无关的向量 $\boldsymbol{\varepsilon}_1, \boldsymbol{\varepsilon}_2, \cdots, \boldsymbol{\varepsilon}_n$,且 V 中任一向量都可由它们线性表示,则 $\boldsymbol{\varepsilon}_1, \boldsymbol{\varepsilon}_2, \cdots, \boldsymbol{\varepsilon}_n$ 是 V 的一个基,而 $\dim V=n$.

证明 因为 $\boldsymbol{\varepsilon}_1, \boldsymbol{\varepsilon}_2, \cdots, \boldsymbol{\varepsilon}_n$ 线性无关,所以由维数定义知 $\dim V\geqslant n$.

设 $\boldsymbol{\beta}_1, \boldsymbol{\beta}_2, \cdots, \boldsymbol{\beta}_m$ 是 V 中任意 $m(>n)$ 个向量,由条件知,这 m 个向量可以由 $\boldsymbol{\varepsilon}_1, \boldsymbol{\varepsilon}_2, \cdots, \boldsymbol{\varepsilon}_n$ 线性表示,又因为 $m>n$,所以 $\boldsymbol{\beta}_1, \boldsymbol{\beta}_2, \cdots, \boldsymbol{\beta}_m$ 线性相关,即 V 中任意多于 n 个向量的向量组都线性相关,所以由维数定义知 $\dim V\leqslant n$,故 $\dim V=n$,且 $\boldsymbol{\varepsilon}_1, \boldsymbol{\varepsilon}_2, \cdots, \boldsymbol{\varepsilon}_n$ 就是 V 的一个基. **证毕.**

注意:由于零空间$\{\mathbf{0}\}$没有线性无关的向量,所以也就没有基.但为讨论问题方便,规定零空间的维数为零,非零空间的维数都是正整数.

例 5.9 求线性空间 $\mathbf{F}^{m\times n}$ 的一个基和维数,并求 $\mathbf{F}^{m\times n}$ 中向量在这个基下的坐标.

解 记 $\boldsymbol{E}_{ij}(i=1,2,\cdots,m;j=1,2,\cdots,n)$的第 i 行第 j 列元素为 1,其余元素为 0 的 $m\times n$ 矩阵称为基本矩阵.

因为对任意 $\boldsymbol{A}=(a_{ij})_{m\times n}\in\mathbf{F}^{m\times n}$,有 $\boldsymbol{A}=\sum\limits_{i=}^{m}\sum\limits_{j=1}^{n}a_{ij}\boldsymbol{E}_{ij}$,所以 $\boldsymbol{A}$ 可由基本矩阵 $\boldsymbol{E}_{ij}(i=1,2,\cdots,m;j=1,2,\cdots,n)$ 线性表示.

令 $\sum\limits_{i=1}^{m}\sum\limits_{j=1}^{n}k_{ij}\boldsymbol{E}_{ij}=\boldsymbol{O}$,得矩阵$(k_{ij})_{m\times n}=\boldsymbol{O}$, 于是

$$k_{ij}=0,\quad i=1,2,\cdots,m;j=1,2,\cdots,n,$$

所以 $\boldsymbol{E}_{ij}(i=1,2,\cdots,m;j=1,2,\cdots,n)$ 线性无关,故由定理 5.1 知 $\boldsymbol{E}_{ij}(i=1,2,\cdots,m;j=1,2,\cdots,n)$
是 $\mathbf{F}^{m\times n}$ 的一个基,而 $\dim\mathbf{F}^{m\times n}=mn$,且 $\mathbf{F}^{m\times n}$ 中任一向量$\boldsymbol{A}=(a_{ij})_{m\times n}$ 在这个基下的坐标为

$$(a_{11},a_{12},\cdots,a_{1n},a_{21},a_{22},\cdots,a_{2n},\cdots,a_{m1},a_{m2},\cdots,a_{mn})^{\mathrm{T}}.$$

例 5.10 求线性空间 $F[x]_n$ 的一个基和维数,并求 $F[x]_n$ 中向量在这个基下的坐标.

解 $F[x]_n$ 中有 n 个线性无关的向量 $\mathbf{1},\boldsymbol{x},\boldsymbol{x}^2,\cdots,\boldsymbol{x}^{n-1}$,而且 $F[x]_n$ 中任一向量 $f(x)$都可由它们线性表示为

$$f(x)=a_0+a_1\boldsymbol{x}+a_2\boldsymbol{x}^2+\cdots+a_{n-1}\boldsymbol{x}^{n-1},$$

所以由定理 5.1 可知 $\mathbf{1},\boldsymbol{x},\boldsymbol{x}^2,\cdots,\boldsymbol{x}^{n-1}$ 是 $F[x]_n$ 的一个基,而 $\dim F[x]_n=n$,且 $F[x]_n$ 中任一向量 $f(x)$在这个基下的坐标为 $(a_0,a_1,\cdots,a_{n-1})^{\mathrm{T}}$.

另外,易证 $\forall c\in F$, $F[x]_n$ 中n 个向量 $\mathbf{1},\boldsymbol{x}-c,(\boldsymbol{x}-c)^2,\cdots,(\boldsymbol{x}-c)^{n-1}$ 线性无关,故它们也是 $F[x]_n$ 的一个基. 由泰勒公式可得

$$f(x)=f(c)+f'(c)(x-c)+\frac{f''(c)}{2!}(x-c)^2+\cdots+\frac{f^{(n-1)}(c)}{(n-1)!}(x-c)^{n-1},$$

所以 $f(x)$在这个基下的坐标为

$$\left(f(c),f'(c),\frac{f''(c)}{2!},\cdots,\frac{f^{(n-1)}(c)}{(n-1)!}\right)^{\mathrm{T}}.$$

例 5.11 设 n 维线性空间 V 中的向量$\boldsymbol{\alpha},\boldsymbol{\beta}$ 在基$\boldsymbol{\varepsilon}_1,\boldsymbol{\varepsilon}_2,\cdots,\boldsymbol{\varepsilon}_n$ 下的坐标分别为 $\boldsymbol{x}=(x_1,x_2,\cdots,x_n)^{\mathrm{T}}$ 与 $\boldsymbol{y}=(y_1,y_2,\cdots,y_n)^{\mathrm{T}}$,则$\boldsymbol{\alpha}+\boldsymbol{\beta}$, $k\boldsymbol{\alpha}$ $(k\in F)$ 的坐标分别为

$$\boldsymbol{x}+\boldsymbol{y}=(x_1+y_1, x_2+y_2, \cdots, x_n+y_n)^{\mathrm{T}}$$

与

$$k\boldsymbol{x}=(kx_1, kx_2, \cdots, kx_n)^{\mathrm{T}}.$$

证明 由条件有

$$\boldsymbol{\alpha}=x_1\boldsymbol{\varepsilon}_1+x_2\boldsymbol{\varepsilon}_2+\cdots+x_n\boldsymbol{\varepsilon}_n,\quad \boldsymbol{\beta}=y_1\boldsymbol{\varepsilon}_1+y_2\boldsymbol{\varepsilon}_2+\cdots+y_n\boldsymbol{\varepsilon}_n,$$

所以有

$$\boldsymbol{\alpha}+\boldsymbol{\beta}=(x_1+y_1)\boldsymbol{\varepsilon}_1+(x_2+y_2)\boldsymbol{\varepsilon}_2+\cdots+(x_n+y_n)\boldsymbol{\varepsilon}_n,$$
$$k\boldsymbol{\alpha}=kx_1\boldsymbol{\varepsilon}_1+kx_2\boldsymbol{\varepsilon}_2+\cdots+kx_n\boldsymbol{\varepsilon}_n,$$

故结论成立. **证毕.**

由例 5.11 可知,利用向量的坐标,可以把有限维线性空间中抽象的向量加法和数乘运算转化为熟悉的数的运算,这会给许多问题的讨论带来方便.

为了书写方便,把基 $\boldsymbol{\varepsilon}_1, \boldsymbol{\varepsilon}_2, \cdots, \boldsymbol{\varepsilon}_n$ 写成一个 $1\times n$"矩阵"$(\boldsymbol{\varepsilon}_1, \boldsymbol{\varepsilon}_2, \cdots, \boldsymbol{\varepsilon}_n)$,这种约定的写法是"形式的",它是以向量作为矩阵的元素.因此,当向量 $\boldsymbol{\alpha}$ 在基 $\boldsymbol{\varepsilon}_1, \boldsymbol{\varepsilon}_2, \cdots, \boldsymbol{\varepsilon}_n$ 下的坐标是 $\boldsymbol{x}=(x_1, x_2, \cdots, x_n)^{\mathrm{T}}$ 时,常记作

$$\begin{aligned}\boldsymbol{\alpha}&=x_1\boldsymbol{\varepsilon}_1+x_2\boldsymbol{\varepsilon}_2+\cdots+x_n\boldsymbol{\varepsilon}_n=(\boldsymbol{\varepsilon}_1, \boldsymbol{\varepsilon}_2, \cdots, \boldsymbol{\varepsilon}_n)(x_1, x_2, \cdots, x_n)^{\mathrm{T}}\\&=(\boldsymbol{\varepsilon}_1, \boldsymbol{\varepsilon}_2, \cdots, \boldsymbol{\varepsilon}_n)\boldsymbol{x}.\end{aligned}$$

容易验证,设 $\boldsymbol{\alpha}_1, \boldsymbol{\alpha}_2, \cdots, \boldsymbol{\alpha}_n$ 和 $\boldsymbol{\beta}_1, \boldsymbol{\beta}_2, \cdots, \boldsymbol{\beta}_n$ 是线性空间 V 中的两个向量组,$\boldsymbol{A}=(a_{ij})_{n\times n}$, $\boldsymbol{B}=(b_{ij})_{n\times n}$ 是两个 n 阶矩阵, 则

$$((\boldsymbol{\alpha}_1, \boldsymbol{\alpha}_2, \cdots, \boldsymbol{\alpha}_n)\boldsymbol{A})\boldsymbol{B}=(\boldsymbol{\alpha}_1, \boldsymbol{\alpha}_2, \cdots, \boldsymbol{\alpha}_n)\boldsymbol{AB},$$
$$(\boldsymbol{\alpha}_1, \boldsymbol{\alpha}_2, \cdots, \boldsymbol{\alpha}_n)\boldsymbol{A}+(\boldsymbol{\alpha}_1, \boldsymbol{\alpha}_2, \cdots, \boldsymbol{\alpha}_n)\boldsymbol{B}=(\boldsymbol{\alpha}_1, \boldsymbol{\alpha}_2, \cdots, \boldsymbol{\alpha}_n)(\boldsymbol{A}+\boldsymbol{B}),$$
$$(\boldsymbol{\alpha}_1, \boldsymbol{\alpha}_2, \cdots, \boldsymbol{\alpha}_n)\boldsymbol{A}+(\boldsymbol{\beta}_1, \boldsymbol{\beta}_2, \cdots, \boldsymbol{\beta}_n)\boldsymbol{A}=(\boldsymbol{\alpha}_1+\boldsymbol{\beta}_1, \boldsymbol{\alpha}_2+\boldsymbol{\beta}_2, \cdots, \boldsymbol{\alpha}_n+\boldsymbol{\beta}_n)\boldsymbol{A}.$$

5.2.3 基变换公式与坐标变换公式

在 n 维线性空间中,任意 n 个线性无关的向量都可以取做该线性空间的一个基,所以线性空间的基不唯一.由例 5.10 可看出,对不同的基,同一个向量的坐标一般是不同的. 因此,如何选择适当的一个基,使得向量在这一个基下的坐标比较简单,这就要讨论随着基的改变,向量的坐标是怎样变化的. 为此,需先引入过渡矩阵的概念.

设 $\boldsymbol{\varepsilon}_1, \boldsymbol{\varepsilon}_2, \cdots, \boldsymbol{\varepsilon}_n$ 与 $\boldsymbol{\eta}_1, \boldsymbol{\eta}_2, \cdots, \boldsymbol{\eta}_n$ 是 n 维线性空间 V 的两个基,且有关系

$$\begin{cases}\boldsymbol{\eta}_1=a_{11}\boldsymbol{\varepsilon}_1+a_{21}\boldsymbol{\varepsilon}_2+\cdots+a_{n1}\boldsymbol{\varepsilon}_n,\\ \boldsymbol{\eta}_2=a_{12}\boldsymbol{\varepsilon}_1+a_{22}\boldsymbol{\varepsilon}_2+\cdots+a_{n2}\boldsymbol{\varepsilon}_n,\\ \quad\vdots\\ \boldsymbol{\eta}_n=a_{1n}\boldsymbol{\varepsilon}_1+a_{2n}\boldsymbol{\varepsilon}_n+\cdots+a_{nn}\boldsymbol{\varepsilon}_n,\end{cases}\tag{5.2}$$

则称式(5.2)为由基 $\boldsymbol{\varepsilon}_1, \boldsymbol{\varepsilon}_2, \cdots, \boldsymbol{\varepsilon}_n$ 到基 $\boldsymbol{\eta}_1, \boldsymbol{\eta}_2, \cdots, \boldsymbol{\eta}_n$ 的**基变换公式.**

由式(5.2)中的系数构成的矩阵

$$\boldsymbol{A}=\begin{pmatrix}a_{11} & a_{12} & \cdots & a_{1n}\\ a_{21} & a_{22} & \cdots & a_{2n}\\ \vdots & \vdots & & \vdots\\ a_{n1} & a_{n2} & \cdots & a_{nn}\end{pmatrix}$$

称为由基 $\boldsymbol{\varepsilon}_1, \boldsymbol{\varepsilon}_2, \cdots, \boldsymbol{\varepsilon}_n$ 到基 $\boldsymbol{\eta}_1, \boldsymbol{\eta}_2, \cdots, \boldsymbol{\eta}_n$ 的**过渡矩阵.**

很显然,由基 $\boldsymbol{\varepsilon}_1, \boldsymbol{\varepsilon}_2, \cdots, \boldsymbol{\varepsilon}_n$ 到基 $\boldsymbol{\eta}_1, \boldsymbol{\eta}_2, \cdots, \boldsymbol{\eta}_n$ 的过渡矩阵 $\boldsymbol{A}$ 是式(5.2)中系数矩阵的转置,它的第 j 列是 $\boldsymbol{\eta}_j$ 在基 $\boldsymbol{\varepsilon}_1, \boldsymbol{\varepsilon}_2, \cdots, \boldsymbol{\varepsilon}_n$ 下的坐标,因此由坐标的唯一性可知过渡矩阵是唯一的.

式(5.2)常用矩阵形式表示为

$$\begin{aligned}(\boldsymbol{\eta}_1, \boldsymbol{\eta}_2, \cdots, \boldsymbol{\eta}_n)&=(\boldsymbol{\varepsilon}_1, \boldsymbol{\varepsilon}_2, \cdots, \boldsymbol{\varepsilon}_n)\begin{pmatrix}a_{11} & a_{12} & \cdots & a_{1n}\\ a_{21} & a_{22} & \cdots & a_{2n}\\ \vdots & \vdots & & \vdots\\ a_{n1} & a_{n2} & \cdots & a_{nn}\end{pmatrix}\\ &=(\boldsymbol{\varepsilon}_1, \boldsymbol{\varepsilon}_2, \cdots, \boldsymbol{\varepsilon}_n)\boldsymbol{A}.\end{aligned}$$

容易验证,由基 $\boldsymbol{\varepsilon}_1, \boldsymbol{\varepsilon}_2, \cdots, \boldsymbol{\varepsilon}_n$ 到基 $\boldsymbol{\eta}_1, \boldsymbol{\eta}_2, \cdots, \boldsymbol{\eta}_n$ 的过渡矩阵 $\boldsymbol{A}$ 是可逆矩阵,且 $\boldsymbol{A}^{-1}$ 是由基 $\boldsymbol{\eta}_1, \boldsymbol{\eta}_2, \cdots, \boldsymbol{\eta}_n$ 到基 $\boldsymbol{\varepsilon}_1, \boldsymbol{\varepsilon}_2, \cdots, \boldsymbol{\varepsilon}_n$ 的过渡矩阵.

事实上,设由基 $\boldsymbol{\eta}_1, \boldsymbol{\eta}_2, \cdots, \boldsymbol{\eta}_n$ 到基 $\boldsymbol{\varepsilon}_1, \boldsymbol{\varepsilon}_2, \cdots, \boldsymbol{\varepsilon}_n$ 的过渡矩阵为 $\boldsymbol{B}$,则

$$(\boldsymbol{\varepsilon}_1, \boldsymbol{\varepsilon}_2, \cdots, \boldsymbol{\varepsilon}_n)=(\boldsymbol{\eta}_1, \boldsymbol{\eta}_2, \cdots, \boldsymbol{\eta}_n)\boldsymbol{B},$$

于是有

$$(\boldsymbol{\varepsilon}_1, \boldsymbol{\varepsilon}_2, \cdots, \boldsymbol{\varepsilon}_n)=((\boldsymbol{\varepsilon}_1, \boldsymbol{\varepsilon}_2, \cdots, \boldsymbol{\varepsilon}_n)\boldsymbol{A})\boldsymbol{B}=(\boldsymbol{\varepsilon}_1, \boldsymbol{\varepsilon}_2, \cdots, \boldsymbol{\varepsilon}_n)\boldsymbol{AB}.$$

又因为

$$(\boldsymbol{\varepsilon}_1, \boldsymbol{\varepsilon}_2, \cdots, \boldsymbol{\varepsilon}_n)=(\boldsymbol{\varepsilon}_1, \boldsymbol{\varepsilon}_2, \cdots, \boldsymbol{\varepsilon}_n)\boldsymbol{E},$$

再由过渡矩阵的唯一性得 $\boldsymbol{AB}=\boldsymbol{E}$,所以 $\boldsymbol{A}$ 可逆,且 $\boldsymbol{A}^{-1}=\boldsymbol{B}$. **证毕.**

下面讨论同一个向量在不同基 $\boldsymbol{\varepsilon}_1, \boldsymbol{\varepsilon}_2, \cdots, \boldsymbol{\varepsilon}_n$ 与 $\boldsymbol{\eta}_1, \boldsymbol{\eta}_2, \cdots, \boldsymbol{\eta}_n$ 下的坐标之间的关系.

设向量 $\boldsymbol{\alpha}$ 在这两个基下的坐标分别是 $(x_1, x_2, \cdots, x_n)^{\mathrm{T}}$ 和 $(y_1, y_2, \cdots, y_n)^{\mathrm{T}}$,即

$$\boldsymbol{\alpha}=x_1\boldsymbol{\varepsilon}_1+x_2\boldsymbol{\varepsilon}_2+\cdots+x_n\boldsymbol{\varepsilon}_n=y_1\boldsymbol{\eta}_1+y_2\boldsymbol{\eta}_2+\cdots+y_n\boldsymbol{\eta}_n,$$

写成矩阵形式为

$$\begin{aligned}\boldsymbol{\alpha}&=(\boldsymbol{\varepsilon}_1, \boldsymbol{\varepsilon}_2, \cdots, \boldsymbol{\varepsilon}_n)(x_1, x_2, \cdots, x_n)^{\mathrm{T}}\\&=(\boldsymbol{\eta}_1, \boldsymbol{\eta}_2, \cdots, \boldsymbol{\eta}_n)(y_1, y_2, \cdots, y_n)^{\mathrm{T}}\\&=(\boldsymbol{\varepsilon}_1, \boldsymbol{\varepsilon}_2, \cdots, \boldsymbol{\varepsilon}_n)\boldsymbol{A}(y_1, y_2, \cdots, y_n)^{\mathrm{T}}.\end{aligned}$$

由向量在某一基下坐标的唯一性得

$$(x_1, x_2, \cdots, x_n)^{\mathrm{T}}=\boldsymbol{A}(y_1, y_2, \cdots, y_n)^{\mathrm{T}} \tag{5.3}$$

或

$$(y_1, y_2, \cdots, y_n)^{\mathrm{T}}=\boldsymbol{A}^{-1}(x_1, x_2, \cdots, x_n)^{\mathrm{T}}. \tag{5.4}$$

式(5.3)和式(5.4)就是向量 $\boldsymbol{\alpha}$ 在两个不同基下的坐标间的关系,称为**坐标变换公式.**

例 5.12 设线性空间 $\mathbf{F}^4$ 的两个基为

$$\boldsymbol{\alpha}_1=(5, 2, 0, 0)^{\mathrm{T}},\quad \boldsymbol{\alpha}_2=(2, 1, 0, 0)^{\mathrm{T}},$$
$$\boldsymbol{\alpha}_3=(0, 0, 8, 5)^{\mathrm{T}},\quad \boldsymbol{\alpha}_4=(0, 0, 3, 2)^{\mathrm{T}}$$

与

$$\boldsymbol{\beta}_1=(1, 0, 0, 0)^{\mathrm{T}},\quad \boldsymbol{\beta}_2=(0, 2, 0, 0)^{\mathrm{T}},$$
$$\boldsymbol{\beta}_3=(0, 1, 2, 0)^{\mathrm{T}},\quad \boldsymbol{\beta}_4=(1, 0, 1, 1)^{\mathrm{T}}.$$

求:(1) 由基 $\boldsymbol{\alpha}_1, \boldsymbol{\alpha}_2, \boldsymbol{\alpha}_3, \boldsymbol{\alpha}_4$ 到基 $\boldsymbol{\beta}_1, \boldsymbol{\beta}_2, \boldsymbol{\beta}_3, \boldsymbol{\beta}_4$ 的过渡矩阵;

(2) 向量 $\boldsymbol{\beta}=3\boldsymbol{\beta}_1+2\boldsymbol{\beta}_2+\boldsymbol{\beta}_3$ 在基 $\boldsymbol{\alpha}_1, \boldsymbol{\alpha}_2, \boldsymbol{\alpha}_3, \boldsymbol{\alpha}_4$ 下的坐标.

解 (1) 设由基 $\boldsymbol{\alpha}_1, \boldsymbol{\alpha}_2, \boldsymbol{\alpha}_3, \boldsymbol{\alpha}_4$ 到基 $\boldsymbol{\beta}_1, \boldsymbol{\beta}_2, \boldsymbol{\beta}_3, \boldsymbol{\beta}_4$ 的过渡矩阵为 $\boldsymbol{A}$,则

$$(\boldsymbol{\beta}_1, \boldsymbol{\beta}_2, \boldsymbol{\beta}_3, \boldsymbol{\beta}_4)=(\boldsymbol{\alpha}_1, \boldsymbol{\alpha}_2, \boldsymbol{\alpha}_3, \boldsymbol{\alpha}_4)\boldsymbol{A},$$

即

$$\begin{pmatrix}1&0&0&1\\0&2&1&0\\0&0&2&1\\0&0&0&1\end{pmatrix}=\begin{pmatrix}5&2&0&0\\2&1&0&0\\0&0&8&3\\0&0&5&2\end{pmatrix}\boldsymbol{A},$$

故

$$\boldsymbol{A}=\begin{pmatrix}5&2&0&0\\2&1&0&0\\0&0&8&3\\0&0&5&2\end{pmatrix}^{-1}\begin{pmatrix}1&0&0&1\\0&2&1&0\\0&0&2&1\\0&0&0&1\end{pmatrix}=\begin{pmatrix}1&-4&-2&1\\-2&10&5&-2\\0&0&4&-1\\0&0&-10&3\end{pmatrix}.$$

(2) 由题设知,向量$\boldsymbol{\beta}$在基$\boldsymbol{\beta}_1, \boldsymbol{\beta}_2, \boldsymbol{\beta}_3, \boldsymbol{\beta}_4$下的坐标为$(3, 2, 1, 0)^{\mathrm{T}}$. 设$\boldsymbol{\beta}$在基$\boldsymbol{\alpha}_1, \boldsymbol{\alpha}_2, \boldsymbol{\alpha}_3, \boldsymbol{\alpha}_4$下的坐标为$(x_1, x_2, x_3, x_4)^{\mathrm{T}}$,则由坐标变换公式得

$$(x_1, x_2, x_3, x_4)^{\mathrm{T}} = \boldsymbol{A}(3, 2, 1, 0)^{\mathrm{T}} = (-7, 19, 4, -10)^{\mathrm{T}}.$$

习题 5.2

1. 设$\boldsymbol{\alpha}_1, \boldsymbol{\alpha}_2, \cdots, \boldsymbol{\alpha}_m (m \geqslant 2)$是数域$F$上的线性空间$V$中的线性无关向量组,证明:对$F$中任意$m-1$个数$k_1, k_2, \cdots, k_{m-1}$,向量组

$$\boldsymbol{\beta}_1 = \boldsymbol{\alpha}_1 + k_1\boldsymbol{\alpha}_m, \boldsymbol{\beta}_2 = \boldsymbol{\alpha}_2 + k_2\boldsymbol{\alpha}_m, \cdots, \boldsymbol{\beta}_{m-1} = \boldsymbol{\alpha}_{m-1} + k_{m-1}\boldsymbol{\alpha}_m, \boldsymbol{\beta}_m = \boldsymbol{\alpha}_m$$

线性无关.

2. (1) 验证向量组$\boldsymbol{\alpha}_1 = (1, 1, 1)^{\mathrm{T}}, \boldsymbol{\alpha}_2 = (1, 1, -1)^{\mathrm{T}}, \boldsymbol{\alpha}_3 = (1, -1, 1)^{\mathrm{T}}$是$\mathbf{F}^3$的一个基,并求$\mathbf{F}^3$中的向量$\boldsymbol{\beta} = (1, 2, -2)^{\mathrm{T}}$在这个基下的坐标.

(2) 验证向量组

$$\boldsymbol{A}_1 = \begin{pmatrix} 1 & 1 \\ 1 & 1 \end{pmatrix}, \quad \boldsymbol{A}_2 = \begin{pmatrix} 1 & 1 \\ -1 & -1 \end{pmatrix}, \quad \boldsymbol{A}_3 = \begin{pmatrix} 1 & -1 \\ 1 & -1 \end{pmatrix}, \quad \boldsymbol{A}_4 = \begin{pmatrix} 1 & -1 \\ -1 & 1 \end{pmatrix}$$

是$\mathbf{F}^{2\times2}$的一个基,并求$\mathbf{F}^{2\times2}$中的向量$\boldsymbol{A} = \begin{pmatrix} 1 & 2 \\ 1 & 1 \end{pmatrix}$在这个基下的坐标.

(3) 验证向量组

$$f_1(x) = \boldsymbol{x}^3, \quad f_2(x) = \boldsymbol{x}^3 + \boldsymbol{x}, \quad f_3(x) = \boldsymbol{x}^2 + 1, \quad f_4(x) = \boldsymbol{x} + 1$$

是$F[x]_4$的一个基,并求$F[x]_4$中的向量$f(x) = \boldsymbol{x}^2 + 2\boldsymbol{x} + 3$在这个基下的坐标.

3. 设$V = \left\{ \begin{pmatrix} a & b \\ 0 & c \end{pmatrix} \in \mathbf{F}^{2\times2} \mid a - b - 2c = 0 \right\}$,证明:$V$关于矩阵的加法与数乘运算是$F$上的线性空间,并求$V$的一个基和维数,以及$V$中的向量在这个基下的坐标.

4. 证明:对任意$\boldsymbol{A} \in \mathbf{F}^{n\times n}$,存在$f(x) \in F[x]_{n^2+1}$,使得$f(\boldsymbol{A}) = \boldsymbol{O}$.

5. 设$\boldsymbol{\alpha}_1, \boldsymbol{\alpha}_2, \boldsymbol{\alpha}_3$是三维线性空间$V$的一个基,求:

(1) 由基$\boldsymbol{\alpha}_1, \boldsymbol{\alpha}_2, \boldsymbol{\alpha}_3$到基$\boldsymbol{\alpha}_1 + \boldsymbol{\alpha}_2, \boldsymbol{\alpha}_2 + \boldsymbol{\alpha}_3, \boldsymbol{\alpha}_3 + \boldsymbol{\alpha}_1$的过渡矩阵;

(2) 由基$\boldsymbol{\alpha}_1, \frac{1}{2}\boldsymbol{\alpha}_2, \frac{1}{3}\boldsymbol{\alpha}_3$到基$\boldsymbol{\alpha}_1 + \boldsymbol{\alpha}_2, \boldsymbol{\alpha}_2 + \boldsymbol{\alpha}_3, \boldsymbol{\alpha}_3 + \boldsymbol{\alpha}_1$的过渡矩阵.

6. 设线性空间$\mathbf{F}^4$的两个基为

$$\boldsymbol{\alpha}_1 = (1, 0, 0, 0)^{\mathrm{T}}, \quad \boldsymbol{\alpha}_2 = (4, 1, 0, 0)^{\mathrm{T}},$$
$$\boldsymbol{\alpha}_3 = (-3, 2, 1, 0)^{\mathrm{T}}, \quad \boldsymbol{\alpha}_4 = (2, -3, 2, 1)^{\mathrm{T}}$$

与

$$\boldsymbol{\beta}_1 = (1, 1, 8, 3)^{\mathrm{T}}, \quad \boldsymbol{\beta}_2 = (0, 3, 7, 2)^{\mathrm{T}},$$
$$\boldsymbol{\beta}_3 = (1, 1, 6, 2)^{\mathrm{T}}, \quad \boldsymbol{\beta}_4 = (-1, 4, -1, -1)^{\mathrm{T}}.$$

求:(1) 由基$\boldsymbol{\alpha}_1, \boldsymbol{\alpha}_2, \boldsymbol{\alpha}_3, \boldsymbol{\alpha}_4$到基$\boldsymbol{\beta}_1, \boldsymbol{\beta}_2, \boldsymbol{\beta}_3, \boldsymbol{\beta}_4$的过渡矩阵;

(2) 向量 $\boldsymbol{\beta}=(1,4,2,3)^{\mathrm{T}}$ 在基 $\boldsymbol{\alpha}_1,\boldsymbol{\alpha}_2,\boldsymbol{\alpha}_3,\boldsymbol{\alpha}_4$ 下的坐标.

7. 求 $F[x]_3$ 的基 $1,\boldsymbol{x},\boldsymbol{x}^2$ 到基 $1+\boldsymbol{x}^2,3\boldsymbol{x}-\boldsymbol{x}^2,2-4\boldsymbol{x}+3\boldsymbol{x}^2$ 的过渡矩阵,并分别求向量 $f(x)=3-2\boldsymbol{x}-\boldsymbol{x}^2$ 在基 $1+\boldsymbol{x}^2,3\boldsymbol{x}-\boldsymbol{x}^2,2-4\boldsymbol{x}+3\boldsymbol{x}^2$ 下的坐标.

8. 设线性空间 $\mathbf{F}^4$ 的两个基为

$$\boldsymbol{\alpha}_1=(2,1,-1,1)^{\mathrm{T}},\quad \boldsymbol{\alpha}_2=(0,3,1,0)^{\mathrm{T}},$$
$$\boldsymbol{\alpha}_3=(5,3,2,1)^{\mathrm{T}},\quad \boldsymbol{\alpha}_4=(6,6,1,3)^{\mathrm{T}}$$

与

$$\boldsymbol{\beta}_1=(1,0,0,0)^{\mathrm{T}},\quad \boldsymbol{\beta}_2=(0,1,0,0)^{\mathrm{T}},$$
$$\boldsymbol{\beta}_3=(0,0,1,0)^{\mathrm{T}},\quad \boldsymbol{\beta}_4=(1,0,0,1)^{\mathrm{T}}.$$

求 $\mathbf{F}^4$ 中在这两个基下有相同坐标的所有向量.

5.3 线性子空间

有时,线性空间的一个子集关于线性空间的加法和数乘运算也是一个线性空间. 例如,线性空间 $F[x]$ 的子集 $F[x]_n$,关于多项式的加法和数乘运算也是数域 F 上线性空间;对于 $\mathbf{A}\in\mathbf{F}^{m\times n}$,线性空间 $\mathbf{F}^n$ 的子集 $V=\{x\in\mathbf{F}^n\mid \mathbf{A}\boldsymbol{x}=\mathbf{0}\}$,关于$\mathbf{F}^n$ 的加法和数乘运算也是线性空间. 可见,在讨论线性空间的内部结构时,需要讨论其子集的结构,这样才能更深入全面地揭示整个线性空间的结构性质.

从本节开始,先讨论线性子空间的概念、判定和构造方法,然后研究子空间的运算(交、和)以及维数公式,最后讨论子空间的直和.

5.3.1 线性子空间的概念和判定

定义 5.8 设 V 是数域 F 上的线性空间,W 是 V 的一个非空子集,若 W 对于 V 的加法和数乘运算也是数域 F 上线性空间,则称 W 为 V 的一个**线性子空间**,简称**子空间**.

由定义 5.8 可知,$F[x]_n$ 是 $F[x]$的子空间. 对 $\mathbf{A}\in\mathbf{F}^{n\times n}$, $V=\{x\in\mathbf{F}^n\mid \mathbf{A}\boldsymbol{x}=\mathbf{0}\}$ 是 $\mathbf{F}^n$ 的子空间,称之为齐次线性方程组 $\mathbf{A}\boldsymbol{x}=\mathbf{0}$ 的**解空间**.

例 5.13 任意线性空间 V 都有两个子空间$\{\mathbf{0}\}$和 V,称这两个子空间为**平凡子空间**,而其他子空间(如果有的话)称为**非平凡子空间**.

既然子空间也是一个线性空间,那么,在有限维子空间中也就有基、维数、坐标等线性空间中的概念,但由于在子空间中不能有比整个空间更多数目的线性无关的向量,所以任何一个子空间的维数都不可能超过整个空间的维数.

例 5.14 设 V_1,V_2 是线性空间 V 的有限维子空间,若 $V_1\subseteq V_2$,且 $\dim V_1=\dim V_2$,则 $V_1=V_2$.

证明 设 $\dim V_1=\dim V_2=r$，而 $\boldsymbol{\alpha}_1, \boldsymbol{\alpha}_2, \cdots, \boldsymbol{\alpha}_r$ 是 V_1 的一个基，由 $V_1\subseteq V_2$ 可知，$\boldsymbol{\alpha}_1, \boldsymbol{\alpha}_2, \cdots, \boldsymbol{\alpha}_r$ 也是 V_2 的一个基.于是 V_2 中每个向量都可由 $\boldsymbol{\alpha}_1, \boldsymbol{\alpha}_2, \cdots, \boldsymbol{\alpha}_r$ 线性表示，从而有 $V_2\subseteq V_1$，故 $V_1=V_2$. **证毕.**

应当注意，并非线性空间的任意非空子集都是子空间.例如，$F[x]$的非空子集 $V=\{f(x)\in F(x)\mid \deg f(x)=n\}$ 不是 $F[x]$ 的子空间(因为两个 n 次多项式的和未必是 n 次多项式，所以多项式的加法不是 V 的加法运算). 那么线性空间的一个非空子集要满足什么条件，才能成为子空间呢?

设 W 是线性空间 V 的一个非空子集，则 W 作为 V 的一部分，对于 V 的运算律，W 中的向量也一定满足线性空间定义中的第(1)、(2)、(5)、(6)、(7)、(8)这六条运算律. 为了使 W 构成一个线性空间，主要的条件是：要求 W 对于 V 的两个运算是封闭的(即 V 的运算也是 W 的运算)，以及运算律(3)与(4)成立. 即 W 是一个线性空间且须满足以下四个条件：

(1) $\forall \boldsymbol{\alpha}, \boldsymbol{\beta}\in W$，有 $\boldsymbol{\alpha}+\boldsymbol{\beta}\in W$；

(2) $\forall \boldsymbol{\alpha}\in W$，$\forall k\in F$，有 $k\boldsymbol{\alpha}\in W$；

(3) $\mathbf{0}\in W$；

(4) $\forall \boldsymbol{\alpha}\in W$，有 $-\boldsymbol{\alpha}\in W$.

不难看出，条件(3)、(4)是多余的，因为这两条可以从条件(2)推出，实际上只要令 $k=0, -1$，即可由条件(2) 得 $\mathbf{0}, -\boldsymbol{\alpha}\in W$. 因此有下面的定理.

定理 5.2 设 W 是线性空间 V 的一个非空子集，则 W 是 V 的子空间的充分必要条件是

(1) $\forall \boldsymbol{\alpha}, \boldsymbol{\beta}\in W$，有 $\boldsymbol{\alpha}+\boldsymbol{\beta}\in W$；

(2) $\forall \boldsymbol{\alpha}\in W$，$\forall k\in F$，有 $k\boldsymbol{\alpha}\in W$.

易证，条件(1)、(2)等价于

(3) $\forall \boldsymbol{\alpha}, \boldsymbol{\beta}\in W$，$\forall k, l\in F$，有 $k\boldsymbol{\alpha}+l\boldsymbol{\beta}\in W$.

例 5.15 $\mathbf{F}^{m\times n}$ 的下列子集是否是 $\mathbf{F}^{m\times n}$ 的子空间?

(1) $V_1=\left\{\mathbf{A}=(a_{ij})_{m\times n}\in \mathbf{F}^{m\times n}\;\middle|\; \sum_{i=1}^{m}\sum_{j=1}^{n}a_{ij}=0\right\}$；

(2) $V_2=\left\{\mathbf{A}=(a_{ij})_{m\times n}\in \mathbf{F}^{m\times n}\;\middle|\; \sum_{i=1}^{m}\sum_{j=1}^{n}a_{ij}=1\right\}$.

解 (1) 是. 因为 $\mathbf{O}_{m\times n}\in V_1$，所以 V_1 非空. $\forall \mathbf{A}=(a_{ij})_{m\times n}, \mathbf{B}=(b_{ij})_{m\times n}\in V_1$，$\forall k\in F$，则有

$$\mathbf{A}+\mathbf{B}=(a_{ij}+b_{ij})_{m\times n},\quad \sum_{i=1}^{m}\sum_{j=1}^{n}(a_{ij}+b_{ij})=\sum_{i=1}^{m}\sum_{j=1}^{n}a_{ij}+\sum_{i=1}^{m}\sum_{j=1}^{n}b_{ij}=0+0=0,$$

$$k\mathbf{A}=(ka_{ij})_{m\times n},\quad \sum_{i=1}^{m}\sum_{j=1}^{n}(ka_{ij})=k\sum_{i=1}^{m}\sum_{j=1}^{n}a_{ij}=k0=0,$$

从而 $\mathbf{A}+\mathbf{B}$, $k\mathbf{A}\in V_1$，故 V_1 是 $\mathbf{F}^{m\times n}$ 的子空间.

(2) 不是. 因为取 $\mathbf{A}=(a_{ij})_{m\times n}\in V_2$，则 $\sum\limits_{i=1}^{m}\sum\limits_{j=1}^{n}a_{ij}=1$，而

$$2\mathbf{A}=(2a_{ij})_{m\times n},\quad \sum_{i=1}^{m}\sum_{j=1}^{n}(2a_{ij})=2\sum_{i=1}^{m}\sum_{j=1}^{n}a_{ij}=2,$$

可见 $2\mathbf{A}\notin V_2$，故 V_2 不是 $\mathbf{F}^{m\times n}$ 的子空间.

5.3.2 生成子空间

设 $\boldsymbol{\alpha}_1, \boldsymbol{\alpha}_2, \cdots, \boldsymbol{\alpha}_m$ 是线性空间 V 中的一组向量，令

$$L(\boldsymbol{\alpha}_1, \boldsymbol{\alpha}_2, \cdots, \boldsymbol{\alpha}_m)=\{k_1\boldsymbol{\alpha}_1+k_2\boldsymbol{\alpha}_2+\cdots+k_m\boldsymbol{\alpha}_m \mid k_i\in F, i=1, 2, \cdots, m\},$$

则 $L(\boldsymbol{\alpha}_1, \boldsymbol{\alpha}_2, \cdots, \boldsymbol{\alpha}_m)$ 是 V 的子空间.

事实上，首先，$L(\boldsymbol{\alpha}_1, \boldsymbol{\alpha}_2, \cdots, \boldsymbol{\alpha}_m)$ 是 V 的非空子集是显然的.

其次，$\forall \boldsymbol{\alpha}, \boldsymbol{\beta}\in L(\boldsymbol{\alpha}_1, \boldsymbol{\alpha}_2, \cdots, \boldsymbol{\alpha}_m)$，$\forall k, l\in F$，令

$$\boldsymbol{\alpha}=k\boldsymbol{\alpha}_1+k_2\boldsymbol{\alpha}_2+\cdots+k_m\boldsymbol{\alpha}_m,\quad \boldsymbol{\beta}=l_1\boldsymbol{\alpha}_1+l_2\boldsymbol{\alpha}_2+\cdots+l_m\boldsymbol{\alpha}_m,$$

则有

$$k\boldsymbol{\alpha}+l\boldsymbol{\beta}=(kk_1+ll_1)\boldsymbol{\alpha}_1+(kk_2+ll_2)\boldsymbol{\alpha}_2+\cdots+(kk_m+ll_m)\boldsymbol{\alpha}_m\in L(\boldsymbol{\alpha}_1, \boldsymbol{\alpha}_2, \cdots, \boldsymbol{\alpha}_m),$$

故 $L(\boldsymbol{\alpha}_1, \boldsymbol{\alpha}_2, \cdots, \boldsymbol{\alpha}_m)$ 是 V 的子空间. 称 $L(\boldsymbol{\alpha}_1, \boldsymbol{\alpha}_2, \cdots, \boldsymbol{\alpha}_m)$ 为由向量组 $\boldsymbol{\alpha}_1, \boldsymbol{\alpha}_2, \cdots, \boldsymbol{\alpha}_m$ **生成的子空间.**

关于生成子空间有下面的基本结论.

(1) $L(\boldsymbol{\alpha}_1, \boldsymbol{\alpha}_2, \cdots, \boldsymbol{\alpha}_m)$ 是 V 的包含 $\boldsymbol{\alpha}_1, \boldsymbol{\alpha}_2, \cdots, \boldsymbol{\alpha}_m$ 的最小子空间.

事实上，首先，$L(\boldsymbol{\alpha}_1, \boldsymbol{\alpha}_2, \cdots, \boldsymbol{\alpha}_m)$ 包含 $\boldsymbol{\alpha}_1, \boldsymbol{\alpha}_2, \cdots, \boldsymbol{\alpha}_m$ 是显然的.

其次，若 V 的子空间 W 包含 $\boldsymbol{\alpha}_1, \boldsymbol{\alpha}_2, \cdots, \boldsymbol{\alpha}_m$，则 W 包含它们的线性组合，由此可知，W 一定包含 $\boldsymbol{\alpha}_1, \boldsymbol{\alpha}_2, \cdots, \boldsymbol{\alpha}_m$ 生成的线性子空间 $L(\boldsymbol{\alpha}_1, \boldsymbol{\alpha}_2, \cdots, \boldsymbol{\alpha}_m)$，所以 $L(\boldsymbol{\alpha}_1, \boldsymbol{\alpha}_2, \cdots, \boldsymbol{\alpha}_m)$ 是 V 的包含 $\boldsymbol{\alpha}_1, \boldsymbol{\alpha}_2, \cdots, \boldsymbol{\alpha}_m$ 的最小子空间.

(2) 有限维线性空间的任意子空间都可由若干向量生成.

也就是说，设 W 是有限维线性空间 V 的任一子空间，则 W 也是有限维的，设 $\boldsymbol{\alpha}_1, \boldsymbol{\alpha}_2, \cdots, \boldsymbol{\alpha}_m$ 是 W 的一个基，则有 $W=L(\boldsymbol{\alpha}_1, \boldsymbol{\alpha}_2, \cdots, \boldsymbol{\alpha}_m)$.

定理 5.3 设 $\boldsymbol{\alpha}_1, \boldsymbol{\alpha}_2, \cdots, \boldsymbol{\alpha}_m$ 和 $\boldsymbol{\beta}_1, \boldsymbol{\beta}_2, \cdots, \boldsymbol{\beta}_t$ 是线性空间 V 的两个向量组，则

(1) $L(\boldsymbol{\alpha}_1, \boldsymbol{\alpha}_2, \cdots, \boldsymbol{\alpha}_m)=L(\boldsymbol{\beta}_1, \boldsymbol{\beta}_2, \cdots, \boldsymbol{\beta}_t)$，当且仅当 $\boldsymbol{\alpha}_1, \boldsymbol{\alpha}_2, \cdots, \boldsymbol{\alpha}_m$ 与 $\boldsymbol{\beta}_1, \boldsymbol{\beta}_2, \cdots, \boldsymbol{\beta}_t$ 等价.

(2) $\dim L(\boldsymbol{\alpha}_1, \boldsymbol{\alpha}_2, \cdots, \boldsymbol{\alpha}_m)=R\{\boldsymbol{\alpha}_1, \boldsymbol{\alpha}_2, \cdots, \boldsymbol{\alpha}_m\}$.

证明 (1) 必要性.因为 $L(\boldsymbol{\alpha}_1, \boldsymbol{\alpha}_2, \cdots, \boldsymbol{\alpha}_m)=L(\boldsymbol{\beta}_1, \boldsymbol{\beta}_2, \cdots, \boldsymbol{\beta}_t)$,所以 $\boldsymbol{\alpha}_i(i=1, 2, \cdots, m)$ 是 $L(\boldsymbol{\beta}_1, \boldsymbol{\beta}_2, \cdots, \boldsymbol{\beta}_s)$ 中的向量,可由 $\boldsymbol{\beta}_1, \boldsymbol{\beta}_2, \cdots, \boldsymbol{\beta}_t$ 线性表示.

同样,$\boldsymbol{\beta}_i(i=1, 2, \cdots, t)$ 是 $L(\boldsymbol{\alpha}_1, \boldsymbol{\alpha}_2, \cdots, \boldsymbol{\alpha}_m)$ 中的向量,可由 $\boldsymbol{\alpha}_1, \boldsymbol{\alpha}_2, \cdots, \boldsymbol{\alpha}_m$ 线性表示,所以 $\boldsymbol{\alpha}_1, \boldsymbol{\alpha}_2, \cdots, \boldsymbol{\alpha}_m$ 与 $\boldsymbol{\beta}_1, \boldsymbol{\beta}_2, \cdots, \boldsymbol{\beta}_t$ 等价.

充分性.因为 $\boldsymbol{\alpha}_1, \boldsymbol{\alpha}_2, \cdots, \boldsymbol{\alpha}_m$ 与 $\boldsymbol{\beta}_1, \boldsymbol{\beta}_2, \cdots, \boldsymbol{\beta}_t$ 等价,所以 $\boldsymbol{\alpha}_i(i=1, 2, \cdots, m)$ 都可由 $\boldsymbol{\beta}_1, \boldsymbol{\beta}_2, \cdots, \boldsymbol{\beta}_t$ 线性表示,因而 $\forall \boldsymbol{\alpha} \in L(\boldsymbol{\alpha}_1, \boldsymbol{\alpha}_2, \cdots, \boldsymbol{\alpha}_m)$,$\boldsymbol{\alpha}$ 可由 $\boldsymbol{\beta}_1, \boldsymbol{\beta}_2, \cdots, \boldsymbol{\beta}_t$ 线性表示,因此 $\boldsymbol{\alpha} \in L(\boldsymbol{\beta}_1, \boldsymbol{\beta}_2, \cdots, \boldsymbol{\beta}_t)$,从而有

$$L(\boldsymbol{\alpha}_1, \boldsymbol{\alpha}_2, \cdots, \boldsymbol{\alpha}_m) \subseteq L(\boldsymbol{\beta}_1, \boldsymbol{\beta}_2, \cdots, \boldsymbol{\beta}_t).$$

同理可证

$$L(\boldsymbol{\beta}_1, \boldsymbol{\beta}_2, \cdots, \boldsymbol{\beta}_t) \subseteq L(\boldsymbol{\alpha}_1, \boldsymbol{\alpha}_2, \cdots, \boldsymbol{\alpha}_m),$$

故

$$L(\boldsymbol{\alpha}_1, \boldsymbol{\alpha}_2, \cdots, \boldsymbol{\alpha}_m)=L(\boldsymbol{\beta}_1, \boldsymbol{\beta}_2, \cdots, \boldsymbol{\beta}_t).$$

(2) 设 $R\{\boldsymbol{\alpha}_1, \boldsymbol{\alpha}_2, \cdots, \boldsymbol{\alpha}_m\}=r$,$\boldsymbol{\alpha}_{i_1}, \boldsymbol{\alpha}_{i_2}, \cdots, \boldsymbol{\alpha}_{i_r}(r \leqslant m)$ 是 $\boldsymbol{\alpha}_1, \boldsymbol{\alpha}_2, \cdots, \boldsymbol{\alpha}_m$ 的一个极大线性无关组. 因为 $\boldsymbol{\alpha}_1, \boldsymbol{\alpha}_2, \cdots, \boldsymbol{\alpha}_m$ 与 $\boldsymbol{\alpha}_{i_1}, \boldsymbol{\alpha}_{i_2}, \cdots, \boldsymbol{\alpha}_{i_r}$ 等价,所以

$$L(\boldsymbol{\alpha}_1, \boldsymbol{\alpha}_2, \cdots, \boldsymbol{\alpha}_m)=L(\boldsymbol{\alpha}_{i_1}, \boldsymbol{\alpha}_{i_2}, \cdots, \boldsymbol{\alpha}_{i_r}),$$

由定理 5.1 结论可知 $\boldsymbol{\alpha}_{i_1}, \boldsymbol{\alpha}_{i_2}, \cdots, \boldsymbol{\alpha}_{i_r}$ 就是 $L(\boldsymbol{\alpha}_1, \boldsymbol{\alpha}_2, \cdots, \boldsymbol{\alpha}_m)$的一个基,故

$$\dim L(\boldsymbol{\alpha}_1, \boldsymbol{\alpha}_2, \cdots, \boldsymbol{\alpha}_m)=r=R\{\boldsymbol{\alpha}_1, \boldsymbol{\alpha}_2, \cdots, \boldsymbol{\alpha}_m\}.$$

定理 5.4 设 W 是 n 维线性空间 V 的任意一个 m (>0) 维子空间,$\boldsymbol{\alpha}_1, \boldsymbol{\alpha}_2, \cdots, \boldsymbol{\alpha}_m$ 是 W 的一个基,则这个基可扩充为 V 的基,即在 V 中可以找到 $n-m$ 个向量

$$\boldsymbol{\alpha}_{m+1}, \boldsymbol{\alpha}_{m+2}, \cdots, \boldsymbol{\alpha}_n,$$

使得 $\boldsymbol{\alpha}_1, \boldsymbol{\alpha}_2, \cdots, \boldsymbol{\alpha}_m, \boldsymbol{\alpha}_{m+1}, \cdots, \boldsymbol{\alpha}_n$ 是 V 的一个基.

证明 对 $n-m$ 作数学归纳法.

(1) 当 $n-m=0$ 时,$\boldsymbol{\alpha}_1, \boldsymbol{\alpha}_2, \cdots, \boldsymbol{\alpha}_m$ 已经是 V 的一个基,故结论成立.

(2) 设当 $n-m=k$ 时,定理成立,则当 $n-m=k+1$ 时,既然 $\boldsymbol{\alpha}_1, \boldsymbol{\alpha}_2, \cdots, \boldsymbol{\alpha}_m$ 还不是 V 的一个基,那么在 V 中必定有一个向量 $\boldsymbol{\alpha}_{m+1}$ 不能由 $\boldsymbol{\alpha}_1, \boldsymbol{\alpha}_2, \cdots, \boldsymbol{\alpha}_m$ 线性表示.又因为 $\boldsymbol{\alpha}_1, \boldsymbol{\alpha}_2, \cdots, \boldsymbol{\alpha}_m$ 线性无关,所以 $\boldsymbol{\alpha}_1, \boldsymbol{\alpha}_2, \cdots, \boldsymbol{\alpha}_m, \boldsymbol{\alpha}_{m+1}$ 必定线性无关(否则 $\boldsymbol{\alpha}_{m+1}$ 可由向量组 $\boldsymbol{\alpha}_1, \boldsymbol{\alpha}_2, \cdots, \boldsymbol{\alpha}_m$ 线性表示,矛盾).

由定理 5.3 知,$L(\boldsymbol{\alpha}_1, \boldsymbol{\alpha}_2, \cdots, \boldsymbol{\alpha}_m, \boldsymbol{\alpha}_{m+1})$是 V 的 $m+1$ 维子空间,因为

$$n-(m+1)=(n-m)-1=k+1-1=k,$$

所以由归纳假设知

$$L(\boldsymbol{\alpha}_1, \boldsymbol{\alpha}_2, \cdots, \boldsymbol{\alpha}_m, \boldsymbol{\alpha}_{m+1})$$

的基 $\boldsymbol{\alpha}_1, \boldsymbol{\alpha}_2, \cdots, \boldsymbol{\alpha}_m, \boldsymbol{\alpha}_{m+1}$ 可扩充为 V 的基,即 $\boldsymbol{\alpha}_1, \boldsymbol{\alpha}_2, \cdots, \boldsymbol{\alpha}_m$ 可扩充为 V 的基.

根据数学归纳法原理,定理 5.4 成立.

习题 5.3

1. 设 $\mathbf{A}\in\mathbf{F}^{n\times n}$,证明下列集合是 $\mathbf{F}^n$ 的子空间.

(1) $V_1=\{\boldsymbol{x}\in\mathbf{F}^n \mid \mathbf{A}\boldsymbol{x}=\mathbf{0}\}$;　　(2) $V_2=\{\boldsymbol{x}\in\mathbf{F}^n \mid \mathbf{A}\boldsymbol{x}=\boldsymbol{x}\}$;

(3) $V_3=\{\boldsymbol{x}\in\mathbf{F}^n \mid \mathbf{A}\boldsymbol{x}=-\boldsymbol{x}\}$;　　(4) $V_4=\{\mathbf{A}\boldsymbol{x} \mid \boldsymbol{x}\in\mathbf{F}^n\}$.

2. $\mathbf{F}^{n\times n}$ 的下列子集是否是 $\mathbf{F}^{n\times n}$ 的子空间? 若是,求其一个基和维数.

(1) $V_1=\{\mathbf{A}=(a_{ij})_{n\times n}\in\mathbf{F}^{n\times n} \mid \mathbf{A}^{\mathrm{T}}=\mathbf{A}\}$;

(2) $V_2=\{\mathbf{A}=(a_{ij})_{n\times n}\in\mathbf{F}^{n\times n} \mid \mathbf{A}^{\mathrm{T}}=-\mathbf{A}\}$;

(3) $V_3=\{\mathbf{A}=(a_{ij})_{n\times n}\in\mathbf{F}^{n\times n} \mid a_{ij}=0\ (i<j)\}$;

(4) $V_4=\{\mathbf{A}=(a_{ij})_{n\times n}\in\mathbf{F}^{n\times n} \mid a_{ij}=0\ (i>j)\}$;

(5) $V_5=\{\mathbf{A}=(a_{ij})_{n\times n}\in\mathbf{F}^{n\times n} \mid a_{ij}=0\ (i\neq j)\}$;

(6) $V_6=\{\mathbf{A}=(a_{ij})_{n\times n}\in\mathbf{F}^{n\times n} \mid |\mathbf{A}|=0\}$.

3. 设 $\boldsymbol{\alpha}_1=(1,2,-1,0)^{\mathrm{T}}, \boldsymbol{\alpha}_2=(1,1,0,2)^{\mathrm{T}}, \boldsymbol{\alpha}_3=(2,1,1,a)^{\mathrm{T}}$ 是 $\mathbf{F}^4$ 的三个向量,若生成子空间 $L(\boldsymbol{\alpha}_1, \boldsymbol{\alpha}_2, \boldsymbol{\alpha}_3)$ 的维数是 2,求 a 的值.

4. 设 $\boldsymbol{\alpha}_1=(2,-3,1)^{\mathrm{T}}, \boldsymbol{\alpha}_2=(1,4,2)^{\mathrm{T}}, \boldsymbol{\alpha}_3=(5,-2,4)^{\mathrm{T}}$ 是 $\mathbf{F}^3$ 的三个向量,求生成子空间 $L(\boldsymbol{\alpha}_1, \boldsymbol{\alpha}_2, \boldsymbol{\alpha}_3)$ 的维数与一个基,并把这个基扩充为 $\mathbf{F}^3$ 的基.

5. 设 $a\boldsymbol{\alpha}+b\boldsymbol{\beta}+c\boldsymbol{\gamma}=\mathbf{0}$,其中 $ab\neq 0$,证明: $L(\boldsymbol{\alpha}, \boldsymbol{\gamma})=L(\boldsymbol{\beta}, \boldsymbol{\gamma})$.

6. 设

$$V=\left\{\begin{pmatrix} a & b \\ -b & a \end{pmatrix} \middle| a, b\in F\right\},$$

证明: V 是 $\mathbf{F}^{2\times 2}$ 的子空间,并求其一个基和维数.

7. 记 $C(\mathbf{A})=\{\mathbf{X}\in\mathbf{F}^{n\times n} \mid \mathbf{A}\mathbf{X}=\mathbf{X}\mathbf{A}\}$,

(1) 证明: $C(\mathbf{A})$ 是 $\mathbf{F}^{n\times n}$ 的子空间;

(2) 设 $n=3$, $\mathbf{A}=\begin{pmatrix} 1 & 1 & 0 \\ 0 & 1 & 1 \\ 0 & 0 & 1 \end{pmatrix}$,求 $C(\mathbf{A})$ 的一个基和维数.

8. 设 V 是有限维线性空间,证明: $\dim V=1$ 的充分必要条件是 V 只有平凡子空间.

5.4　线性子空间的交与和

本节研究线性子空间的运算——交与和,以及维数公式.

5.4.1 子空间的交

定理 5.5 设 V_1, V_2 是线性空间 V 的两个子空间,则它们的交

$$V_1 \cap V_2=\{\boldsymbol{\alpha} \mid \boldsymbol{\alpha} \in V_1, \boldsymbol{\alpha} \in V_2\}$$

也是 V 的子空间.

证明 因为 V_1, V_2 是 V 的子空间,所以 $\mathbf{0} \in V_1$, $\mathbf{0} \in V_2$,从而 $\mathbf{0} \in V_1 \cap V_2$,因此,$V_1 \cap V_2 \neq \varnothing$.

$\forall \boldsymbol{\alpha}, \boldsymbol{\beta} \in V_1 \cap V_2$, $\forall k, l \in F$,则有 $\boldsymbol{\alpha}, \boldsymbol{\beta} \in V_1$, $\boldsymbol{\alpha}, \boldsymbol{\beta} \in V_2$, 于是有

$$k\boldsymbol{\alpha}+l\boldsymbol{\beta} \in V_1, \quad k\boldsymbol{\alpha}+l\boldsymbol{\beta} \in V_2,$$

所以 $k\boldsymbol{\alpha}+l\boldsymbol{\beta} \in V_1 \cap V_2$,故 $V_1 \cap V_2$ 是 V 的子空间. **证毕.**

称 $V_1 \cap V_2$ 为子空间 V_1, V_2 的**交空间**,且易知 $V_1 \cap V_2$ 是包含于 V_1, V_2 的最大子空间.

事实上,假设 W 是包含于 V_1, V_2 的任一子空间,则 $W \subseteq V_1$, $W \subseteq V_2$.因此,$\forall \boldsymbol{\alpha} \in W$,有 $\boldsymbol{\alpha} \in V_1$, V_2,即 $\boldsymbol{\alpha} \in V_1 \cap V_2$,故 $W \subseteq V_1 \cap V_2$,所以 $V_1 \cap V_2$ 是包含于 V_1, V_2 的最大子空间.

定理 5.5 的结论可推广到多个子空间,即设 $V_i(i=1, 2, \cdots, m)$是 V 的子空间,则

$$\bigcap_{i=1}^{m} V_i=V_1 \cap V_2 \cap \cdots \cap V_m$$

也是 V 的子空间,且是包含于 $V_i(i=1, 2, \cdots, m)$的最大子空间.

5.4.2 子空间的和

定义 5.9 设 V_1, V_2 是线性空间 V 的两个子空间,则称 V 的子集

$$V_1+V_2=\{\boldsymbol{\alpha}+\boldsymbol{\beta} \mid \boldsymbol{\alpha} \in V_1, \boldsymbol{\beta} \in V_2\}$$

为 V_1 与 V_2 的和.

定理 5.6 设 V_1, V_2 是线性空间 V 的两个子空间,则 V_1+V_2 也是 V 的子空间.

证明 因为 V_1, V_2 是 V 的子空间,所以 $\mathbf{0} \in V_1$, $\mathbf{0} \in V_2$,从而 $\mathbf{0}=\mathbf{0}+\mathbf{0} \in V_1+V_2$, 因此 $V_1+V_2 \neq \varnothing$.

$\forall \boldsymbol{\alpha}, \boldsymbol{\beta} \in V_1+V_2$, $\forall k, l \in F$,则有 $\boldsymbol{\alpha}_1, \boldsymbol{\beta}_1 \in V_1$, $\boldsymbol{\alpha}_2, \boldsymbol{\beta}_2 \in V_2$, 使得

$$\boldsymbol{\alpha}=\boldsymbol{\alpha}_1+\boldsymbol{\alpha}_2, \quad \boldsymbol{\beta}=\boldsymbol{\beta}_1+\boldsymbol{\beta}_2,$$

于是

$$k\boldsymbol{\alpha}+l\boldsymbol{\beta}=k(\boldsymbol{\alpha}_1+\boldsymbol{\alpha}_2)+l(\boldsymbol{\beta}_1+\boldsymbol{\beta}_2)=(k\boldsymbol{\alpha}_1+l\boldsymbol{\beta}_1)+(k\boldsymbol{\alpha}_2+l\boldsymbol{\beta}_2).$$

因为V_1, V_2是子空间,所以有$k\boldsymbol{\alpha}_1+l\boldsymbol{\beta}_1\in V_1$, $k\boldsymbol{\alpha}_2+l\boldsymbol{\beta}_2\in V_2$,从而有$k\boldsymbol{\alpha}+l\boldsymbol{\beta}\in V_1+V_2$,故$V_1+V_2$是子空间. **证毕.**

称V_1+V_2为子空间V_1, V_2的**和空间**,且可知V_1+V_2是包含$V_1\cup V_2$的最小子空间.

这是因为,假设W是包含$V_1\cup V_2$的任一子空间,则$V_1\subseteq W$, $V_2\subseteq W$.因此,任取$\boldsymbol{\alpha}\in V_1+V_2$,设

$$\boldsymbol{\alpha}=\boldsymbol{\alpha}_1+\boldsymbol{\alpha}_2,\quad \boldsymbol{\alpha}_1\in V_1,\quad \boldsymbol{\alpha}_2\in V_2,$$

则$\boldsymbol{\alpha}_1\in W$, $\boldsymbol{\alpha}_2\in W$,从而$\boldsymbol{\alpha}=\boldsymbol{\alpha}_1+\boldsymbol{\alpha}_2\in W$,故$V_1+V_2\subseteq W$,即$V_1+V_2$是包含$V_1\cup V_2$的最小子空间.

需要注意的是,若V_1, V_2是线性空间V的两个子空间,则$V_1\cup V_2$未必是V的子空间.例如,设V是xOy平面上的全体向量构成的二维线性空间,V_1, V_2分别是与x轴和y轴平行的向量构成的一维线性空间,则任取两个非零向量$\boldsymbol{\alpha}$, $\boldsymbol{\beta}\in V_1\cup V_2$,其中$\boldsymbol{\alpha}\in V_1$, $\boldsymbol{\beta}\in V_2$,则$\boldsymbol{\alpha}+\boldsymbol{\beta}\notin V_1$且$\boldsymbol{\alpha}+\boldsymbol{\beta}\notin V_2$,即$\boldsymbol{\alpha}+\boldsymbol{\beta}\notin V_1\cup V_2$,因此,$V_1\cup V_2$不是$V$的线性子空间.

定理5.6的结论可推广到多个子空间,即设V_1, V_2, …, V_m是V的子空间,则称V的子集

$$\sum_{i=1}^{m}V_i=V_1+V_2+\cdots+V_m=\{\boldsymbol{\alpha}_1+\boldsymbol{\alpha}_2+\cdots+\boldsymbol{\alpha}_m\mid \boldsymbol{\alpha}_i\in V_i,\ i=1,\ 2,\ \cdots,\ m\}$$

为子空间V_1, V_2, …, V_m的和,且$\sum\limits_{i=1}^{m}V_i$也是V的子空间,是包含并$\bigcup\limits_{i=1}^{m}V_i$的最小子空间.

例 5.16 设$\boldsymbol{\alpha}_1$, $\boldsymbol{\alpha}_2$, …, $\boldsymbol{\alpha}_m$与$\boldsymbol{\beta}_1$, $\boldsymbol{\beta}_2$, …, $\boldsymbol{\beta}_t$是线性空间V中的两个向量组,则

$$L(\boldsymbol{\alpha}_1,\boldsymbol{\alpha}_2,\cdots,\boldsymbol{\alpha}_m)+L(\boldsymbol{\beta}_1,\boldsymbol{\beta}_2,\cdots,\boldsymbol{\beta}_t)=L(\boldsymbol{\alpha}_1,\boldsymbol{\alpha}_2,\cdots,\boldsymbol{\alpha}_m,\boldsymbol{\beta}_1,\boldsymbol{\beta}_2,\cdots,\boldsymbol{\beta}_t).$$

证明 $\forall\boldsymbol{\gamma}\in L(\boldsymbol{\alpha}_1,\boldsymbol{\alpha}_2,\cdots,\boldsymbol{\alpha}_m)+L(\boldsymbol{\beta}_1,\boldsymbol{\beta}_2,\cdots,\boldsymbol{\beta}_t)$,存在$\boldsymbol{\alpha}\in L(\boldsymbol{\alpha}_1,\boldsymbol{\alpha}_2,\cdots,\boldsymbol{\alpha}_m)$, $\boldsymbol{\beta}\in L(\boldsymbol{\beta}_1,\boldsymbol{\beta}_2,\cdots,\boldsymbol{\beta}_t)$,使得$\boldsymbol{\gamma}=\boldsymbol{\alpha}+\boldsymbol{\beta}$.令

$$\boldsymbol{\alpha}=k_1\boldsymbol{\alpha}_1+k_2\boldsymbol{\alpha}_2+\cdots+k_m\boldsymbol{\alpha}_m,\quad k_1,\ k_2,\ \cdots,\ k_m\in F,$$
$$\boldsymbol{\beta}=l_1\boldsymbol{\beta}_1+l_2\boldsymbol{\beta}_2+\cdots+l_t\boldsymbol{\beta}_t,\quad l_1,\ l_2,\ \cdots,\ l_t\in F,$$

则有

$$\boldsymbol{\gamma}=\boldsymbol{\alpha}+\boldsymbol{\beta}=k_1\boldsymbol{\alpha}_1+k_2\boldsymbol{\alpha}_2+\cdots+k_m\boldsymbol{\alpha}_m+l_1\boldsymbol{\beta}_1+l_2\boldsymbol{\beta}_2+\cdots+l_t\boldsymbol{\beta}_t,$$

于是, $\boldsymbol{\gamma}\in L(\boldsymbol{\alpha}_1,\boldsymbol{\alpha}_2,\cdots,\boldsymbol{\alpha}_m,\boldsymbol{\beta}_1,\boldsymbol{\beta}_2,\cdots,\boldsymbol{\beta}_t)$, 从而有

$$L(\boldsymbol{\alpha}_1,\boldsymbol{\alpha}_2,\cdots,\boldsymbol{\alpha}_m)+L(\boldsymbol{\beta}_1,\boldsymbol{\beta}_2,\cdots,\boldsymbol{\beta}_t)\subseteq L(\boldsymbol{\alpha}_1,\boldsymbol{\alpha}_2,\cdots,\boldsymbol{\alpha}_m,\boldsymbol{\beta}_1,\boldsymbol{\beta}_2,\cdots,\boldsymbol{\beta}_t).$$

反之, $\forall\boldsymbol{\delta}\in L(\boldsymbol{\alpha}_1,\boldsymbol{\alpha}_2,\cdots,\boldsymbol{\alpha}_m,\boldsymbol{\beta}_1,\boldsymbol{\beta}_2,\cdots,\boldsymbol{\beta}_t)$, 设

$$\boldsymbol{\delta}=k_1\boldsymbol{\alpha}_1+k_2\boldsymbol{\alpha}_2+\cdots+k_m\boldsymbol{\alpha}_m+l_1\boldsymbol{\beta}_1+l_2\boldsymbol{\beta}_2+\cdots+l_t\boldsymbol{\beta}_t,$$

其中, $k_1,k_2,\cdots,k_m,l_1,l_2,\cdots,l_t\in F$. 而

$$\boldsymbol{\alpha}\triangleq k_1\boldsymbol{\alpha}_1+k_2\boldsymbol{\alpha}_2+\cdots+k_m\boldsymbol{\alpha}_m\in L(\boldsymbol{\alpha}_1,\boldsymbol{\alpha}_2,\cdots,\boldsymbol{\alpha}_m),$$
$$\boldsymbol{\beta}\triangleq l_1\boldsymbol{\beta}_1+l_2\boldsymbol{\beta}_2+\cdots+l_t\boldsymbol{\beta}_t\in L(\boldsymbol{\beta}_1,\boldsymbol{\beta}_2,\cdots,\boldsymbol{\beta}_t),$$

所以 $\boldsymbol{\delta}=\boldsymbol{\alpha}+\boldsymbol{\beta}\in L(\boldsymbol{\alpha}_1,\boldsymbol{\alpha}_2,\cdots,\boldsymbol{\alpha}_m)+L(\boldsymbol{\beta}_1,\boldsymbol{\beta}_2,\cdots,\boldsymbol{\beta}_t)$, 于是有

$$L(\boldsymbol{\alpha}_1,\boldsymbol{\alpha}_2,\cdots,\boldsymbol{\alpha}_m,\boldsymbol{\beta}_1,\boldsymbol{\beta}_2,\cdots,\boldsymbol{\beta}_t)\subseteq L(\boldsymbol{\alpha}_1,\boldsymbol{\alpha}_2,\cdots,\boldsymbol{\alpha}_m)+L(\boldsymbol{\beta}_1,\boldsymbol{\beta}_2,\cdots,\boldsymbol{\beta}_t),$$

故有

$$L(\boldsymbol{\alpha}_1,\boldsymbol{\alpha}_2,\cdots,\boldsymbol{\alpha}_m)+L(\boldsymbol{\beta}_1,\boldsymbol{\beta}_2,\cdots,\boldsymbol{\beta}_t)=L(\boldsymbol{\alpha}_1,\boldsymbol{\alpha}_2,\cdots,\boldsymbol{\alpha}_m,\boldsymbol{\beta}_1,\boldsymbol{\beta}_2,\cdots,\boldsymbol{\beta}_t).$$

证毕.

关于线性空间 V 的有限维子空间 V_1, V_2 与交空间 $V_1\cap V_2$ 及和空间 V_1+V_2,它们的维数之间有以下的维数公式.

定理 5.7(维数定理) 设 V_1, V_2 是线性空间 V 的两个有限维子空间,则有维数公式

$$\dim(V_1+V_2)=\dim V_1+\dim V_2-\dim(V_1\cap V_2).$$

证明 因为 $V_1\cap V_2\subseteq V_1$, V_2,所以 $V_1\cap V_2$ 是 V_1, V_2 的子空间. 令

$$\dim V_1=n_1,\quad \dim V_2=n_2,\quad \dim(V_1\cap V_2)=m,$$

取 $V_1\cap V_2$ 的一个基

$$\boldsymbol{\alpha}_1,\boldsymbol{\alpha}_2,\cdots,\boldsymbol{\alpha}_m,$$

由定理 5.4,可以扩充为 V_1 的一个基

$$\boldsymbol{\alpha}_1,\boldsymbol{\alpha}_2,\cdots,\boldsymbol{\alpha}_m,\boldsymbol{\beta}_1,\boldsymbol{\beta}_2,\cdots,\boldsymbol{\beta}_{n_1-m},$$

也可以扩充为 V_2 的一个基

$$\boldsymbol{\alpha}_1,\boldsymbol{\alpha}_2,\cdots,\boldsymbol{\alpha}_m,\boldsymbol{\gamma}_1,\boldsymbol{\gamma}_2,\cdots,\boldsymbol{\gamma}_{n_2-m},$$

因为

$$V_1 = L(\boldsymbol{\alpha}_1, \boldsymbol{\alpha}_2, \cdots, \boldsymbol{\alpha}_m, \boldsymbol{\beta}_1, \boldsymbol{\beta}_2, \cdots, \boldsymbol{\beta}_{n_1-m}),$$
$$V_2 = L(\boldsymbol{\alpha}_1, \boldsymbol{\alpha}_2, \cdots, \boldsymbol{\alpha}_m, \boldsymbol{\gamma}_1, \boldsymbol{\gamma}_2, \cdots, \boldsymbol{\gamma}_{n_2-m}),$$

所以

$$V_1 + V_2 = L(\boldsymbol{\alpha}_1, \boldsymbol{\alpha}_2, \cdots, \boldsymbol{\alpha}_m, \boldsymbol{\beta}_1, \boldsymbol{\beta}_2, \cdots, \boldsymbol{\beta}_{n_1-m}, \boldsymbol{\gamma}_1, \cdots, \boldsymbol{\gamma}_{n_2-m}).$$

设

$$k_1\boldsymbol{\alpha}_1 + k_2\boldsymbol{\alpha}_2 + \cdots + k_m\boldsymbol{\alpha}_m + p_1\boldsymbol{\beta}_1 + \cdots + p_{n_1-m}\boldsymbol{\beta}_{n_1-m} + q_1\boldsymbol{\gamma}_1 + \cdots + q_{n_2-m}\boldsymbol{\gamma}_{n_2-m} = \mathbf{0},$$

则

$$\begin{aligned}\boldsymbol{\alpha} &\triangleq k_1\boldsymbol{\alpha}_1 + k_2\boldsymbol{\alpha}_2 + \cdots + k_m\boldsymbol{\alpha}_m + p_1\boldsymbol{\beta}_1 + \cdots + p_{n_1-m}\boldsymbol{\beta}_{n_1-m} \\ &= -q_1\boldsymbol{\gamma}_1 - \cdots - q_{n_2-m}\boldsymbol{\gamma}_{n_2-m}.\end{aligned}$$

由第一个等式有 $\boldsymbol{\alpha} \in V_1$，由第二个等式有 $\boldsymbol{\alpha} \in V_2$，于是 $\boldsymbol{\alpha} \in V_1 \cap V_2$，因此，$\boldsymbol{\alpha}$ 可以由 $\boldsymbol{\alpha}_1, \boldsymbol{\alpha}_2, \cdots, \boldsymbol{\alpha}_m$ 线性表示，令

$$\boldsymbol{\alpha} = l_1\boldsymbol{\alpha}_1 + l_2\boldsymbol{\alpha}_2 + \cdots + l_m\boldsymbol{\alpha}_m,$$

则

$$l_1\boldsymbol{\alpha}_1 + l_2\boldsymbol{\alpha}_2 + \cdots + l_m\boldsymbol{\alpha}_m + q_1\boldsymbol{\gamma}_1 + \cdots + q_{n_2-m}\boldsymbol{\gamma}_{n_2-m} = \mathbf{0}.$$

由 $\boldsymbol{\alpha}_1, \boldsymbol{\alpha}_2, \cdots, \boldsymbol{\alpha}_m, \boldsymbol{\gamma}_1, \cdots, \boldsymbol{\gamma}_{n_2-m}$ 线性无关，得

$$l_1 = l_2 = \cdots = l_m = q_1 = \cdots = q_{n_2-m} = 0,$$

因而 $\boldsymbol{\alpha} = \mathbf{0}$，从而有

$$k_1\boldsymbol{\alpha}_1 + k_2\boldsymbol{\alpha}_2 + \cdots + k_m\boldsymbol{\alpha}_m + p_1\boldsymbol{\beta}_1 + \cdots + p_{n_1-m}\boldsymbol{\beta}_{n_1-m} = \mathbf{0}.$$

由 $\boldsymbol{\alpha}_1, \boldsymbol{\alpha}_2, \cdots, \boldsymbol{\alpha}_m, \boldsymbol{\beta}_1, \cdots, \boldsymbol{\beta}_{n_1-m}$ 线性无关，得

$$k_1 = k_2 = \cdots = k_m = p_1 = \cdots = p_{n_1-m} = 0,$$

这就证明了

$$\boldsymbol{\alpha}_1, \boldsymbol{\alpha}_2, \cdots, \boldsymbol{\alpha}_m, \boldsymbol{\beta}_1, \cdots, \boldsymbol{\beta}_{n_1-m}, \boldsymbol{\gamma}_1, \cdots, \boldsymbol{\gamma}_{n_2-m}$$

线性无关，因而它是 V_1+V_2 的一个基. 故

$$\dim(V_1 + V_2) = m + (n_1 - m) + (n_2 - m) = n_1 + n_2 - m,$$

即

$$\dim(V_1 + V_2) = \dim V_1 + \dim V_2 - \dim(V_1 \cap V_2).$$

证毕.

显然，维数公式也可写成

$$\dim V_1+\dim V_2=\dim(V_1+V_2)+\dim(V_1\cap V_2).$$

可以看出，两个子空间和的维数不超过子空间维数的和，即

$$\dim(V_1+V_2)\leqslant\dim V_1+\dim V_2.$$

推论 设 V_1, V_2 是 n 维线性空间 V 的两个子空间，且

$$\dim V_1+\dim V_2>n,$$

则 V_1, V_2 必含有非零的公共向量.

证明 由条件，并根据维数公式可得

$$\dim(V_1+V_2)+\dim(V_1\cap V_2)=\dim V_1+\dim V_2>n.$$

因为 V_1+V_2 是 V 的子空间，所以 $\dim(V_1+V_2)\leqslant n$，从而 $\dim(V_1\cap V_2)>0$，即有 $V_1\cap V_2\neq\{0\}$，故 $V_1\cap V_2$ 中含有非零向量，即 V_1, V_2 必含有非零的公共向量.

例 5.17 在 $\mathbf{F}^4$ 中，设 $V_1=L(\boldsymbol{\alpha}_1, \boldsymbol{\alpha}_2, \boldsymbol{\alpha}_3)$，$V_2=L(\boldsymbol{\beta}_1, \boldsymbol{\beta}_2)$，分别求和空间 V_1+V_2 与交空间 $V_1\cap V_2$ 的维数与一个基，其中

$$\boldsymbol{\alpha}_1=(1,1,2,0)^{\mathrm{T}},\quad \boldsymbol{\alpha}_2=(-1,1,1,1)^{\mathrm{T}},\quad \boldsymbol{\alpha}_3=(0,2,3,1)^{\mathrm{T}},$$
$$\boldsymbol{\beta}_1=(2,0,-1,1)^{\mathrm{T}},\quad \boldsymbol{\beta}_2=(1,3,-1,7)^{\mathrm{T}}.$$

解 根据例 5.16 有

$$V_1+V_2=L(\boldsymbol{\alpha}_1, \boldsymbol{\alpha}_2, \boldsymbol{\alpha}_3, \boldsymbol{\beta}_1, \boldsymbol{\beta}_2).$$

对以 $\boldsymbol{\alpha}_1, \boldsymbol{\alpha}_2, \boldsymbol{\alpha}_3, \boldsymbol{\beta}_1, \boldsymbol{\beta}_2$ 为列的矩阵作初等行变换

$$(\boldsymbol{\alpha}_1, \boldsymbol{\alpha}_2, \boldsymbol{\alpha}_3, \boldsymbol{\beta}_1, \boldsymbol{\beta}_2)=\begin{pmatrix}1&-1&0&2&1\\1&1&2&0&3\\2&1&3&-1&-1\\0&1&1&1&7\end{pmatrix}\xrightarrow[r_3-2r_1]{r_2-r_1}\begin{pmatrix}1&-1&0&2&1\\0&2&2&-2&2\\0&3&3&-5&-3\\0&1&1&1&7\end{pmatrix}$$

$$\xrightarrow{\frac{1}{2}r_2}\begin{pmatrix}1&-1&0&2&1\\0&1&1&-1&1\\0&3&3&-5&-3\\0&1&1&1&7\end{pmatrix}\xrightarrow[\substack{r_3-3r_2\\r_4-r_2}]{r_1+r_2}\begin{pmatrix}1&0&1&1&2\\0&1&1&-1&1\\0&0&0&-2&-6\\0&0&0&2&6\end{pmatrix}$$

$$\xrightarrow[\frac{1}{2}r_4]{-\frac{1}{2}r_3}\begin{pmatrix}1&0&1&1&2\\0&1&1&-1&1\\0&0&0&1&3\\0&0&0&1&3\end{pmatrix}\xrightarrow[\substack{r_2+r_3\\r_4-r_3}]{r_1-r_3}\begin{pmatrix}1&0&1&0&-1\\0&1&1&0&4\\0&0&0&1&3\\0&0&0&0&0\end{pmatrix},$$

由此可知 $\dim V_1=2$，$\dim V_2=2$，$\dim(V_1+V_2)=3$，且 $\boldsymbol{\alpha}_1$，$\boldsymbol{\alpha}_2$，$\boldsymbol{\beta}_1$ 是 V_1+V_2 的一个基.

由维数公式可得，$\dim(V_1\cap V_2)=\dim V_1+\dim V_2-\dim(V_1+V_2)=1$，再观察上述最后一个矩阵各列有 $\boldsymbol{\beta}_2=-\boldsymbol{\alpha}_1+4\boldsymbol{\alpha}_2+3\boldsymbol{\beta}_1$，即 $-\boldsymbol{\alpha}_1+4\boldsymbol{\alpha}_2+3\boldsymbol{\beta}_1-\boldsymbol{\beta}_2=\mathbf{0}$，于是有

$$\boldsymbol{\alpha}=-\boldsymbol{\alpha}_1+4\boldsymbol{\alpha}_2=-3\boldsymbol{\beta}_1+\boldsymbol{\beta}_2\in V_1\cap V_2,$$

并且 $\boldsymbol{\alpha}=(-5,3,2,4)^{\mathrm{T}}\neq\mathbf{0}$，因此 $\boldsymbol{\alpha}$ 是 $V_1\cap V_2$ 的一个基.

习题 5.4

1. 设 V_1，V_2，V_3 是线性空间 V 的三个子空间，证明：若 $V_2\subseteq V_3$，$V_1\cap V_2=V_1\cap V_3$，$V_1+V_2=V_1+V_3$，则 $V_2=V_3$.

2. 设 $\boldsymbol{\alpha}_1=(1,1,0,0)^{\mathrm{T}}$，$\boldsymbol{\alpha}_2=(1,0,1,1)^{\mathrm{T}}$，$\boldsymbol{\beta}=(5,2,3,3)^{\mathrm{T}}$ 是 $\mathbf{F}^4$ 的三个向量，求 $L(\boldsymbol{\alpha}_1,\boldsymbol{\alpha}_2)\cap L(\boldsymbol{\beta})$ 与 $L(\boldsymbol{\alpha}_1,\boldsymbol{\alpha}_2)+L(\boldsymbol{\beta})$ 的维数与一个基.

3. 已知 $\mathbf{F}^{2\times 2}$ 的两个子空间

$$V_1=\left\{\begin{pmatrix}a&0\\0&a\end{pmatrix}\middle| a\in F\right\},\quad V_2=\left\{\begin{pmatrix}a&b\\c&0\end{pmatrix}\middle| a,b,c\in F\right\},$$

证明：$\mathbf{F}^{2\times 2}=V_1+V_2$，且 $V_1\cap V_2=\{\mathbf{0}\}$.

4. 在 $\mathbf{F}^4$ 中，记

$$V_1=\{(a,-a,b,c)^{\mathrm{T}}\mid a,b,c\in F\},\quad V_2=\{(a,b,-a,c)^{\mathrm{T}}\mid a,b,c\in F\}.$$

(1) 证明：V_1，V_2 是 $\mathbf{F}^4$ 的子空间.

(2) 求 V_1+V_2 与 $V_1\cap V_2$ 的一个基和维数.

5. 设 V_1，V_2 是线性空间 V 的子空间，证明：$V_1\cup V_2$ 是 V 的子空间的充分必要条件是 $V_1\subseteq V_2$ 或 $V_2\subseteq V_1$.

6. 设 $\boldsymbol{\alpha}_1,\boldsymbol{\alpha}_2,\cdots,\boldsymbol{\alpha}_m$ 与 $\boldsymbol{\beta}_1,\boldsymbol{\beta}_2,\cdots,\boldsymbol{\beta}_t$ 是 $\mathbf{F}^n$ 的线性无关向量组，证明：子空间 $L(\boldsymbol{\alpha}_1,\boldsymbol{\alpha}_2,\cdots,\boldsymbol{\alpha}_m)\cap L(\boldsymbol{\beta}_1,\boldsymbol{\beta}_2,\cdots,\boldsymbol{\beta}_t)$ 的维数等于齐次线性方程组

$$\boldsymbol{\alpha}_1x_1+\boldsymbol{\alpha}_2x_2+\cdots+\boldsymbol{\alpha}_mx_m+\boldsymbol{\beta}_1y_1+\boldsymbol{\beta}_2y_2+\cdots+\boldsymbol{\beta}_ty_t=\mathbf{0}$$

的解空间的维数.

7. 设 V_1，V_2 是线性空间 V 的子空间，且 $\dim(V_1+V_2)=\dim(V_1\cap V_2)+1$，证明：$V_1\subseteq V_2$ 或 $V_2\subseteq V_1$.

5.5 线性子空间的直和

一般地，在子空间的和 V_1+V_2 中，每个向量 $\boldsymbol{\alpha}$ 的分解式 $\boldsymbol{\alpha}=\boldsymbol{\alpha}_1+\boldsymbol{\alpha}_2$，

$\boldsymbol{\alpha}_1 \in V_1$，$\boldsymbol{\alpha}_2 \in V_2$ 不一定是唯一的，本节介绍子空间和的特殊情况——直和.

定义 5.10 设 V_1，V_2 是线性空间 V 的两个子空间，如果和式 V_1+V_2 中每个向量 $\boldsymbol{\alpha}$ 的分解式

$$\boldsymbol{\alpha}=\boldsymbol{\alpha}_1+\boldsymbol{\alpha}_2,\quad \boldsymbol{\alpha}_1 \in V_1,\quad \boldsymbol{\alpha}_2 \in V_2$$

是唯一的，则称这个和为**直和**，记作 $V_1 \oplus V_2$.

例如，$V_1=\{(a_1, a_2, 0)^{\mathrm{T}} \mid a_1, a_2 \in F\}$，$V_2=\{(0, 0, a_3)^{\mathrm{T}} \mid a_3 \in F\}$ 都是$\mathbf{F}^3$的子空间，$\forall \boldsymbol{\alpha} \in V_1+V_2$，设 $\boldsymbol{\alpha}=(a_1, a_2, a_3)^{\mathrm{T}}$，则 $\boldsymbol{\alpha}=\boldsymbol{\alpha}_1+\boldsymbol{\alpha}_2$，其中 $\boldsymbol{\alpha}_1 \in V_1$，$\boldsymbol{\alpha}_2 \in V_2$，而

$$\boldsymbol{\alpha}_1=(a_1, a_2, 0)^{\mathrm{T}},\quad \boldsymbol{\alpha}_2=(0, 0, a_3)^{\mathrm{T}}.$$

若另有 $\boldsymbol{\alpha}=\boldsymbol{\beta}_1+\boldsymbol{\beta}_2$，其中 $\boldsymbol{\beta}_1 \in V_1$，$\boldsymbol{\beta}_2 \in V_2$，设 $\boldsymbol{\beta}_1=(b_1, b_2, 0)^{\mathrm{T}}$，$\boldsymbol{\beta}_2=(0, 0, b_3)^{\mathrm{T}}$，则 $\boldsymbol{\alpha}=(b_1, b_2, b_3)^{\mathrm{T}}$，从而有 $(a_1, a_2, a_3)^{\mathrm{T}}=(b_1, b_2, b_3)^{\mathrm{T}}$，于是 $a_i=b_i\,(i=1, 2, 3)$，因此 $\boldsymbol{\alpha}_i=\boldsymbol{\beta}_i\,(i=1, 2)$，即 $\boldsymbol{\alpha}$ 的分解式是唯一的，所以 $V_1+V_2=V_1 \oplus V_2$.

但是并非所有子空间的和都是直和.例如，$V_3=\{(0, b_2, b_3)^{\mathrm{T}} \mid b_2, b_3 \in F\}$ 也是 $\mathbf{F}^3$ 的子空间，V_1+V_3 的向量 $\boldsymbol{\alpha}=(1, 1, 1)^{\mathrm{T}}$ 可分解为

$$\boldsymbol{\alpha}=(1, 1, 1)^{\mathrm{T}}=(1, 1, 0)^{\mathrm{T}}+(0, 0, 1)^{\mathrm{T}},$$

也可分解为

$$\boldsymbol{\alpha}=(1, 1, 1)^{\mathrm{T}}=(1, 0, 0)^{\mathrm{T}}+(0, 1, 1)^{\mathrm{T}},$$

分解式不唯一，所以 V_1+V_3 不是直和.

那么，在什么情况下两个子空间的和会是直和呢？有以下的判定定理.

定理 5.8 设 V_1，V_2 是线性空间 V 的子空间，则下列命题等价.

(1) $V_1+V_2=V_1 \oplus V_2$；

(2) V_1+V_2 中零向量的分解式唯一(即 $\mathbf{0}=\boldsymbol{\alpha}_1+\boldsymbol{\alpha}_2$，$\boldsymbol{\alpha}_1 \in V_1$，$\boldsymbol{\alpha}_2 \in V_2$，只有在 $\boldsymbol{\alpha}_1=\boldsymbol{\alpha}_2=\mathbf{0}$ 时才成立)；

(3) $V_1 \cap V_2=\{\mathbf{0}\}$.

证明 (1)⇒(2)：因为 $V_1+V_2=V_1 \oplus V_2$，所以 V_1+V_2 中每个向量 $\boldsymbol{\alpha}$ 的分解式唯一，而 $\mathbf{0} \in V_1+V_2$，所以 $\mathbf{0}$ 的分解式唯一.

(2)⇒(3)：设 $V_1 \cap V_2 \neq \{\mathbf{0}\}$，则有 $\boldsymbol{\beta} \in V_1 \cap V_2$，$\boldsymbol{\beta} \neq \mathbf{0}$，于是 $\boldsymbol{\beta} \in V_1$，$\boldsymbol{\beta} \in V_2$，而 $\mathbf{0}=\boldsymbol{\beta}+(-\boldsymbol{\beta})$，这与 $\mathbf{0}$ 的分解式唯一矛盾，故 $V_1 \cap V_2=\{\mathbf{0}\}$.

(3)⇒(1)：$\forall \boldsymbol{\alpha} \in V_1+V_2$，若 $\boldsymbol{\alpha}=\boldsymbol{\alpha}_1+\boldsymbol{\alpha}_2$，同时 $\boldsymbol{\alpha}=\boldsymbol{\beta}_1+\boldsymbol{\beta}_2$，$\boldsymbol{\alpha}_i$，$\boldsymbol{\beta}_i \in V_i\,(i=1, 2)$，则 $\boldsymbol{\alpha}_1-\boldsymbol{\beta}_1=\boldsymbol{\beta}_2-\boldsymbol{\alpha}_2 \in V_1 \cap V_2=\{\mathbf{0}\}$，于是 $\boldsymbol{\alpha}_1-\boldsymbol{\beta}_1=\boldsymbol{\beta}_2-\boldsymbol{\alpha}_2=\mathbf{0}$，即 $\boldsymbol{\alpha}_1=\boldsymbol{\beta}_1$，$\boldsymbol{\alpha}_2=\boldsymbol{\beta}_2$，所以 $\boldsymbol{\alpha}$ 的分解式唯一，故 $V_1+V_2=V_1 \oplus V_2$.

定理 5.9 设 V_1, V_2 是线性空间 V 的两个有限维子空间,则和 V_1+V_2 是直和的充分必要条件是

$$\dim(V_1+V_2)=\dim V_1+\dim V_2.$$

证明 由定理 5.7 与定理 5.8,可得

$$V_1+V_2=V_1\oplus V_2 \Leftrightarrow V_1\cap V_2=\{\mathbf{0}\}\Leftrightarrow \dim(V_1\cap V_2)=0$$
$$\Leftrightarrow \dim(V_1+V_2)=\dim V_1+\dim V_2.$$

定理 5.10 设 U 是 n 维线性空间 V 的一个子空间,则一定存在 V 的一个子空间 W,使得

$$V=U\oplus W.$$

证明 取 U 的一个基 $\boldsymbol{\alpha}_1, \boldsymbol{\alpha}_2, \cdots, \boldsymbol{\alpha}_m$,并把它扩充为 V 的一个基

$$\boldsymbol{\alpha}_1, \boldsymbol{\alpha}_2, \cdots, \boldsymbol{\alpha}_m, \boldsymbol{\alpha}_{m+1}, \cdots, \boldsymbol{\alpha}_n.$$

令

$$W=L(\boldsymbol{\alpha}_{m+1}, \boldsymbol{\alpha}_{m+2}, \cdots, \boldsymbol{\alpha}_n),$$

则

$$U+W=L(\boldsymbol{\alpha}_1, \boldsymbol{\alpha}_2, \cdots, \boldsymbol{\alpha}_m)+L(\boldsymbol{\alpha}_{m+1}, \boldsymbol{\alpha}_{m+2}, \cdots, \boldsymbol{\alpha}_n)$$
$$=L(\boldsymbol{\alpha}_1, \boldsymbol{\alpha}_2, \cdots, \boldsymbol{\alpha}_m, \boldsymbol{\alpha}_{m+1}, \boldsymbol{\alpha}_{m+2}, \cdots, \boldsymbol{\alpha}_n)=V.$$

设 $\mathbf{0}=\boldsymbol{\alpha}+\boldsymbol{\beta}$ ($\boldsymbol{\alpha}\in U$, $\boldsymbol{\beta}\in W$), 并令

$$\boldsymbol{\alpha}=k_1\boldsymbol{\alpha}_1+k_2\boldsymbol{\alpha}_2+\cdots+k_m\boldsymbol{\alpha}_m, \quad \boldsymbol{\beta}=k_{m+1}\boldsymbol{\alpha}_{m+1}+k_{m+2}\boldsymbol{\alpha}_{m+2}+\cdots+k_n\boldsymbol{\alpha}_n,$$

于是

$$\mathbf{0}=k_1\boldsymbol{\alpha}_1+k_2\boldsymbol{\alpha}_2+\cdots+k_m\boldsymbol{\alpha}_m+k_{m+1}\boldsymbol{\alpha}_{m+1}+k_{m+2}\boldsymbol{\alpha}_{m+2}+\cdots+k_n\boldsymbol{\alpha}_n.$$

因为 $\boldsymbol{\alpha}_1, \boldsymbol{\alpha}_2, \cdots, \boldsymbol{\alpha}_m, \boldsymbol{\alpha}_{m+1}, \boldsymbol{\alpha}_{m+2}, \cdots, \boldsymbol{\alpha}_n$ 是 V 的基,所以

$$k_1=k_2=\cdots=k_m=0, \quad k_{m+1}=k_{m+2}=\cdots=k_n=0,$$

因此,$\boldsymbol{\alpha}=\mathbf{0}$, $\boldsymbol{\beta}=\mathbf{0}$, 即 $\mathbf{0}$ 的分解式唯一,故 $V=U\oplus W$.

定理 5.10 中的 W 也称为 U 的**补空间**(或**余空间**). **证毕.**

两个子空间直和的概念可以推广到多个子空间的情形.

定义 5.11 设 $V_1, V_2, \cdots, V_m$ 是线性空间 V 的子空间,如果和空间 $V_1+V_2+\cdots+V_m$ 中的每个向量 $\boldsymbol{\alpha}$ 的分解式

$$\boldsymbol{\alpha}=\boldsymbol{\alpha}_1+\boldsymbol{\alpha}_2+\cdots+\boldsymbol{\alpha}_m, \quad \boldsymbol{\alpha}_i\in V_i (i=1, 2, \cdots, m)$$

是唯一的,则称和 $V_1+V_2+\cdots+V_m$ 为直和,记为 $V_1+V_2+\cdots+V_m=V_1\oplus V_2\oplus\cdots\oplus V_m$.

定理 5.11 设 $V_1, V_2, \cdots, V_m$ 是线性空间 V 的子空间,则下列条件等价:

(1) $V_1+V_2+\cdots+V_m=V_1\oplus V_2\oplus\cdots\oplus V_m$;

(2) $V_1+V_2+\cdots+V_m$ 中零向量分解式唯一;

(3) $V_i\cap\left(\sum\limits_{j\neq i}V_j\right)=\{\mathbf{0}\}$, $i=1, 2, \cdots, m$.

定理 5.12 设 $V_1, V_2, \cdots, V_m$ 是线性空间 V 的有限维子空间,则下列条件等价:

(1) $V_1+V_2+\cdots+V_m=V_1\oplus V_2\oplus\cdots\oplus V_m$;

(2) $\dim\left(\sum\limits_{i=1}^{m}V_i\right)=\sum\limits_{i=1}^{m}\dim V_i$.

以上两个定理留给读者证明,其中当 $m=2$ 时的情形就是定理 5.8 与定理 5.9.

例 5.18 设 $\boldsymbol{A}\in\mathbf{F}^{n\times n}$, $V_1=\{\boldsymbol{x}\in\mathbf{F}^n\mid\boldsymbol{A}\boldsymbol{x}=\mathbf{0}\}$, $V_2=\{\boldsymbol{x}\in\mathbf{F}^n\mid\boldsymbol{A}\boldsymbol{x}=\boldsymbol{x}\}$, 证明:当 $\boldsymbol{A}^2=\boldsymbol{A}$ 时,$\mathbf{F}^n=V_1\oplus V_2$.

证明 首先, $\forall\boldsymbol{\alpha}\in\mathbf{F}^n$, 都有

$$\boldsymbol{\alpha}=(\boldsymbol{\alpha}-\boldsymbol{A}\boldsymbol{\alpha})+\boldsymbol{A}\boldsymbol{\alpha}.$$

由于 $\boldsymbol{A}(\boldsymbol{\alpha}-\boldsymbol{A}\boldsymbol{\alpha})=(\boldsymbol{A}-\boldsymbol{A}^2)\boldsymbol{\alpha}=\mathbf{0}$,因此,$\boldsymbol{\alpha}-\boldsymbol{A}\boldsymbol{\alpha}\in V_1$. 又 $\boldsymbol{A}(\boldsymbol{A}\boldsymbol{\alpha})=\boldsymbol{A}^2\boldsymbol{\alpha}=\boldsymbol{A}\boldsymbol{\alpha}$,故 $\boldsymbol{A}\boldsymbol{\alpha}\in V_2$. 所以

$$\mathbf{F}^n=V_1+V_2.$$

其次, $\forall\boldsymbol{\beta}\in V_1\cap V_2$,则 $\boldsymbol{\beta}\in V_1, V_2$,于是 $\boldsymbol{\beta}=\boldsymbol{A}\boldsymbol{\beta}=\mathbf{0}$,即 $V_1\cap V_2=\{\mathbf{0}\}$. 故 $\mathbf{F}^n=V_1\oplus V_2$.

习题 5.5

1. 证明:在习题 5.3 第 2 题中,有

$$\mathbf{F}^{n\times n}=V_1\oplus V_2.$$

2. 证明:n 维线性空间可以表示为 n 个一维子空间的直和.

3. 在 $\mathbf{R}^3$ 中,记

$$V_1=\{(a, a, a)^{\mathrm{T}}\mid a\in\mathbf{R}\},\quad V_2=\{(a, 0, b)^{\mathrm{T}}\mid a, b\in\mathbf{R}\},$$

证明:(1) V_1, V_2 是 $\mathbf{R}^3$ 的子空间;

(2) $\mathbf{R}^3=V_1\oplus V_2$.

4. 设 $\boldsymbol{A}\in\mathbf{F}^{n\times n}$, $V_1=\{\boldsymbol{x}\in\mathbf{F}^n\mid\boldsymbol{A}\boldsymbol{x}=\boldsymbol{x}\}$, $V_2=\{\boldsymbol{x}\in\mathbf{F}^n\mid\boldsymbol{A}\boldsymbol{x}=-\boldsymbol{x}\}$,证明:当 $\boldsymbol{A}^2=\boldsymbol{E}$ 时,

$\mathbf{F}^n = V_1 \oplus V_2$.

5. 设 V_1, V_2 分别是齐次线性方程组 $\boldsymbol{x}_1 + \boldsymbol{x}_2 + \cdots + \boldsymbol{x}_n = \mathbf{0}$ 与 $\boldsymbol{x}_1 = \boldsymbol{x}_2 = \cdots = \boldsymbol{x}_n$ 的解空间,证明:$\mathbf{F}^n = V_1 \oplus V_2$.

6. 设 V_1, V_2 是线性空间 V 的子空间,而 V_{11}, V_{12} 是 V_1 的子空间,证明:$V = V_{11} \oplus V_{12} \oplus V_2$.

7. 设 V_1, V_2, V_3 是线性空间 V 的子空间,$V_2 \subseteq V_1$, $V = V_2 \oplus V_3$,证明:

$$V_1 = V_2 \oplus (V_1 \cap V_3).$$

5.6 线性空间的同构

本节要讨论两个线性空间之间的关系,为此先介绍映射的概念,然后介绍两个线性空间同构的概念及性质. 证明了两个同构的线性空间具有相同的代数结构,得到了两个有限维线性空间同构的充分必要条件是它们有相同的维数,从而,数域 F 上的 n 维线性空间 $\mathbf{F}^n$ 是数域 F 上一切抽象 n 维线性空间的代表.

5.6.1 集合的映射

定义 5.12 设 A, B 是两个非空集合,σ 是从集合 A 到集合 B 的某个对应法则,如果对于集合 A 中的每一个元素 a,按照对应法则 σ 在集合 B 中都有一个确定的元素 b 与它对应,则称 σ 是从集合 A 到集合 B 的**映射**,记作

$$\sigma: A \to B, \quad 或\ \sigma(a) = b, \quad a \in A,\ b \in B,$$

其中,b 称为元素 a 的**像**,a 称为 b 的**原像**.

用 $\sigma(A)$ 表示 A 在映射 σ 下像的全体,即

$$\sigma(A) = \{\sigma(a) \mid a \in A\},$$

称 $\sigma(A)$ 为 A 在映射 σ 下的**像集合**.显然 $\sigma(A) \subseteq B$.

很明显,σ 是从集合 A 到集合 B 的映射,当且仅当 A 中的每个元素在 B 中都有像(“每元有像”).

从集合 A 到集合 A 自身的映射,称为 A 的**变换**.例如,任意一个定义在全体实数上的函数 $y = f(x)$ 都是实数集合的变换,因此函数可以认为是映射的一个特殊情形.

设 σ 和 τ 都是从集合 A 到集合 B 的映射,如果 $\forall a \in A$,都有 $\sigma(a) = \tau(a)$,则称 σ 与 τ **相等**,记作 $\sigma = \tau$.

例 5.19 $\forall A \in \mathbf{F}^{n\times n}$,定义

$$\sigma(A)=|A|,$$

则 σ 是从 $\mathbf{F}^{n\times n}$ 到 F 的映射.

例 5.20 $\forall f(x)\in C[a,b]$, 定义

$$\sigma(f(x))=\int_a^x f(t)\mathrm{d}t,$$

则 σ 是从 $C[a,b]$ 到 $C[a,b]$ 的映射,因而是 $C[a,b]$ 的变换.

例 5.21 设 $\mathbf{Z}$ 是全体整数的集合, $n\in\mathbf{Z}$, 定义

$$\sigma(n)=2n,$$

则 σ 是从 $\mathbf{Z}$ 到 $\mathbf{Z}$ 的映射,因而是 $\mathbf{Z}$ 的变换.

例 5.22 设 A 是非空集合,定义

$$\sigma(a)=a,\quad a\in A,$$

称 σ 是集合 A 的**恒等变换**或**恒等映射**,记作 1_A 或简记为 1.

定义 5.13 设 σ 是从集合 A 到集合 B 的映射,如果 $\forall a_1, a_2\in A$,且 $a_1\neq a_2$,都有 $\sigma(a_1)\neq\sigma(a_2)$,则称 σ 是**单射**;如果 $\forall b\in B$,都存在 $a\in A$,使得 $\sigma(a)=b$,即 $\sigma(A)=B$,则称 σ 是从集合 A 到集合 B 上的**满射**;如果 σ 既是单射又是满射,则称 σ 是从集合 A 到集合 B 上的**双射**.

显然,σ 是单射当且仅当"异元异像"或"同元同原像";σ 是满射当且仅当"每元有原像";σ 是双射当且仅当"每元有唯一原像".

例如,例 5.19 和例 5.20 的 σ 都不是单射,例 5.21 和例 5.22 的 σ 既是单射又是满射,因而是双射. 又如,设 $f(x)=\tan\dfrac{\pi}{2}x$, $x\in(-1,1)$,则它是从 $(-1,1)$ 到 $\mathbf{R}$ 上的双射.

容易知道,如果 σ 是从有限集 A 到有限集 B 的双射,则 A 与 B 所含元素的个数相同.

设有两个映射 $\sigma: A\to B$, $\tau: B\to C$, 其中 σ 是满射,则定义乘积 $\tau\sigma$:

$$\tau\sigma(a)=\tau(\sigma(a)),\quad a\in A,$$

$\tau\sigma$ 是从 A 到 C 的映射.

假设 $\sigma: A\to B$, $\tau: B\to C$, $\psi: C\to D$, 且 σ, τ 都是满射,则映射乘法有如下运算性质:

(1) $1_B\sigma=\sigma 1_A=\sigma$;

(2) $\psi(\tau\sigma)=(\psi\tau)\sigma$.

定义 5.14 设 σ 是从集合 A 到集合 B 的映射,如果存在映射 $\tau: B \to A$,使得

$$\tau\sigma = 1_A, \quad \sigma\tau = 1_B,$$

则称 σ 是**可逆映射**,τ 称为 σ 的**逆映射**,记作 $\tau = \sigma^{-1}$.

容易证明,当 σ 是可逆映射时,σ 的逆映射是唯一的.另外,由定义 5.9 可以看出,如果 $\sigma: A \to B$ 是可逆映射,有

$$\sigma(a) = b, \quad a \in A, b \in B,$$

则 $\sigma^{-1}: B \to A$,且

$$\sigma^{-1}(b) = a.$$

还可以证明:σ 是可逆映射当且仅当 σ 是双射.

5.6.2 同构映射

设 V 是 F 上的 n 维线性空间,$\boldsymbol{\varepsilon}_1, \boldsymbol{\varepsilon}_2, \cdots, \boldsymbol{\varepsilon}_n$ 是 V 的一个基,V 的每一个向量 $\boldsymbol{\alpha}$ 都可由 $\boldsymbol{\varepsilon}_1, \boldsymbol{\varepsilon}_2, \cdots, \boldsymbol{\varepsilon}_n$ 唯一表示成

$$\boldsymbol{\alpha} = a_1\boldsymbol{\varepsilon}_1 + a_2\boldsymbol{\varepsilon}_2 + \cdots + a_n\boldsymbol{\varepsilon}_n,$$

因此,在这个基下,任一向量 $\boldsymbol{\alpha} \in V$ 都对应其唯一的坐标 $(a_1, a_2, \cdots, a_n)^{\mathrm{T}} \in \mathbf{F}^n$,记为

$$\sigma(\boldsymbol{\alpha}) = (a_1, a_2, \cdots, a_n)^{\mathrm{T}},$$

则 σ 是从 V 到 $\mathbf{F}^n$ 的单射. 对 $\mathbf{F}^n$ 中的任一向量 $(a_1, a_2, \cdots, a_n)^{\mathrm{T}} \in \mathbf{F}^n$ 也对应 V 中唯一的向量 $\boldsymbol{\alpha} = \sum_{i=1}^{n} a_i\boldsymbol{\varepsilon}_i \in V$,因此,$\sigma$ 是从 V 到 $\mathbf{F}^n$ 的满射,故 σ 是从 V 到 $\mathbf{F}^n$ 的双射.

容易验证,这个映射还保持线性运算,即 $\forall \boldsymbol{\alpha}, \boldsymbol{\beta} \in V$, $\forall k \in F$,都有

$$\sigma(\boldsymbol{\alpha} + \boldsymbol{\beta}) = \sigma(\boldsymbol{\alpha}) + \sigma(\boldsymbol{\beta}),$$
$$\sigma(k\boldsymbol{\alpha}) = k\sigma(\boldsymbol{\alpha}),$$

称这样的映射为同构映射. 下面将这种对应关系抽象出来,得到如下定义.

定义 5.15 设 V, U 是数域 F 上的两个线性空间,如果存在从 V 到 U 上的双射 $\sigma: V \to U$,同时也是线性映射,即 $\forall \boldsymbol{\alpha}, \boldsymbol{\beta} \in V$, $\forall k \in F$,都有

(1) $\sigma(\boldsymbol{\alpha} + \boldsymbol{\beta}) = \sigma(\boldsymbol{\alpha}) + \sigma(\boldsymbol{\beta})$;

(2) $\sigma(k\boldsymbol{\alpha}) = k\sigma(\boldsymbol{\alpha})$,

则称线性空间 V 与 U 是**同构**的,映射 σ 称为是从 V 到 U 的**同构映射**.

简言之,同构映射就是线性双射.

注意:定义 5.15 中的(1)、(2)两条中等号左边的运算是 V 中的运算,而在右边的运算是 U 中的运算.另外,定义 5.15 中的(1)、(2)可以统一写成以下的(3).

(3) $\forall \boldsymbol{\alpha}, \boldsymbol{\beta} \in V$, $\forall k, l \in F$, 都有

$$\sigma(k\boldsymbol{\alpha}+l\boldsymbol{\beta})=k\sigma(\boldsymbol{\alpha})+l\sigma(\boldsymbol{\beta}).$$

由以上讨论得到如下重要结论.

定理 5.13 任意 n 维线性空间 V 都与线性空间 $\mathbf{F}^n$ 同构.在 V 中取定一个基后,从向量到它的坐标的映射就是从 V 到 $\mathbf{F}^n$ 的同构映射.

同构映射有如下性质.

定理 5.14 设 V, U 是数域 F 上的两个线性空间,σ 是从 V 到 U 的同构映射,则

(1) $\sigma(\mathbf{0})=\mathbf{0}$;

(2) 对任意 $\boldsymbol{\alpha} \in V$, $\sigma(-\boldsymbol{\alpha})=-\sigma(\boldsymbol{\alpha})$;

(3) $\sigma\left(\sum\limits_{i=1}^{n} k_i\boldsymbol{\alpha}_i\right)=\sum\limits_{i=1}^{n} k_i\sigma(\boldsymbol{\alpha}_i)$,这里 $\boldsymbol{\alpha}_i \in V$, $k_i \in F$, $i=1, 2, \cdots, n$;

(4) $\boldsymbol{\alpha}_1, \boldsymbol{\alpha}_2, \cdots, \boldsymbol{\alpha}_n \in V$ 线性相关(无关)的充分必要条件是 $\sigma(\boldsymbol{\alpha}_1)$, $\sigma(\boldsymbol{\alpha}_2)$, $\cdots$, $\sigma(\boldsymbol{\alpha}_n) \in U$ 线性相关(无关);

(5) $\boldsymbol{\alpha}_{i_1}, \boldsymbol{\alpha}_{i_2}, \cdots, \boldsymbol{\alpha}_{i_r}$ 是向量组 $\boldsymbol{\alpha}_1, \boldsymbol{\alpha}_2, \cdots, \boldsymbol{\alpha}_n$ 的极大线性无关组的充分必要条件是

$$\sigma(\boldsymbol{\alpha}_{i_1}),\ \sigma(\boldsymbol{\alpha}_{i_2}),\ \cdots,\ \sigma(\boldsymbol{\alpha}_{i_r})$$

是向量组 $\sigma(\boldsymbol{\alpha}_1)$, $\sigma(\boldsymbol{\alpha}_2)$, $\cdots$, $\sigma(\boldsymbol{\alpha}_n)$ 的极大线性无关组;

(6) σ 的逆映射 σ^{-1} 是从 U 到 V 的同构映射.

证明 (1),(2),(3)是显然的,留给读者自己验证. 下证(4).

设 $\boldsymbol{\alpha}_1, \boldsymbol{\alpha}_2, \cdots, \boldsymbol{\alpha}_n \in V$ 线性相关,则存在不全为零的数 $k_1, k_2, \cdots, k_n \in F$,使得

$$k_1\boldsymbol{\alpha}_1+k_2\boldsymbol{\alpha}_2+\cdots+k_n\boldsymbol{\alpha}_n=\mathbf{0},$$

因此

$$\sigma(k_1\boldsymbol{\alpha}_1+k_2\boldsymbol{\alpha}_2+\cdots+k_n\boldsymbol{\alpha}_n)=\sigma(\mathbf{0}).$$

由(3)和(1)得

$$k_1\sigma(\boldsymbol{\alpha}_1)+k_2\sigma(\boldsymbol{\alpha}_2)+\cdots+k_n\sigma(\boldsymbol{\alpha}_n)=\mathbf{0},$$

故 $\sigma(\boldsymbol{\alpha}_1)$, $\sigma(\boldsymbol{\alpha}_2)$, $\cdots$, $\sigma(\boldsymbol{\alpha}_n)$ 线性相关.

反之,设$\sigma(\boldsymbol{\alpha}_1)$, $\sigma(\boldsymbol{\alpha}_2)$, $\cdots$, $\sigma(\boldsymbol{\alpha}_n)$线性相关,则存在不全为零的数$k_1$, k_2, $\cdots$, $k_n \in F$,使得

$$k_1\sigma(\boldsymbol{\alpha}_1)+k_2\sigma(\boldsymbol{\alpha}_2)+\cdots+k_n\sigma(\boldsymbol{\alpha}_n)=\mathbf{0},$$

由(3)得

$$\sigma(k_1\boldsymbol{\alpha}_1+k_2\boldsymbol{\alpha}_2+\cdots+k_n\boldsymbol{\alpha}_n)=\mathbf{0}.$$

由于同构映射是单射,且$\sigma(\mathbf{0})=\mathbf{0}$,故

$$k_1\boldsymbol{\alpha}_1+k_2\boldsymbol{\alpha}_2+\cdots+k_n\boldsymbol{\alpha}_n=\mathbf{0},$$

即$\boldsymbol{\alpha}_1$, $\boldsymbol{\alpha}_2$, $\cdots$, $\boldsymbol{\alpha}_n$线性相关.

下证(5).设$\boldsymbol{\alpha}_{i_1}$, $\boldsymbol{\alpha}_{i_2}$, $\cdots$, $\boldsymbol{\alpha}_{i_r}$是向量组$\boldsymbol{\alpha}_1$, $\boldsymbol{\alpha}_2$, $\cdots$, $\boldsymbol{\alpha}_n$的一个极大线性无关组,由(4)可知$\sigma(\boldsymbol{\alpha}_{i_1})$, $\sigma(\boldsymbol{\alpha}_{i_2})$, $\cdots$, $\sigma(\boldsymbol{\alpha}_{i_r})$线性无关.对$\sigma(\boldsymbol{\alpha}_1)$, $\sigma(\boldsymbol{\alpha}_2)$, $\cdots$, $\sigma(\boldsymbol{\alpha}_n)$中的任一向量$\sigma(\boldsymbol{\alpha}_j)$,由于$\boldsymbol{\alpha}_j$可由向量组$\boldsymbol{\alpha}_{i_1}$, $\boldsymbol{\alpha}_{i_2}$, $\cdots$, $\boldsymbol{\alpha}_{i_r}$线性表示,设为

$$\boldsymbol{\alpha}_j=k_{i_1}\boldsymbol{\alpha}_{i_1}+k_{i_2}\boldsymbol{\alpha}_{i_2}+\cdots+k_{i_r}\boldsymbol{\alpha}_{i_r},$$

则由(3)得

$$\begin{aligned}\sigma(\boldsymbol{\alpha}_j)&=\sigma(k_{i_1}\boldsymbol{\alpha}_{i_1}+k_{i_2}\boldsymbol{\alpha}_{i_2}+\cdots+k_{i_r}\boldsymbol{\alpha}_{i_r})\\&=k_{i_1}\sigma(\boldsymbol{\alpha}_{i_1})+k_{i_2}\sigma(\boldsymbol{\alpha}_{i_2})+\cdots+k_{i_r}\sigma(\boldsymbol{\alpha}_{i_r}),\end{aligned}$$

即$\sigma(\boldsymbol{\alpha}_j)$可以由$\sigma(\boldsymbol{\alpha}_{i_i})$, $\sigma(\boldsymbol{\alpha}_{i_2})$, $\cdots$, $\sigma(\boldsymbol{\alpha}_{i_r})$表示,因此,$\sigma(\boldsymbol{\alpha}_{i_i})$, $\sigma(\boldsymbol{\alpha}_{i_2})$, $\cdots$, $\sigma(\boldsymbol{\alpha}_{i_r})$是向量组$\sigma(\boldsymbol{\alpha}_1)$, $\sigma(\boldsymbol{\alpha}_2)$, $\cdots$, $\sigma(\boldsymbol{\alpha}_n)$的极大线性无关组.

其反向结果的证明由(4)可以得到,留给读者做练习.

最后证明(6).设σ是从V到U的同构映射,因而是双射,所以,σ^{-1}是从U到V的双射.对任意$\boldsymbol{\xi}$, $\boldsymbol{\eta}\in U$和k, $l\in F$,由于σ是满射,所以存在$\boldsymbol{\alpha}$, $\boldsymbol{\beta}\in V$,使得$\xi=\sigma(\boldsymbol{\alpha})$, $\eta=\sigma(\boldsymbol{\beta})$.因此,

$$\sigma(k\boldsymbol{\alpha}+l\boldsymbol{\beta})=k\sigma(\boldsymbol{\alpha})+l\sigma(\boldsymbol{\beta})=k\boldsymbol{\xi}+l\boldsymbol{\eta},$$

从而

$$\sigma^{-1}(k\boldsymbol{\xi}+l\boldsymbol{\eta})=k\boldsymbol{\alpha}+l\boldsymbol{\beta}=k\sigma^{-1}(\boldsymbol{\xi})+l\sigma^{-1}(\boldsymbol{\eta}),$$

故σ^{-1}是线性映射,σ^{-1}是从U到V的同构映射.

推论1 线性空间的同构关系是等价关系,即具有下面的性质.

(1) 反身性.V与V自身同构.

(2) 对称性.如果V与U同构,则U与V同构.

(3) 传递性.如果V与U同构,U与W同构,则V与W同构.

推论 2 设两个有限维线性空间 V, U 同构, σ 是从 V 到 U 的同构映射,则 $\boldsymbol{\varepsilon}_1$, $\boldsymbol{\varepsilon}_2$, $\cdots$, $\boldsymbol{\varepsilon}_n$ 是 V 的基的充分必要条件是 $\sigma(\boldsymbol{\varepsilon}_1)$, $\sigma(\boldsymbol{\varepsilon}_2)$, $\cdots$, $\sigma(\boldsymbol{\varepsilon}_n)$ 是 U 的基.

定理 5.15 数域 F 上的任意两个有限维线性空间同构的充分必要条件是它们有相同的维数.

证明 设两个有限维线性空间 V 与 U 同构, σ 是从 V 到 U 的同构映射, $\boldsymbol{\varepsilon}_1$, $\boldsymbol{\varepsilon}_2$, $\cdots$, $\boldsymbol{\varepsilon}_n$ 是 V 的一个基,则由上面推论 2 知, $\sigma(\boldsymbol{\varepsilon}_1)$, $\sigma(\boldsymbol{\varepsilon}_2)$, $\cdots$, $\sigma(\boldsymbol{\varepsilon}_n)$ 是 U 的一个基,因而 $\dim V=\dim U=n$, 即 V 与 U 有相同的维数.

反之,设两个有限维线性空间 V 与 U 有相同的维数, $\dim V=\dim U=n$, 因此,由定理 5.13 知, V, U 都与 $\mathbf{F}^n$ 同构,由同构的传递性可知, V 与 U 同构. **证毕.**

从上面的讨论可以看出,数域 F 上同构的两个线性空间具有相同的代数结构. 任一 n 维线性空间 V 都与 $\mathbf{F}^n$ 同构,因此,就代数性质而言, $\mathbf{F}^n$ 可以作为 n 维线性空间的代表.

习题 5.6

1. 设 V_1, V_2, V_3 都是数域 F 上的线性空间, σ: $V_1 \to V_2$, τ: $V_2 \to V_3$ 是同构映射,证明: $\tau\sigma$: $V_1 \to V_3$ 是同构映射.

2. 设 U, V 都是数域 F 上的线性空间, σ: $V \to U$ 是同构映射, V_1 是 V 的子空间,证明: $\sigma(V_1)$ 是 U 的子空间,且 $\dim V_1=\dim \sigma(V_1)$.

3. 设 U, V 是数域 F 上的线性空间, σ: $V \to U$ 是同构映射, V_1, V_2 是 V 的子空间,证明:

(1) $\sigma(V_1+V_2)=\sigma(V_1)+\sigma(V_2)$, $\sigma(V_1 \cap V_2)=\sigma(V_1) \cap \sigma(V_2)$;

(2) 若 $W=V_1 \oplus V_2$, 则 $\sigma(W)=\sigma(V_1) \oplus \sigma(V_2)$.

4. 证明: 线性空间 $F[x]$ 与其真子空间 $V=\{xf(x) \mid f(x) \in F[x]\}$ 同构.

5. 已知实数域 $\mathbf{R}$ 对通常数的加法和数乘是 $\mathbf{R}$ 上的线性空间,而全体正实数 $\mathbf{R}^+$ 对加法与数乘: $a \oplus b=ab$, $k \odot a=a^k$, $\forall a, b \in \mathbf{R}^+$, $\forall k \in \mathbf{R}$, 也是 $\mathbf{R}$ 上的线性空间,证明: 这两个线性空间同构.

6. 已知复数域 $\mathbf{C}$ 对普通数的加法和乘法运算分别是 $\mathbf{C}$ 与 $\mathbf{R}$ 上的线性空间,记作 $V_{\mathbf{C}}$ 与 $V_{\mathbf{R}}$, 证明: $V_{\mathbf{C}}$ 与 $V_{\mathbf{R}}$ 不同构.

7. 设 $V=\{(a, a+b, a-b)^{\mathrm{T}} \mid a, b \in F\}$, 证明: V 是 $\mathbf{F}^3$ 的子空间,且与 $\mathbf{F}^2$ 同构.

总 习 题 5

一、单项选择题

1. 设 b 为数域 F 中的某数, $V=\{(x_1, x_2, x_3) \mid x_1+x_2+x_3=b, x_1, x_2, x_3 \in F\}$, 则 V 按向量的加法和数乘(　　).

A. 对任意的 b, V 均是线性空间　　　　B. 对任意的 b, V 均不是线性空间

C. 只有当 $b=0$ 时,V 是线性空间　　D. 只有当 $b\neq 0$ 时,V 是线性空间

2. 设 $\boldsymbol{\alpha}_1, \boldsymbol{\alpha}_2, \cdots, \boldsymbol{\alpha}_n$ 和 $\boldsymbol{\beta}_1, \boldsymbol{\beta}_2, \cdots, \boldsymbol{\beta}_n$ 为 n 维线性空间 V 的两个基,满足:

$$(\boldsymbol{\alpha}_1, \boldsymbol{\alpha}_2, \cdots, \boldsymbol{\alpha}_n) = (\boldsymbol{\beta}_1, \boldsymbol{\beta}_2, \cdots, \boldsymbol{\beta}_n)\boldsymbol{A}.$$

若 $\boldsymbol{B}\in \mathbf{F}^{n\times n}$, $\forall \boldsymbol{\alpha}\in V$, $\boldsymbol{\alpha}=x_1\boldsymbol{\alpha}_1+x_2\boldsymbol{\alpha}_2+\cdots+x_n\boldsymbol{\alpha}_n=y_1\boldsymbol{\beta}_1+y_2\boldsymbol{\beta}_2+\cdots+y_n\boldsymbol{\beta}_n$,总有$(x_1, x_2, \cdots, x_n)=(y_1, y_2, \cdots, y_n)\boldsymbol{B}$,则 $\boldsymbol{B}=$(　　).

A. $\boldsymbol{A}$　　B. $\boldsymbol{A}^*$　　C. $\boldsymbol{A}^{\mathrm{T}}$　　D. $(\boldsymbol{A}^{\mathrm{T}})^{-1}$

3. 设 $\boldsymbol{\alpha}, \boldsymbol{\beta}, \boldsymbol{\gamma}$ 是线性空间 V 的三个线性无关的向量,记 $V_1=L(\boldsymbol{\alpha}+\boldsymbol{\beta})$, $V_2=L(\boldsymbol{\beta}+\boldsymbol{\gamma})$, $V_3=L(\boldsymbol{\alpha}+\boldsymbol{\gamma})$,则子空间 $(V_1+V_2)\cap V_3=$(　　).

A. 零空间$\{\mathbf{0}\}$　　B. $L(\boldsymbol{\alpha})$　　C. $L(\boldsymbol{\gamma})$　　D. $L(\boldsymbol{\alpha}+\boldsymbol{\gamma})$

4. 设 $V_1, V_2, \cdots, V_m$ 是 n 维线性空间 V 的子空间,则 $V_1+V_2+\cdots+V_m$ 为直和的充分必要条件是(　　).

A. $V=\sum\limits_{i=1}^{m}V_i$　　B. $\sum\limits_{i=1}^{m}\dim V_i=n$

C. $\dim\left(\sum\limits_{i=1}^{m}V_i\right)=\sum\limits_{i=1}^{m}\dim V_i$　　D. $V_1\cap V_2\cap\cdots\cap V_m=\{\mathbf{0}\}$

5. 下列线性空间中,(　　)与 $V=\{(a, 2b-a, b)\mid a, b\in F\}$ 同构.

A. $U=\{(a, b)^{\mathrm{T}}\mid a, b\in \mathbf{C}\}$　　B. $U=\left\{\begin{pmatrix} a+b & a-b \\ a & -b\end{pmatrix}\middle| a, b\in F\right\}$

C. $U=\{(a+b, a+b)^{\mathrm{T}}\mid a, b\in F\}$　　D. $U=\{a+bx+cx^2\mid a, b, c\in F\}$

二、填空题

1. 设 $\boldsymbol{\alpha}, \boldsymbol{\beta}, \boldsymbol{\gamma}$ 是有限维线性空间 V 的一个基,则 $t\boldsymbol{\alpha}+\boldsymbol{\beta}$, $t\boldsymbol{\beta}+\boldsymbol{\gamma}$, $t\boldsymbol{\gamma}+\boldsymbol{\alpha}$ 也是 V 的一个基的充分必要条件是 t 满足________.

2. 在 $\mathbf{F}^{2\times 2}$ 中,从基 $\boldsymbol{A}_1, \boldsymbol{A}_2, \boldsymbol{A}_3, \boldsymbol{A}_4$ 到基 $\boldsymbol{B}_1, \boldsymbol{B}_2, \boldsymbol{B}_3, \boldsymbol{B}_4$ 的过渡矩阵是________,其中 $\boldsymbol{A}_i=\begin{pmatrix} a_{1i} & a_{2i} \\ a_{3i} & a_{4i}\end{pmatrix}$, $\boldsymbol{B}_i=\begin{pmatrix} b_{1i} & b_{2i} \\ b_{3i} & b_{4i}\end{pmatrix}$, $i=1, 2, 3, 4$.

3. 设 $V_1=\left\{\begin{pmatrix} a & a+b \\ a-b & 0\end{pmatrix}\middle| a, b\in F\right\}$, $V_2=\left\{\begin{pmatrix} -a & b \\ 0 & 0\end{pmatrix}\middle| a, b\in F\right\}$ 是 $\mathbf{F}^{2\times 2}$ 的子空间,则 $\dim(V_1+V_2)=$________.

4. 设 V_1, V_2 是 n 维线性空间 V 的子空间,且 $\dim(V_1+V_2)=\dim V_1+1$,则 $\dim V_2-\dim(V_1\cap V_2)=$________.

5. 设 V_1, V_2 是 n 维线性空间 V 的子空间, $V=V_1\oplus V_2$,又设 $\boldsymbol{\alpha}$ 是 V 中非零向量, $\boldsymbol{\alpha}\notin V_1\cup V_2$,令 $U_1=V_1+L(\boldsymbol{\alpha})$, $U_2=V_2+L(\boldsymbol{\alpha})$,则 $\dim(U_1\cup U_2)=$________.

三、计算题

1. 讨论 $\mathbf{F}^{2\times 2}$ 中的向量组 $\boldsymbol{\alpha}_1=\begin{pmatrix} a & 1 \\ 1 & 1\end{pmatrix}$, $\boldsymbol{\alpha}_2=\begin{pmatrix} 1 & a \\ 1 & 1\end{pmatrix}$, $\boldsymbol{\alpha}_3=\begin{pmatrix} 1 & 1 \\ a & 1\end{pmatrix}$, $\boldsymbol{\alpha}_4=\begin{pmatrix} 1 & 1 \\ 1 & a\end{pmatrix}$的线性相关性.

2. 设线性空间 V 中的向量组 $\boldsymbol{\alpha}_1, \boldsymbol{\alpha}_2, \boldsymbol{\alpha}_3, \boldsymbol{\alpha}_4$ 线性无关.

(1) 试问向量组 $\boldsymbol{\alpha}_1+\boldsymbol{\alpha}_2$, $\boldsymbol{\alpha}_2+\boldsymbol{\alpha}_3$, $\boldsymbol{\alpha}_3+\boldsymbol{\alpha}_4$, $\boldsymbol{\alpha}_4+\boldsymbol{\alpha}_1$ 是否线性相关? 说明理由;

(2) 求 $W=L(\boldsymbol{\alpha}_1+\boldsymbol{\alpha}_2, \boldsymbol{\alpha}_2+\boldsymbol{\alpha}_3, \boldsymbol{\alpha}_3+\boldsymbol{\alpha}_4, \boldsymbol{\alpha}_4+\boldsymbol{\alpha}_1)$ 的一个基及维数.

3. 设 V 是数域 F 上所有 n 阶对称矩阵关于矩阵的加法与数乘构成的线性空间, $W=\{\boldsymbol{A}\in V \mid \operatorname{tr}(\boldsymbol{A})=0\}$ 为 V 的子空间,其中 $\operatorname{tr}(\boldsymbol{A})$ 表示 $\boldsymbol{A}$ 的主对角线上的元素之和,试求 W 的一个基及维数.

4. 设 V 是实函数空间,V_1, V_2 是 V 的子空间,其中

$$V_1=L(1, x, \sin^2 x), \quad V_2=L(\cos 2x, \cos^2 x),$$

试分别求 V_1, V_2, $V_1\cap V_2$, V_1+V_2 的一个基及维数.

5. 在 $\mathbf{F}^{2\times 2}$ 中,V_1, V_2 是 $\mathbf{F}^{2\times 2}$ 的子空间,其中

$$V_1=\left\{\begin{pmatrix} a & -a \\ b & c\end{pmatrix} \middle| a, b, c\in F\right\}, \quad V_2=\left\{\begin{pmatrix} a & b \\ -a & c\end{pmatrix} \middle| a, b, c\in F\right\},$$

试分别求 V_1+V_2 与 $V_1\cap V_2$ 的一个基和维数.

四、证明题

1. 设 V_1, V_2 是线性空间 V 的两个子空间,$\boldsymbol{\alpha}$, $\boldsymbol{\beta}$ 是 V 的两个向量,其中 $\boldsymbol{\alpha}\in V_2$,但 $\boldsymbol{\alpha}\notin V_1$,又 $\boldsymbol{\beta}\notin V_2$,证明:

(1) $\forall k\in F$, $\boldsymbol{\beta}+k\boldsymbol{\alpha}\notin V_2$;

(2) 至多有一个 $k\in F$,使得 $\boldsymbol{\beta}+k\boldsymbol{\alpha}\in V_1$.

2. 设 $\boldsymbol{\alpha}_1, \boldsymbol{\alpha}_2, \cdots, \boldsymbol{\alpha}_n$ 是 n 维线性空间 V 的 n 个向量,其秩为 r,证明:满足 $k_1\boldsymbol{\alpha}_1+k_2\boldsymbol{\alpha}_2+\cdots+k_n\boldsymbol{\alpha}_n=\mathbf{0}$ 的 $(k_1, k_2, \cdots, k_n)^{\mathrm{T}}$ 的全体构成 $\mathbf{F}^n$ 的 $n-r$ 维子空间.

3. 设 $\boldsymbol{\alpha}_1, \boldsymbol{\alpha}_2, \cdots, \boldsymbol{\alpha}_n$ 是 n 维线性空间 V 的一个基, $V_1=L(\boldsymbol{\alpha}_1+\boldsymbol{\alpha}_2+\cdots+\boldsymbol{\alpha}_n)$, $V_2=\left\{\sum\limits_{i=1}^{n}k_i\boldsymbol{\alpha}_i \mid \sum\limits_{i=1}^{n}k_i=0\right\}$,证明:

(1) V_2 是 V 的子空间;

(2) $V=V_1\oplus V_2$.

4. 设 $\boldsymbol{A}, \boldsymbol{B}, \boldsymbol{C}, \boldsymbol{D}$ 是 n 阶矩阵,且关于矩阵乘法两两可交换,又 $\boldsymbol{AC}+\boldsymbol{BD}=\boldsymbol{E}$,设方程 $\boldsymbol{ABx}=\mathbf{0}$, $\boldsymbol{Ax}=\mathbf{0}$, $\boldsymbol{Bx}=\mathbf{0}$ 的解空间分别是 V, V_1, V_2,证明:

(1) V_1, V_2 是 V 的子空间;

(2) $V=V_1\oplus V_2$.

第 6 章

线 性 变 换

揭示线性空间中向量间的内在联系，是研究线性空间结构的一项主要内容.第5章从线性空间中向量的线性相关性初步讨论了这一问题.本章将从另一方面入手，即通过变换来揭示线性空间中向量之间的内在联系及线性空间的结构.

线性变换是一种特殊的变换，它对于研究线性空间起着重要的作用，因此它是高等代数的主要研究对象之一.本章首先介绍线性变换的概念及其基本性质，然后以有限维线性空间的基为桥梁，借助矩阵研究线性变换的代数性质.

6.1 线性变换的概念与基本性质

线性空间到自身的映射称为线性空间的一个变换，而线性变换是最简单的，也是最基本的一种变换，正如线性函数是最简单的和最基本的函数一样.本节介绍线性变换的概念，探讨其基本性质.

6.1.1 线性变换的概念

定义 6.1 设 V 是数域 F 上的线性空间，σ 是 V 的一个变换，如果对任意 $\boldsymbol{\alpha}$，$\boldsymbol{\beta} \in V$，$k \in F$，有

(1) $\sigma(\boldsymbol{\alpha}+\boldsymbol{\beta})=\sigma(\boldsymbol{\alpha})+\sigma(\boldsymbol{\beta})$；

(2) $\sigma(k\boldsymbol{\alpha})=k\sigma(\boldsymbol{\alpha})$，

则称 σ 是 V 的一个**线性变换**.

易证，定义 6.1 中的条件(1)、(2)等价于以下的(3).

(3) $\sigma(k\boldsymbol{\alpha}+l\boldsymbol{\beta})=k\sigma(\boldsymbol{\alpha})+l\sigma(\boldsymbol{\beta})$，$\forall \boldsymbol{\alpha}, \boldsymbol{\beta} \in V$，$\forall k, l \in F$.

定义 6.1 中的条件(1)、(2)或(3)有时也说成线性变换保持向量的加法与数乘.或者说，线性变换是保持线性空间向量的加法和数乘的变换.

当 σ 是双射时，σ 就是 V 到自身的同构映射.

例 6.1 取 $\theta \in \mathbf{R}$，$\forall (x, y)^{\mathrm{T}} \in \mathbf{R}^2$，在 $\mathbf{R}^2$ 中定义 φ_θ，即

$$\varphi_\theta\left(\begin{pmatrix}x\\y\end{pmatrix}\right)=\begin{pmatrix}\cos\theta & -\sin\theta\\ \sin\theta & \cos\theta\end{pmatrix}\begin{pmatrix}x\\y\end{pmatrix},$$

则 φ_θ 是 $\mathbf{R}^2$ 的一个线性变换. 事实上,φ_θ 就是 $\mathbf{R}^2$ 上旋转角为 θ 的旋转变换.

例 6.2 线性空间 V 的恒等变换

$$1_V(\boldsymbol{\alpha})=\boldsymbol{\alpha},\quad \forall\boldsymbol{\alpha}\in V,$$

与零变换 o

$$o(\boldsymbol{\alpha})=\mathbf{0},\quad \forall\boldsymbol{\alpha}\in V,$$

都是 V 的线性变换.

例 6.3 对 $k\in F$,线性空间 V 的数乘变换

$$\sigma_k(\boldsymbol{\alpha})=k\boldsymbol{\alpha},\quad \forall\boldsymbol{\alpha}\in V,$$

是线性变换.

显然,当 $k=1$ 时,$\sigma_k=1_V$;当 $k=0$ 时,$\sigma_k=o$.

例 6.4 线性空间 $F[x]$(或 $F[x]_n$)的微分变换

$$\delta(f(x))=f'(x),\quad \forall f(x)\in F[x](\text{或 } f(x)\in F[x]_n),$$

是 $F[x]$(或 $F[x]_n$)的线性变换.

例 6.5 线性空间 $C[a,b]$的积分变换

$$\tau(f(x))=\int_a^x f(t)\mathrm{d}t,\quad \forall f(x)\in C[a,b],$$

是 $C[a,b]$的线性变换.

6.1.2 线性变换的基本性质

设 σ 是线性空间 V 的线性变换,则 σ 有下列性质.

性质 1 $\sigma(\mathbf{0})=\mathbf{0}$, $\sigma(-\boldsymbol{\alpha})=-\sigma(\boldsymbol{\alpha})$, $\forall\boldsymbol{\alpha}\in V$.

性质 2 线性变换保持向量组的线性组合不变,即

$$\sigma(k_1\boldsymbol{\alpha}_1+k_2\boldsymbol{\alpha}_2+\cdots+k_m\boldsymbol{\alpha}_m)=k_1\sigma(\boldsymbol{\alpha}_1)+k_2\sigma(\boldsymbol{\alpha}_2)+\cdots+k_m\sigma(\boldsymbol{\alpha}_m).$$

性质 3 线性变换把线性相关的向量组变成线性相关的向量组,即若 $\boldsymbol{\alpha}_1$, $\boldsymbol{\alpha}_2$, $\cdots$, $\boldsymbol{\alpha}_m$ 线性相关,则 $\sigma(\boldsymbol{\alpha}_1)$, $\sigma(\boldsymbol{\alpha}_2)$, $\cdots$, $\sigma(\boldsymbol{\alpha}_m)$也线性相关.

性质 3 的逆命题不成立,即线性变换可能把线性无关的向量组变成线性相关的向量组.例如,零变换把任何线性无关的向量组都变成线性相关的向量组(零向量).

例 6.6 设$\boldsymbol{\varepsilon}_1, \boldsymbol{\varepsilon}_2, \cdots, \boldsymbol{\varepsilon}_n$是$n$维线性空间$V$的一个基,$\sigma$是$V$的线性变换,则$\sigma$可逆当且仅当$\sigma(\boldsymbol{\varepsilon}_1), \sigma(\boldsymbol{\varepsilon}_2), \cdots, \sigma(\boldsymbol{\varepsilon}_n)$线性无关.

证明 若σ可逆,设

$$k_1\sigma(\boldsymbol{\varepsilon}_1)+k_2\sigma(\boldsymbol{\varepsilon}_2)+\cdots+k_n\sigma(\boldsymbol{\varepsilon}_n)=\mathbf{0},$$

则

$$\sigma(k_1\boldsymbol{\varepsilon}_1+k_2\boldsymbol{\varepsilon}_2+\cdots+k_n\boldsymbol{\varepsilon}_n)=\mathbf{0}=\sigma(\mathbf{0}),$$

因为σ可逆,从而σ是单射,所以有

$$k_1\boldsymbol{\varepsilon}_1+k_2\boldsymbol{\varepsilon}_2+\cdots+k_n\boldsymbol{\varepsilon}_n=\mathbf{0},$$

由于向量组$\boldsymbol{\varepsilon}_1, \boldsymbol{\varepsilon}_2, \cdots, \boldsymbol{\varepsilon}_n$线性无关,因此$k_1=k_2=\cdots=k_n=0$,所以向量组$\sigma(\boldsymbol{\varepsilon}_1), \sigma(\boldsymbol{\varepsilon}_2), \cdots, \sigma(\boldsymbol{\varepsilon}_n)$线性无关.

反之,若向量组$\sigma(\boldsymbol{\varepsilon}_1), \sigma(\boldsymbol{\varepsilon}_2), \cdots, \sigma(\boldsymbol{\varepsilon}_n)$线性无关,则它也是$V$的一个基.

$\forall \boldsymbol{\alpha}, \boldsymbol{\beta}\in V$,设

$$\boldsymbol{\alpha}=k_1\boldsymbol{\varepsilon}_1+k_2\boldsymbol{\varepsilon}_2+\cdots+k_n\boldsymbol{\varepsilon}_n,$$
$$\boldsymbol{\beta}=l_1\boldsymbol{\varepsilon}_1+l_2\boldsymbol{\varepsilon}_2+\cdots+l_n\boldsymbol{\varepsilon}_n,$$

若$\sigma(\boldsymbol{\alpha})=\sigma(\boldsymbol{\beta})$,则

$$k_1\sigma(\boldsymbol{\varepsilon}_1)+k_2\sigma(\boldsymbol{\varepsilon}_2)+\cdots+k_n\sigma(\boldsymbol{\varepsilon}_n)=l_1\sigma(\boldsymbol{\varepsilon}_1)+l_2\sigma(\boldsymbol{\varepsilon}_2)+\cdots+l_n\sigma(\boldsymbol{\varepsilon}_n),$$

从而

$$(k_1-l_1)\sigma(\boldsymbol{\varepsilon}_1)+(k_2-l_2)\sigma(\boldsymbol{\varepsilon}_2)+\cdots+(k_n-l_n)\sigma(\boldsymbol{\varepsilon}_n)=\mathbf{0},$$

于是由$\sigma(\boldsymbol{\varepsilon}_1), \sigma(\boldsymbol{\varepsilon}_2), \cdots, \sigma(\boldsymbol{\varepsilon}_n)$线性无关,得到

$$k_i-l_i=0,\quad i=1, 2, \cdots, n,$$

即

$$k_i=l_i,\quad i=1, 2, \cdots, n,$$

所以$\boldsymbol{\alpha}=\boldsymbol{\beta}$,因此$\sigma$是单射.

$\forall \boldsymbol{\beta}\in V$,设

$$\boldsymbol{\beta}=k_1\sigma(\boldsymbol{\varepsilon}_1)+k_2\sigma(\boldsymbol{\varepsilon}_2)+\cdots+k_n\sigma(\boldsymbol{\varepsilon}_n),$$

其中,$k_i\in F$, $i=1, 2, \cdots, n$,则

$$\boldsymbol{\beta}=\sigma(k_1\boldsymbol{\varepsilon}_1+k_2\boldsymbol{\varepsilon}_2+\cdots+k_n\boldsymbol{\varepsilon}_n),$$

令

$$\boldsymbol{\alpha}=k_1\boldsymbol{\varepsilon}_1+k_2\boldsymbol{\varepsilon}_2+\cdots+k_n\boldsymbol{\varepsilon}_n,$$

则 $\boldsymbol{\alpha}\in V$,且 $\sigma(\boldsymbol{\alpha})=\boldsymbol{\beta}$, 因此,$\sigma$ 是满射. 综上即得 σ 可逆.

习题 6.1

1. 下列变换哪些是线性变换,哪些不是? 并说明理由.

(1) 在 $\mathbf{F}^3$ 中, $\sigma((x_1, x_2, x_3)^{\mathrm{T}})=(x_3, x_2, x_1)^{\mathrm{T}}$;

(2) 在 $\mathbf{F}^n$ 中, $\sigma(\boldsymbol{x})=\boldsymbol{A}\boldsymbol{x}+\boldsymbol{b}\ (\forall \boldsymbol{x}\in\mathbf{F}^n)$,其中 $\boldsymbol{A}\in\mathbf{F}^{n\times n}$, $\boldsymbol{b}\in\mathbf{F}^n$ 取定;

(3) 在 $F[x]$中, $\sigma(f(x))=f(x+1)$, $\forall f(x)\in F[x]$;

(4) 在 $\mathbf{F}^{n\times n}$ 中,$\sigma(\boldsymbol{X})=\boldsymbol{XAX}(\forall \boldsymbol{X}\in\mathbf{F}^{n\times n})$, 其中 $\boldsymbol{A}$ 是一个固定的矩阵;

(5) 在线性空间 V 中,平移变换 $\sigma(\boldsymbol{\alpha})=\boldsymbol{\alpha}+\boldsymbol{\alpha}_0$, 其中 $\boldsymbol{\alpha}_0\in V$ 是一个固定的向量.

2. 设 $\boldsymbol{A}\in\mathbf{F}^{n\times n}$, $\forall \boldsymbol{X}\in\mathbf{F}^{n\times n}$, 定义

$$\sigma(\boldsymbol{X})=\boldsymbol{XA}-\boldsymbol{AX},$$

证明: σ 是 $\mathbf{F}^{n\times n}$ 的线性变换,且 $\forall \boldsymbol{X}, \boldsymbol{Y}\in\mathbf{F}^{n\times n}$, 有

$$\sigma(\boldsymbol{XY})=\sigma(\boldsymbol{X})\boldsymbol{Y}+\boldsymbol{X}\sigma(\boldsymbol{Y}).$$

3. 证明: 若线性空间 V 的线性变换 σ 可逆,则其逆变换 σ^{-1} 也是 V 的线性变换.

4. 设 $\boldsymbol{A}, \boldsymbol{B}, \boldsymbol{C}, \boldsymbol{D}$ 是 $\mathbf{F}^{n\times n}$ 中取定的矩阵,定义

$$\sigma(\boldsymbol{X})=\boldsymbol{AXB}+\boldsymbol{CX}+\boldsymbol{XD},\quad \forall \boldsymbol{X}\in\mathbf{F}^{n\times n},$$

证明: (1) σ 是 $\mathbf{F}^{n\times n}$ 的线性变换;

(2) 当 $\boldsymbol{C}=\boldsymbol{D}=\boldsymbol{O}$ 时,σ 可逆当且仅当 $|\boldsymbol{AB}|\neq 0$.

5. 在 $\mathbf{C}$ 上,定义变换 σ: $\boldsymbol{a}+\boldsymbol{b}\mathrm{i}\to\boldsymbol{a}-\boldsymbol{b}\mathrm{i}$, $\forall \boldsymbol{a}, \boldsymbol{b}\in\mathbf{R}$, 证明:

(1) $\mathbf{C}$ 作为 $\mathbf{R}$ 上的线性空间,σ 是 $\mathbf{C}$ 的线性变换;

(2) $\mathbf{C}$ 作为 $\mathbf{C}$ 上的线性空间,σ 不是 $\mathbf{C}$ 的线性变换.

6. 设 V 是一维线性空间,证明: V 的变换 σ 是线性变换当且仅当 σ 是数乘变换.

6.2 线性变换的运算

一般说来,线性空间 V 的线性变换是不唯一的.例如,当 $V\neq\{\mathbf{0}\}$ 时,V 的数乘变换 σ_k 在 k 取 F 中不同的数时是不一样的. 在一般情况下,一个线性空间的线性变换有无穷多个,用 $L(V)$表示数域 F 上的线性空间 V 的所有线性变换组成的集合. 本节将在 $L(V)$ 上定义向量的加法与数量乘法,使它成为数域 F 上的线性空间.

6.2.1 线性变换的加法与数乘

定义 6.2 设 $\sigma, \tau \in L(V)$，定义

$$(\sigma+\tau)(\boldsymbol{\alpha})=\sigma(\boldsymbol{\alpha})+\tau(\boldsymbol{\alpha}), \quad \forall \boldsymbol{\alpha} \in V,$$

则 $\sigma+\tau \in L(V)$，称 $\sigma+\tau$ 为 σ 与 τ 的**和**.

事实上，首先由定义 6.2 易知 $\sigma+\tau$ 是 V 的一个变换.

其次，$\forall \boldsymbol{\alpha}, \boldsymbol{\beta} \in V$，$\forall k, l \in F$，有

$$\begin{aligned}(\sigma+\tau)(k\boldsymbol{\alpha}+l\boldsymbol{\beta}) &= \sigma(k\boldsymbol{\alpha}+l\boldsymbol{\beta})+\tau(k\boldsymbol{\alpha}+l\boldsymbol{\beta}) \\ &= k\sigma(\boldsymbol{\alpha})+l\sigma(\boldsymbol{\beta})+k\tau(\boldsymbol{\alpha})+l\tau(\boldsymbol{\beta}) \\ &= k(\sigma+\tau)(\boldsymbol{\alpha})+l(\sigma+\tau)(\boldsymbol{\beta}),\end{aligned}$$

所以 $\sigma+\tau$ 是 V 的线性变换，即 $\sigma+\tau \in L(V)$.

易证，线性变换的和运算具有下列性质 ($\sigma, \tau, \mu \in L(V)$).

(1) $\sigma+\tau=\tau+\sigma$；

(2) $(\sigma+\tau)+\mu=\sigma+(\tau+\mu)$；

(3) $\sigma+o=\sigma$，其中 o 是 V 的零变换；

(4) 若定义

$$(-\sigma)(\boldsymbol{\alpha})=-\sigma(\boldsymbol{\alpha}), \quad \forall \boldsymbol{\alpha} \in V,$$

则可证 $-\sigma \in L(V)$，且 $\sigma+(-\sigma)=o$.

称 $-\sigma$ 为 σ 的**负变换**. 利用负变换可定义两个线性变换的差为

$$\sigma-\tau=\sigma+(-\tau).$$

定义 6.3 设 $\sigma \in L(V)$，$k \in F$，定义

$$(k\sigma)(\boldsymbol{\alpha})=k\sigma(\boldsymbol{\alpha}), \quad \forall \boldsymbol{\alpha} \in V,$$

则 $k\sigma \in L(V)$，称 $k\sigma$ 为 σ 与 k 的数量乘积，简称**数乘**.

事实上，首先，由定义 6.3 易知 $k\sigma$ 是 V 的一个变换.

其次，$\forall \boldsymbol{\alpha}, \boldsymbol{\beta} \in V$，$\forall p, q \in F$，有

$$\begin{aligned}(k\sigma)(p\boldsymbol{\alpha}+q\boldsymbol{\beta}) &= k\sigma(p\boldsymbol{\alpha}+q\boldsymbol{\beta})=k(p\sigma(\boldsymbol{\alpha})+q\sigma(\boldsymbol{\beta})) \\ &= kp\sigma(\boldsymbol{\alpha})+kq\sigma(\boldsymbol{\beta})=p(k\sigma(\boldsymbol{\alpha}))+q(k\sigma(\boldsymbol{\beta})) \\ &= p(k\sigma)(\boldsymbol{\alpha})+q(k\sigma)(\boldsymbol{\beta}),\end{aligned}$$

所以 $k\sigma$ 是 V 的线性变换，即 $k\sigma \in L(V)$.

易证，线性变换的数乘运算具有下列性质 ($\sigma, \tau \in L(V)$, $k, l \in F$).

(5) $1 \cdot \sigma = \sigma$;

(6) $(kl)\sigma = k(l\sigma)$;

(7) $(k+l)\sigma = k\sigma + l\sigma$;

(8) $k(\sigma+\tau) = k\sigma + k\tau$.

综上所述有下面的定理.

定理 6.1 $L(V)$关于线性变换的加法和数量乘法是数域 F 上的一个线性空间,称 $L(V)$为**线性变换空间**.

6.2.2 线性变换的乘法、幂与多项式

设σ, $\tau \in L(V)$,$\sigma\tau$ 为σ 与τ 的**积**,则 $\sigma\tau \in L(V)$,其中

$$(\sigma\tau)(\boldsymbol{\alpha}) = \sigma(\tau(\boldsymbol{\alpha})), \quad \forall \boldsymbol{\alpha} \in V.$$

事实上,首先,$\sigma\tau$ 是 V 的一个变换.

其次, $\forall \boldsymbol{\alpha}, \boldsymbol{\beta} \in V$, $\forall k, l \in F$, 有

$$\begin{aligned}(\sigma\tau)(k\boldsymbol{\alpha}+l\boldsymbol{\beta}) &= \sigma(\tau(k\boldsymbol{\alpha}+l\boldsymbol{\beta})) = \sigma(k\tau(\boldsymbol{\alpha})+l\tau(\boldsymbol{\beta}))\\ &= k\sigma(\tau(\boldsymbol{\alpha}))+l\sigma(\tau(\boldsymbol{\beta}))\\ &= k(\sigma\tau)(\boldsymbol{\alpha})+l(\sigma\tau)(\boldsymbol{\beta}),\end{aligned}$$

所以 $\sigma\tau$ 是 V 的线性变换,即 $\sigma\tau \in L(V)$.

易证,线性变换的积运算有下列性质 (σ, τ, $\mu \in L(V)$, $k \in F$).

(9) $\sigma(\tau+\mu) = \sigma\tau + \sigma\mu$;

(10) $(\tau+\mu)\sigma = \tau\sigma + \mu\sigma$;

(11) $\sigma(\tau\mu) = (\sigma\tau)\mu$;

(12) $(k\sigma)\tau = k(\sigma\tau)$;

(13) $1_V\sigma = \sigma 1_V = \sigma$.

注意:线性变换的乘法一般不满足交换律,即在一般情况下,$\sigma\tau \neq \tau\sigma$. 例如,在线性空间 $R[x]$中,线性变换 δ, τ 为

$$\delta(f(x)) = f'(x), \quad \tau(f(x)) = \int_a^x f(t)\,\mathrm{d}t,$$

则乘积 $\delta\tau = 1_V$,但 $\tau\delta \neq 1_V$.

定义 6.4 设 $\sigma \in L(V)$, m 是非负整数,定义

$$\sigma^m = \begin{cases} \overbrace{\sigma\sigma\cdots\sigma}^{m}, & m \geq 1, \\ 1_V, & m = 0. \end{cases}$$

当 σ 可逆时，定义

$$\sigma^{-m}=(\sigma^{-1})^m,$$

则由前面的结论可知 $\sigma^m \in L(V)$，称 σ^m 为 σ 的 m 次**幂**.

易证，$\sigma^m\sigma^n=\sigma^{m+n}$，$(\sigma^m)^n=\sigma^{mn}$，其中 m，n 是非负整数. 但在一般情况下

$$(\sigma\tau)^m \neq \sigma^m\tau^m.$$

定义 6.5 设 $\sigma \in L(V)$，$f(x)=a_nx^n+\cdots+a_1x+a_0 \in F[x]$，定义

$$f(\sigma)=a_n\sigma^n+\cdots+a_1\sigma+a_0 1_V,$$

则 $f(\sigma) \in L(V)$，称 $f(\sigma)$ 为 σ 的**多项式**.

显然，若在 $F[x]$中，$h(x)=f(x)+g(x)$，$p(x)=f(x)g(x)$，则有

$$h(\sigma)=f(\sigma)+g(\sigma), \quad p(\sigma)=f(\sigma)g(\sigma).$$

特别地，$f(\sigma)g(\sigma)=g(\sigma)f(\sigma)$，即同一个线性变换的多项式的乘积可交换.

例 6.7 对 $a \in F$，线性空间 $F[x]_n$ 的变换

$$\varphi_a(f(x))=f(x+a), \quad \forall f(x) \in F[x]_n$$

是 $F[x]_n$ 的线性变换.

设线性变换 δ 为微分变换：

$$\delta(f(x))=f'(x), \quad \forall f(x) \in F[x]_n,$$

显然有

$$\delta^n=o.$$

根据泰勒公式有

$$\begin{aligned}\varphi_a(f(x))&=f(x+a)=f(x)+af'(x)+\frac{a^2}{2!}f''(x)+\cdots+\frac{a^{n-1}}{(n-1)!}f^{(n-1)}(x)\\&=1_{F[x]_n}(f(x))+a\delta(f(x))+\frac{a^2}{2!}\delta^2(f(x))+\cdots+\frac{a^{n-1}}{(n-1)!}\delta^{n-1}(f(x))\\&=(1_{F[x]_n}+a\delta+\frac{a^2}{2!}\delta^2+\cdots+\frac{a^{n-1}}{(n-1)!}\delta^{n-1})(f(x)),\end{aligned}$$

所以 $\varphi_a=1_{F[x]_n}+a\delta+\dfrac{a^2}{2!}\delta^2+\cdots+\dfrac{a^{n-1}}{(n-1)!}\delta^{n-1}$.

例 6.8 设 $\mathbf{F}^3$ 中两个线性变换

$$\sigma(a,b,c)^{\mathrm{T}}=(2a-b,b+c,a)^{\mathrm{T}},\quad \forall (a,b,c)^{\mathrm{T}}\in \mathbf{F}^3,$$
$$\tau(a,b,c)^{\mathrm{T}}=(-c,b,-a)^{\mathrm{T}},\quad \forall (a,b,c)^{\mathrm{T}}\in \mathbf{F}^3,$$

求$\sigma+\tau$, $\sigma\tau$, $\tau\sigma$, σ^2, τ^2, $\sigma^2\tau^2$, $(\sigma\tau)^2$, σ^{-1}, τ^{-1}.

解
$$\begin{aligned}(\sigma+\tau)(a,b,c)^{\mathrm{T}}&=\sigma(a,b,c)^{\mathrm{T}}+\tau(a,b,c)^{\mathrm{T}}\\&=(2a-b,b+c,a)^{\mathrm{T}}+(-c,b,-a)^{\mathrm{T}}\\&=(2a-b-c,2b+c,0)^{\mathrm{T}},\end{aligned}$$
$$\begin{aligned}(\sigma\tau)(a,b,c)^{\mathrm{T}}&=\sigma(\tau(a,b,c)^{\mathrm{T}})=\sigma(-c,b,-a)^{\mathrm{T}}\\&=(-b-2c,-a+b,-c)^{\mathrm{T}},\end{aligned}$$
$$\begin{aligned}(\tau\sigma)(a,b,c)^{\mathrm{T}}&=\tau(\sigma(a,b,c)^{\mathrm{T}})=\tau(2a-b,b+c,a)^{\mathrm{T}}\\&=(-a,b+c,-2a+b)^{\mathrm{T}},\end{aligned}$$
$$\begin{aligned}\sigma^2(a,b,c)^{\mathrm{T}}&=\sigma(\sigma(a,b,c)^{\mathrm{T}})=\sigma(2a-b,b+c,a)^{\mathrm{T}}\\&=(4a-3b-c,a+b+c,2a-b)^{\mathrm{T}},\end{aligned}$$
$$\tau^2(a,b,c)^{\mathrm{T}}=\tau(\tau(a,b,c)^{\mathrm{T}})=\tau(-c,b,-a)^{\mathrm{T}}=(a,b,c)^{\mathrm{T}},$$
$$\begin{aligned}(\sigma^2\tau^2)(a,b,c)^{\mathrm{T}}&=\sigma^2(\tau^2(a,b,c)^{\mathrm{T}})=\sigma^2(a,b,c)^{\mathrm{T}}\\&=(4a-3b-c,a+b+c,2a-b)^{\mathrm{T}},\end{aligned}$$
$$\begin{aligned}(\sigma\tau)^2(a,b,c)^{\mathrm{T}}&=(\sigma\tau)((\sigma\tau)(a,b,c)^{\mathrm{T}})\\&=(\sigma\tau)(-b-2c,-a+b,-c)^{\mathrm{T}}\\&=(a-b+2c,-a+2b+2c,c)^{\mathrm{T}}.\end{aligned}$$

因为$\tau^2=1_{\mathbf{F}^3}$, 所以$\tau^{-1}=\tau$.

设$\sigma^{-1}(a,b,c)^{\mathrm{T}}=(x,y,z)^{\mathrm{T}}$, 则

$$(a,b,c)^{\mathrm{T}}=\sigma(x,y,z)^{\mathrm{T}}=(2x-y,y+z,x)^{\mathrm{T}},$$

所以$2x-y=a$, $y+z=b$, $x=c$, 故

$$\sigma^{-1}(a,b,c)^{\mathrm{T}}=(x,y,z)^{\mathrm{T}}=(c,-a+2c,a+b-2c)^{\mathrm{T}}.$$

习题 6.2

1. 在$\mathbf{F}^2$中,定义

$$\sigma(a,b)^{\mathrm{T}}=(b,-a)^{\mathrm{T}},\quad \forall (a,b)^{\mathrm{T}}\in \mathbf{F}^2,$$
$$\tau(a,b)^{\mathrm{T}}=(a,-b)^{\mathrm{T}},\quad \forall (a,b)^{\mathrm{T}}\in \mathbf{F}^2.$$

(1) 证明: σ, τ 是$\mathbf{F}^2$的线性变换;

(2) 求$\sigma+\tau$, $\sigma\tau$, $\tau\sigma$.

2. 设σ, τ 是线性空间$F[x]$的如下两个线性变换:

$$\sigma(f(x))=f'(x),\quad \tau(f(x))=xf(x),\quad \forall f(x)\in F[x],$$

证明：(1) $\sigma\tau \neq \tau\sigma$；

(2) $\sigma\tau - \tau\sigma = 1_F[x]$.

3. 设 σ，τ 是线性空间 V 的线性变换，证明：若 $\sigma\tau - \tau\sigma = 1_V$，则对任意正整数 m，有

$$\sigma^m\tau - \tau\sigma^m = m\sigma^{m-1}.$$

4. 设 σ，τ 是线性空间 V 的线性变换，且 $\sigma^2 = \sigma$，$\tau^2 = \tau$，证明：

(1) $(\sigma + \tau)^2 = \sigma + \tau$ 当且仅当 $\sigma\tau = \tau\sigma = o$；

(2) 若 $\sigma\tau = \tau\sigma$，则 $(\sigma + \tau - \sigma\tau)^2 = \sigma + \tau - \sigma\tau$.

5. 设 σ，τ 是可逆线性变换，证明：$\sigma\tau$ 也是可逆线性变换，且

$$(\sigma\tau)^{-1} = \tau^{-1}\sigma^{-1}.$$

6. 设 V_1，V_2 是线性空间 V 的子空间，且 $V = V_1 \oplus V_2$，对任意 $\boldsymbol{\alpha} = \boldsymbol{\alpha}_1 + \boldsymbol{\alpha}_2 \in V(\boldsymbol{\alpha}_1 \in V_1$，$\boldsymbol{\alpha}_2 \in V_2)$，设

$$\sigma_1(\boldsymbol{\alpha}) = \boldsymbol{\alpha}_1,\quad \sigma_2(\boldsymbol{\alpha}) = \boldsymbol{\alpha}_2,$$

证明：σ_1，σ_2 是 V 的线性变换，且

$$\sigma_1^2 = \sigma_1,\quad \sigma_2^2 = \sigma_2,\quad \sigma_1\sigma_2 = \sigma_2\sigma_1 = o.$$

7. 设 σ 是线性空间 V 的线性变换，$\boldsymbol{\alpha} \in V$，$m$ 是大于1的正整数，证明：若 $\sigma^{m-1}(\boldsymbol{\alpha}) \neq 0$，但 $\sigma^m(\boldsymbol{\alpha}) = 0$，则 $\boldsymbol{\alpha}$，$\sigma(\boldsymbol{\alpha})$，$\sigma^2(\boldsymbol{\alpha})$，…，$\sigma^{m-1}(\boldsymbol{\alpha})$ 线性无关.

6.3 线性变换的矩阵

本节首先讨论线性变换与矩阵的关系，建立 $L(V)$ 与 $\mathbf{F}^{n\times n}$ 的同构映射，并用矩阵来描述线性变换. 其次讨论线性变换在不同基下矩阵间的关系，引入矩阵间的相似关系.

6.3.1 确定线性变换的条件

定理 6.2 设 $\boldsymbol{\varepsilon}_1$，$\boldsymbol{\varepsilon}_2$，…，$\boldsymbol{\varepsilon}_n$ 是 n 维线性空间 V 的一个基，σ，τ 是 V 的线性变换，则 $\sigma(\boldsymbol{\varepsilon}_i) = \tau(\boldsymbol{\varepsilon}_i)$ $(i = 1, 2, \cdots, n)$ 的充分必要条件是 $\sigma = \tau$.

证明 充分性是显然的.

必要性. $\forall \boldsymbol{\alpha} \in V$，设 $\boldsymbol{\alpha} = a_1\boldsymbol{\varepsilon}_1 + a_2\boldsymbol{\varepsilon}_2 + \cdots + a_n\boldsymbol{\varepsilon}_n$，则

$$\begin{aligned}\sigma(\boldsymbol{\alpha}) &= a_1\sigma(\boldsymbol{\varepsilon}_1) + a_2\sigma(\boldsymbol{\varepsilon}_2) + \cdots + a_n\sigma(\boldsymbol{\varepsilon}_n)\\ &= a_1\tau(\boldsymbol{\varepsilon}_1) + a_2\tau(\boldsymbol{\varepsilon}_2) + \cdots + a_n\tau(\boldsymbol{\varepsilon}_n)\\ &= \tau(\boldsymbol{\alpha}),\end{aligned}$$

故 $\sigma=\tau$.

定理 6.3 设 $\boldsymbol{\varepsilon}_1, \boldsymbol{\varepsilon}_2, \cdots, \boldsymbol{\varepsilon}_n$ 是 n 维线性空间 V 的一个基,$\boldsymbol{\alpha}_1, \boldsymbol{\alpha}_2, \cdots, \boldsymbol{\alpha}_n$ 是 V 中任意 n 个向量,则存在 V 的唯一的线性变换 $\sigma \in L(V)$, 使得

$$\sigma(\boldsymbol{\varepsilon}_i)=\boldsymbol{\alpha}_i, \quad i=1, 2, \cdots, n.$$

证明 存在性. $\forall \boldsymbol{\alpha} \in V$,设 $\boldsymbol{\alpha}=a_1\boldsymbol{\varepsilon}_1+a_2\boldsymbol{\varepsilon}_2+\cdots+a_n\boldsymbol{\varepsilon}_n$, 定义 σ:

$$\sigma(\boldsymbol{\alpha})=a_1\boldsymbol{\alpha}_1+a_2\boldsymbol{\alpha}_2+\cdots+a_n\boldsymbol{\alpha}_n,$$

则 σ 是 V 的线性变换.

事实上,首先,σ 是 V 的一个变换.

其次, $\forall \boldsymbol{\beta}, \boldsymbol{\gamma} \in V$, $\forall k \in F$, 设

$$\boldsymbol{\beta}=b_1\boldsymbol{\varepsilon}_1+b_2\boldsymbol{\varepsilon}_2+\cdots+b_n\boldsymbol{\varepsilon}_n, \quad \boldsymbol{\gamma}=c_1\boldsymbol{\varepsilon}_1+c_2\boldsymbol{\varepsilon}_2+\cdots+c_n\boldsymbol{\varepsilon}_n,$$

则

$$\boldsymbol{\beta}+\boldsymbol{\gamma}=(b_1+c_1)\boldsymbol{\varepsilon}_1+(b_2+c_2)\boldsymbol{\varepsilon}_2+\cdots+(b_n+c_n)\boldsymbol{\varepsilon}_n,$$
$$k\boldsymbol{\beta}=kb_1\boldsymbol{\varepsilon}_1+kb_2\boldsymbol{\varepsilon}_2+\cdots+kb_n\boldsymbol{\varepsilon}_n,$$

从而

$$\begin{aligned}\sigma(\boldsymbol{\beta}+\boldsymbol{\gamma})&=(b_1+c_1)\boldsymbol{\alpha}_1+(b_2+c_2)\boldsymbol{\alpha}_2+\cdots+(b_n+c_n)\boldsymbol{\alpha}_n\\&=(b_1\boldsymbol{\alpha}_1+b_2\boldsymbol{\alpha}_2+\cdots+b_n\boldsymbol{\alpha}_n)+(c_1\boldsymbol{\alpha}_1+c_2\boldsymbol{\alpha}_2+\cdots+c_n\boldsymbol{\alpha}_n)\\&=\sigma(\boldsymbol{\beta})+\sigma(\boldsymbol{\gamma}),\end{aligned}$$

$$\begin{aligned}\sigma(k\boldsymbol{\beta})&=kb_1\boldsymbol{\alpha}_1+kb_2\boldsymbol{\alpha}_2+\cdots+kb_n\boldsymbol{\alpha}_n\\&=k(b_1\boldsymbol{\varepsilon}_1+b_2\boldsymbol{\varepsilon}_2+\cdots+b_n\boldsymbol{\varepsilon}_n)\\&=k\sigma(\boldsymbol{\beta}),\end{aligned}$$

因此 σ 是 V 的线性变换.

最后,因为

$$\boldsymbol{\varepsilon}_i=0\boldsymbol{\varepsilon}_1+\cdots+0\boldsymbol{\varepsilon}_{i-1}+1\boldsymbol{\varepsilon}_i+0\boldsymbol{\varepsilon}_{i+1}+\cdots+0\boldsymbol{\varepsilon}_n, \quad i=1, 2, \cdots, n,$$

所以

$$\sigma(\boldsymbol{\varepsilon}_i)=0\boldsymbol{\alpha}_1+\cdots+0\boldsymbol{\alpha}_{i-1}+1\boldsymbol{\alpha}_i+0\boldsymbol{\alpha}_{i+1}+\cdots+0\boldsymbol{\alpha}_n=\boldsymbol{\alpha}_i, \quad i=1, 2, \cdots, n.$$

唯一性由定理 6.2 可得. **证毕.**

由定理 6.3,要确定一个线性变换,不必确定每一个元素的像,只需确定它的某个基的全部基像就够了.

下面探讨线性变换与矩阵的关系,进而研究线性变换空间 $L(V)$ 的代数性质.

6.3.2 线性变换与矩阵的联系

定义 6.6 设 $\boldsymbol{\varepsilon}_1, \boldsymbol{\varepsilon}_2, \cdots, \boldsymbol{\varepsilon}_n$ 是 n 维线性空间 V 的一个基，σ 是 V 的线性变换，基像可以由基线性表示，设为

$$\begin{cases}\sigma(\boldsymbol{\varepsilon}_1)=a_{11}\boldsymbol{\varepsilon}_1+a_{21}\boldsymbol{\varepsilon}_2+\cdots+a_{n1}\boldsymbol{\varepsilon}_n,\\ \sigma(\boldsymbol{\varepsilon}_2)=a_{12}\boldsymbol{\varepsilon}_1+a_{22}\boldsymbol{\varepsilon}_2+\cdots+a_{n2}\boldsymbol{\varepsilon}_n,\\ \qquad\vdots\\ \sigma(\boldsymbol{\varepsilon}_n)=a_{1n}\boldsymbol{\varepsilon}_1+a_{2n}\boldsymbol{\varepsilon}_2+\cdots+a_{nn}\boldsymbol{\varepsilon}_n,\end{cases}$$

写成矩阵的形式就是

$$\sigma(\boldsymbol{\varepsilon}_1, \boldsymbol{\varepsilon}_2, \cdots, \boldsymbol{\varepsilon}_n) \triangleq (\sigma(\boldsymbol{\varepsilon}_1), \sigma(\boldsymbol{\varepsilon}_2), \cdots, \sigma(\boldsymbol{\varepsilon}_n)) = (\boldsymbol{\varepsilon}_1, \boldsymbol{\varepsilon}_2, \cdots, \boldsymbol{\varepsilon}_n)\boldsymbol{A},$$

其中

$$\boldsymbol{A}=\begin{pmatrix}a_{11} & a_{12} & \cdots & a_{1n}\\ a_{21} & a_{22} & \cdots & a_{2n}\\ \vdots & \vdots & & \vdots\\ a_{n1} & a_{n2} & \cdots & a_{nn}\end{pmatrix},$$

矩阵 $\boldsymbol{A}$ 的第 j 列是 $\sigma(\boldsymbol{\varepsilon}_j)(j=1, 2, \cdots, n)$ 在基 $\boldsymbol{\varepsilon}_1, \boldsymbol{\varepsilon}_2, \cdots, \boldsymbol{\varepsilon}_n$ 下的坐标.称 $\boldsymbol{A}$ 为**线性变换 $\boldsymbol{\sigma}$ 在基 $\boldsymbol{\varepsilon}_1, \boldsymbol{\varepsilon}_2, \cdots, \boldsymbol{\varepsilon}_n$ 下的矩阵**，简称 $\boldsymbol{A}$ 为**线性变换 $\boldsymbol{\sigma}$ 的矩阵**.

根据坐标的唯一性可知，线性变换在同一个基下的矩阵是唯一的.

另外，容易知道，恒等变换 1_V 在任一个基下的矩阵都是单位矩阵 $\boldsymbol{E}$，零变换 o 在任一个基下的矩阵都是零矩阵 $\boldsymbol{O}$，数乘变换 σ_k 在任一组基下的矩阵都是数量矩阵 $k\boldsymbol{E}$.

在定义 6.6 中，约定 $\sigma(\boldsymbol{\varepsilon}_1, \boldsymbol{\varepsilon}_2, \cdots, \boldsymbol{\varepsilon}_n)=(\sigma(\boldsymbol{\varepsilon}_1), \sigma(\boldsymbol{\varepsilon}_2), \cdots, \sigma(\boldsymbol{\varepsilon}_n))$，不难证明

$$\sigma((\boldsymbol{\varepsilon}_1, \boldsymbol{\varepsilon}_2, \cdots, \boldsymbol{\varepsilon}_n)\boldsymbol{B})=\sigma(\boldsymbol{\varepsilon}_1, \boldsymbol{\varepsilon}_2, \cdots, \boldsymbol{\varepsilon}_n)\boldsymbol{B},$$

其中 $\boldsymbol{B}$ 是 n 阶矩阵.因此可得

$$(\sigma\tau)(\boldsymbol{\varepsilon}_1, \boldsymbol{\varepsilon}_2, \cdots, \boldsymbol{\varepsilon}_n)=\sigma(\tau(\boldsymbol{\varepsilon}_1, \boldsymbol{\varepsilon}_2, \cdots, \boldsymbol{\varepsilon}_n)),$$

$$(\sigma+\tau)(\boldsymbol{\varepsilon}_1, \boldsymbol{\varepsilon}_2, \cdots, \boldsymbol{\varepsilon}_n)=\sigma(\boldsymbol{\varepsilon}_1, \boldsymbol{\varepsilon}_2, \cdots, \boldsymbol{\varepsilon}_n)+\tau(\boldsymbol{\varepsilon}_1, \boldsymbol{\varepsilon}_2, \cdots, \boldsymbol{\varepsilon}_n),$$

$$(k\sigma)(\boldsymbol{\varepsilon}_1, \boldsymbol{\varepsilon}_2, \cdots, \boldsymbol{\varepsilon}_n)=k(\sigma(\boldsymbol{\varepsilon}_1, \boldsymbol{\varepsilon}_2, \cdots, \boldsymbol{\varepsilon}_n)),$$

$$\sigma((\boldsymbol{\varepsilon}_1, \boldsymbol{\varepsilon}_2, \cdots, \boldsymbol{\varepsilon}_n)+(\boldsymbol{\eta}_1, \boldsymbol{\eta}_2, \cdots, \boldsymbol{\eta}_n))=\sigma(\boldsymbol{\varepsilon}_1, \boldsymbol{\varepsilon}_2, \cdots, \boldsymbol{\varepsilon}_n)+\sigma(\boldsymbol{\eta}_1, \boldsymbol{\eta}_2, \cdots, \boldsymbol{\eta}_n),$$

其中,$\sigma, \tau \in L(V)$, $k \in F$, $\boldsymbol{\varepsilon}_1, \boldsymbol{\varepsilon}_2, \cdots, \boldsymbol{\varepsilon}_n$ 与 $\boldsymbol{\eta}_1, \boldsymbol{\eta}_2, \cdots, \boldsymbol{\eta}_n$ 是 V 的基.

例 6.9 在 $\mathbf{F}^{2\times2}$ 中定义线性变换

$$\sigma(\boldsymbol{X}) = \begin{pmatrix} a & b \\ c & d \end{pmatrix} \boldsymbol{X}, \quad \forall \boldsymbol{X} \in \mathbf{F}^{2\times2}, a, b, c, d \in F,$$

求 σ 在基 $\boldsymbol{E}_{11}, \boldsymbol{E}_{12}, \boldsymbol{E}_{21}, \boldsymbol{E}_{22}$ 下的矩阵.

解 计算各个基像,并将它们表示成基 $\boldsymbol{E}_{11}, \boldsymbol{E}_{12}, \boldsymbol{E}_{21}, \boldsymbol{E}_{22}$ 的线性组合

$$\sigma(\boldsymbol{E}_{11}) = \begin{pmatrix} a & b \\ c & d \end{pmatrix} \begin{pmatrix} 1 & 0 \\ 0 & 0 \end{pmatrix} = \begin{pmatrix} a & 0 \\ c & 0 \end{pmatrix} = a\boldsymbol{E}_{11} + c\boldsymbol{E}_{21},$$

$$\sigma(\boldsymbol{E}_{12}) = \begin{pmatrix} a & b \\ c & d \end{pmatrix} \begin{pmatrix} 0 & 1 \\ 0 & 0 \end{pmatrix} = \begin{pmatrix} 0 & a \\ 0 & c \end{pmatrix} = a\boldsymbol{E}_{12} + c\boldsymbol{E}_{22},$$

$$\sigma(\boldsymbol{E}_{21}) = \begin{pmatrix} a & b \\ c & d \end{pmatrix} \begin{pmatrix} 0 & 0 \\ 1 & 0 \end{pmatrix} = \begin{pmatrix} b & 0 \\ d & 0 \end{pmatrix} = b\boldsymbol{E}_{11} + d\boldsymbol{E}_{21},$$

$$\sigma(\boldsymbol{E}_{22}) = \begin{pmatrix} a & b \\ c & d \end{pmatrix} \begin{pmatrix} 0 & 0 \\ 0 & 1 \end{pmatrix} = \begin{pmatrix} 0 & b \\ 0 & d \end{pmatrix} = b\boldsymbol{E}_{12} + d\boldsymbol{E}_{22}.$$

因此,σ 在基 $\boldsymbol{E}_{11}, \boldsymbol{E}_{12}, \boldsymbol{E}_{21}, \boldsymbol{E}_{22}$ 下的矩阵是

$$\begin{pmatrix} a & 0 & b & 0 \\ 0 & a & 0 & b \\ c & 0 & d & 0 \\ 0 & c & 0 & d \end{pmatrix}.$$

例 6.10 设 W 是 n 维线性空间 V 的一个 m $(m < n)$ 维子空间,在 W 中取一个基 $\boldsymbol{\varepsilon}_1, \boldsymbol{\varepsilon}_2, \cdots, \boldsymbol{\varepsilon}_m$,把它扩充为 V 的一个基 $\boldsymbol{\varepsilon}_1, \boldsymbol{\varepsilon}_2, \cdots, \boldsymbol{\varepsilon}_m, \boldsymbol{\varepsilon}_{m+1}, \cdots, \boldsymbol{\varepsilon}_n$,定义 σ 为

$$\sigma(\boldsymbol{\varepsilon}_1) = \boldsymbol{\varepsilon}_1, \cdots, \sigma(\boldsymbol{\varepsilon}_m) = \boldsymbol{\varepsilon}_m, \quad \sigma(\boldsymbol{\varepsilon}_{m+1}) = \cdots = \sigma(\boldsymbol{\varepsilon}_n) = \mathbf{0},$$

则 σ 是 V 的线性变换,称之为对子空间 W 的**投影**.

易知,投影 σ 在基 $\boldsymbol{\varepsilon}_1, \boldsymbol{\varepsilon}_2, \cdots, \boldsymbol{\varepsilon}_m, \boldsymbol{\varepsilon}_{m+1}, \cdots, \boldsymbol{\varepsilon}_n$ 下的矩阵是

$$\operatorname{diag}(1, 1, \cdots, 1, 0, 0, \cdots, 0),$$

其中主对角线上恰好有 m 个 1,$n-m$ 个 0.

下面研究线性变换空间 $L(V)$ 的代数性质,为此先建立 $L(V)$ 与 $\mathbf{F}^{n\times n}$ 的同构关系.

定理 6.4 设 $\boldsymbol{\varepsilon}_1, \boldsymbol{\varepsilon}_2, \cdots, \boldsymbol{\varepsilon}_n$ 是 n 维线性空间 V 的一个基,σ, τ 是 V 的线性变换,如果 σ, τ 在这个基下的矩阵分别为 $\boldsymbol{A}, \boldsymbol{B}$,则在这个基下

(1) $\sigma+\tau$ 的矩阵为$\boldsymbol{A}+\boldsymbol{B}$;

(2) $\sigma\tau$ 的矩阵为$\boldsymbol{AB}$;

(3) $k\sigma$ 的矩阵为$k\boldsymbol{A}$, $k\in F$;

(4) 当σ可逆时,σ^{-1}的矩阵为$\boldsymbol{A}^{-1}$.

证明 因为

$$\sigma(\boldsymbol{\varepsilon}_1, \boldsymbol{\varepsilon}_2, \cdots, \boldsymbol{\varepsilon}_n)=(\boldsymbol{\varepsilon}_1, \boldsymbol{\varepsilon}_2, \cdots, \boldsymbol{\varepsilon}_n)\boldsymbol{A},$$
$$\tau(\boldsymbol{\varepsilon}_1, \boldsymbol{\varepsilon}_2, \cdots, \boldsymbol{\varepsilon}_n)=(\boldsymbol{\varepsilon}_1, \boldsymbol{\varepsilon}_2, \cdots, \boldsymbol{\varepsilon}_n)\boldsymbol{B},$$

所以

$$\begin{aligned}(1)\ (\sigma+\tau)(\boldsymbol{\varepsilon}_1, \boldsymbol{\varepsilon}_2, \cdots, \boldsymbol{\varepsilon}_n)&=\sigma(\boldsymbol{\varepsilon}_1, \boldsymbol{\varepsilon}_2, \cdots, \boldsymbol{\varepsilon}_n)+\tau(\boldsymbol{\varepsilon}_1, \boldsymbol{\varepsilon}_2, \cdots, \boldsymbol{\varepsilon}_n)\\&=(\boldsymbol{\varepsilon}_1, \boldsymbol{\varepsilon}_2, \cdots, \boldsymbol{\varepsilon}_n)\boldsymbol{A}+(\boldsymbol{\varepsilon}_1, \boldsymbol{\varepsilon}_2, \cdots, \boldsymbol{\varepsilon}_n)\boldsymbol{B}\\&=(\boldsymbol{\varepsilon}_1, \boldsymbol{\varepsilon}_2, \cdots, \boldsymbol{\varepsilon}_n)(\boldsymbol{A}+\boldsymbol{B}),\end{aligned}$$

$$\begin{aligned}(2)\ (\sigma\tau)(\boldsymbol{\varepsilon}_1, \boldsymbol{\varepsilon}_2, \cdots, \boldsymbol{\varepsilon}_n)&=\sigma(\tau(\boldsymbol{\varepsilon}_1, \boldsymbol{\varepsilon}_2, \cdots, \boldsymbol{\varepsilon}_n))=\sigma((\boldsymbol{\varepsilon}_1, \boldsymbol{\varepsilon}_2, \cdots, \boldsymbol{\varepsilon}_n)\boldsymbol{B})\\&=(\sigma(\boldsymbol{\varepsilon}_1, \boldsymbol{\varepsilon}_2, \cdots, \boldsymbol{\varepsilon}_n))\boldsymbol{B}=((\boldsymbol{\varepsilon}_1, \boldsymbol{\varepsilon}_2, \cdots, \boldsymbol{\varepsilon}_n)\boldsymbol{A})\boldsymbol{B}\\&=(\boldsymbol{\varepsilon}_1, \boldsymbol{\varepsilon}_2, \cdots, \boldsymbol{\varepsilon}_n)(\boldsymbol{AB}),\end{aligned}$$

$$\begin{aligned}(3)\ (k\sigma)(\boldsymbol{\varepsilon}_1, \boldsymbol{\varepsilon}_2, \cdots, \boldsymbol{\varepsilon}_n)&=k(\sigma(\boldsymbol{\varepsilon}_1, \boldsymbol{\varepsilon}_2, \cdots, \boldsymbol{\varepsilon}_n))=k((\boldsymbol{\varepsilon}_1, \boldsymbol{\varepsilon}_2, \cdots, \boldsymbol{\varepsilon}_n)\boldsymbol{A})\\&=(\boldsymbol{\varepsilon}_1, \boldsymbol{\varepsilon}_2, \cdots, \boldsymbol{\varepsilon}_n)(k\boldsymbol{A}),\end{aligned}$$

(4) 设σ^{-1}的矩阵为$\boldsymbol{C}$,则由$\sigma\sigma^{-1}=1_V$及前面的结论有$\boldsymbol{AC}=\boldsymbol{E}$,所以$\boldsymbol{C}=\boldsymbol{A}^{-1}$.

定理 6.5 设V是数域F上的n维线性空间,则$L(V)$与$\mathbf{F}^{n\times n}$同构.

证明 $\forall\sigma\in L(V)$,定义$\varphi(\sigma)=\boldsymbol{A}$,这里$\boldsymbol{A}$是$\sigma$在$V$的基$\boldsymbol{\varepsilon}_1, \boldsymbol{\varepsilon}_2, \cdots, \boldsymbol{\varepsilon}_n$下的矩阵.

(1) 由线性变换矩阵的定义知,$\varphi(\sigma)=\boldsymbol{A}\in\mathbf{F}^{n\times n}$,且由$\sigma$唯一确定,因此$\varphi$是$L(V)$到$\mathbf{F}^{n\times n}$的映射.

(2) $\forall\boldsymbol{A}\in\mathbf{F}^{n\times n}$,令

$$(\boldsymbol{\alpha}_1, \boldsymbol{\alpha}_2, \cdots, \boldsymbol{\alpha}_n)=(\boldsymbol{\varepsilon}_1, \boldsymbol{\varepsilon}_2, \cdots, \boldsymbol{\varepsilon}_n)\boldsymbol{A},$$

则$\boldsymbol{\alpha}_1, \boldsymbol{\alpha}_2, \cdots, \boldsymbol{\alpha}_n$是$V$中的$n$个向量. 由定理6.3,存在唯一的$\tau\in L(V)$,使得

$$\tau(\boldsymbol{\varepsilon}_i)=\boldsymbol{\alpha}_i,\quad i=1, 2, \cdots, n,$$

于是有

$$\tau(\boldsymbol{\varepsilon}_1, \boldsymbol{\varepsilon}_2, \cdots, \boldsymbol{\varepsilon}_n)=(\boldsymbol{\alpha}_1, \boldsymbol{\alpha}_2, \cdots, \boldsymbol{\alpha}_n)=(\boldsymbol{\varepsilon}_1, \boldsymbol{\varepsilon}_2, \cdots, \boldsymbol{\varepsilon}_n)\boldsymbol{A},$$

即τ在V的基$\boldsymbol{\varepsilon}_1, \boldsymbol{\varepsilon}_2, \cdots, \boldsymbol{\varepsilon}_n$下的矩阵是$\boldsymbol{A}$,故有$\varphi(\tau)=\boldsymbol{A}$,因此$\varphi$是$L(V)$到$\mathbf{F}^{n\times n}$的满射.

(3) $\forall \sigma, \tau \in L(V)$,令 σ, τ 在基 $\boldsymbol{\varepsilon}_1, \boldsymbol{\varepsilon}_2, \cdots, \boldsymbol{\varepsilon}_n$ 下矩阵分别为 $\boldsymbol{A}, \boldsymbol{B}$,即

$$\sigma(\boldsymbol{\varepsilon}_1, \boldsymbol{\varepsilon}_2, \cdots, \boldsymbol{\varepsilon}_n)=(\boldsymbol{\varepsilon}_1, \boldsymbol{\varepsilon}_2, \cdots, \boldsymbol{\varepsilon}_n)\boldsymbol{A},$$
$$\tau(\boldsymbol{\varepsilon}_1, \boldsymbol{\varepsilon}_2, \cdots, \boldsymbol{\varepsilon}_n)=(\boldsymbol{\varepsilon}_1, \boldsymbol{\varepsilon}_2, \cdots, \boldsymbol{\varepsilon}_n)\boldsymbol{B}.$$

若 $\varphi(\sigma)=\varphi(\tau)$,则 $\boldsymbol{A}=\boldsymbol{B}$, 从而

$$\sigma(\boldsymbol{\varepsilon}_1, \boldsymbol{\varepsilon}_2, \cdots, \boldsymbol{\varepsilon}_n)=\tau(\boldsymbol{\varepsilon}_1, \boldsymbol{\varepsilon}_2, \cdots, \boldsymbol{\varepsilon}_n),$$

于是

$$\sigma(\boldsymbol{\varepsilon}_i)=\tau(\boldsymbol{\varepsilon}_i), \quad i=1, 2, \cdots, n,$$

故 $\sigma=\tau$, 因此 φ 是 $L(V)$ 到 $\mathbf{F}^{n\times n}$ 的单射.

(4) $\forall \sigma, \tau \in L(V)$, $\forall k \in F$,令 $\varphi(\sigma)=\boldsymbol{A}$, $\varphi(\tau)=\boldsymbol{B}$, 则由定理 6.4 得

$$\varphi(\sigma+\tau)=\boldsymbol{A}+\boldsymbol{B}=\varphi(\sigma)+\varphi(\tau),$$
$$\varphi(k\sigma)=k\boldsymbol{A}=k\varphi(\sigma).$$

综上所述,φ 是 $L(V)$ 到 $\mathbf{F}^{n\times n}$ 的同构映射,即 $L(V)$ 与 $\mathbf{F}^{n\times n}$ 同构.

推论 设 V 是 n 维线性空间,则 $\dim L(V)=n^2$.

定理 6.5 说明,线性空间 $L(V)$ 中的向量(即线性变换)与线性空间 $\mathbf{F}^{n\times n}$ 的向量(即 n 阶矩阵)有相同的代数结构,这完全可以借助矩阵工具研究抽象空间的线性变换的代数性质.

利用线性变换的矩阵可以直接计算一个向量在线性变换下的像.

定理 6.6 设 σ 是 n 维线性空间 V 的一个线性变换,σ 在 V 的基 $\boldsymbol{\varepsilon}_1, \boldsymbol{\varepsilon}_2, \cdots, \boldsymbol{\varepsilon}_n$ 下矩阵为 $\boldsymbol{A}$,对任意 $\boldsymbol{\alpha}\in V$, $\boldsymbol{\alpha}$ 在基 $\boldsymbol{\varepsilon}_1, \boldsymbol{\varepsilon}_2, \cdots, \boldsymbol{\varepsilon}_n$ 下的坐标是 $(x_1, x_2, \cdots, x_n)^{\mathrm{T}}$,则 $\sigma(\boldsymbol{\alpha})$ 在基 $\boldsymbol{\varepsilon}_1, \boldsymbol{\varepsilon}_2, \cdots, \boldsymbol{\varepsilon}_n$ 下的坐标 $(y_1, y_2, \cdots, y_n)^{\mathrm{T}}$ 可按公式

$$(y_1, y_2, \cdots, y_n)^{\mathrm{T}}=\boldsymbol{A}(x_1, x_2, \cdots, x_n)^{\mathrm{T}}$$

来计算.

证明 由假设知

$$\boldsymbol{\alpha}=(\boldsymbol{\varepsilon}_1, \boldsymbol{\varepsilon}_2, \cdots, \boldsymbol{\varepsilon}_n)(x_1, x_2, \cdots, x_n)^{\mathrm{T}},$$

于是

$$\begin{aligned}\sigma(\boldsymbol{\alpha})&=(\sigma(\boldsymbol{\varepsilon}_1), \sigma(\boldsymbol{\varepsilon}_2), \cdots, \sigma(\boldsymbol{\varepsilon}_n))(x_1, x_2, \cdots, x_n)^{\mathrm{T}}\\&=(\boldsymbol{\varepsilon}_1, \boldsymbol{\varepsilon}_2, \cdots, \boldsymbol{\varepsilon}_n)\boldsymbol{A}(x_1, x_2, \cdots, x_n)^{\mathrm{T}}.\end{aligned}$$

另一方面

$$\sigma(\boldsymbol{\alpha})=(\boldsymbol{\varepsilon}_1, \boldsymbol{\varepsilon}_2, \cdots, \boldsymbol{\varepsilon}_n)(y_1, y_2, \cdots, y_n)^{\mathrm{T}},$$

所以

$$(y_1, y_2, \cdots, y_n)^{\mathrm{T}} = \boldsymbol{A}(x_1, x_2, \cdots, x_n)^{\mathrm{T}}.$$

证毕.

定理 6.5 和定理 6.6 说明，取定 n 维线性空间 V 的一个基，V 的任一线性变换与 $\mathbf{F}^{n\times n}$ 的 n 阶矩阵是一一对应的.因此，以基为桥梁，线性变换的问题转化了矩阵的问题，线性变换像与原像的关系转化成了坐标与矩阵的关系.

6.3.3　线性变换在不同基下矩阵间的关系

线性变换的矩阵是与线性空间中的一个基联系在一起的. 一般说来，随着基的变化，同一个线性变换就有不同的矩阵，为了利用矩阵来研究线性变换，有必要弄清楚线性变换的矩阵是如何随着基的改变而改变的.

定理 6.7　设 σ 是 n 维线性空间 V 的一个线性变换，σ 在 V 的两个基 $\boldsymbol{\varepsilon}_1, \boldsymbol{\varepsilon}_2, \cdots, \boldsymbol{\varepsilon}_n$ 与 $\boldsymbol{\eta}_1, \boldsymbol{\eta}_2, \cdots, \boldsymbol{\eta}_n$ 下的矩阵分别为 $\boldsymbol{A}$ 和 $\boldsymbol{B}$，由基 $\boldsymbol{\varepsilon}_1, \boldsymbol{\varepsilon}_2, \cdots, \boldsymbol{\varepsilon}_n$ 到基 $\boldsymbol{\eta}_1, \boldsymbol{\eta}_2, \cdots, \boldsymbol{\eta}_n$ 的过渡矩阵是 $\boldsymbol{P}$，则有

$$\boldsymbol{B} = \boldsymbol{P}^{-1}\boldsymbol{A}\boldsymbol{P}.$$

证明　由已知

$$\sigma(\boldsymbol{\varepsilon}_1, \boldsymbol{\varepsilon}_2, \cdots, \boldsymbol{\varepsilon}_n) = (\boldsymbol{\varepsilon}_1, \boldsymbol{\varepsilon}_2, \cdots, \boldsymbol{\varepsilon}_n)\boldsymbol{A},$$
$$\sigma(\boldsymbol{\eta}_1, \boldsymbol{\eta}_2, \cdots, \boldsymbol{\eta}_n) = (\boldsymbol{\eta}_1, \boldsymbol{\eta}_2, \cdots, \boldsymbol{\eta}_n)\boldsymbol{B},$$
$$(\boldsymbol{\eta}_1, \boldsymbol{\eta}_2, \cdots, \boldsymbol{\eta}_n) = (\boldsymbol{\varepsilon}_1, \boldsymbol{\varepsilon}_2, \cdots, \boldsymbol{\varepsilon}_n)\boldsymbol{P}.$$

且 $\boldsymbol{P}$ 是可逆矩阵，可得

$$\begin{aligned}\sigma(\boldsymbol{\eta}_1, \boldsymbol{\eta}_2, \cdots, \boldsymbol{\eta}_n) &= \sigma((\boldsymbol{\varepsilon}_1, \boldsymbol{\varepsilon}_2, \cdots, \boldsymbol{\varepsilon}_n)\boldsymbol{P}) \\ &= (\boldsymbol{\varepsilon}_1, \boldsymbol{\varepsilon}_2, \cdots, \boldsymbol{\varepsilon}_n)\boldsymbol{A}\boldsymbol{P} = (\boldsymbol{\eta}_1, \boldsymbol{\eta}_2, \cdots, \boldsymbol{\eta}_n)\boldsymbol{P}^{-1}\boldsymbol{A}\boldsymbol{P},\end{aligned}$$

由线性变换的矩阵的唯一性知

$$\boldsymbol{B} = \boldsymbol{P}^{-1}\boldsymbol{A}\boldsymbol{P}.$$

证毕.

定理 6.7 给出了同一个线性变换 σ 在不同基下的矩阵之间的关系，这个基本关系在以后的讨论中是很重要的，由此引入矩阵相似的概念.

定义 6.7　设 $\boldsymbol{A}, \boldsymbol{B} \in \mathbf{F}^{n\times n}$，如果存在可逆矩阵 $\boldsymbol{P} \in \mathbf{F}^{n\times n}$，使得 $\boldsymbol{B} = \boldsymbol{P}^{-1}\boldsymbol{A}\boldsymbol{P}$，则称 $\boldsymbol{A}$ 与 $\boldsymbol{B}$ **相似**，称 $\boldsymbol{P}$ 为**相似变换矩阵**.

相似是矩阵之间的一种等价关系，即具有下面三个性质.

(1) 反身性. 设 $\boldsymbol{A} \in \mathbf{F}^{n\times n}$，则 $\boldsymbol{A}$ 与 $\boldsymbol{A}$ 相似.

(2) 对称性.若 $\boldsymbol{A}$ 与 $\boldsymbol{B}$ 相似，则 $\boldsymbol{B}$ 与 $\boldsymbol{A}$ 相似.

(3) 传递性.若 $\boldsymbol{A}$ 与 $\boldsymbol{B}$ 相似，则 $\boldsymbol{B}$ 与 $\boldsymbol{C}$ 相似，则 $\boldsymbol{A}$ 与 $\boldsymbol{C}$ 相似.

当$\boldsymbol{A}$与$\boldsymbol{B}$相似时,常说$\boldsymbol{A}$, $\boldsymbol{B}$相似,或称$\boldsymbol{A}$, $\boldsymbol{B}$是相似矩阵.

利用矩阵相似的概念,定理6.7可以说成下面的定理6.8.

定理6.8 设$\boldsymbol{A}, \boldsymbol{B} \in \mathbf{F}^{n\times n}$,则$\boldsymbol{A}$, $\boldsymbol{B}$相似的充分必要条件是,$\boldsymbol{A}$与$\boldsymbol{B}$是n维线性空间V的同一个线性变换σ在V的两个不同基下的矩阵.

证明 充分性定理6.7已证.

必要性.设$\boldsymbol{A}$是n维线性空间V的线性变换σ在基$\boldsymbol{\varepsilon}_1, \boldsymbol{\varepsilon}_2, \cdots, \boldsymbol{\varepsilon}_n$下的矩阵,$\boldsymbol{B}=\boldsymbol{P}^{-1}\boldsymbol{AP}$.令

$$(\boldsymbol{\eta}_1, \boldsymbol{\eta}_2, \cdots, \boldsymbol{\eta}_n)=(\boldsymbol{\varepsilon}_1, \boldsymbol{\varepsilon}_2, \cdots, \boldsymbol{\varepsilon}_n)\boldsymbol{P},$$

由于$\boldsymbol{P}$是可逆矩阵,因此

$$(\boldsymbol{\varepsilon}_1, \boldsymbol{\varepsilon}_2, \cdots, \boldsymbol{\varepsilon}_n)=(\boldsymbol{\eta}_1, \boldsymbol{\eta}_2, \cdots, \boldsymbol{\eta}_n)\boldsymbol{P}^{-1},$$

从而$\boldsymbol{\eta}_1, \boldsymbol{\eta}_2, \cdots, \boldsymbol{\eta}_n$与$\boldsymbol{\varepsilon}_1, \boldsymbol{\varepsilon}_2, \cdots, \boldsymbol{\varepsilon}_n$等价,于是$\boldsymbol{\eta}_1, \boldsymbol{\eta}_2, \cdots, \boldsymbol{\eta}_n$也是$V$的一个基,而$\sigma$在这个基下的矩阵是$\boldsymbol{P}^{-1}\boldsymbol{AP}$,即为$\boldsymbol{B}$. **证毕.**

容易证明相似矩阵具有以下基本性质.

(1) 相似矩阵的秩相等.

(2) 相似矩阵的行列式相等.

(3) 相似矩阵的转置矩阵也相似.

(4) 相似矩阵的幂也相似.

(5) 相似矩阵的多项式也相似.

(6) 相似矩阵具有相同的可逆性,当它们都可逆时,它们的逆矩阵也相似.

证明 下面给出(2)、(4)、(5)的证明,其他请读者自行完成.

设两个n阶矩阵$\boldsymbol{A}$, $\boldsymbol{B}$相似,则有可逆矩阵$\boldsymbol{P}$,使得$\boldsymbol{B}=\boldsymbol{P}^{-1}\boldsymbol{AP}$,于是

$$\begin{aligned}|\boldsymbol{B}|&=|\boldsymbol{P}^{-1}\boldsymbol{AP}|=|\boldsymbol{P}^{-1}||\boldsymbol{A}||\boldsymbol{P}|\\&=|\boldsymbol{P}^{-1}\boldsymbol{P}||\boldsymbol{A}|=|\boldsymbol{A}|,\end{aligned}$$

所以(2)成立.又

$$\boldsymbol{B}^m=(\boldsymbol{P}^{-1}\boldsymbol{AP})^m=\boldsymbol{P}^{-1}\boldsymbol{A}^m\boldsymbol{P},$$

故$\boldsymbol{A}^m$与$\boldsymbol{B}^m$相似,因而(4)成立.

再证(5).设$g(x)=a_mx^m+a_{m-1}x^{m-1}+\cdots+a_1x+a_0\in F[x]$,则由(4)的证明可知

$$\begin{aligned}g(\boldsymbol{B})&=a_m\boldsymbol{B}^m+a_{m-1}\boldsymbol{B}^{m-1}+\cdots+a_1\boldsymbol{B}+a_0\boldsymbol{E}\\&=a_m\boldsymbol{P}^{-1}\boldsymbol{A}^m\boldsymbol{P}+a_{m-1}\boldsymbol{P}^{-1}\boldsymbol{A}^{m-1}\boldsymbol{P}+\cdots+a_1\boldsymbol{P}^{-1}\boldsymbol{AP}+a_0\boldsymbol{P}^{-1}\boldsymbol{EP}\\&=\boldsymbol{P}^{-1}(a_m\boldsymbol{A}^m+a_{m-1}\boldsymbol{A}^{m-1}+\cdots+a_1\boldsymbol{A}+a_0\boldsymbol{E})\boldsymbol{P}\\&=\boldsymbol{P}^{-1}g(\boldsymbol{A})\boldsymbol{P},\end{aligned}$$

于是 $g(\boldsymbol{A})$ 与 $g(\boldsymbol{B})$ 相似. **证毕.**

利用矩阵相似的性质可以简化矩阵的计算,下面举例说明.

例 6.11 设 σ 是二维线性空间 V 的一个线性变换,$\boldsymbol{\varepsilon}_1, \boldsymbol{\varepsilon}_2$ 是 V 的一个基,σ 在 $\boldsymbol{\varepsilon}_1, \boldsymbol{\varepsilon}_2$ 下的矩阵是 $\boldsymbol{A}=\begin{pmatrix}2 & 1\\ -1 & 0\end{pmatrix}$,$\boldsymbol{\eta}_1, \boldsymbol{\eta}_2$ 是 V 的另一个基,且

$$(\boldsymbol{\eta}_1, \boldsymbol{\eta}_2)=(\boldsymbol{\varepsilon}_1, \boldsymbol{\varepsilon}_2)\begin{pmatrix}1 & -1\\ -1 & 2\end{pmatrix},$$

计算 σ 在 $\boldsymbol{\eta}_1, \boldsymbol{\eta}_2$ 下的矩阵 $\boldsymbol{B}$,并求 $\boldsymbol{A}^m$,m 为正整数.

解 记 $\boldsymbol{P}=\begin{pmatrix}1 & -1\\ -1 & 2\end{pmatrix}$,由定理 6.7,$\sigma$ 在 $\boldsymbol{\eta}_1, \boldsymbol{\eta}_2$ 下的矩阵为

$$\begin{aligned}\boldsymbol{B}=\boldsymbol{P}^{-1}\boldsymbol{A}\boldsymbol{P}&=\begin{pmatrix}1 & -1\\ -1 & 2\end{pmatrix}^{-1}\begin{pmatrix}2 & 1\\ -1 & 0\end{pmatrix}\begin{pmatrix}1 & -1\\ -1 & 2\end{pmatrix}\\&=\begin{pmatrix}2 & 1\\ 1 & 1\end{pmatrix}\begin{pmatrix}2 & 1\\ -1 & 0\end{pmatrix}\begin{pmatrix}1 & -1\\ -1 & 2\end{pmatrix}=\begin{pmatrix}1 & 1\\ 0 & 1\end{pmatrix}.\end{aligned}$$

显然

$$\begin{pmatrix}1 & 1\\ 0 & 1\end{pmatrix}^m=\begin{pmatrix}1 & m\\ 0 & 1\end{pmatrix},$$

因此

$$\begin{aligned}\boldsymbol{A}^m&=\boldsymbol{P}\boldsymbol{B}^m\boldsymbol{P}^{-1}\\&=\begin{pmatrix}1 & -1\\ -1 & 2\end{pmatrix}\begin{pmatrix}1 & 1\\ 0 & 1\end{pmatrix}^m\begin{pmatrix}1 & -1\\ -1 & 2\end{pmatrix}^{-1}\\&=\begin{pmatrix}1 & -1\\ -1 & 2\end{pmatrix}\begin{pmatrix}1 & m\\ 0 & 1\end{pmatrix}\begin{pmatrix}2 & 1\\ 1 & 1\end{pmatrix}=\begin{pmatrix}m+1 & m\\ -m & -m+1\end{pmatrix}.\end{aligned}$$

例 6.12 证明:$\operatorname{diag}(\lambda_1, \lambda_2, \cdots, \lambda_n)$ 与 $\operatorname{diag}(\lambda_{i_1}, \lambda_{i_2}, \cdots, \lambda_{i_n})$ 相似,其中 $i_1, i_2, \cdots, i_n$ 是 $1, 2, \cdots, n$ 的一个排列.

证明 取 n 维线性空间 V 的一个基 $\boldsymbol{\varepsilon}_1, \boldsymbol{\varepsilon}_2, \cdots, \boldsymbol{\varepsilon}_n$,构造线性变换 σ:

$$\sigma(\boldsymbol{\varepsilon}_1, \boldsymbol{\varepsilon}_2, \cdots, \boldsymbol{\varepsilon}_n)=(\boldsymbol{\varepsilon}_1, \boldsymbol{\varepsilon}_2, \cdots, \boldsymbol{\varepsilon}_n)\operatorname{diag}(\lambda_1, \lambda_2, \cdots, \lambda_n),$$

则有

$$\sigma(\boldsymbol{\varepsilon}_j)=\lambda_j\boldsymbol{\varepsilon}_j, \quad j=1, 2, \cdots, n,$$

从而

$$\sigma(\boldsymbol{\varepsilon}_{i_j})=\lambda_{i_j}\boldsymbol{\varepsilon}_{i_j}, \quad j=1, 2, \cdots, n.$$

于是

$$\sigma(\boldsymbol{\varepsilon}_{i_1}, \boldsymbol{\varepsilon}_{i_2}, \cdots, \boldsymbol{\varepsilon}_{i_n})=(\boldsymbol{\varepsilon}_{i_1}, \boldsymbol{\varepsilon}_{i_2}, \cdots, \boldsymbol{\varepsilon}_{i_n})\operatorname{diag}(\lambda_{i_1}, \lambda_{i_2}, \cdots, \lambda_{i_n}),$$

即 $\operatorname{diag}(\lambda_1, \lambda_2, \cdots, \lambda_n)$ 与 $\operatorname{diag}(\lambda_{i_1}, \lambda_{i_2}, \cdots, \lambda_{i_n})$ 是同一个线性变换 σ 在不同基 $\boldsymbol{\varepsilon}_1, \boldsymbol{\varepsilon}_2, \cdots, \boldsymbol{\varepsilon}_n$ 与 $\boldsymbol{\varepsilon}_{i_1}, \boldsymbol{\varepsilon}_{i_2}, \cdots, \boldsymbol{\varepsilon}_{i_n}$ 下的矩阵,故 $\operatorname{diag}(\lambda_1, \lambda_2, \cdots, \lambda_n)$ 与 $\operatorname{diag}(\lambda_{i_1}, \lambda_{i_2}, \cdots, \lambda_{i_n})$ 相似.

习题 6.3

1. 设 $\mathbf{F}^3$ 的线性变换 σ 如下:

$$\sigma(a_1, a_2, a_3)^{\mathrm{T}}=(a_3, 2a_1, a_2+a_3)^{\mathrm{T}}, \quad \forall(a_1, a_2, a_3)^{\mathrm{T}}\in\mathbf{F}^3,$$

求:(1) σ 在单位基 $\boldsymbol{e}_1, \boldsymbol{e}_2, \boldsymbol{e}_3$ 下的矩阵;

(2) σ 在基 $\boldsymbol{e}_3, \boldsymbol{e}_1, \boldsymbol{e}_2$ 下的矩阵.

2. 设三维线性空间 V 的线性变换 σ 在基 $\boldsymbol{\alpha}_1, \boldsymbol{\alpha}_2, \boldsymbol{\alpha}_3$ 下的矩阵为 $\boldsymbol{A}=\begin{pmatrix}2 & 1 & 1\\ 1 & -2 & 3\\ -4 & 5 & 6\end{pmatrix}$,求 σ 在基 $\boldsymbol{\beta}_1, \boldsymbol{\beta}_2, \boldsymbol{\beta}_3$ 下的矩阵,其中,$\boldsymbol{\beta}_1=\boldsymbol{\alpha}_1+\boldsymbol{\alpha}_2$, $\boldsymbol{\beta}_2=\boldsymbol{\alpha}_2+\boldsymbol{\alpha}_3$, $\boldsymbol{\beta}_3=\boldsymbol{\alpha}_3+\boldsymbol{\alpha}_1$.

3. 设 $\mathbf{F}^3$ 的线性变换 σ 把 $\mathbf{F}^3$ 的基 $\boldsymbol{\alpha}_1=(1, 0, 0)^{\mathrm{T}}$, $\boldsymbol{\alpha}_2=(2, 1, 0)^{\mathrm{T}}$, $\boldsymbol{\alpha}_3=(1, 1, 1)^{\mathrm{T}}$ 变为基 $\boldsymbol{\beta}_1=(1, 2, -1)^{\mathrm{T}}$, $\boldsymbol{\beta}_2=(2, 2, -1)^{\mathrm{T}}$, $\boldsymbol{\beta}_3=(2, -1, -1)^{\mathrm{T}}$,求 σ 在基 $\boldsymbol{\alpha}_1, \boldsymbol{\alpha}_2, \boldsymbol{\alpha}_3$ 和基 $\boldsymbol{\beta}_1, \boldsymbol{\beta}_2, \boldsymbol{\beta}_3$ 下的矩阵.

4. 设线性变换 σ 在 $\mathbf{F}^3$ 的基 $\boldsymbol{\varepsilon}_1=(-1, 1, 1)^{\mathrm{T}}$, $\boldsymbol{\varepsilon}_2=(1, 0, -1)^{\mathrm{T}}$, $\boldsymbol{\varepsilon}_3=(0, 1, 1)^{\mathrm{T}}$ 下的矩阵是

$$\boldsymbol{A}=\begin{pmatrix}1 & 0 & 1\\ 1 & 1 & 0\\ -1 & 2 & 1\end{pmatrix},$$

试求 σ 在单位基 $\boldsymbol{e}_1, \boldsymbol{e}_2, \boldsymbol{e}_3$ 下的矩阵.

5. 设 $\boldsymbol{\varepsilon}_1, \boldsymbol{\varepsilon}_2, \boldsymbol{\varepsilon}_3$ 是三维线性空间 V 的一个基,V 的线性变换 σ 在这个基下的矩阵是

$$\boldsymbol{A}=\begin{pmatrix}0 & 3 & -1\\ 1 & -2 & 2\\ 4 & 1 & -1\end{pmatrix},$$

求 $\sigma(2\boldsymbol{\varepsilon}_1-\boldsymbol{\varepsilon}_2+5\boldsymbol{\varepsilon}_3)$ 在基 $\boldsymbol{\varepsilon}_1, \boldsymbol{\varepsilon}_2, \boldsymbol{\varepsilon}_3$ 下的坐标.

6. 设 σ 是 n 维线性空间 V 的线性变换,n 是大于 1 的正整数,若 $\boldsymbol{\alpha}\in V$, $\sigma^{n-1}(\boldsymbol{\alpha})\neq 0$,但 $\sigma^n(\boldsymbol{\alpha})=0$,证明:一定存在 V 的一个基,使得 σ 在这个基下的矩阵是

$$\begin{pmatrix} 0 & & & & \\ 1 & 0 & & & \\ & 1 & 0 & & \\ & & \ddots & \ddots & \\ & & & 1 & 0 \end{pmatrix}.$$

7. 设 $\boldsymbol{A}, \boldsymbol{B} \in \mathbf{F}^{n\times n}$，证明：当 $\boldsymbol{A}$ 可逆时，$\boldsymbol{AB}$ 与 $\boldsymbol{AB}$ 相似.

8. 设 $\boldsymbol{A}$ 与 $\boldsymbol{B}$ 相似，$\boldsymbol{C}$ 与 $\boldsymbol{D}$ 相似，证明：$\begin{pmatrix} \boldsymbol{A} & \boldsymbol{O} \\ \boldsymbol{O} & \boldsymbol{C} \end{pmatrix}$ 与 $\begin{pmatrix} \boldsymbol{B} & \boldsymbol{O} \\ \boldsymbol{O} & \boldsymbol{D} \end{pmatrix}$ 相似.

9. 设 σ 是 n 维线性空间 V 的线性变换，证明：

(1) 若 $\forall \tau \in L(V)$，有 $\sigma\tau = \tau\sigma$，则 σ 是数乘变换；

(2) 若 σ 在 V 的任意一个基下的矩阵都相同，则 σ 是数乘变换.

6.4 特征值与特征向量

由 6.3 节看到，有限维线性空间 V 的一个线性变换在不同基下的矩阵一般是不同的，它们之间具有相似关系.那么如何选择基，使得线性变换在这个基下的矩阵具有最简单的形式呢？为此，需要先介绍无论是在理论还是在应用上都是非常重要的两个概念——特征值与特征向量.

6.4.1 特征值与特征向量的概念

定义 6.8 设 σ 是线性空间 V 的一个线性变换，如果对 $\lambda \in F$，存在非零向量 $\boldsymbol{\alpha} \in V$，使得

$$\sigma(\boldsymbol{\alpha}) = \lambda\boldsymbol{\alpha},$$

则称 λ 是 $\boldsymbol{\alpha}$ 的一个**特征值**，而称非零向量 $\boldsymbol{\alpha}$ 为 σ 的属于特征值 λ 的一个**特征向量**.

如果 $\lambda \neq 0$，从几何上看，线性变换 σ 把非零向量 $\boldsymbol{\alpha}$ 变成了一个与原像共线的向量 $\lambda\boldsymbol{\alpha}$，这个 $\boldsymbol{\alpha}$ 就是 σ 的属于特征值 λ 的特征向量.

设 λ 是 $\boldsymbol{\alpha}$ 的特征值，属于 λ 的全体特征向量连同零向量构成的集合记为

$$V_\lambda = \{\boldsymbol{\alpha} \in V \mid \sigma(\boldsymbol{\alpha}) = \lambda\boldsymbol{\alpha}\},$$

则 V_λ 是 V 的子空间.

事实上，$\mathbf{0} \in V_\lambda$，所以 $V_\lambda \neq \varnothing$.

$\forall \boldsymbol{\alpha}, \boldsymbol{\beta} \in V_\lambda$，$\forall k \in F$，有 $\sigma(\boldsymbol{\alpha}) = \lambda\boldsymbol{\alpha}$，$\sigma(\boldsymbol{\beta}) = \lambda\boldsymbol{\beta}$，因此

$$\sigma(\boldsymbol{\alpha} + \boldsymbol{\beta}) = \sigma(\boldsymbol{\alpha}) + \sigma(\boldsymbol{\beta}) = \lambda\boldsymbol{\alpha} + \lambda\boldsymbol{\beta} = \lambda(\boldsymbol{\alpha} + \boldsymbol{\beta}),$$

$$\sigma(k\boldsymbol{\alpha})=k\sigma(\boldsymbol{\alpha})=k\lambda\boldsymbol{\alpha}=\lambda(k\boldsymbol{\alpha}),$$

即 $\boldsymbol{\alpha}+\boldsymbol{\beta}\in V_\lambda$, $k\boldsymbol{\alpha}\in V_\lambda$. 因此,$V_\lambda$ 是 V 的子空间.

定义 6.9 设 λ 是 σ 的特征值,称 $V_\lambda=\{\boldsymbol{\alpha}\in V \mid \sigma(\boldsymbol{\alpha})=\lambda\boldsymbol{\alpha}\}$ 为 σ 的关于特征值 λ 的**特征子空间**.

关于线性变换的特征值与特征向量有下列结论.

(1) 设 $\boldsymbol{\alpha}$ 是 σ 的属于特征值 λ 的特征向量,则 $\boldsymbol{\alpha}$ 的任一个非零数倍 $k\boldsymbol{\alpha}$ $(0\neq k\in F)$ 也是 σ 的属于特征值 λ 的特征向量.

由此可见,属于同一个特征值的特征向量有无穷多个.

(2) 设 $\boldsymbol{\alpha}$, $\boldsymbol{\beta}$ 是 σ 的属于特征值 λ 的特征向量,则当 $\boldsymbol{\alpha}+\boldsymbol{\beta}\neq\boldsymbol{0}$ 时,$\boldsymbol{\alpha}+\boldsymbol{\beta}$ 也是 σ 的属于 λ 的特征向量.

一般地,设 $\boldsymbol{\alpha}_1, \boldsymbol{\alpha}_2, \cdots, \boldsymbol{\alpha}_m$ 是 σ 的属于特征值 λ 的特征向量,则当 $k_1\boldsymbol{\alpha}_1+k_2\boldsymbol{\alpha}_2+\cdots+k_m\boldsymbol{\alpha}_m\neq\boldsymbol{0}$ 时,其中 $k_1, k_2, \cdots, k_m\in F$, $k_1\boldsymbol{\alpha}_1+k_2\boldsymbol{\alpha}_2+\cdots+k_m\boldsymbol{\alpha}_m$ 也是 σ 的属于 λ 的特征向量.

(3) 一个特征向量只能属于一个特征值.

(4) 当 σ 可逆时,σ 的特征值 $\lambda\neq 0$, 且 λ^{-1} 是 σ^{-1} 的特征值.

(5) 设 λ 是 σ 的特征值,则对正整数 m, λ^m 是 σ^m 的特征值.

(6) 设 λ 是 σ 的特征值, $g(x)\in F[x]$,则 $g(\lambda)$ 是 $g(\sigma)$ 的特征值.于是当 $g(\sigma)=o$ 时, $g(\lambda)=0$.

例 6.13 对线性空间 V 的数乘变换 σ_k,有 $\sigma_k(\boldsymbol{\alpha})=k\boldsymbol{\alpha}$, $\forall\boldsymbol{\alpha}\in\mathbf{A}$,所以 k 是 σ_k 的特征值,V 中非零向量都是属于 k 的特征向量.

由此可知,线性空间 V 的线性变换 σ 是零变换的充分必要条件是 σ 有且仅有 0 是其特征值,且 V 的所有非零向量都是属于 0 的特征向量;σ 是恒等变换的充分必要条件是 σ 有且仅有 1 是其特征值,且 V 的所有非零向量都是属于 1 的特征向量.

例 6.14 设 δ 是 $\mathbf{R}$ 上的线性空间 $V=\{f(x)\mid f(x)$ 在 $\mathbf{R}$ 上可导$\}$ 的微分变换,则 $\forall\lambda\in\mathbf{R}$,有 $\delta(\mathrm{e}^{\lambda x})=\lambda\mathrm{e}^{\lambda x}$,所以任意实数 λ 都是 δ 的特征值,而 $\mathrm{e}^{\lambda x}$ 是 δ 的属于 λ 的特征向量.

6.4.2 特征值与特征向量的求法

线性空间 V 的线性变换未必都有特征值.下面讨论线性变换在什么情况下有特征值与特征向量,在有的情况下又如何求特征值和特征向量.

设 σ 是 n 维线性空间 V 的一个线性变换,$\boldsymbol{\varepsilon}_1, \boldsymbol{\varepsilon}_2, \cdots, \boldsymbol{\varepsilon}_n$ 是 V 的一个基,σ 在这个基下的矩阵是 $\boldsymbol{A}=(a_{ij})_{n\times n}$. 若 λ 是 σ 的特征值,$\boldsymbol{\alpha}$ 是属于 λ 的特征向量,且

$$\boldsymbol{\alpha}=x_1\boldsymbol{\varepsilon}_1+x_2\boldsymbol{\varepsilon}_2+\cdots+x_n\boldsymbol{\varepsilon}_n,$$

则 $\boldsymbol{\alpha}$ 在基 $\boldsymbol{\varepsilon}_1, \boldsymbol{\varepsilon}_2, \cdots, \boldsymbol{\varepsilon}_n$ 下的坐标是 $x=(x_1, x_2, \cdots, x_n)^{\mathrm{T}}$.

由于 $\sigma(\boldsymbol{\alpha})$ 与 $\lambda\boldsymbol{\alpha}$ 在基 $\boldsymbol{\varepsilon}_1, \boldsymbol{\varepsilon}_2, \cdots, \boldsymbol{\varepsilon}_n$ 下的坐标分别是 $\boldsymbol{Ax}$ 与 $\lambda\boldsymbol{x}$,因此由 $\sigma(\boldsymbol{\alpha})=\lambda\boldsymbol{\alpha}$ 得

$$\boldsymbol{Ax}=\lambda\boldsymbol{x},$$

即

$$(\lambda\boldsymbol{E}-\boldsymbol{A})\boldsymbol{x}=\boldsymbol{0}.$$

因为 $\boldsymbol{\alpha}$ 是 V 的非零向量,所以 $\boldsymbol{x}\neq\boldsymbol{0}$. 由此知道,齐次线性方程组 $(\lambda\boldsymbol{E}-\boldsymbol{A})\boldsymbol{x}=\boldsymbol{0}$ 有非零解,从而 $|\lambda\boldsymbol{E}-\boldsymbol{A}|=0$,即 λ 是 $|\lambda\boldsymbol{E}-\boldsymbol{A}|=0$ 的根.

反之,若 λ 是 $|\lambda\boldsymbol{E}-\boldsymbol{A}|=0$ 的根,则齐次线性方程组

$$(\lambda\boldsymbol{E}-\boldsymbol{A})\boldsymbol{x}=\boldsymbol{0}$$

有非零解,不妨设 $\boldsymbol{x}=(x_1, x_2, \cdots, x_n)^{\mathrm{T}}$ 是它的一个非零解,则 $\boldsymbol{Ax}=\lambda\boldsymbol{x}$. 令

$$\boldsymbol{\alpha}=x_1\boldsymbol{\varepsilon}_1+x_2\boldsymbol{\varepsilon}_2+\cdots+x_n\boldsymbol{\varepsilon}_n=(\boldsymbol{\varepsilon}_1, \boldsymbol{\varepsilon}_2, \cdots, \boldsymbol{\varepsilon}_n)\boldsymbol{x},$$

则可得

$$\begin{aligned}\sigma(\boldsymbol{\alpha})&=\sigma((\boldsymbol{\varepsilon}_1, \boldsymbol{\varepsilon}_2, \cdots, \boldsymbol{\varepsilon}_n)\boldsymbol{x})=(\boldsymbol{\varepsilon}_1, \boldsymbol{\varepsilon}_2, \cdots, \boldsymbol{\varepsilon}_n)\boldsymbol{Ax}\\&=\lambda(\boldsymbol{\varepsilon}_1, \boldsymbol{\varepsilon}_2, \cdots, \boldsymbol{\varepsilon}_n)\boldsymbol{x}=\lambda\boldsymbol{\alpha},\end{aligned}$$

即 λ 是 σ 的特征值,$\boldsymbol{\alpha}$ 是属于 λ 的特征向量.

根据上面的讨论,引入下面的定义.

定义 6.10 设 $\boldsymbol{A}$ 是 n 阶矩阵,如果存在数 $\lambda\in\mathbf{F}$ 和 n 维非零向量 $\boldsymbol{x}\in\mathbf{F}^n$,使得

$$\boldsymbol{Ax}=\lambda\boldsymbol{x},$$

则称 λ 为矩阵 $\boldsymbol{A}$ 的一个**特征值**,称 $\boldsymbol{x}$ 为矩阵 $\boldsymbol{A}$ 的属于特征值 λ 的一个**特征向量**.

由以上讨论可以看到:

(1) λ 是 $\boldsymbol{A}$ 的特征值当且仅当 λ 是 $|\lambda\boldsymbol{E}-\boldsymbol{A}|=0$ 的根.

(2) $\boldsymbol{x}$ 是 $\boldsymbol{A}$ 的属于特征值 λ 的特征向量当且仅当 $\boldsymbol{x}$ 是齐次线性方程组 $(\lambda\boldsymbol{E}-\boldsymbol{A})\boldsymbol{x}=\boldsymbol{0}$ 的非零解.

(3) 设 σ 是线性空间 V 的线性变换,若 σ 在 V 的某个基 $\boldsymbol{\varepsilon}_1, \boldsymbol{\varepsilon}_2, \cdots, \boldsymbol{\varepsilon}_n$ 下的矩阵是 $\boldsymbol{A}$,则 λ 是线性变换 σ 的特征值当且仅当 λ 是矩阵 $\boldsymbol{A}$ 的特征值;而 $\boldsymbol{\alpha}$ 是线性变换 σ 的属于特征值 λ 的特征向量当且仅当 $\boldsymbol{\alpha}$ 在基 $\boldsymbol{\varepsilon}_1, \boldsymbol{\varepsilon}_2, \cdots, \boldsymbol{\varepsilon}_n$ 下的坐标是矩阵 $\boldsymbol{A}$ 的属于特征值 λ 的特征向量.

这就说明,线性变换 σ 的特征值就是对应矩阵 $\boldsymbol{A}$ 的特征值,σ 的属于特征值 λ 的特征向量的坐标就是 $\boldsymbol{A}$ 的属于特征值 λ 的特征向量.所以,求线性变换的特征值和特征向量的问题,可以完全归结为求矩阵的特征值和特征向量的问题.

因此,矩阵的特征值、特征向量与线性变换的特征值、特征向量有相同的性质.

由定义 6.10 可知,矩阵 $\boldsymbol{A}$ 的属于特征值 λ 的特征向量 $\boldsymbol{x}$ 是齐次线性方程组

$$(\lambda\boldsymbol{E}-\boldsymbol{A})\boldsymbol{x}=\boldsymbol{0}$$

的非零解,因而系数行列式

$$|\lambda\boldsymbol{E}-\boldsymbol{A}|=\begin{vmatrix}\lambda-a_{11} & -a_{12} & \cdots & -a_{1n}\\ -a_{21} & \lambda-a_{22} & \cdots & -a_{2n}\\ \vdots & \vdots & & \vdots\\ -a_{n1} & -a_{n2} & \cdots & \lambda-a_{nn}\end{vmatrix}=0.$$

方程 $|\lambda\boldsymbol{E}-\boldsymbol{A}|=0$ 称为矩阵 $\boldsymbol{A}$ 的**特征方程**,它的根就是矩阵 $\boldsymbol{A}$ 的全部特征值,因此,矩阵的特征值又称为**特征根**.行列式 $|\lambda\boldsymbol{E}-\boldsymbol{A}|$ 的展开式是关于 λ 的 n 次多项式,称为矩阵 $\boldsymbol{A}$ 的**特征多项式**.

在复数域上,n 阶矩阵(或 n 维线性空间的线性变换)一定有 n 个特征值(重根按重数计算).

求矩阵 $\boldsymbol{A}$ 的特征值与特征向量通常按如下步骤进行.

(1) 求特征方程 $|\lambda\boldsymbol{E}-\boldsymbol{A}|=0$ 的全部解,得到矩阵 $\boldsymbol{A}$ 的所有特征值.

(2) 对每一个特征值 λ,求齐次线性方程组 $(\lambda\boldsymbol{E}-\boldsymbol{A})\boldsymbol{x}=\boldsymbol{0}$ 的一个基础解系 $\boldsymbol{\xi}_1, \boldsymbol{\xi}_2, \cdots, \boldsymbol{\xi}_m$,则得到矩阵 $\boldsymbol{A}$ 的属于特征值 λ 的所有特征向量 $\boldsymbol{x}=\sum_{i=1}^{m}k_i\boldsymbol{\xi}_i$ ($k_1, k_2, \cdots, k_m$ 是不全为零的数).

基础解系 $\boldsymbol{\xi}_1, \boldsymbol{\xi}_2, \cdots, \boldsymbol{\xi}_m$ 分别是线性变换 σ 的属于特征值 λ 的特征向量 $\boldsymbol{\alpha}_1, \boldsymbol{\alpha}_2, \cdots, \boldsymbol{\alpha}_m$ 在基下的坐标,σ 的属于特征值 λ 的全部特征向量可以表示为

$$\sum_{i=1}^{m}k_i\boldsymbol{\alpha}_i,\quad k_1, k_2, \cdots, k_m \text{ 是不全为零的数},$$

所以,σ 的属于特征值 λ 的特征子空间

$$V_\lambda=L(\boldsymbol{\alpha}_1, \boldsymbol{\alpha}_2, \cdots, \boldsymbol{\alpha}_m)$$

的维数等于齐次线性方程组 $(\lambda\boldsymbol{E}-\boldsymbol{A})\boldsymbol{x}=\boldsymbol{0}$ 的解空间的维数,等于基础解系所含解向量的个数 $m=n-R(\lambda\boldsymbol{E}-\boldsymbol{A})$,称之为特征值 λ 的**几何重数**. 如果 λ 是特征方程 $|\lambda\boldsymbol{E}-\boldsymbol{A}|=0$ 的 k 重根,则称 k 为特征值 λ 的**代数重数**.

例 6.15 求矩阵

$$\boldsymbol{A}=\begin{pmatrix}4 & 6 & 0\\ -3 & -5 & 0\\ -3 & -6 & 1\end{pmatrix}$$

的特征值与特征向量.

解 由

$$|\lambda\boldsymbol{E}-\boldsymbol{A}|=\begin{vmatrix}\lambda-4 & -6 & 0\\ 3 & \lambda+5 & 0\\ 3 & 6 & \lambda-1\end{vmatrix}=(\lambda-1)^2(\lambda+2)=0,$$

得矩阵 $\boldsymbol{A}$ 的特征值 $\lambda_1=\lambda_2=1$(二重根),$\lambda_3=-2$.

对 $\lambda_1=\lambda_2=1$,解方程 $(\boldsymbol{E}-\boldsymbol{A})\boldsymbol{x}=\boldsymbol{0}$,由

$$\boldsymbol{E}-\boldsymbol{A}=\begin{pmatrix}-3 & -6 & 0\\ 3 & 6 & 0\\ 3 & 6 & 0\end{pmatrix}\to\begin{pmatrix}1 & 2 & 0\\ 0 & 0 & 0\\ 0 & 0 & 0\end{pmatrix},$$

得同解方程组 $x_1=-2x_2$,求得一个基础解系

$$\boldsymbol{\xi}_1=(-2,\ 1,\ 0)^{\mathrm{T}},\quad \boldsymbol{\xi}_2=(0,\ 0,\ 1)^{\mathrm{T}}.$$

因此,矩阵 $\boldsymbol{A}$ 的属于特征值 $\lambda_1=\lambda_2=1$ 的全部特征向量是 $k_1\boldsymbol{\xi}_1+k_2\boldsymbol{\xi}_2$($k_1$, k_2 是不全为零的数).

对 $\lambda_3=-2$,解方程 $(-2\boldsymbol{E}-\boldsymbol{A})\boldsymbol{x}=\boldsymbol{0}$,由

$$-2\boldsymbol{E}-\boldsymbol{A}=\begin{pmatrix}-6 & -6 & 0\\ 3 & 3 & 0\\ 3 & 6 & -3\end{pmatrix}\to\begin{pmatrix}1 & 0 & 1\\ 0 & 1 & -1\\ 0 & 0 & 0\end{pmatrix},$$

得同解方程组 $x_1=-x_2=-x_3$,求得一个基础解系 $\boldsymbol{\xi}_3=(-1,\ 1,\ 1)^{\mathrm{T}}$,因此,矩阵 $\boldsymbol{A}$ 的属于特征值 $\lambda_3=-2$ 的全部特征向量是 $k_3\boldsymbol{\xi}_3$($k_3\neq 0$ 是任意数).

在例 6.15 中,特征值 $\lambda=1$ 的代数重数等于几何重数,都等于 2.

例 6.16 在三维线性空间 V 中,设线性变换 σ 在 V 的基 $\boldsymbol{\varepsilon}_1$, $\boldsymbol{\varepsilon}_2$, $\boldsymbol{\varepsilon}_3$ 下的矩阵是

$$\boldsymbol{A}=\begin{pmatrix}1 & 2 & 2\\ 2 & 1 & 2\\ 2 & 2 & 1\end{pmatrix},$$

求 σ 的特征值与特征向量.

解 由

$$|\lambda\boldsymbol{E}-\boldsymbol{A}|=\begin{vmatrix}\lambda-1 & -2 & -2\\ -2 & \lambda-1 & -2\\ -2 & -2 & \lambda-1\end{vmatrix}=(\lambda+1)^2(\lambda-5)=0,$$

得矩阵 $\boldsymbol{A}$ 的特征值 $\lambda_1=\lambda_2=-1$(二重根),$\lambda_3=5$.

对 $\lambda_1=\lambda_2=-1$,解方程 $(-\boldsymbol{E}-\boldsymbol{A})\boldsymbol{x}=\boldsymbol{0}$, 由

$$-\boldsymbol{E}-\boldsymbol{A}=\begin{pmatrix}-2&-2&-2\\-2&-2&-2\\-2&-2&-2\end{pmatrix}\to\begin{pmatrix}1&1&1\\0&0&0\\0&0&0\end{pmatrix},$$

得同解方程组 $x_1=-x_2-x_3$, 求得一个基础解系

$$\boldsymbol{\xi}_1=(-1,\ 1,\ 0)^{\mathrm{T}},\quad \boldsymbol{\xi}_2=(-1,\ 0,\ 1)^{\mathrm{T}}.$$

令

$$\boldsymbol{\alpha}_1=-\boldsymbol{\varepsilon}_1+\boldsymbol{\varepsilon}_2,\quad \boldsymbol{\alpha}_2=-\boldsymbol{\varepsilon}_1+\boldsymbol{\varepsilon}_3,$$

则线性变换的 σ 的属于特征值 -1 的全部特征向量是

$$k_1\boldsymbol{\alpha}_1+k_2\boldsymbol{\alpha}_2,\quad k_1,\ k_2 \text{ 是不全为零的数.}$$

对 $\lambda_3=5$,解方程 $(5\boldsymbol{E}-\boldsymbol{A})\boldsymbol{x}=\boldsymbol{0}$, 由

$$5\boldsymbol{E}-\boldsymbol{A}=\begin{pmatrix}4&-2&-2\\-2&4&-2\\-2&-2&4\end{pmatrix}\to\begin{pmatrix}1&0&-1\\0&1&-1\\0&0&0\end{pmatrix},$$

得同解方程组 $x_1=x_2=x_3$, 求得一个基础解系 $\boldsymbol{\xi}_3=(1,\ 1,\ 1)^{\mathrm{T}}$, 令

$$\boldsymbol{\alpha}_3=\boldsymbol{\varepsilon}_1+\boldsymbol{\varepsilon}_2+\boldsymbol{\varepsilon}_3,$$

因此,σ 的属于特征值 5 的全部特征向量是

$$k_3\boldsymbol{\alpha}_3,\quad k_3\neq 0,\text{且为任意数.}$$

在例 6.16 中,特征值 $\lambda=-1$ 的代数重数等于几何重数,都等于 2.

例 6.17 在平面直角坐标系中,坐标旋转变换的矩阵是

$$\boldsymbol{A}=\begin{pmatrix}\cos\theta&-\sin\theta\\\sin\theta&\cos\theta\end{pmatrix},$$

其特征多项式

$$|\lambda\boldsymbol{E}-\boldsymbol{A}|=\lambda^2-2\lambda\cos\theta+1,$$

当 $\theta\neq k\pi\ (k\in Z)$ 时,无实数根,即当 $\theta\neq k\pi$ 时,无实特征值.因此,当 $\theta\neq k\pi$ 时,旋转后的向量不可能与原向量共线,此时没有特征值.

例 6.18 设 λ 是矩阵 $\boldsymbol{A}$ 的特征值,m 是正整数,证明:

(1) λ^m 是 $\boldsymbol{A}^m$ 的特征值;

(2) 若 $\boldsymbol{A}$ 是可逆矩阵,则 $\lambda \neq 0$,且 λ^{-1} 是 $\boldsymbol{A}^{-1}$ 的特征值,$\dfrac{|\boldsymbol{A}|}{\lambda}$ 是 $\boldsymbol{A}^*$ 的特征值;

(3) 若 $g(x) \in F[x]$,则 $g(\lambda)$ 是 $g(\boldsymbol{A})$ 的特征值.

证明 (1) 设 $\boldsymbol{\alpha} \neq \boldsymbol{0}$ 是 $\boldsymbol{A}$ 的属于特征值 λ 的特征向量,则有

$$\boldsymbol{A\alpha} = \lambda\boldsymbol{\alpha}.$$

上式两边同时左乘矩阵 $\boldsymbol{A}$,得

$$\boldsymbol{A}^2\boldsymbol{\alpha} = \lambda\boldsymbol{A\alpha} = \lambda^2\boldsymbol{\alpha}.$$

继续下去,得到

$$\boldsymbol{A}^m\boldsymbol{\alpha} = \lambda^{m-1}\boldsymbol{A\alpha} = \lambda^m\boldsymbol{\alpha}.$$

因此,λ^m 是 $\boldsymbol{A}^m$ 的特征值,$\boldsymbol{\alpha}$ 是 $\boldsymbol{A}^m$ 的属于特征值 λ^m 的特征向量.

(2) 若 $\boldsymbol{A}$ 是可逆矩阵,而 $\lambda = 0$,则特征方程

$$|\boldsymbol{0E} - \boldsymbol{A}| = |\boldsymbol{A}| = 0,$$

这与 $\boldsymbol{A}$ 是可逆矩阵矛盾,所以,$\lambda \neq 0$. 由

$$\boldsymbol{A}^{-1} \cdot \boldsymbol{A\alpha} = \lambda\boldsymbol{A}^{-1}\boldsymbol{\alpha}$$

得到

$$\boldsymbol{A}^{-1}\boldsymbol{\alpha} = \frac{1}{\lambda}\boldsymbol{\alpha}.$$

所以,λ^{-1} 是 $\boldsymbol{A}^{-1}$ 的特征值,$\boldsymbol{\alpha}$ 是 $\boldsymbol{A}^{-1}$ 的属于特征值 λ^{-1} 的特征向量.

由

$$\boldsymbol{A}^*\boldsymbol{\alpha} = |\boldsymbol{A}|\boldsymbol{A}^{-1}\boldsymbol{\alpha} = |\boldsymbol{A}|\lambda^{-1}\boldsymbol{\alpha}$$

可知,$\dfrac{|\boldsymbol{A}|}{\lambda}$ 是 $\boldsymbol{A}^*$ 的特征值,$\boldsymbol{\alpha}$ 是 $\boldsymbol{A}^*$ 的属于特征值 $\dfrac{|\boldsymbol{A}|}{\lambda}$ 的特征向量.

(3) 设 $g(x) = a_m x^m + a_{m-1}x^{m-1} + \cdots + a_1 x + a_0$,则由

$$\begin{aligned}
g(\boldsymbol{A})\boldsymbol{\alpha} &= (a_m\boldsymbol{A}^m + a_{m-1}\boldsymbol{A}^{m-1} + \cdots + a_1\boldsymbol{A} + a_0\boldsymbol{E})\boldsymbol{\alpha} \\
&= a_m\boldsymbol{A}^m\boldsymbol{\alpha} + a_{m-1}\boldsymbol{A}^{m-1}\boldsymbol{\alpha} + \cdots + a_1\boldsymbol{A\alpha} + a_0\boldsymbol{\alpha} \\
&= a_m\lambda^m\boldsymbol{\alpha} + a_{m-1}\lambda^{m-1}\boldsymbol{\alpha} + \cdots + a_1\lambda\boldsymbol{\alpha} + a_0\boldsymbol{\alpha} \\
&= (a_m\lambda^m + a_{m-1}\lambda^{m-1} + \cdots + a_1\lambda + a_0)\boldsymbol{\alpha} \\
&= g(\lambda)\boldsymbol{\alpha}
\end{aligned}$$

知,$g(\lambda)$是$g(\boldsymbol{A})$的特征值.

例 6.19 设n阶矩阵$\boldsymbol{A}$满足$\boldsymbol{A}^2-3\boldsymbol{A}+2\boldsymbol{E}=\boldsymbol{O}$,证明:$\boldsymbol{A}$的特征值只能是1或2.

证明 设λ是矩阵$\boldsymbol{A}$的特征值,由$\boldsymbol{A}^2-3\boldsymbol{A}+2\boldsymbol{E}=\boldsymbol{O}$知

$$\lambda^2-3\lambda+2=0,$$

故$\lambda=1$或2.所以$\boldsymbol{A}$的特征值只能是1或2.

6.4.3 特征多项式的性质

将矩阵$\boldsymbol{A}$的特征多项式记为$f(\lambda)$,即

$$f(\lambda)=|\lambda\boldsymbol{E}-\boldsymbol{A}|=\begin{vmatrix}\lambda-a_{11} & -a_{12} & \cdots & -a_{1n}\\ -a_{21} & \lambda-a_{22} & \cdots & -a_{2n}\\ \vdots & \vdots & & \vdots\\ -a_{n1} & -a_{n2} & \cdots & \lambda-a_{nn}\end{vmatrix},$$

下面研究$f(\lambda)$的性质.

性质 1 n阶矩阵$\boldsymbol{A}$与它的转置矩阵$\boldsymbol{A}^{\mathrm{T}}$的特征多项式相同,从而特征值相同.

证明 因为

$$|\lambda\boldsymbol{E}-\boldsymbol{A}^{\mathrm{T}}|=|(\lambda\boldsymbol{E}-\boldsymbol{A})^{\mathrm{T}}|=|\lambda\boldsymbol{E}-\boldsymbol{A}|,$$

所以$\boldsymbol{A}$与$\boldsymbol{A}^{\mathrm{T}}$的特征多项式相同,从而它们的特征值相同.

性质 2 设n阶矩阵$\boldsymbol{A}=(a_{ij})_{n\times n}$的特征值为$\lambda_1,\lambda_2,\cdots,\lambda_n$,则有

(1) $\lambda_1+\lambda_2+\cdots+\lambda_n=\mathrm{tr}(\boldsymbol{A})$,其中$\mathrm{tr}(\boldsymbol{A})=\sum\limits_{i=1}^{n}a_{ii}$称为$\boldsymbol{A}$的**迹**;

(2) $\lambda_1\lambda_2\cdots\lambda_n=|\boldsymbol{A}|$.

证明 将$\boldsymbol{A}$的特征多项式$f(\lambda)=|\lambda\boldsymbol{E}-\boldsymbol{A}|$按行列式定义展开,除了主对角线上$n$个元素的乘积以外,其他各项均不含有$\lambda^n$与$\lambda^{n-1}$,而

$$(\lambda-a_{11})(\lambda-a_{22})\cdots(\lambda-a_{nn})=\lambda^n-(a_{11}+a_{22}+\cdots+a_{nn})\lambda^{n-1}+\cdots,$$

在$|\lambda\boldsymbol{E}-\boldsymbol{A}|$中令$\lambda=0$,即得特征多项式的常数项为

$$|-\boldsymbol{A}|=(-1)^n|\boldsymbol{A}|.$$

由n次多项式的韦达定理可知

$$\lambda_1+\lambda_2+\cdots+\lambda_n=a_{11}+a_{22}+\cdots+a_{nn},$$

$$\lambda_1\lambda_2\cdots\lambda_n=|\boldsymbol{A}|,$$

即矩阵 $\boldsymbol{A}$ 的 n 个特征值的和等于 $\boldsymbol{A}$ 的主对角线上 n 个元素的和，n 个特征值的乘积等于 $\boldsymbol{A}$ 的行列式 $|\boldsymbol{A}|$. **证毕.**

由性质 2 可得以下推论.

推论 n 阶矩阵 $\boldsymbol{A}$ 可逆的充分必要条件是 $\boldsymbol{A}$ 的特征值都不为零.

例 6.20 设三阶矩阵 $\boldsymbol{A}$ 的全部特征值为 1, 2, 3，求 $\boldsymbol{B}=\boldsymbol{A}^*+2\boldsymbol{A}-3\boldsymbol{E}$ 的行列式值 $|\boldsymbol{B}|$ 及 $\mathrm{tr}(\boldsymbol{B})$.

解 首先，$|\boldsymbol{A}|=1\times2\times3=6$，因此 $\boldsymbol{A}$ 可逆.其次，注意到

$$\begin{aligned}\boldsymbol{B}&=\boldsymbol{A}^*+2\boldsymbol{A}-3\boldsymbol{E}=|\boldsymbol{A}|\boldsymbol{A}^{-1}+2\boldsymbol{A}-3\boldsymbol{E}\\&=6\boldsymbol{A}^{-1}+2\boldsymbol{A}-3\boldsymbol{E},\end{aligned}$$

令

$$g(\lambda)=6\lambda^{-1}+2\lambda-3,$$

由于 $\boldsymbol{A}^{-1}$ 的特征值是 1, $\frac{1}{2}$, $\frac{1}{3}$，所以 $\boldsymbol{A}^*$ 的特征值是 6, 3, 2，则矩阵 $\boldsymbol{B}$ 的特征值分别是

$$g(1)=5,\quad g(2)=4,\quad g(3)=5,$$

因此

$$|\boldsymbol{B}|=5\times4\times5=100,\quad \mathrm{tr}(\boldsymbol{B})=5+4+5=14.$$

对于相似矩阵，除了具有熟知的基本性质以外，还有下面的定理.

定理 6.9 相似矩阵的特征多项式相同、特征值相同，但反之不然.

证明 设 $\boldsymbol{A},\boldsymbol{B}\in\mathbf{F}^{n\times n}$ 是相似矩阵，则存在可逆矩阵 $\boldsymbol{P}\in\mathbf{F}^{n\times n}$，使得 $\boldsymbol{B}=\boldsymbol{P}^{-1}\boldsymbol{A}\boldsymbol{P}$，于是有

$$\begin{aligned}|\lambda\boldsymbol{E}-\boldsymbol{B}|&=|\lambda\boldsymbol{E}-\boldsymbol{P}^{-1}\boldsymbol{A}\boldsymbol{P}|=|\boldsymbol{P}^{-1}(\lambda\boldsymbol{E}-\boldsymbol{A})\boldsymbol{P}|\\&=|\boldsymbol{P}^{-1}||\lambda\boldsymbol{E}-\boldsymbol{A}||\boldsymbol{P}|\\&=|\boldsymbol{P}^{-1}\boldsymbol{P}||\lambda\boldsymbol{E}-\boldsymbol{A}|\\&=|\lambda\boldsymbol{E}-\boldsymbol{A}|.\end{aligned}$$

反之，设矩阵 $\boldsymbol{A}=\begin{pmatrix}1&0\\0&1\end{pmatrix}$，$\boldsymbol{B}=\begin{pmatrix}1&1\\0&1\end{pmatrix}$，它们的特征多项式都是 $(\lambda-1)^2$，但它们不相似，这是因为和 $\boldsymbol{A}$ 相似的矩阵只能是 $\boldsymbol{A}$ 本身. **证毕.**

由此可见，在用线性变换的矩阵求特征值时与线性空间的基的选择无关.特征值是由线性变换所决定的，线性变换矩阵的特征多项式称为这个**线性变换的特征**

多项式.

由定理 6.9,考虑特征多项式的常数项,又证明了"相似矩阵的行列式相同",因此线性变换矩阵的行列式也称为这个**线性变换的行列式**.另外,根据定理6.9,显然有以下推论.

推论 相似矩阵的迹相同.

下面将要指出特征多项式的一个重要定理,为此,先给出矩阵多项式的定义.

形如

$$\lambda^m \boldsymbol{B}_m + \lambda^{m-1}\boldsymbol{B}_{m-1} + \cdots + \lambda \boldsymbol{B}_1 + \boldsymbol{B}_0$$

的多项式,其中 $\boldsymbol{B}_0, \boldsymbol{B}_1, \cdots, \boldsymbol{B}_m$ 都是 n 阶数字矩阵,就称为一个**矩阵多项式**,n 称为它的阶数,当 $\boldsymbol{B}_m \neq \boldsymbol{O}$ 时,m 称为它的次数.

例如,$\begin{pmatrix}1 & 0\\0 & 0\end{pmatrix}\lambda^2 + \begin{pmatrix}0 & -2\\1 & 0\end{pmatrix}\lambda + \begin{pmatrix}1 & 0\\-1 & 1\end{pmatrix}$ 是一个二次矩阵多项式.

定理 6.10(哈密顿-凯莱定理) 设 $\boldsymbol{A}$ 是数域 F 上的 n 阶矩阵,而

$$f(\lambda) = |\lambda \boldsymbol{E} - \boldsymbol{A}| = \lambda^n + a_{n-1}\lambda^{n-1} + \cdots + a_1\lambda + a_0$$

是 $\boldsymbol{A}$ 的特征多项式,则

$$f(\boldsymbol{A}) = \boldsymbol{A}^n + a_{n-1}\boldsymbol{A}^{n-1} + \cdots + a_1\boldsymbol{A} + a_0\boldsymbol{E} = \boldsymbol{O}.$$

***证明** 设 $f(\lambda) = \lambda^n + a_{n-1}\lambda^{n-1} + \cdots + a_1\lambda + a_0$,令 $\boldsymbol{B}(\lambda) = (\lambda\boldsymbol{E} - \boldsymbol{A})^*$ 是 $\lambda\boldsymbol{E} - \boldsymbol{A}$ 的伴随矩阵,则

$$\boldsymbol{B}(\lambda)(\lambda\boldsymbol{E} - \boldsymbol{A}) = |\lambda\boldsymbol{E} - \boldsymbol{A}|\ \boldsymbol{E} = f(\lambda)\boldsymbol{E}.$$

因为矩阵 $\boldsymbol{B}(\lambda)$ 的元素是 $|\lambda\boldsymbol{E} - \boldsymbol{A}|$ 的各个代数余子式,都是 λ 的多项式,其次数不超过 $n-1$,因此可以把 $\boldsymbol{B}(\lambda)$ 写成矩阵多项式的形式,即

$$\boldsymbol{B}(\lambda) = \lambda^{n-1}\boldsymbol{B}_{n-1} + \lambda^{n-2}\boldsymbol{B}_{n-2} + \cdots + \lambda\boldsymbol{B}_1 + \boldsymbol{B}_0,$$

其中,$\boldsymbol{B}_0, \boldsymbol{B}_1, \cdots, \boldsymbol{B}_{n-1}$ 都是 n 阶数字矩阵.

根据矩阵的运算性质可得

$$\begin{aligned}\boldsymbol{B}(\lambda)(\lambda\boldsymbol{E} - \boldsymbol{A}) &= (\lambda^{n-1}\boldsymbol{B}_{n-1} + \lambda^{n-2}\boldsymbol{B}_{n-2} + \cdots + \lambda\boldsymbol{B}_1 + \boldsymbol{B}_0)(\lambda\boldsymbol{E} - \boldsymbol{A})\\ &= \lambda^n\boldsymbol{B}_{n-1} + \lambda^{n-1}(\boldsymbol{B}_{n-2} - \boldsymbol{B}_{n-1}\boldsymbol{A}) + \lambda^{n-2}(\boldsymbol{B}_{n-3} - \boldsymbol{B}_{n-2}\boldsymbol{A}) + \cdots +\\ &\quad \lambda(\boldsymbol{B}_0 - \boldsymbol{B}_1\boldsymbol{A}) - \boldsymbol{B}_0\boldsymbol{A}.\end{aligned}$$

但是

$$f(\lambda)\boldsymbol{E} = \lambda^n\boldsymbol{E} + a_{n-1}\lambda^{n-1}\boldsymbol{E} + \cdots + a_1\lambda\boldsymbol{E} + a_0\boldsymbol{E},$$

因此,比较可得

$$\begin{cases} \boldsymbol{B}_{n-1} = \boldsymbol{E}, \\ \boldsymbol{B}_{n-2} - \boldsymbol{B}_{n-1}\boldsymbol{A} = a_{n-1}\boldsymbol{E}, \\ \boldsymbol{B}_{n-3} - \boldsymbol{B}_{n-2}\boldsymbol{A} = a_{n-2}\boldsymbol{E}, \\ \qquad \vdots \\ \boldsymbol{B}_0 - \boldsymbol{B}_1\boldsymbol{A} = a_1\boldsymbol{E}, \\ \quad -\boldsymbol{B}_0\boldsymbol{A} = a_0\boldsymbol{E}. \end{cases}$$

以 $\boldsymbol{A}^n, \boldsymbol{A}^{n-1}, \cdots, \boldsymbol{A}, \boldsymbol{E}$ 依次从右边乘以上面的各式,再相加,可得 $f(\boldsymbol{A})=\boldsymbol{O}$.

证毕.

因为线性变换与其矩阵是保持运算的,所以由定理 6.10 即得下面的推论.

推论 设 σ 是有限维线性空间 V 的线性变换,$f(\lambda)$ 是 σ 的特征多项式,则 $f(\sigma)=o$.

习题 6.4

1. 求下列矩阵的特征值和特征向量.

(1) $\begin{pmatrix} -2 & 0 & 0 \\ 2 & 0 & 2 \\ 3 & 1 & 1 \end{pmatrix}$;　(2) $\begin{pmatrix} 3 & 2 & -1 \\ -2 & -2 & 2 \\ 3 & 6 & -1 \end{pmatrix}$;

(3) $\begin{pmatrix} 0 & 0 & 1 \\ 0 & 1 & 0 \\ 1 & 0 & 0 \end{pmatrix}$;　(4) $\begin{pmatrix} 1 & -2 & -4 \\ -2 & 4 & -2 \\ -4 & -2 & 1 \end{pmatrix}$.

2. 设 $\boldsymbol{\varepsilon}_1, \boldsymbol{\varepsilon}_2, \boldsymbol{\varepsilon}_3$ 是三维线性空间 V 的一个基,线性变换 σ 在这个基下的矩阵是

(1) $\begin{pmatrix} 2 & -1 & 2 \\ 5 & -3 & 3 \\ -1 & 0 & -2 \end{pmatrix}$;　(2) $\begin{pmatrix} 3 & 2 & 4 \\ 2 & 0 & 2 \\ 4 & 2 & 3 \end{pmatrix}$;

(3) $\begin{pmatrix} 3 & 2 & -1 \\ -2 & -2 & 2 \\ 3 & 6 & -1 \end{pmatrix}$;　(4) $\begin{pmatrix} 2 & 2 & -2 \\ 2 & 5 & -4 \\ -2 & -4 & 5 \end{pmatrix}$.

求 σ 的特征值与特征向量.

3. 设三阶矩阵 $\boldsymbol{A}$ 的全部特征值为 $-1, 1, 2$,求:

(1) $2\boldsymbol{E}+\boldsymbol{A}^{-1}$ 的特征值及 $|2\boldsymbol{E}+\boldsymbol{A}^{-1}|$;

(2) $\boldsymbol{A}^*$ 的特征值及 $\mathrm{tr}(\boldsymbol{A}^*)$;

(3) $\boldsymbol{B}=\boldsymbol{A}^2-3\boldsymbol{A}-\boldsymbol{E}$ 的特征值, $|\boldsymbol{B}|$ 与 $\mathrm{tr}(\boldsymbol{B})$.

4. 设 n 阶矩阵 $\boldsymbol{A}$ 满足 $\boldsymbol{A}^2=\boldsymbol{A}$.

(1) 求 $\boldsymbol{A}$ 的特征值;

(2) 证明矩阵 $\boldsymbol{E}+\boldsymbol{A}$ 可逆.

5. 设 $\boldsymbol{A}^2-5\boldsymbol{A}+6\boldsymbol{E}=\boldsymbol{O}$, 证明: $\boldsymbol{A}$ 的特征值只能是 2 或 3.

6. 设 $\boldsymbol{A}=\begin{pmatrix}1&0&0\\1&0&1\\0&1&0\end{pmatrix}$,试用哈密顿-凯莱定理求 $\boldsymbol{A}^{-1}$.

7. 设三阶矩阵 $\boldsymbol{A}$ 的特征值是 1, 2, 3,对应的的特征向量分别为 $\boldsymbol{\alpha}_1=(1, 2, 2)^{\mathrm{T}}$, $\boldsymbol{\alpha}_2=(2, -2, 1)^{\mathrm{T}}$, $\boldsymbol{\alpha}_3=(-2, -1, 2)^{\mathrm{T}}$,求矩阵 $\boldsymbol{A}$.

8. 设 $\boldsymbol{A}\in\mathbf{F}^{n\times n}$,证明:如果存在 $f(x)\in F[x]$,且 $f(x)$ 的常数项不为 0,使得 $f(\boldsymbol{A})=\boldsymbol{O}$,则 $\boldsymbol{A}$ 的特征值一定全不为 0.

6.5 相似对角化

我们知道,对角矩阵可以认为是矩阵中最简单的一种. 本节将在特征值与特征向量的基础上,讨论哪些线性变换在一个适当的基下的矩阵是对角矩阵,也就是探讨线性变换以及矩阵的相似对角化问题.

6.5.1 线性变换的相似对角化

定义 6.11 设 σ 是有限维线性空间 V 的线性变换,如果存在 V 的某个基,使得 σ 在其下的矩阵为对角矩阵,则称线性变换 σ **可相似对角化**,简称**可对角化**.

下面讨论线性变换可对角化的条件.

假设 σ 在 V 的基 $\boldsymbol{\varepsilon}_1, \boldsymbol{\varepsilon}_2, \cdots, \boldsymbol{\varepsilon}_n$ 下的矩阵是对角矩阵

$$\operatorname{diag}(\lambda_1, \lambda_2, \cdots, \lambda_n),$$

则

$$\sigma(\boldsymbol{\varepsilon}_1, \boldsymbol{\varepsilon}_2, \cdots, \boldsymbol{\varepsilon}_n)=(\boldsymbol{\varepsilon}_1, \boldsymbol{\varepsilon}_2, \cdots, \boldsymbol{\varepsilon}_n)\operatorname{diag}(\lambda_1, \lambda_2, \cdots, \lambda_n),$$

即 $\sigma(\boldsymbol{\varepsilon}_i)=\lambda_i\boldsymbol{\varepsilon}_i$, $i=1, 2, \cdots, n$,因此 $\boldsymbol{\varepsilon}_1, \boldsymbol{\varepsilon}_2, \cdots, \boldsymbol{\varepsilon}_n$ 是 σ 的 n 个线性无关的特征向量.

反之,设 σ 有 n 个线性无关的特征向量 $\boldsymbol{\varepsilon}_1, \boldsymbol{\varepsilon}_2, \cdots, \boldsymbol{\varepsilon}_n$,分别属于特征值 $\lambda_1, \lambda_2, \cdots, \lambda_n$,则有

$$\sigma(\boldsymbol{\varepsilon}_i)=\lambda_i\boldsymbol{\varepsilon}_i,\quad i=1, 2, \cdots, n,$$

因此取 $\boldsymbol{\varepsilon}_1, \boldsymbol{\varepsilon}_2, \cdots, \boldsymbol{\varepsilon}_n$ 为 V 的一个基,那么,显然 σ 在这个基下的矩阵是对角矩阵

$$\operatorname{diag}(\lambda_1, \lambda_2, \cdots, \lambda_n).$$

由上面的讨论,得到下面的定理.

定理 6.11 设 σ 是有限维线性空间 V 的线性变换,则 σ 可对角化的充分必要

条件是σ有n个线性无关的特征向量.

为了进一步讨论线性变换σ可对角化的等价条件,先证明下面的定理.

定理 6.12 线性变换的属于不同特征值的特征向量是线性无关的.

证明 设$\lambda_1, \lambda_2, \cdots, \lambda_m$是线性变换$\sigma$的$m$个互不相同的特征值,$\boldsymbol{\alpha}_1, \boldsymbol{\alpha}_2, \cdots, \boldsymbol{\alpha}_m$分别是属于$\lambda_1, \lambda_2, \cdots, \lambda_m$的特征向量,要证明$\boldsymbol{\alpha}_1, \boldsymbol{\alpha}_2, \cdots, \boldsymbol{\alpha}_m$线性无关.

对互不相同的特征值个数m用数学归纳法.

当$m=1$时,由于特征向量$\boldsymbol{\alpha}_1$是非零向量,因而是线性无关的,结论成立.

假设结论对$m-1$成立,即对任何$m-1$个互不相同的特征值所对应$m-1$个特征向量都是线性无关的. 现在考虑m个互不相同的特征值$\lambda_1, \lambda_2, \cdots, \lambda_m$分别对应的特征向量$\boldsymbol{\alpha}_1, \boldsymbol{\alpha}_2, \cdots, \boldsymbol{\alpha}_m$,有

$$\boldsymbol{A}\boldsymbol{\alpha}_i=\lambda_i\boldsymbol{\alpha}_i, \quad \boldsymbol{\alpha}_i \neq \boldsymbol{0}, i=1, 2, \cdots, m.$$

设

$$\sum_{i=1}^{m} k_i\boldsymbol{\alpha}_i=\boldsymbol{0},$$

两边同时左乘矩阵$\boldsymbol{A}$,得

$$\sum_{i=1}^{m} k_i\lambda_i\boldsymbol{\alpha}_i=\boldsymbol{0}.$$

所以

$$\sum_{i=1}^{m} k_i\lambda_i\boldsymbol{\alpha}_i-\lambda_m\sum_{i=1}^{m} k_i\boldsymbol{\alpha}_i=\sum_{i=1}^{m-1} k_i(\lambda_i-\lambda_m)\boldsymbol{\alpha}_i=\boldsymbol{0}.$$

由归纳假设知$\boldsymbol{\alpha}_1, \boldsymbol{\alpha}_2, \cdots, \boldsymbol{\alpha}_{m-1}$线性无关,故

$$k_i(\lambda_i-\lambda_m)=0, \quad i=1, 2, \cdots, m-1.$$

而$\lambda_1, \lambda_2, \cdots, \lambda_m$互不相同,所以

$$k_i=0, \quad i=1, 2, \cdots, m-1.$$

于是$k_m\boldsymbol{\alpha}_m=\boldsymbol{0}$,但$\boldsymbol{\alpha}_m \neq \boldsymbol{0}$,有$k_m=0$. 因此

$$k_i=0, \quad i=1, 2, \cdots, m,$$

故$\boldsymbol{\alpha}_1, \boldsymbol{\alpha}_2, \cdots, \boldsymbol{\alpha}_m$线性无关.

由数学归纳法可知,结论对任意正整数m都成立.

推论 1 设σ是n维线性空间V的线性变换,若σ有n个互不相同的特征值,

则 σ 可对角化.

推论 2 设 σ 是 n 维线性空间 V 的线性变换,若 σ 的特征多项式在数域 F 上有 n 个不同的根,则 σ 可对角化.

推论 3 设 V 是复数域 $\mathbf{C}$ 上的有限维线性空间,σ 是 V 的线性变换,若 σ 的特征多项式没有重根,则 σ 可对角化.

定理 6.13 设 σ 是有限维线性空间 V 的线性变换,$\lambda_1, \lambda_2, \cdots, \lambda_m$ 是 σ 的互不相同的特征值,而 $\boldsymbol{\alpha}_{i1}, \boldsymbol{\alpha}_{i2}, \cdots, \boldsymbol{\alpha}_{ir_i}$ 是属于特征值 $\lambda_i (i=1, 2, \cdots, m)$ 的线性无关的特征向量,则

$$\boldsymbol{\alpha}_{11}, \boldsymbol{\alpha}_{12}, \cdots, \boldsymbol{\alpha}_{1r_1}, \boldsymbol{\alpha}_{21}, \boldsymbol{\alpha}_{22}, \cdots, \boldsymbol{\alpha}_{2r_2}, \cdots, \boldsymbol{\alpha}_{m1}, \boldsymbol{\alpha}_{m2}, \cdots, \boldsymbol{\alpha}_{mr_m}$$

也线性无关.

*__证明__ 设

$$a_{11}\boldsymbol{\alpha}_{11} + \cdots + a_{1r_1}\boldsymbol{\alpha}_{1r_1} + a_{21}\boldsymbol{\alpha}_{21} + \cdots + a_{2r_2}\boldsymbol{\alpha}_{2r_2} + \cdots + a_{m1}\boldsymbol{\alpha}_{m1} + \cdots + a_{mr_m}\boldsymbol{\alpha}_{mr_m} = \mathbf{0},$$

记 $\boldsymbol{\eta}_i = a_{i1}\boldsymbol{\alpha}_{i1} + a_{i2}\boldsymbol{\alpha}_{i2} + \cdots + a_{ir_i}\boldsymbol{\alpha}_{ir_i}$, $i=1, 2, \cdots, m$,则

$$\boldsymbol{\eta}_1 + \boldsymbol{\eta}_2 + \cdots + \boldsymbol{\eta}_m = \mathbf{0},$$

这说明 $\boldsymbol{\eta}_1, \boldsymbol{\eta}_2, \cdots, \boldsymbol{\eta}_m$ 线性相关.

假若有某个 $\boldsymbol{\eta}_i \neq \mathbf{0}$,则 $\boldsymbol{\eta}_i$ 是 σ 的属于特征值 λ_i 的特征向量.而 $\lambda_1, \lambda_2, \cdots, \lambda_m$ 是互不相同的,由定理 6.12 知 $\boldsymbol{\eta}_1, \boldsymbol{\eta}_2, \cdots, \boldsymbol{\eta}_m$ 必线性无关,矛盾! 所以,所有的 $\boldsymbol{\eta}_i = \mathbf{0}$, $i=1, 2, \cdots, m$,即

$$a_{i1}\boldsymbol{\alpha}_{i1} + a_{i2}\boldsymbol{\alpha}_{i2} + \cdots + a_{ir_i}\boldsymbol{\alpha}_{ir_i} = \mathbf{0}, \quad i=1, 2, \cdots, m.$$

而 $\boldsymbol{\alpha}_{i1}, \boldsymbol{\alpha}_{i2}, \cdots, \boldsymbol{\alpha}_{ir_i}$ 线性无关,从而有

$$a_{i1} = a_{i2} = \cdots = a_{ir_i} = 0, \quad i=1, 2, \cdots, m.$$

故向量组 $\boldsymbol{\alpha}_{11}, \boldsymbol{\alpha}_{12}, \cdots, \boldsymbol{\alpha}_{1r_1}, \boldsymbol{\alpha}_{21}, \boldsymbol{\alpha}_{22}, \cdots, \boldsymbol{\alpha}_{2r_2}, \cdots, \boldsymbol{\alpha}_{m1}, \boldsymbol{\alpha}_{m2}, \cdots, \boldsymbol{\alpha}_{mr_m}$ 线性无关. **证毕.**

定理 6.13 说明,对于一个线性变换,求出属于每个特征值的线性无关的特征向量,把它们合在一起还是线性无关的.如果它们的个数之和等于线性空间的维数,那么,这个线性变换可对角化;如果它们的个数少于空间的维数,那么,这个线性变换不可对角化.

在例 6.16 中,线性变换 σ 有 3 个线性无关的特征向量

$$\boldsymbol{\alpha}_1 = -\boldsymbol{\varepsilon}_1 + \boldsymbol{\varepsilon}_2, \quad \boldsymbol{\alpha}_2 = -\boldsymbol{\varepsilon}_1 + \boldsymbol{\varepsilon}_3, \quad \boldsymbol{\alpha}_3 = \boldsymbol{\varepsilon}_1 + \boldsymbol{\varepsilon}_2 + \boldsymbol{\varepsilon}_3.$$

由此可见,σ 可对角化,σ 在基 $\boldsymbol{\alpha}_1, \boldsymbol{\alpha}_2, \boldsymbol{\alpha}_3$ 下的矩阵为对角矩阵

$$\operatorname{diag}(-1, -1, 5).$$

而由基 $\boldsymbol{\varepsilon}_1, \boldsymbol{\varepsilon}_2, \boldsymbol{\varepsilon}_3$ 到基 $\boldsymbol{\alpha}_1, \boldsymbol{\alpha}_2, \boldsymbol{\alpha}_3$ 的过渡矩阵是

$$\boldsymbol{P}=\begin{pmatrix}-1 & -1 & 1\\ 1 & 0 & 1\\ 0 & 1 & 1\end{pmatrix},$$

于是

$$\boldsymbol{P}^{-1}\boldsymbol{A}\boldsymbol{P}=\operatorname{diag}(-1, -1, 5).$$

6.5.2 矩阵的相似对角化

设 σ 是 n 维线性空间 V 的线性变换，σ 在 V 的某个基下矩阵为对角矩阵

$$\boldsymbol{\Lambda}=\operatorname{diag}(\lambda_1, \lambda_2, \cdots, \lambda_n),$$

则 σ 的特征多项式为 $|\lambda\boldsymbol{E}-\boldsymbol{\Lambda}|=(\lambda-\lambda_1)(\lambda-\lambda_2)\cdots(\lambda-\lambda_n)$，即 $\boldsymbol{\Lambda}$ 的主对角线上元素是 σ 的特征值.因此，如果线性变换 σ 在某个基下的矩阵是对角矩阵，那么对角矩阵主对角线上的元素除排列次序外是确定的，它们正好是 σ 的特征多项式全部的根(重根按重数计算).

根据定理 6.8 可知，一个线性变换可否对角化的问题，就相当于一个矩阵可否相似于一个对角矩阵的问题.下面讨论矩阵的相似对角化问题.

定义 6.12 设 σ 是有限维线性空间 V 的线性变换，$\boldsymbol{A}$ 是 σ 在 V 的某个基下的矩阵，如果 σ 可对角化，则称矩阵 $\boldsymbol{A}$ **可对角化**.

显然，n 阶矩阵 $\boldsymbol{A}$ 可对角化的充分必要条件是 $\boldsymbol{A}$ 与对角矩阵相似，即存在可逆矩阵 $\boldsymbol{P}$，使得

$$\boldsymbol{P}^{-1}\boldsymbol{A}\boldsymbol{P}=\operatorname{diag}(\lambda_1, \lambda_2, \cdots, \lambda_n),$$

其中 $\lambda_1, \lambda_2, \cdots, \lambda_n$ 是 $\boldsymbol{A}$ 的特征值，而 $\boldsymbol{P}$ 的第 i 列就是 $\boldsymbol{A}$ 的属于特征值 $\lambda_i(i=1, 2, \cdots, n)$ 的特征向量.

若矩阵 $\boldsymbol{A}$ 与对角矩阵 $\boldsymbol{\Lambda}=\operatorname{diag}(\lambda_1, \lambda_2, \cdots, \lambda_n)$ 相似，即有可逆矩阵 $\boldsymbol{P}$，使得 $\boldsymbol{P}^{-1}\boldsymbol{A}\boldsymbol{P}=\boldsymbol{\Lambda}$，或 $\boldsymbol{A}=\boldsymbol{P}\boldsymbol{\Lambda}\boldsymbol{P}^{-1}$，则

$$\boldsymbol{A}^m=\boldsymbol{P}\boldsymbol{\Lambda}^m\boldsymbol{P}^{-1}, \quad g(\boldsymbol{A})=\boldsymbol{P}g(\boldsymbol{\Lambda})\boldsymbol{P}^{-1},$$

其中，m 为正整数，$g(\boldsymbol{A})$ 是 $\boldsymbol{A}$ 的多项式.

而对于对角矩阵 $\boldsymbol{\Lambda}$，有

$$\boldsymbol{\Lambda}^m=\operatorname{diag}(\lambda_1^m, \lambda_2^m, \cdots, \lambda_n^m), \quad g(\boldsymbol{\Lambda})=\operatorname{diag}(g(\lambda_1), g(\lambda_2), \cdots, g(\lambda_n)),$$

由此可方便地计算 $\boldsymbol{A}^m$ 及 $\boldsymbol{A}$ 的多项式 $g(\boldsymbol{A})$(读者可参阅上册例 2.12 后的说明).

定理 6.14 方阵的每个特征值的几何重数不超过代数重数.

*证明 设 $\boldsymbol{A}$ 是 n 阶矩阵,λ 是特征方程 $|\lambda\boldsymbol{E}-\boldsymbol{A}|=0$ 的 k 重根(代数重数为 k),齐次线性方程组 $(\lambda\boldsymbol{E}-\boldsymbol{A})\boldsymbol{x}=\boldsymbol{0}$ 的基础解系包含 m 个线性无关的解向量(几何重数为 m),要证明 $m\leqslant k$.

反证法.设齐次线性方程组 $(\lambda\boldsymbol{E}-\boldsymbol{A})\boldsymbol{x}=\boldsymbol{0}$ 的基础解系包含 $k+1$ 个线性无关的解向量 $\boldsymbol{\alpha}_1,\boldsymbol{\alpha}_2,\cdots,\boldsymbol{\alpha}_{k+1}$(几何重数为 $k+1$).由扩基定理可知,它一定可以扩充成 $\mathbf{F}^n$ 的一个基

$$\boldsymbol{\alpha}_1,\cdots,\boldsymbol{\alpha}_{k+1},\boldsymbol{\alpha}_{k+2},\cdots,\boldsymbol{\alpha}_n.$$

令矩阵

$$\boldsymbol{C}=(\boldsymbol{\alpha}_1,\cdots,\boldsymbol{\alpha}_{k+1},\boldsymbol{\alpha}_{k+2},\cdots,\boldsymbol{\alpha}_n),$$

则由于 $\boldsymbol{C}$ 的各个列向量线性无关,因而 $\boldsymbol{C}$ 是 n 阶可逆矩阵. 注意到

$$\boldsymbol{A}\boldsymbol{\alpha}_i=\lambda\boldsymbol{\alpha}_i,\quad i=1,2,\cdots,k+1,$$

因此

$$\boldsymbol{AC}=(\boldsymbol{\alpha}_1,\cdots,\boldsymbol{\alpha}_{k+1},\boldsymbol{\alpha}_{k+2},\cdots,\boldsymbol{\alpha}_n)\left(\begin{array}{ccc|c}\lambda & & & \\ & \ddots & & * \\ & & \lambda & \\ \hline & \boldsymbol{O} & & *\end{array}\right)=\boldsymbol{CB},$$

其中

$$\boldsymbol{B}=\begin{pmatrix}\lambda\boldsymbol{E}_{k+1} & * \\ \boldsymbol{O} & *\end{pmatrix},$$

而 $\boldsymbol{C}^{-1}\boldsymbol{AC}=\boldsymbol{B}$,即矩阵 $\boldsymbol{A}$ 与 $\boldsymbol{B}$ 相似.

显然,λ 是矩阵 $\boldsymbol{B}$ 的至少 $k+1$ 重特征值.由于相似矩阵的特征值相同,所以,λ 是矩阵 $\boldsymbol{A}$ 的至少 $k+1$ 重特征值,即代数重数大于或等于 $k+1$,这与已知矛盾.

证毕.

对应于线性变换,关于矩阵的可对角化也有许多结论,现罗列如下,而不给出详细的证明.

(1) n 阶矩阵 $\boldsymbol{A}$ 可对角化的充分必要条件是矩阵 $\boldsymbol{A}$ 有 n 个线性无关的特征向量.

(2) n 阶矩阵 $\boldsymbol{A}$ 的属于互不同特征值的特征向量是线性无关的.

(3) 对于一个 n 阶矩阵 $\boldsymbol{A}$，将属于每个互不相同特征值的线性无关特征向量合在一起，所得向量组还是线性无关的.

(4) n 阶矩阵可对角化的充分必要条件是每个特征值的几何重数等于它的代数重数.

(5) 若 n 阶矩阵 $\boldsymbol{A}$ 有 n 个互不相同的特征值，则 $\boldsymbol{A}$ 可对角化.

例 6.21　在例 6.15 中，三阶矩阵 $\boldsymbol{A}$ 有 3 个线性无关的特征向量

$$\boldsymbol{\xi}_1=(-2,\ 1,\ 0)^{\mathrm{T}},\quad \boldsymbol{\xi}_2=(0,\ 0,\ 1)^{\mathrm{T}},\quad \boldsymbol{\xi}_3=(-1,\ 1,\ 1)^{\mathrm{T}},$$

因而 $\boldsymbol{A}$ 可对角化. 令

$$\boldsymbol{P}=(\boldsymbol{\xi}_1,\ \boldsymbol{\xi}_2,\ \boldsymbol{\xi}_3)=\begin{pmatrix}-2 & 0 & -1\\ 1 & 0 & 1\\ 0 & 1 & 1\end{pmatrix},$$

则

$$\boldsymbol{P}^{-1}\boldsymbol{A}\boldsymbol{P}=\mathrm{diag}(1,\ 1,\ -2).$$

例 6.22　判断矩阵

$$\boldsymbol{A}=\begin{pmatrix}3 & 1 & -1\\ -2 & 0 & 2\\ -1 & -1 & 3\end{pmatrix}$$

是否可对角化.

解　由

$$|\lambda\boldsymbol{E}-\boldsymbol{A}|=\begin{vmatrix}\lambda-3 & -1 & 1\\ 2 & \lambda & -2\\ 1 & 1 & \lambda-3\end{vmatrix}=(\lambda-2)^3=0,$$

得到 $\boldsymbol{A}$ 的特征值 $\lambda_1=\lambda_2=\lambda_3=2$（三重根，即代数重数为 3）.

对 $\lambda_1=\lambda_2=\lambda_3=2$，解方程 $(2\boldsymbol{E}-\boldsymbol{A})\boldsymbol{x}=\boldsymbol{0}$，由

$$2\boldsymbol{E}-\boldsymbol{A}=\begin{pmatrix}-1 & -1 & 1\\ 2 & 2 & -2\\ 1 & 1 & -1\end{pmatrix}\to\begin{pmatrix}1 & 1 & -1\\ 0 & 0 & 0\\ 0 & 0 & 0\end{pmatrix},$$

得同解方程组 $x_1+x_2=x_3$，其基础解系只有 2 个解向量（几何重数为 2）. 所以矩阵 $\boldsymbol{A}$ 只有 2 个线性无关的特征向量，因而矩阵 $\boldsymbol{A}$ 不可对角化.

在例 6.15 中,矩阵 $\boldsymbol{A}$ 的各特征值的几何重数与代数重数相等,所以可对角化;例 6.22 中,矩阵 $\boldsymbol{A}$ 的特征值的几何重数小于其代数重数,所以不可对角化.

例 6.23 设矩阵

$$\boldsymbol{A}=\begin{pmatrix}1 & -1 & 1\\ x & 4 & y\\ -3 & -3 & 5\end{pmatrix}$$

有 3 个线性无关的特征向量,$\lambda=2$ 是 $\boldsymbol{A}$ 的二重特征值.

(1) 试求 x, y 的值;

(2) 将矩阵 $\boldsymbol{A}$ 对角化;

(3) 求 $\boldsymbol{A}^m$, m 为正整数.

解 (1) 首先,矩阵 $\boldsymbol{A}$ 可对角化,又因为 $\lambda=2$ 是 $\boldsymbol{A}$ 的二重特征值(代数重数为 2),所以几何重数也是 2,故

$$R(2\boldsymbol{E}-\boldsymbol{A})=3-2=1.$$

而

$$2\boldsymbol{E}-\boldsymbol{A}=\begin{pmatrix}1 & 1 & -1\\ -x & -2 & -y\\ 3 & 3 & -3\end{pmatrix}\to\begin{pmatrix}1 & 1 & -1\\ 0 & x-2 & -x-y\\ 0 & 0 & 0\end{pmatrix},$$

因此

$$x-2=-x-y=0,$$

解得 $x=2$, $y=-2$.

(2) 设矩阵 $\boldsymbol{A}$ 的另一个特征值是 λ_3,而 $\boldsymbol{A}$ 的迹等于特征值之和,可知

$$\operatorname{tr}(\boldsymbol{A})=1+4+5=2+2+\lambda_3,$$

得到 $\lambda_3=6$.

对 $\lambda_1=\lambda_2=2$,解方程 $(2\boldsymbol{E}-\boldsymbol{A})\boldsymbol{x}=\boldsymbol{0}$, 由

$$2\boldsymbol{E}-\boldsymbol{A}=\begin{pmatrix}1 & 1 & -1\\ -x & -2 & -y\\ 3 & 3 & -3\end{pmatrix}\to\begin{pmatrix}1 & 1 & -1\\ 0 & 0 & 0\\ 0 & 0 & 0\end{pmatrix},$$

得同解方程组 $x_1+x_2=x_3$,求得一个基础解系 $\boldsymbol{\xi}_1=(-1,1,0)^{\mathrm{T}}$, $\boldsymbol{\xi}_2=(1,0,1)^{\mathrm{T}}$.

对 $\lambda_3=6$,解方程 $(6\boldsymbol{E}-\boldsymbol{A})\boldsymbol{x}=\boldsymbol{0}$, 由

$$6\boldsymbol{E}-\boldsymbol{A}=\begin{pmatrix}5&1&-1\\-2&2&2\\3&3&1\end{pmatrix}\to\begin{pmatrix}1&0&-\frac{1}{3}\\0&1&\frac{2}{3}\\0&0&0\end{pmatrix},$$

得同解方程组 $x_1=\frac{1}{3}x_3$，$x_2=-\frac{2}{3}x_3$，求得一个基础解系 $\boldsymbol{\xi}_2=(1,-2,3)^{\mathrm{T}}$.

令

$$\boldsymbol{P}=(\boldsymbol{\xi}_1,\boldsymbol{\xi}_2,\boldsymbol{\xi}_3)=\begin{pmatrix}-1&1&1\\1&0&-2\\0&1&3\end{pmatrix},$$

则

$$\boldsymbol{P}^{-1}\boldsymbol{AP}=\boldsymbol{\Lambda}=\mathrm{diag}(2,2,6).$$

(3) 先求出

$$\boldsymbol{P}^{-1}=\frac{1}{4}\begin{pmatrix}-2&2&2\\3&3&1\\-1&-1&1\end{pmatrix},$$

可得到

$$\boldsymbol{A}^m=\boldsymbol{P\Lambda}^m\boldsymbol{P}^{-1}=\frac{1}{4}\begin{pmatrix}5\times2^m-6^m&2^m-6^m&-2^m+6^m\\-2^{m+1}+2\times6^m&2^{m+1}+2\times6^m&2^{m+1}-2\times6^m\\3\times2^m-3\times6^m&3\times2^m-3\times6^m&2^m+3\times6^m\end{pmatrix}.$$

习题 6.5

1. 设 V 是复数域上的三维线性空间，σ 是 V 的线性变换，若 $\sigma^3=2\sigma^2+\sigma-21_V$，证明 σ 可对角化.

2. 判断下列矩阵

(1) $\begin{pmatrix}2&-1&2\\5&-3&3\\-1&0&-2\end{pmatrix}$；　(2) $\begin{pmatrix}0&0&1\\1&1&1\\1&0&0\end{pmatrix}$；

(3) $\begin{pmatrix}3&2&-1\\-2&-2&2\\3&6&-1\end{pmatrix}$；　(4) $\begin{pmatrix}1&-2&2\\-2&-2&4\\2&4&-2\end{pmatrix}$

是否可对角化？如果可以，求相似变换矩阵 $\boldsymbol{P}$，使得 $\boldsymbol{P}^{-1}\boldsymbol{AP}$ 为对角矩阵.

3. 设矩阵

$$\boldsymbol{A}=\begin{pmatrix}1&0&0\\-2&5&-2\\-2&4&-1\end{pmatrix}.$$

(1) 证明 $\boldsymbol{A}$ 可对角化；

(2) 求相似变换矩阵 $\boldsymbol{P}$，使得 $\boldsymbol{P}^{-1}\boldsymbol{AP}=\boldsymbol{\Lambda}$ 为对角矩阵；

(3) 求 $\boldsymbol{A}^m$，m 为正整数.

4. 设矩阵 $\boldsymbol{A}=\begin{pmatrix}-2&0&0\\2&a&2\\3&1&1\end{pmatrix}$ 与 $\boldsymbol{\Lambda}=\begin{pmatrix}-1&0&0\\0&2&0\\0&0&b\end{pmatrix}$ 相似，求 a，b；并求一个可逆矩阵 $\boldsymbol{P}$，使得 $\boldsymbol{P}^{-1}\boldsymbol{AP}$ 为对角矩阵.

5. 设 $\boldsymbol{A}=\begin{pmatrix}2&0&1\\3&1&a\\4&0&5\end{pmatrix}$，问 a 为何值时，矩阵 $\boldsymbol{A}$ 可对角化？当 $\boldsymbol{A}$ 可对角化时，求一个可逆矩阵 $\boldsymbol{P}$，使得 $\boldsymbol{P}^{-1}\boldsymbol{AP}$ 为对角矩阵.

6. 设矩阵 $\boldsymbol{A}=\begin{pmatrix}1&2&-3\\-1&4&-3\\1&a&5\end{pmatrix}$ 的特征方程有一个二重根，求 a 的值，并讨论 $\boldsymbol{A}$ 是否可对角化.

7. 设 $\boldsymbol{A}$ 是 n 阶矩阵，存在正整数 m，使 $\boldsymbol{A}^m=\boldsymbol{O}$(称这样的矩阵为幂零矩阵)，证明：

(1) $|\boldsymbol{A}+\boldsymbol{E}|=1$；

(2) $\boldsymbol{A}$ 可对角化的充分必要条件是 $\boldsymbol{A}=\boldsymbol{O}$.

8. 设 $\boldsymbol{\varepsilon}_1$，$\boldsymbol{\varepsilon}_2$，$\boldsymbol{\varepsilon}_3$ 是三维线性空间 V 的一个基，V 的线性变换 σ 在这个基下的矩阵是

$$\boldsymbol{A}=\begin{pmatrix}1&0&-3\\0&1&2\\-1&0&3\end{pmatrix}.$$

(1) 证明：σ 可对角化；

(2) 求相似变换矩阵 $\boldsymbol{P}$，使得 $\boldsymbol{P}^{-1}\boldsymbol{AP}=\boldsymbol{\Lambda}$ 为对角矩阵；

(3) 求 V 的另一个基 $\boldsymbol{\eta}_1$，$\boldsymbol{\eta}_2$，$\boldsymbol{\eta}_3$，使得 σ 这个基下的矩阵为 $\boldsymbol{\Lambda}$.

9. 设 σ 是 n 维线性空间 V 的线性变换，证明：如果 σ 在 V 的某个基下的矩阵不可对角化，那么它在 V 的任一个基下的矩阵也不可对角化.

6.6 线性变换的值域与核

本节介绍线性变换的值域与核，它们是线性空间的子空间.下面将利用同构关

系，借助矩阵研究值域与核的基与维数，并探讨这两个子空间的维数与线性空间的维数的关系.

定义 6.13 设 σ 是线性空间 V 的线性变换，σ 的全体像构成的集合

$$\operatorname{Im}\sigma \triangleq \{\sigma(\boldsymbol{\alpha}) \mid \boldsymbol{\alpha} \in V\}$$

称为 σ 的**值域**；零向量的全体原像构成的集合

$$\operatorname{Ker}\sigma \triangleq \{\boldsymbol{\alpha} \in V \mid \sigma(\boldsymbol{\alpha}) = \mathbf{0}\}$$

称为 σ 的**核**.

也可把线性变换的值域记为 $\sigma(V)$，核记为 $\sigma^{-1}(\mathbf{0})$.

例如，线性空间 V 的恒等变换的值域是 V，核是零空间；零变换的值域是零空间，核是 V.

一般地，数乘变换 σ_k 的值域是 $\{k\boldsymbol{\alpha} \mid \boldsymbol{\alpha} \in V\}$，当 $k \neq 0$ 时，核是零空间，当 $k=0$ 时，核空间是 V.

定理 6.15 设 σ 是线性空间 V 的线性变换，则 $\operatorname{Im}\sigma$ 与 $\operatorname{Ker}\sigma$ 都是 V 的子空间.

证明 由 $\sigma(\mathbf{0})=\mathbf{0}$ 知，$\mathbf{0} \in \operatorname{Im}\sigma$，又 $\sigma(\mathbf{0})=\mathbf{0}$，所以 $\mathbf{0} \in \operatorname{Ker}\sigma$，故 $\operatorname{Im}\sigma$，$\operatorname{Ker}\sigma$ 是 V 的非空子集.

$\forall \boldsymbol{\alpha}, \boldsymbol{\beta} \in \sigma(V)$，$\forall k, l \in F$，存在 $\boldsymbol{\xi}, \boldsymbol{\eta} \in V$，使得 $\boldsymbol{\alpha}=\sigma(\boldsymbol{\xi})$，$\boldsymbol{\beta}=\sigma(\boldsymbol{\eta})$，从而有

$$k\boldsymbol{\alpha}+l\boldsymbol{\beta}=k\sigma(\boldsymbol{\xi})+l\sigma(\boldsymbol{\eta})=\sigma(k\boldsymbol{\xi}+l\boldsymbol{\eta}) \in \sigma(V),$$

所以 $\operatorname{Im}\sigma$ 是 V 的子空间.

$\forall \boldsymbol{\alpha}, \boldsymbol{\beta} \in \operatorname{Ker}\sigma$，$\forall k, l \in F$，有 $\sigma(\boldsymbol{\alpha})=\mathbf{0}$，$\sigma(\boldsymbol{\beta})=\mathbf{0}$，从而

$$\sigma(k\boldsymbol{\alpha}+l\boldsymbol{\beta})=k\sigma(\boldsymbol{\alpha})+l\sigma(\boldsymbol{\beta})=\mathbf{0},$$

于是 $k\boldsymbol{\alpha}+l\boldsymbol{\beta} \in \operatorname{Ker}\sigma$，所以 $\operatorname{Ker}\sigma$ 是 V 的子空间. **证毕.**

有限维线性空间 V 的值域 $\operatorname{Im}\sigma$ 的维数 $\dim \operatorname{Im}\sigma$ 称为线性变换 σ 的**秩**，核 $\operatorname{Ker}\sigma$ 的维数 $\dim \operatorname{Ker}\sigma$ 称为线性变换 σ 的**零度**.

例 6.24 求 $F[x]_n$ 的微分变换 δ

$$\delta(f(x))=f'(x), \quad f(x) \in F[x]_n$$

的值域 $\operatorname{Im}\delta$ 与核 $\operatorname{Ker}\delta$.

解
$$\begin{aligned}\operatorname{Im}\delta &= \{\delta f(x) \mid f(x) \in F[x]_n\}=\{f'(x) \mid f(x) \in F[x]_n\} \\ &= F[x]_{n-1}.\end{aligned}$$

$$\begin{aligned}\operatorname{Ker}\delta &= \{f(x) \in F[x]_n \mid \delta f(x)=0\}=\{f(x) \in F[x]_n \mid f'(x)=0\} \\ &= \{f(x) \in F[x]_n \mid f(x)=a \in F\}=F.\end{aligned}$$

即 δ 的值域是 $F[x]_{n-1}$，而核是数域 F.

定理 6.16 设 σ 是 n 维线性空间 V 的线性变换，而 σ 在 V 的基 $\boldsymbol{\varepsilon}_1, \boldsymbol{\varepsilon}_2, \cdots, \boldsymbol{\varepsilon}_n$ 下的矩阵是 $\boldsymbol{A}=(\boldsymbol{\alpha}_1, \boldsymbol{\alpha}_2, \cdots, \boldsymbol{\alpha}_n)$，则有

(1) σ 的值域 $\operatorname{Im}\sigma$ 是基像 $\sigma(\boldsymbol{\varepsilon}_1), \sigma(\boldsymbol{\varepsilon}_2), \cdots, \sigma(\boldsymbol{\varepsilon}_n)$ 生成的子空间，即

$$\operatorname{Im}\sigma=L(\sigma(\boldsymbol{\varepsilon}_1), \sigma(\boldsymbol{\varepsilon}_2), \cdots, \sigma(\boldsymbol{\varepsilon}_n)).$$

(2) 如果 $\boldsymbol{\alpha}_{i_1}, \boldsymbol{\alpha}_{i_2}, \cdots, \boldsymbol{\alpha}_{i_r}$ 是 $\boldsymbol{A}$ 的列向量组 $\boldsymbol{\alpha}_1, \boldsymbol{\alpha}_2, \cdots, \boldsymbol{\alpha}_n$ 的一个极大线性无关组，那么，相应地 $\sigma(\boldsymbol{\varepsilon}_{i_1}), \sigma(\boldsymbol{\varepsilon}_{i_2}), \cdots, \sigma(\boldsymbol{\varepsilon}_{i_n})$ 是 $\sigma(\boldsymbol{\varepsilon}_1), \sigma(\boldsymbol{\varepsilon}_2), \cdots, \sigma(\boldsymbol{\varepsilon}_n)$ 的一个极大线性无关组，因而

$$\sigma(\boldsymbol{\varepsilon}_{i_1}), \sigma(\boldsymbol{\varepsilon}_{i_2}), \cdots, \sigma(\boldsymbol{\varepsilon}_{i_n})$$

是值域 $\operatorname{Im}\sigma$ 的一个基，σ 的秩等于矩阵 $\boldsymbol{A}$ 的秩.

(3) $\operatorname{Ker}\sigma$ 中任一向量在基 $\boldsymbol{\varepsilon}_1, \boldsymbol{\varepsilon}_2, \cdots, \boldsymbol{\varepsilon}_n$ 下的坐标都是齐次线性方程组 $\boldsymbol{Ax}=\mathbf{0}$ 的解，因而，$\operatorname{Ker}\sigma$ 的基的坐标是齐次线性方程组 $\boldsymbol{Ax}=\mathbf{0}$ 的基础解系，σ 的零度等于 $n-R(\boldsymbol{A})$.

证明 (1) $\forall \boldsymbol{\alpha}\in\operatorname{Im}\sigma$，存在 $\boldsymbol{\beta}\in V$，使得 $\boldsymbol{\alpha}=\sigma(\boldsymbol{\beta})$. 设

$$\boldsymbol{\beta}=x_1\boldsymbol{\varepsilon}_1+x_2\boldsymbol{\varepsilon}_2+\cdots+x_n\boldsymbol{\varepsilon}_n,$$

则

$$\begin{aligned}\boldsymbol{\alpha}&=\sigma(\boldsymbol{\beta})=x_1\sigma(\boldsymbol{\varepsilon}_1)+x_2\sigma(\boldsymbol{\varepsilon}_2)+\cdots+x_n\sigma(\boldsymbol{\varepsilon}_n)\\&\in L(\sigma(\boldsymbol{\varepsilon}_1), \sigma(\boldsymbol{\varepsilon}_2), \cdots, \sigma(\boldsymbol{\varepsilon}_n)),\end{aligned}$$

因此

$$\operatorname{Im}\sigma\subseteq L(\sigma(\boldsymbol{\varepsilon}_1), \sigma(\boldsymbol{\varepsilon}_2), \cdots, \sigma(\boldsymbol{\varepsilon}_n)).$$

另一方面，$\forall \boldsymbol{\alpha}\in L(\sigma(\boldsymbol{\varepsilon}_1), \sigma(\boldsymbol{\varepsilon}_2), \cdots, \sigma(\boldsymbol{\varepsilon}_n))$，有

$$\boldsymbol{\alpha}=k_1\sigma(\boldsymbol{\varepsilon}_1)+k_2\sigma(\boldsymbol{\varepsilon}_2)+\cdots+k_n\sigma(\boldsymbol{\varepsilon}_n)=\sigma(k_1\boldsymbol{\varepsilon}_1+k_2\boldsymbol{\varepsilon}_2+\cdots+k_n\boldsymbol{\varepsilon}_n)\in\operatorname{Im}\sigma,$$

所以

$$L(\sigma(\boldsymbol{\varepsilon}_1), \sigma(\boldsymbol{\varepsilon}_2), \cdots, \sigma(\boldsymbol{\varepsilon}_n))\subseteq\operatorname{Im}\sigma,$$

故

$$\operatorname{Im}\sigma=L(\sigma(\boldsymbol{\varepsilon}_1), \sigma(\boldsymbol{\varepsilon}_2), \cdots, \sigma(\boldsymbol{\varepsilon}_n)).$$

(2) 由于 V 与 $\mathbf{F}^n$ 同构，从向量到坐标的映射是同构映射，基像 $\sigma(\boldsymbol{\varepsilon}_j)$ 的坐标是 $\boldsymbol{\alpha}_j$，$j=1, 2, \cdots, n$，因此，基像的极大线性无关组就对应矩阵 $\boldsymbol{A}$ 的列向量的极大线性无关组(定理 5.14(5)).

(3) $\mathrm{Ker}\sigma$ 的每一个向量$\boldsymbol{\beta}$都满足$\sigma(\boldsymbol{\beta})=0$，等价于$\boldsymbol{\beta}$在基$\boldsymbol{\varepsilon}_1, \boldsymbol{\varepsilon}_2, \cdots, \boldsymbol{\varepsilon}_n$下的坐标$\boldsymbol{x}$满足$\boldsymbol{Ax}=\boldsymbol{0}$，所以，核$\mathrm{Ker}\sigma$与齐次线性方程组$\boldsymbol{Ax}=\boldsymbol{0}$的解空间同构，$\mathrm{Ker}\sigma$的基的坐标是齐次线性方程组$\boldsymbol{Ax}=\boldsymbol{0}$的基础解系，$\sigma$的零度等于$n-R(\boldsymbol{A})$.

例 6.25 设$V=\mathbf{F}^n$，$\boldsymbol{A}$是n阶矩阵，$\forall \boldsymbol{\alpha}\in V$，定义$\sigma(\boldsymbol{\alpha})=\boldsymbol{A\alpha}$，易知$\sigma$是$\mathbf{F}^n$的线性变换.取$\mathbf{F}^n$的基为单位列向量$\boldsymbol{e}_1, \boldsymbol{e}_2, \cdots, \boldsymbol{e}_n$，则基像$\boldsymbol{Ae}_1, \boldsymbol{Ae}_2, \cdots, \boldsymbol{Ae}_n$就是矩阵$\boldsymbol{A}$的列向量组，由定理6.16(2)知，矩阵$\boldsymbol{A}$的列向量组的一个极大线性无关组就是值域$\mathrm{Im}\,\sigma$的一个基，$\sigma$的秩等于矩阵$\boldsymbol{A}$的秩$R(\boldsymbol{A})$.齐次线性方程组$\boldsymbol{Ax}=\boldsymbol{0}$的一个基础解系就是核空间$\mathrm{Ker}\,\sigma$的一个基，$\sigma$的零度等于$n-R(\boldsymbol{A})$.

例 6.26 设$\boldsymbol{\varepsilon}_1, \boldsymbol{\varepsilon}_2, \boldsymbol{\varepsilon}_3$是三维线性空间$V$的一个基，$\sigma$是$V$的线性变换，$\sigma$在这个基下的矩阵是

$$\boldsymbol{A}=\begin{pmatrix}1 & 2 & 1\\ -1 & 0 & 1\\ 2 & 4 & 2\end{pmatrix},$$

求线性变换σ的值域$\mathrm{Im}\,\sigma$与核$\mathrm{Ker}\,\sigma$的基和维数.

解 对矩阵$\boldsymbol{A}$进行初等行变换化成行最简形

$$\boldsymbol{A}=\begin{pmatrix}1 & 2 & 1\\ -1 & 0 & 1\\ 2 & 4 & 2\end{pmatrix}\to\begin{pmatrix}1 & 0 & -1\\ 0 & 1 & 1\\ 0 & 0 & 0\end{pmatrix}.$$

易知$\boldsymbol{A}$的第1,2两列$\boldsymbol{\alpha}_1=(1, -1, 2)^{\mathrm{T}}$，$\boldsymbol{\alpha}_2=(2, 0, 4)^{\mathrm{T}}$是$\boldsymbol{A}$的列向量组的一个极大线性无关组，因而$\boldsymbol{\beta}_1=\boldsymbol{\varepsilon}_1-\boldsymbol{\varepsilon}_2+2\boldsymbol{\varepsilon}_3$，$\boldsymbol{\beta}_2=2\boldsymbol{\varepsilon}_1+4\boldsymbol{\varepsilon}_3$是值域$\mathrm{Im}\sigma$的一个基，故$\dim \mathrm{Im}\,\sigma=2$.

齐次线性方程组$\boldsymbol{Ax}=\boldsymbol{0}$的一个基础解系是$\boldsymbol{\alpha}_3=(1, -1, 1)^{\mathrm{T}}$，从而$\boldsymbol{\beta}_3=\boldsymbol{\varepsilon}_1-\boldsymbol{\varepsilon}_2+\boldsymbol{\varepsilon}_3$是$\mathrm{Ker}\,\sigma$的一个基，故$\dim \mathrm{Ker}\,\sigma=1$.

关于线性变换的值域与核，其维数之间有以下的秩度公式.

定理 6.17(秩度定理) 设σ是n维线性空间V的线性变换，则

$$\dim \mathrm{Im}\,\sigma+\dim \mathrm{Ker}\,\sigma=n,$$

即

$$\sigma\text{ 的秩}+\sigma\text{ 的零度}=\dim V.$$

证明 设$\dim \mathrm{Ker}\,\sigma=m$，取$\mathrm{Ker}\,\sigma$的一个基$\boldsymbol{\varepsilon}_1, \boldsymbol{\varepsilon}_2, \cdots, \boldsymbol{\varepsilon}_m$，并把它扩充为$V$的一个基

$$\boldsymbol{\varepsilon}_1, \boldsymbol{\varepsilon}_2, \cdots, \boldsymbol{\varepsilon}_m, \boldsymbol{\varepsilon}_{m+1}, \boldsymbol{\varepsilon}_{m+2}, \cdots, \boldsymbol{\varepsilon}_n,$$

则由定理6.16(1)及$\sigma(\boldsymbol{\varepsilon}_i)=0$, $i=1, 2, \cdots, m$,可得

$$\begin{aligned}\operatorname{Im}\sigma &= L(\sigma(\boldsymbol{\varepsilon}_1), \sigma(\boldsymbol{\varepsilon}_2), \cdots, \sigma(\boldsymbol{\varepsilon}_m), \sigma(\boldsymbol{\varepsilon}_{m+1}), \sigma(\boldsymbol{\varepsilon}_{m+2}), \cdots, \sigma(\boldsymbol{\varepsilon}_n)) \\ &= L(\sigma(\boldsymbol{\varepsilon}_{m+1}), \sigma(\boldsymbol{\varepsilon}_{m+2}), \cdots, \sigma(\boldsymbol{\varepsilon}_n)).\end{aligned}$$

设

$$k_{m+1}\sigma(\boldsymbol{\varepsilon}_{m+1})+k_{m+2}\sigma(\boldsymbol{\varepsilon}_{m+2})+\cdots+k_n\sigma(\boldsymbol{\varepsilon}_n)=\mathbf{0},$$

则

$$\sigma(k_{m+1}\boldsymbol{\varepsilon}_{m+1}+k_{m+2}\boldsymbol{\varepsilon}_{m+2}+\cdots+k_n\boldsymbol{\varepsilon}_n)=\mathbf{0},$$

所以

$$k_{m+1}\boldsymbol{\varepsilon}_{m+1}+k_{m+2}\boldsymbol{\varepsilon}_{m+2}+\cdots+k_n\boldsymbol{\varepsilon}_n \in \operatorname{Ker}\sigma,$$

于是可设

$$k_{m+1}\boldsymbol{\varepsilon}_{m+1}+k_{m+2}\boldsymbol{\varepsilon}_{m+2}+\cdots+k_n\boldsymbol{\varepsilon}_n=k_1\boldsymbol{\varepsilon}_1+k_2\boldsymbol{\varepsilon}_2+\cdots+k_m\boldsymbol{\varepsilon}_m,$$

从而

$$k_1\boldsymbol{\varepsilon}_1+k_2\boldsymbol{\varepsilon}_2+\cdots+k_m\boldsymbol{\varepsilon}_m-k_{m+1}\boldsymbol{\varepsilon}_{m+1}-k_{m+2}\boldsymbol{\varepsilon}_{m+2}-\cdots-k_n\boldsymbol{\varepsilon}_n=\mathbf{0}.$$

因为

$$\boldsymbol{\varepsilon}_1, \boldsymbol{\varepsilon}_2, \cdots, \boldsymbol{\varepsilon}_m, \boldsymbol{\varepsilon}_{m+1}, \boldsymbol{\varepsilon}_{m+2}, \cdots, \boldsymbol{\varepsilon}_n$$

线性无关,所以

$$k_1=k_2=\cdots=k_m=k_{m+1}=k_{m+2}\cdots=k_n=0,$$

因而

$$\sigma(\boldsymbol{\varepsilon}_{m+1}), \sigma(\boldsymbol{\varepsilon}_{m+2}), \cdots, \sigma(\boldsymbol{\varepsilon}_n)$$

线性无关,从而

$$\dim \operatorname{Im}\sigma=n-m=n-\dim \operatorname{Ker}\sigma,$$

故

$$\dim \operatorname{Im}\sigma+\dim \operatorname{Ker}\sigma=n.$$

证毕.

可以证明,设$\boldsymbol{\varepsilon}_1, \boldsymbol{\varepsilon}_2, \cdots, \boldsymbol{\varepsilon}_m$是$\operatorname{Im}\sigma$的基$\boldsymbol{\eta}_1, \boldsymbol{\eta}_2, \cdots, \boldsymbol{\eta}_m$的原像,$\boldsymbol{\varepsilon}_{m+1}, \boldsymbol{\varepsilon}_{m+2}, \cdots, \boldsymbol{\varepsilon}_n$是$\operatorname{Ker}\sigma$的一个基,则向量组$\boldsymbol{\varepsilon}_1, \boldsymbol{\varepsilon}_2, \cdots, \boldsymbol{\varepsilon}_m, \boldsymbol{\varepsilon}_{m+1}, \boldsymbol{\varepsilon}_{m+2}, \cdots, \boldsymbol{\varepsilon}_n$是$V$的一个基.

注意:虽然$\dim \operatorname{Im}\sigma+\dim \operatorname{Ker}\sigma=n$成立,但可能有

$$\operatorname{Im}\sigma+\operatorname{Ker}\sigma\neq V,$$

请读者自己举例说明.

推论 设 σ 是 n 维线性空间 V 的线性变换,则下列命题等价.

(1) σ 是单射;

(2) $\mathrm{Ker}\,\sigma=\{\mathbf{0}\}$;

(3) $\dim \mathrm{Ker}\,\sigma=0$;

(4) $\dim \mathrm{Im}\,\sigma=n$;

(5) $\mathrm{Im}\,\sigma=V$;

(6) σ 是满射.

证明 (1) $\Rightarrow$(2): $\forall \boldsymbol{\alpha}\in \mathrm{Ker}\sigma$, 有 $\sigma(\boldsymbol{\alpha})=\mathbf{0}=\sigma(\mathbf{0})$,因而由 σ 是单射知 $\boldsymbol{\alpha}=\mathbf{0}$, 从而 $\mathrm{Ker}\,\sigma=\{\mathbf{0}\}$.

(2) $\Rightarrow$(3): 显然成立.

(3) $\Rightarrow$(4): 由 $\dim \mathrm{Im}\,\sigma+\dim \mathrm{Ker}\,\sigma=n$ 及 $\dim \ker\sigma=0$, 可得 $\dim \mathrm{Im}\,\sigma=n$.

(4) $\Rightarrow$(5): 由 $\mathrm{Im}\,\sigma\subseteq V$ 及 $\dim \mathrm{Im}\,\sigma=n=\dim V$, 可得 $\mathrm{Im}\,\sigma=V$.

(5) $\Rightarrow$(6): 显然成立.

(6) $\Rightarrow$(1): 因为 σ 是满射,所以 $\mathrm{Im}\,\sigma=V$,于是 $\dim \mathrm{Im}\,\sigma=\dim V=n$, 从而 $\dim \mathrm{Ker}\,\sigma=0$, 即 $\mathrm{Ker}\sigma=\{\mathbf{0}\}$. 对 $\boldsymbol{\alpha}$, $\boldsymbol{\beta}\in V$,若 $\sigma(\boldsymbol{\alpha})=\sigma(\boldsymbol{\beta})$,则 $\sigma(\boldsymbol{\alpha})-\sigma(\boldsymbol{\beta})=\mathbf{0}$,于是 $\sigma(\boldsymbol{\alpha}-\boldsymbol{\beta})=\sigma(\boldsymbol{\alpha})-\sigma(\boldsymbol{\beta})=\mathbf{0}$,从而 $\boldsymbol{\alpha}-\boldsymbol{\beta}\in \mathrm{Ker}\sigma=\{\mathbf{0}\}$,因而 $\boldsymbol{\alpha}-\boldsymbol{\beta}=\mathbf{0}$,即 $\boldsymbol{\alpha}=\boldsymbol{\beta}$, 故 σ 是单射.

例 6.27 设 $\boldsymbol{A}$ 是 n 阶幂等矩阵(即 $\boldsymbol{A}^2=\boldsymbol{A}$),则 $\boldsymbol{A}$ 相似于对角矩阵 $\mathrm{diag}(1, \cdots, 1, 0, \cdots, 0)$, 其中 $r=R(\boldsymbol{A})$.

证明 设 σ 是 n 维线性空间 V 的线性变换,$\boldsymbol{\varepsilon}_1, \boldsymbol{\varepsilon}_2, \cdots, \boldsymbol{\varepsilon}_n$ 是 V 的一个基,σ 在其下的矩阵是 $\boldsymbol{A}$,即

$$\sigma(\boldsymbol{\varepsilon}_1, \boldsymbol{\varepsilon}_2, \cdots, \boldsymbol{\varepsilon}_n)=(\boldsymbol{\varepsilon}_1, \boldsymbol{\varepsilon}_2, \cdots, \boldsymbol{\varepsilon}_n)\boldsymbol{A}.$$

由 $\boldsymbol{A}^2=\boldsymbol{A}$ 知 $\sigma^2=\sigma$. 取 $\mathrm{Im}\,\sigma$ 的一个基是 $\boldsymbol{\eta}_1, \boldsymbol{\eta}_2, \cdots, \boldsymbol{\eta}_r$, 其原像分别是 $\boldsymbol{\varepsilon}_1, \boldsymbol{\varepsilon}_2, \cdots, \boldsymbol{\varepsilon}_r$,即

$$\sigma(\boldsymbol{\varepsilon}_i)=\boldsymbol{\eta}_i, \quad i=1, 2, \cdots, r,$$

则

$$\sigma(\boldsymbol{\eta}_i)=\sigma^2(\boldsymbol{\varepsilon}_i)=\sigma(\boldsymbol{\varepsilon}_i)=\boldsymbol{\eta}_i, \quad i=1, 2, \cdots, r,$$

从而 $\boldsymbol{\eta}_1, \boldsymbol{\eta}_2, \cdots, \boldsymbol{\eta}_r$ 是它自身的原像.

另取 $\mathrm{Ker}\,\sigma$ 的一个基 $\boldsymbol{\eta}_{r+1}, \boldsymbol{\eta}_{r+2}, \cdots, \boldsymbol{\eta}_n$, 则

$$\boldsymbol{\eta}_1, \boldsymbol{\eta}_2, \cdots, \boldsymbol{\eta}_r, \boldsymbol{\eta}_{r+1}, \boldsymbol{\eta}_{r+2}, \cdots, \boldsymbol{\eta}_n$$

是 V 的一个基.

由于

$$\sigma(\boldsymbol{\eta}_i)=\begin{cases}\boldsymbol{\eta}_i, & i=1, 2, \cdots, r,\\ 0, & i=r+1, \cdots, n,\end{cases}$$

即

$$\begin{aligned}&\sigma(\boldsymbol{\eta}_1, \boldsymbol{\eta}_2, \cdots, \boldsymbol{\eta}_r, \boldsymbol{\eta}_{r+1}, \cdots, \boldsymbol{\eta}_n)\\ =&(\boldsymbol{\eta}_1, \boldsymbol{\eta}_2, \cdots, \boldsymbol{\eta}_r, \boldsymbol{\eta}_{r+1}, \cdots, \boldsymbol{\eta}_n)\operatorname{diag}(1, \cdots, 1, 0, \cdots, 0),\end{aligned}$$

故 σ 在基 $\boldsymbol{\eta}_1, \boldsymbol{\eta}_2, \cdots, \boldsymbol{\eta}_r, \boldsymbol{\eta}_{r+1}, \cdots, \boldsymbol{\eta}_n$ 下的矩阵是 $\operatorname{diag}(1, \cdots, 1, 0, \cdots, 0)$.

由于同一个线性变换在不同基下的矩阵相似,所以 $\boldsymbol{A}$ 相似于对角矩阵 $\operatorname{diag}(1, \cdots, 1, 0, \cdots, 0)$.

习题 6.6

1. 求下列线性变换 σ 的值域 $\operatorname{Im}\sigma$ 与核 $\operatorname{Ker}\sigma$.

(1) 在 $\mathbf{F}^n$ 中,$\sigma(\boldsymbol{x})=\boldsymbol{A}\boldsymbol{x}$ $(\forall \boldsymbol{x}\in\mathbf{F}^n)$,其中 $\boldsymbol{A}\in\mathbf{F}^{n\times n}$ 取定.

(2) 在 $\mathbf{F}^{2\times 2}$ 中,$\sigma(\boldsymbol{X})=\boldsymbol{A}\boldsymbol{X}-\boldsymbol{X}\boldsymbol{A}$ $(\forall \boldsymbol{X}\in\mathbf{F}^{2\times 2})$,其中 $\boldsymbol{A}=\begin{pmatrix}1 & 2\\ 0 & 3\end{pmatrix}$.

2. 设 V 是四维线性空间,$\boldsymbol{\alpha}_1,\boldsymbol{\alpha}_2,\boldsymbol{\alpha}_3,\boldsymbol{\alpha}_4$ 是 V 的一个基,而 σ 是 V 的线性变换,满足 $\sigma(\boldsymbol{\alpha}_i)=\boldsymbol{\alpha}_1(i=1, 2, 3, 4)$, $\sigma(\boldsymbol{\alpha}_4)=\boldsymbol{\alpha}_2$,求 $\operatorname{Im}\sigma$, $\operatorname{Ker}\sigma$, $\operatorname{Im}\sigma+\operatorname{Ker}\sigma$, $\operatorname{Im}\sigma\cap\operatorname{Ker}\sigma$.

3. 设 σ 是 $F[x]_n$ 上的线性变换,有

$$\sigma(f(x))=xf'(x)-f(x), \quad \forall f(x)\in F[x]_n.$$

(1) 求 $\operatorname{Im}\sigma$, $\operatorname{Ker}\sigma$.

(2) 证明:$F[x]_n=\operatorname{Im}\sigma\oplus\operatorname{Ker}\sigma$.

4. 设 σ 是线性空间 V 的线性变换,且 $\sigma^2=\sigma$,证明:

(1) $\operatorname{Ker}\sigma=\{\boldsymbol{\alpha}-\sigma(\boldsymbol{\alpha})\mid\boldsymbol{\alpha}\in V\}$;

(2) $V=\operatorname{Im}\sigma\oplus\operatorname{Ker}\sigma$.

5. 设 σ 是线性空间 V 的线性变换,证明:

(1) $\operatorname{Ker}\sigma\subseteq\operatorname{Ker}\sigma^2$

(2) $\sigma^2=o$ 的充分必要条件是 $\operatorname{Im}\sigma\subseteq\operatorname{Ker}\sigma$.

6. 设 σ, τ 是线性空间 V 的两个非零的线性变换,且 $\sigma^2=\sigma$, $\tau^2=\tau$,证明:

(1) $\operatorname{Im}\sigma=\operatorname{Im}\tau$ 的充分必要条件是 $\sigma\tau=\tau$, $\tau\sigma=\sigma$;

(2) $\operatorname{Ker}\sigma=\operatorname{Ker}\tau$ 的充分必要条件是 $\sigma\tau=\sigma$, $\tau\sigma=\tau$.

7. 设 σ 是 n 维线性空间 V 的线性变换,满足 $\dim\operatorname{Im}\sigma^2=\dim\operatorname{Im}\sigma$,证明:

(1) $\operatorname{Ker}\sigma=\operatorname{Ker}\sigma^2$;

(2) $\operatorname{Im}\sigma\cap\operatorname{Ker}\sigma=\{\boldsymbol{0}\}$.

*6.7　线性变换的不变子空间

我们知道,并不是每一个线性变换都可对角化.当一个线性变换不可对角化时,它在怎样的一个基下的矩阵最简单呢?而这最简单的矩阵又是怎样的一种形式呢?我们知道除了对角矩阵外,就是分块对角矩阵最简单了.因此,有必要研究当一个线性变换不可对角化时,能否在某一个基下的矩阵为分块对角矩阵.

本节介绍线性变换的不变子空间,揭示线性变换与分块对角矩阵的联系,从而达到简化线性变换矩阵的目的.

6.7.1　不变子空间的概念与性质

设 W 是线性空间 V 的子空间,则 V 的任一线性变换 σ 未必是 W 的线性变换,这是因为 W 的任一元素的像未必还在 W 中.如果 W 的任一元素的像还在 W 中,那么称 W 是 σ 的不变子空间.

定义 6.14　设 W 是线性空间 V 的子空间,σ 是 V 的线性变换,如果对任意 $\boldsymbol{\alpha} \in W$,有 $\sigma(\boldsymbol{\alpha}) \in W$,即 $\sigma(W) \subseteq W$,则称 W 是 σ 的**不变子空间**.

由定义 6.14 显然可知,线性空间 V 的平凡子空间 V 与 $\{\mathbf{0}\}$ 是线性变换 σ 的不变子空间.另外,在线性空间 $F[x]$ 中,$F[x]_n$ 是微分变换 δ 的不变子空间,其中

$$\delta(f(x))=f'(x),\quad f(x) \in F[x].$$

例 6.28　设 σ 是线性空间 V 的线性变换,则

(1) σ 的值域 $\operatorname{Im}\sigma$ 与核 $\operatorname{Ker}\sigma$ 是 σ 的不变子空间;

(2) σ 的属于特征值 λ 的特征子空间 $V_\lambda=\{\boldsymbol{\alpha} \in V \mid \sigma(\boldsymbol{\alpha})=\lambda\boldsymbol{\alpha}\}$ 是 σ 的不变子空间.

证明　(1) $\forall \boldsymbol{\alpha} \in \operatorname{Im}\sigma$,存在 $\boldsymbol{\beta} \in V$,使得 $\boldsymbol{\alpha}=\sigma(\boldsymbol{\beta})$,所以 $\sigma(\boldsymbol{\alpha})=\sigma(\sigma(\boldsymbol{\beta})) \in \operatorname{Im}\sigma$,故 $\operatorname{Im}\sigma$ 是 σ 的不变子空间.

因为 $\forall \boldsymbol{\alpha} \in \operatorname{Ker}\sigma$,有 $\sigma(\boldsymbol{\alpha})=\mathbf{0} \in \operatorname{Ker}\sigma$,所以 $\operatorname{Ker}\sigma$ 是 σ 的不变子空间.

(2) $\forall \boldsymbol{\alpha} \in V_\lambda$,由于 V_λ 是 V 的子空间,因此有 $\sigma(\boldsymbol{\alpha})=\lambda\boldsymbol{\alpha} \in V_\lambda$,故 V_λ 是 σ 的不变子空间.

例 6.29　设 σ 是线性空间 V 的线性变换,则 σ 的不变子空间的交与和仍为 σ 的不变子空间.

证明　设 V_1, V_2 是 σ 的不变子空间,$\forall \boldsymbol{\alpha} \in V_1 \cap V_2$,有 $\boldsymbol{\alpha} \in V_1$, $\boldsymbol{\alpha} \in V_2$,于是 $\sigma(\boldsymbol{\alpha}) \in V_1$, $\sigma(\boldsymbol{\alpha}) \in V_2$,从而 $\sigma(\boldsymbol{\alpha}) \in V_1 \cap V_2$,故 $V_1 \cap V_2$ 是 σ 的不变子空间.

同样,$\forall \boldsymbol{\alpha} \in V_1+V_2$,有 $\boldsymbol{\alpha}=\boldsymbol{\alpha}_1+\boldsymbol{\alpha}_2$,其中,$\boldsymbol{\alpha}_1 \in V_1$, $\boldsymbol{\alpha}_2 \in V_2$,于是有

$$\sigma(\boldsymbol{\alpha})=\sigma(\boldsymbol{\alpha}_1)+\sigma(\boldsymbol{\alpha}_2)\in V_1+V_2,$$

故 V_1+V_2 是 σ 的不变子空间.

定理 6.18 设 σ 是线性空间 V 的线性变换,W 是 V 的子空间, $W=L(\boldsymbol{\alpha}_1, \boldsymbol{\alpha}_2, \cdots, \boldsymbol{\alpha}_m)$, 则 W 是 σ 的不变子空间的充分必要条件是 $\sigma(\boldsymbol{\alpha}_i)\in W$, $i=1, 2, \cdots, m$.

证明 必要性是显然的,下证充分性.

由定理 6.16(1)可知

$$\sigma(W)=L(\sigma(\boldsymbol{\alpha}_1), \sigma(\boldsymbol{\alpha}_2), \cdots, \sigma(\boldsymbol{\alpha}_m)).$$

由于每个 $\sigma(\boldsymbol{\alpha}_i)\in W$, $i=1, 2, \cdots, m$,因此,$\sigma(W)\subseteq W$, 故 W 是σ 的不变子空间. **证毕.**

例 6.30 设 $\boldsymbol{\varepsilon}_1, \boldsymbol{\varepsilon}_2, \boldsymbol{\varepsilon}_3$ 是三维线性空间 V 的一个基,σ 是 V 的线性变换,σ 在这个基下的矩阵是

$$\mathbf{A}=\begin{pmatrix}3 & 1 & -1\\ 2 & 2 & -1\\ 2 & 2 & 0\end{pmatrix},$$

证明:$W=L(\boldsymbol{\varepsilon}_3, \boldsymbol{\varepsilon}_1+\boldsymbol{\varepsilon}_2+2\boldsymbol{\varepsilon}_3)$ 是 σ 的不变子空间.

证明 令 $\boldsymbol{\alpha}_1=\boldsymbol{\varepsilon}_3$, $\boldsymbol{\alpha}_2=\boldsymbol{\varepsilon}_1+\boldsymbol{\varepsilon}_2+2\boldsymbol{\varepsilon}_3$, 由已知得

$$\begin{aligned}\sigma(\boldsymbol{\alpha}_1)&=\sigma(\boldsymbol{\varepsilon}_3)=-\boldsymbol{\varepsilon}_1-\boldsymbol{\varepsilon}_2=2\boldsymbol{\alpha}_1-\boldsymbol{\alpha}_2\in W,\\ \sigma(\boldsymbol{\alpha}_2)&=\sigma(\boldsymbol{\varepsilon}_1)+\sigma(\boldsymbol{\varepsilon}_2)+2\sigma(\boldsymbol{\varepsilon}_3)\\ &=(3\boldsymbol{\varepsilon}_1+2\boldsymbol{\varepsilon}_2+2\boldsymbol{\varepsilon}_3)+(\boldsymbol{\varepsilon}_1+2\boldsymbol{\varepsilon}_2+2\boldsymbol{\varepsilon}_3)+2(-\boldsymbol{\varepsilon}_1-\boldsymbol{\varepsilon}_2)\\ &=2\boldsymbol{\varepsilon}_1+2\boldsymbol{\varepsilon}_2+4\boldsymbol{\varepsilon}_3\\ &=2\boldsymbol{\alpha}_2\in W.\end{aligned}$$

由定理 6.18 可知,W 是σ 的不变子空间.

6.7.2 不变子空间与线性变换矩阵化简的关系

设σ 是线性空间 V 的线性变换,W 是σ 的不变子空间,则 $\forall \boldsymbol{\alpha}\in W$,有 $\sigma(\boldsymbol{\alpha})\in W$, 由此可得出如下定义.

定义 6.15 设σ 是线性空间 V 的线性变换,W 是σ 的不变子空间,只考虑σ 在 W 上的作用,则得到子空间 W 的一个线性变换,称为σ 在 W 上的**限制**,记作 $\sigma|_W$.

根据定义,若 W 是σ 的不变子空间,则 $\sigma|_W$ 是 W 上的线性变换.于是, $\forall \boldsymbol{\alpha}\in W$,有$(\sigma|_W)(\boldsymbol{\alpha})=\sigma(\boldsymbol{\alpha})$. 但是,如果 $\boldsymbol{\alpha}\notin W$,则$(\sigma|_W)(\boldsymbol{\alpha})$没有意义.

显然,任一线性变换在其核上的限制都是零变换,在其特征子空间上的限制都是数乘变换.

定理6.19 设σ是n维线性空间V的线性变换,W是σ的不变子空间,则存在V的一个基,使得σ在这个基下的矩阵是分块上三角矩阵

$$\begin{pmatrix} \boldsymbol{A}_1 & \boldsymbol{A}_2 \\ \boldsymbol{O} & \boldsymbol{A}_3 \end{pmatrix},$$

并且$\boldsymbol{A}_1$就是$\sigma|_W$在W的某个基下的矩阵.

证明 设$\dim W=k$,在W中取一个基$\boldsymbol{\varepsilon}_1, \boldsymbol{\varepsilon}_2, \cdots, \boldsymbol{\varepsilon}_k$,将它扩充成$V$的基

$$\boldsymbol{\varepsilon}_1, \boldsymbol{\varepsilon}_2, \cdots, \boldsymbol{\varepsilon}_k, \boldsymbol{\varepsilon}_{k+1}, \cdots, \boldsymbol{\varepsilon}_n.$$

注意到$\sigma(W)\subseteq W$,每一个$\sigma(\boldsymbol{\varepsilon}_i)\in W\ (i=1, 2, \cdots, k)$是$\boldsymbol{\varepsilon}_1, \boldsymbol{\varepsilon}_2, \cdots, \boldsymbol{\varepsilon}_k$的线性组合,设

$$\begin{cases} \sigma(\boldsymbol{\varepsilon}_1)=a_{11}\boldsymbol{\varepsilon}_1+a_{21}\boldsymbol{\varepsilon}_2+\cdots+a_{k1}\boldsymbol{\varepsilon}_k, \\ \quad\vdots \\ \sigma(\boldsymbol{\varepsilon}_k)=a_{1k}\boldsymbol{\varepsilon}_1+a_{2k}\boldsymbol{\varepsilon}_2+\cdots+a_{kk}\boldsymbol{\varepsilon}_k, \\ \sigma(\boldsymbol{\varepsilon}_{k+1})=a_{1,k+1}\boldsymbol{\varepsilon}_1+a_{2,k+1}\boldsymbol{\varepsilon}_2+\cdots+a_{k,k+1}\boldsymbol{\varepsilon}_k+a_{k+1,k+1}\boldsymbol{\varepsilon}_{k+1}+\cdots+a_{n,k+1}\boldsymbol{\varepsilon}_n, \\ \quad\vdots \\ \sigma(\boldsymbol{\varepsilon}_n)=a_{1n}\boldsymbol{\varepsilon}_1+a_{2n}\boldsymbol{\varepsilon}_2+\cdots+a_{kn}\boldsymbol{\varepsilon}_k+a_{k+1,n}\boldsymbol{\varepsilon}_{k+1}+\cdots+a_{nn}\boldsymbol{\varepsilon}_n, \end{cases}$$

因此σ在基$\boldsymbol{\varepsilon}_1, \boldsymbol{\varepsilon}_2, \cdots, \boldsymbol{\varepsilon}_k, \boldsymbol{\varepsilon}_{k+1}, \cdots, \boldsymbol{\varepsilon}_n$下的矩阵是

$$\left(\begin{array}{ccc|ccc} a_{11} & \cdots & a_{1k} & a_{1,k+1} & \cdots & a_{1n} \\ \vdots & & \vdots & \vdots & & \vdots \\ a_{k1} & \cdots & a_{kk} & a_{k,k+1} & \cdots & a_{kn} \\ \hline 0 & \cdots & 0 & a_{k+1,k+1} & \cdots & a_{k+1,n} \\ \vdots & & \vdots & \vdots & \cdots & \vdots \\ 0 & \cdots & 0 & a_{n,k+1} & \cdots & a_{nn} \end{array}\right)=\begin{pmatrix} \boldsymbol{A}_1 & \boldsymbol{A}_2 \\ \boldsymbol{O} & \boldsymbol{A}_3 \end{pmatrix}.$$

显然,$\boldsymbol{A}_1$就是$\sigma|_W$在W的基$\boldsymbol{\varepsilon}_1, \boldsymbol{\varepsilon}_2, \cdots, \boldsymbol{\varepsilon}_k$下的矩阵.

推论 设σ是n维线性空间V的线性变换,若$V=U\oplus W$,而U, W是σ的不变子空间,则存在V的一个基,使得σ在这个基下的矩阵是分块对角矩阵

$$\begin{pmatrix} \boldsymbol{A}_1 & \boldsymbol{O} \\ \boldsymbol{O} & \boldsymbol{A}_2 \end{pmatrix},$$

并且,$\boldsymbol{A}_1$是$\sigma|_{W_1}$在W_1的某个基下的矩阵,$\boldsymbol{A}_2$是$\sigma|_{W_2}$在W_2的某个基下的矩阵.

证明 设 $\dim W=k$,则 $\dim U=n-k$.任取 W 的一个基 $\boldsymbol{\varepsilon}_1, \boldsymbol{\varepsilon}_2, \cdots, \boldsymbol{\varepsilon}_k$,任取 U 的一个基 $\boldsymbol{\varepsilon}_{k+1}, \cdots, \boldsymbol{\varepsilon}_n$,则

$$\boldsymbol{\varepsilon}_1, \boldsymbol{\varepsilon}_2, \cdots, \boldsymbol{\varepsilon}_k, \boldsymbol{\varepsilon}_{k+1}, \cdots, \boldsymbol{\varepsilon}_n$$

是 V 的一个基.

注意到 $\sigma(W)\subseteq W$, $\sigma(U)\subseteq U$, 因此,每一个 $\sigma(\boldsymbol{\varepsilon}_i)\in W\ (i=1, 2, \cdots, k)$ 是 $\boldsymbol{\varepsilon}_1, \boldsymbol{\varepsilon}_2, \cdots, \boldsymbol{\varepsilon}_k$ 的线性组合,而每一个 $\sigma(\boldsymbol{\varepsilon}_i)\in U\ (i=k+1, \cdots, n)$ 是 $\boldsymbol{\varepsilon}_{k+1}, \cdots, \boldsymbol{\varepsilon}_n$ 的线性组合,因此 σ 在基 $\boldsymbol{\varepsilon}_1, \boldsymbol{\varepsilon}_2, \cdots, \boldsymbol{\varepsilon}_k, \boldsymbol{\varepsilon}_{k+1}, \cdots, \boldsymbol{\varepsilon}_n$ 下的矩阵是分块对角矩阵.

证毕.

定理 6.19 可推广如下.

定理 6.20 设 n 维线性空间 V 可以分解成若干个 σ 的不变子空间的直和:

$$V=W_1\oplus W_2\oplus\cdots\oplus W_m,$$

则存在 V 的一个基,使得 σ 在这个基下的矩阵为分块对角矩阵

$$\begin{pmatrix} \boldsymbol{A}_1 & & & \\ & \boldsymbol{A}_2 & & \\ & & \ddots & \\ & & & \boldsymbol{A}_m \end{pmatrix},$$

其中, $\boldsymbol{A}_i\,(i=1, 2, \cdots, m)$ 是 $\sigma|_{W_i}$ 在 W_i 的某个基下的矩阵.

例 6.31 设 V 是复数域上的 n 维线性空间, σ, τ 是 V 的线性变换,且 $\sigma\tau=\tau\sigma$,证明: (1) 如果 λ 是 σ 的特征值,那么 V_λ 是 τ 的不变子空间;

(2) σ, τ 至少有一个公共特征向量.

证明 (1) $\forall \boldsymbol{\alpha}\in V_\lambda$,要证 $\tau(\boldsymbol{\alpha})\in V_\lambda$. 由于

$$\sigma(\tau(\boldsymbol{\alpha}))=(\sigma\tau)(\boldsymbol{\alpha})=(\tau\sigma)(\boldsymbol{\alpha})=\tau(\sigma(\boldsymbol{\alpha}))=\tau(\lambda\boldsymbol{\alpha})=\lambda\tau(\boldsymbol{\alpha}),$$

因此, $\tau(\boldsymbol{\alpha})\in V_\lambda$,故 V_λ 是 τ 的不变子空间.

(2) 令 $\tau_0=\tau|_{V_\lambda}$ 是 τ 在 V_λ 上的限制,由于 V_λ 是复数域上的线性空间,所以 τ_0 在复数域上必有特征值 λ_0,因而存在 $\boldsymbol{\alpha}_0\in V_\lambda$, $\boldsymbol{\alpha}_0\neq 0$, 使得

$$\tau_0(\boldsymbol{\alpha}_0)=\lambda_0\boldsymbol{\alpha}_0,$$

所以

$$\tau(\boldsymbol{\alpha}_0)=\tau_0(\boldsymbol{\alpha}_0)=\lambda_0\boldsymbol{\alpha}_0,$$

然而 $\sigma(\boldsymbol{\alpha}_0)=\lambda\boldsymbol{\alpha}_0$,故 $\boldsymbol{\alpha}_0$ 是 σ, τ 的公共特征向量.

习题 6.7

1. 设$\sigma((a_1, a_2, a_3)^T)=(a_3, a_2, a_1)^T$是$\mathbf{F}^3$的一个线性变换，验证下列$\mathbf{F}^3$的子空间是否为$\sigma$的不变子空间.

(1) $V_1=\{(a_1, a_2, 0)^T | a_1, a_2 \in F\}$;

(2) $V_2=\{(a_1, 0, a_2)^T | a_1, a_2 \in F\}$.

2. 设σ是线性空间V的线性变换，且σ在V的基$\boldsymbol{\varepsilon}_1, \boldsymbol{\varepsilon}_2, \boldsymbol{\varepsilon}_3$下的矩阵为

$$\boldsymbol{A}=\begin{pmatrix}1 & 2 & 2\\ 2 & 1 & 2\\ 2 & 2 & 1\end{pmatrix},$$

证明：$W=L(-\boldsymbol{\varepsilon}_1+\boldsymbol{\varepsilon}_2, -\boldsymbol{\varepsilon}_1+\boldsymbol{\varepsilon}_3)$是$\sigma$的不变子空间.

3. 证明：线性空间V的任意子空间都是数乘变换的不变子空间.

4. 对$F[x]$的微分变换$\sigma(f(x))=f'(x)(\forall f(x)\in F[x])$，求$F[x]$的两个非平凡子空间，使得一个是$\sigma$的不变子空间，一个不是$\sigma$的不变子空间.

5. 设W是线性变换σ, τ的不变子空间，证明：W是$\sigma+\tau$和$\sigma\tau$的不变子空间.

6. 设σ是n维线性空间V的可逆线性变换，W是σ的不变子空间，证明：W也是σ^{-1}的不变子空间.

7. 设σ, τ是线性空间V的线性变换V，且$\sigma\tau=\tau\sigma$，证明：τ的值域$\mathrm{Im}\,\tau$，核$\mathrm{Ker}\tau$以及τ的特征子空间都是σ的不变子空间.

8. 设V是实数域$\mathbf{R}$上的线性空间，σ是V的线性变换，证明：σ有一维不变子空间当且仅当σ有特征值.

总 习 题 6

一、单项选择题

1. 设$\boldsymbol{A}, \boldsymbol{P}$为$n$阶可逆矩阵，$\boldsymbol{\alpha}$是$\boldsymbol{A}$的属于特征值$\lambda$的特征向量，则(　　)是矩阵$\boldsymbol{P}^{-1}\boldsymbol{A}^{-1}\boldsymbol{P}$的一个特征值和属于这个特征值的特征向量.

A. $\lambda^{-1}, \boldsymbol{P}^{-1}\boldsymbol{\alpha}$　　B. $\lambda, P\boldsymbol{\alpha}$　　C. $\lambda, \boldsymbol{P}^{-1}\boldsymbol{\alpha}$　　D. $\lambda^{-1}, \boldsymbol{P\alpha}$

2. 设λ_1, λ_2是矩阵$\boldsymbol{A}$的两个不同的特征值，对应的特征向量分别为$\boldsymbol{\alpha}_1, \boldsymbol{\alpha}_2$，则$\boldsymbol{\alpha}_1, \boldsymbol{A}(\boldsymbol{\alpha}_1+\boldsymbol{\alpha}_2)$线性无关的充分必要条件是(　　).

A. $\lambda_1\neq 0$　　B. $\lambda_1=0$　　C. $\lambda_2\neq 0$　　D. $\lambda_2=0$

3. 设矩阵$\boldsymbol{B}=\begin{pmatrix}0 & 0 & 1\\ 0 & 1 & 0\\ 1 & 0 & 0\end{pmatrix}$，矩阵$\boldsymbol{A}$与$\boldsymbol{B}$相似，则$R(2\boldsymbol{E}-\boldsymbol{A})+R(\boldsymbol{E}-\boldsymbol{A})=$(　　).

A. 2　　B. 3　　C. 4　　D. 5

4. 设 $\boldsymbol{A}$ 为三阶矩阵, $\boldsymbol{A\alpha}_i=i\boldsymbol{\alpha}_i$, $i=1, 2, 3$,其中 $\boldsymbol{\alpha}_i$ 为三维非零列向量,则矩阵 $\boldsymbol{P}$ 等于(　　)时, $\boldsymbol{P}^{-1}\boldsymbol{A}^{-1}\boldsymbol{P}=\begin{pmatrix}1&0&0\\0&2&0\\0&0&3\end{pmatrix}$.

A. $(\boldsymbol{\alpha}_3, \boldsymbol{\alpha}_2, \boldsymbol{\alpha}_1)$　　B. $(\boldsymbol{\alpha}_1, -2\boldsymbol{\alpha}_2, 3\boldsymbol{\alpha}_3)$

C. $(\boldsymbol{\alpha}_1-\boldsymbol{\alpha}_2, \boldsymbol{\alpha}_2, \boldsymbol{\alpha}_3)$　　D. $(\boldsymbol{\alpha}_1, \boldsymbol{\alpha}_2+\boldsymbol{\alpha}_3, \boldsymbol{\alpha}_3)$

5. 设 σ, τ 线性空间 V 的线性变换,则 $\dim \operatorname{Im}\sigma=\dim \operatorname{Im}\tau$ 的充分必要条件是(　　).

A. $\operatorname{Im}\sigma=\operatorname{Im}\tau$　　B. $\operatorname{Ker}\sigma=\operatorname{Ker}\tau$

C. σ, τ 都是可逆变换　　D. σ, τ 在 V 的某个基下的矩阵的秩相同

二、填空题

1. 设 σ, τ 是线性空间 V 的线性变换, τ 可逆,且 σ, τ 在 V 的基 $\boldsymbol{\varepsilon}_1, \boldsymbol{\varepsilon}_2, \cdots, \boldsymbol{\varepsilon}_n$ 下的矩阵分别是 $\boldsymbol{A}$ 和 $\boldsymbol{B}$,则 $\sigma^3\tau^{-1}+21_V$ 在 $\boldsymbol{\varepsilon}_1, \boldsymbol{\varepsilon}_2, \cdots, \boldsymbol{\varepsilon}_n$ 下的矩阵是________.

2. 设 $\boldsymbol{A}$ 的每行元素之和均为 2,则________一定是 $\boldsymbol{A}^3-3\boldsymbol{A}+2\boldsymbol{E}$ 的特征值.

3. 设 $\boldsymbol{A}$, $\boldsymbol{B}$ 是三阶矩阵, $\boldsymbol{B}$ 相似于 $\boldsymbol{A}$,且 $|\boldsymbol{A}+\boldsymbol{E}|=|2\boldsymbol{A}+\boldsymbol{E}|=|3\boldsymbol{A}+\boldsymbol{E}|=0$,则 $|6\boldsymbol{B}^*+\boldsymbol{E}|=$________.

4. 设 $\boldsymbol{A}=\begin{pmatrix}6&-10\\2&-3\end{pmatrix}$,则 $\operatorname{tr}(\boldsymbol{A}^{2021})=$________.

5. 设 $0<\theta<\pi$, $\boldsymbol{A}=\begin{pmatrix}\cos\theta&-\sin\theta\\\sin\theta&\cos\theta\end{pmatrix}$, $\mathbf{R}^2$ 的线性变换 σ 定义为 $\boldsymbol{x}\longmapsto\boldsymbol{Ax}(\forall \boldsymbol{x}\in\mathbf{R}^2)$,则 σ 的不变子空间是________.

三、计算题

1. 设 $\boldsymbol{\varepsilon}_1, \boldsymbol{\varepsilon}_2, \boldsymbol{\varepsilon}_3$ 是线性空间 V 的一个基, σ 是 V 的线性变换,且

$$\sigma(\boldsymbol{\varepsilon}_1)=\boldsymbol{\varepsilon}_1,\quad \sigma(\boldsymbol{\varepsilon}_2)=\boldsymbol{\varepsilon}_1+\boldsymbol{\varepsilon}_2,\quad \sigma(\boldsymbol{\varepsilon}_3)=\boldsymbol{\varepsilon}_1+\boldsymbol{\varepsilon}_2+\boldsymbol{\varepsilon}_3,$$

试说明 σ 是可逆线性变换,并求 $2\sigma-\sigma^{-1}$ 在基 $\boldsymbol{\varepsilon}_1, \boldsymbol{\varepsilon}_2, \boldsymbol{\varepsilon}_3$ 下的矩阵.

2. 设向量 $\boldsymbol{\alpha}=(1, k, 1)^{\mathrm{T}}$ 是矩阵

$$\boldsymbol{A}=\begin{pmatrix}2&1&1\\1&2&1\\1&1&2\end{pmatrix}$$

的逆矩阵 $\boldsymbol{A}^{-1}$ 的特征向量,试求常数 k 的值.

3. 设矩阵 $\boldsymbol{A}=\begin{pmatrix}2&1&1\\1&2&1\\1&1&a\end{pmatrix}$ 可逆,向量 $\boldsymbol{\alpha}=(1, b, 1)^{\mathrm{T}}$ 是 $\boldsymbol{A}^*$ 的一个特征向量, λ 是 $\boldsymbol{\alpha}$ 对应的特征值,试求 a, b 和 λ 的值.

4. 设 $\boldsymbol{A}$ 为三阶矩阵, $\boldsymbol{\alpha}_1, \boldsymbol{\alpha}_2, \boldsymbol{\alpha}_3$ 是三个线性无关的三维列向量,且满足

$$\boldsymbol{A\alpha}_1=\boldsymbol{\alpha}_1+\boldsymbol{\alpha}_2+\boldsymbol{\alpha}_3,\quad \boldsymbol{A\alpha}_2=2\boldsymbol{\alpha}_2+\boldsymbol{\alpha}_3,\quad \boldsymbol{A\alpha}_3=2\boldsymbol{\alpha}_2+3\boldsymbol{\alpha}_3.$$

求：(1) 矩阵 $\boldsymbol{B}$，使得 $\boldsymbol{A}(\boldsymbol{\alpha}_1, \boldsymbol{\alpha}_2, \boldsymbol{\alpha}_3) = (\boldsymbol{\alpha}_1, \boldsymbol{\alpha}_2, \boldsymbol{\alpha}_3)\boldsymbol{B}$；

(2) 矩阵 $\boldsymbol{A}$ 的特征值；

(3) 可逆矩阵 $\boldsymbol{P}$，使得 $\boldsymbol{P}^{-1}\boldsymbol{A}\boldsymbol{P}$ 为对角矩阵.

5. 在某国，每年有比例为 p 的农村居民移居城镇，有比例为 q 的城镇居民移居农村.假设该国总人数不变，且上述人口迁移的规律也不变.把 n 年后农村人口和城镇人口占总人数的比例依次记为 x_n 和 y_n $(x_n + y_n = 1)$.

(1) 求 $\begin{pmatrix} x_{n+1} \\ y_{n+1} \end{pmatrix}$ 与 $\begin{pmatrix} x_n \\ y_n \end{pmatrix}$ 的关系式并写成矩阵形式：$\begin{pmatrix} x_{n+1} \\ y_{n+1} \end{pmatrix} = \boldsymbol{A}\begin{pmatrix} x_n \\ y_n \end{pmatrix}$；

(2) 设目前农村人口与城镇人口相等，即 $\begin{pmatrix} x_0 \\ y_0 \end{pmatrix} = \begin{pmatrix} \frac{1}{2} \\ \frac{1}{2} \end{pmatrix}$，求 $\begin{pmatrix} x_n \\ y_n \end{pmatrix}$.

四、证明题

1. 设 n 阶矩阵 $\boldsymbol{A}$，$\boldsymbol{B}$ 满足 $R(\boldsymbol{A}) + R(\boldsymbol{B}) < n$，证明：$\boldsymbol{A}$ 与 $\boldsymbol{B}$ 有公共的特征值和公共的特征向量.

2. 设 W 是 n 维线性空间 V 的子空间，证明：存在 V 的线性变换 σ，其值域 $\operatorname{Im}\sigma = W$，也存在 V 的线性变换 τ，其核 $\operatorname{Ker}\tau = W$.

3. 证明：n 阶矩阵

$$\boldsymbol{A} = \sigma^2 \begin{pmatrix} 1 & b & \cdots & b \\ b & 1 & \cdots & b \\ \vdots & \vdots & & \vdots \\ b & b & \cdots & 1 \end{pmatrix}$$

的最大特征值是 $\lambda_1 = a^2[1 + (n-1)b]$，其中，$0 < b \leqslant 1$，$a^2 > 0$.

4. 设 $\boldsymbol{A}$ 是三阶矩阵，$\boldsymbol{\alpha}_1$，$\boldsymbol{\alpha}_2$，$\boldsymbol{\alpha}_3$ 是三维非零列向量，若 $\boldsymbol{A}\boldsymbol{\alpha}_i = i\boldsymbol{\alpha}_i$，$i = 1, 2, 3$，而 $\boldsymbol{\alpha} = \boldsymbol{\alpha}_1 + \boldsymbol{\alpha}_2 + \boldsymbol{\alpha}_3$.

(1) 证明：$\boldsymbol{\alpha}$，$\boldsymbol{A}\boldsymbol{\alpha}$，$\boldsymbol{A}^2\boldsymbol{\alpha}$ 线性无关；

(2) 令 $\boldsymbol{P} = (\boldsymbol{\alpha}, \boldsymbol{A}\boldsymbol{\alpha}, \boldsymbol{A}^2\boldsymbol{\alpha})$，求 $\boldsymbol{P}^{-1}\boldsymbol{A}\boldsymbol{P}$.

第 7 章

λ -矩阵与矩阵的约当标准形

由第 6 章的讨论知道,并非每个矩阵都可对角化,或者说,并非每一个线性变换都有基,使得它在这个基下的矩阵为对角矩阵.当一个矩阵不可对角化时,我们要研究它能否相似于另外一种形式简单的矩阵,也就是要探讨在适当选择的基下,一个一般的线性变换能化简成什么形状.

本章首先讨论 λ - 矩阵的基本知识,然后介绍行列式因子、不变因子和初等因子,以及矩阵相似的条件,接着介绍矩阵的约当标准形,最后介绍最小多项式的性质及其应用.

7.1 λ -矩阵及其等价标准形

本节介绍 λ - 矩阵的基本概念、λ - 矩阵的初等变换和 λ - 矩阵的等价标准形.

7.1.1 λ -矩阵的基本概念

定义 7.1 设 F 是一个数域,λ 是一个文字,以一元多项式环 $F[\lambda]$ 中的多项式为元素的 $m \times n$ 矩阵称为 F 上的 λ - 矩阵,简称 **λ -矩阵**,记作

$$\boldsymbol{A}(\lambda)=\begin{pmatrix} a_{11}(\lambda) & a_{12}(\lambda) & \cdots & a_{1n}(\lambda) \\ a_{21}(\lambda) & a_{22}(\lambda) & \cdots & a_{2n}(\lambda) \\ \vdots & \vdots & & \vdots \\ a_{m1}(\lambda) & a_{m2}(\lambda) & \cdots & a_{mn}(\lambda) \end{pmatrix},$$

简记为 $\boldsymbol{A}(\lambda)=(a_{ij}(\lambda))_{m\times n}$.

n 阶矩阵 $\boldsymbol{A}$ 的特征矩阵 $\lambda\boldsymbol{E}-\boldsymbol{A}$ 就是一个 n 阶 λ - 矩阵.

显然,λ - 矩阵的元素也可以是数,因此,λ - 矩阵是数域 F 上矩阵的推广.为了与 λ - 矩阵相区别,把以数域 F 中的数为元素的矩阵称为数字矩阵.以下用 $\boldsymbol{A}(\lambda)$,$\boldsymbol{B}(\lambda)$,$\cdots$ 表示 λ - 矩阵.

我们知道,$F[\lambda]$ 中的元素可以作加法、减法、乘法三种运算,并且它们与数的

运算有相同的运算律.而矩阵加法与乘法的定义只是用到其中元素的加法与乘法.因此,同数字矩阵一样,λ - 矩阵有完全一样的相等、加法、数乘和乘法的概念,也满足相同的运算律.

行列式的定义也只用到其中元素的加法与乘法,因此,同样可以定义一个 $n \times n$ 的λ - 矩阵的行列式、伴随矩阵、子式和代数余子式.一般地,λ - 矩阵的行列式是λ 的一个多项式,它与数字矩阵的行列式有相同的性质.

定义 7.2 设 $\boldsymbol{A}(\lambda)$ 是λ - 矩阵,如果存在一个 $r(r \geqslant 1)$ 阶子式不为零,且所有 $r+1$ 阶子式(如果存在的话)全为零,则称 $\boldsymbol{A}(\lambda)$ 的**秩**为 r.

如果 n 阶λ - 矩阵 $\boldsymbol{A}(\lambda)$ 的秩等于 n, 则称 $\boldsymbol{A}(\lambda)$ 为满秩 λ - 矩阵;否则,称 $\boldsymbol{A}(\lambda)$ 为降秩 λ - 矩阵.

与数字矩阵类似,可定义可逆 λ - 矩阵及其逆矩阵.

定义 7.3 设 $\boldsymbol{A}(\lambda)$ 是一个 n 阶λ - 矩阵,如果存在一个 n 阶λ - 矩阵 $\boldsymbol{B}(\lambda)$, 使得

$$\boldsymbol{A}(\lambda)\boldsymbol{B}(\lambda)=\boldsymbol{B}(\lambda)\boldsymbol{A}(\lambda)=\boldsymbol{E},$$

则称 $\boldsymbol{A}(\lambda)$ 是**可逆矩阵**,并把 $\boldsymbol{B}(\lambda)$ 称为它的**逆矩阵**.

可逆 λ - 矩阵 $\boldsymbol{A}(\lambda)$ 的逆矩阵是唯一的,通常记作 $\boldsymbol{A}^{-1}(\lambda)$.

定理 7.1 设 $\boldsymbol{A}(\lambda)$ 是 n 阶λ - 矩阵,则 $\boldsymbol{A}(\lambda)$ 可逆的充分必要条件是 $\boldsymbol{A}(\lambda)$ 的行列式 $|\boldsymbol{A}(\lambda)|$ 是非零常数,并且当 $\boldsymbol{A}(\lambda)$ 可逆时,有

$$\boldsymbol{A}^{-1}(\lambda)=\frac{1}{|\boldsymbol{A}(\lambda)|}\boldsymbol{A}^{*}(\lambda),$$

其中, $\boldsymbol{A}^{*}(\lambda)$ 是 $\boldsymbol{A}(\lambda)$ 的伴随矩阵.

证明 充分性.设 $|\boldsymbol{A}(\lambda)|$ 是非零常数,则 $\dfrac{1}{|\boldsymbol{A}(\lambda)|}\boldsymbol{A}^{*}(\lambda)$ 也是 λ - 矩阵,而

$$\boldsymbol{A}(\lambda)\left(\frac{1}{|\boldsymbol{A}(\lambda)|}\boldsymbol{A}^{*}(\lambda)\right)=\left(\frac{1}{|\boldsymbol{A}(\lambda)|}\boldsymbol{A}^{*}(\lambda)\right)\boldsymbol{A}(\lambda)=\boldsymbol{E},$$

因此 $\boldsymbol{A}(\lambda)$ 可逆,并且

$$\boldsymbol{A}^{-1}(\lambda)=\frac{1}{|\boldsymbol{A}(\lambda)|}\boldsymbol{A}^{*}(\lambda).$$

必要性.设 $\boldsymbol{A}(\lambda)$ 可逆,则有 λ - 矩阵 $\boldsymbol{B}(\lambda)$, 使得

$$\boldsymbol{A}(\lambda)\boldsymbol{B}(\lambda)=\boldsymbol{E},$$

上式两边取行列式,得

$$|\boldsymbol{A}(\lambda)||\boldsymbol{B}(\lambda)|=|\boldsymbol{E}|=1,$$

因而 $|\boldsymbol{A}(\lambda)|$ 与 $|\boldsymbol{B}(\lambda)|$ 都是零次多项式,也就是非零常数.

7.1.2 λ-矩阵的初等变换

同数字矩阵一样,λ-矩阵也有相应的初等变换.

定义 7.4 下列三种变换称为**λ-矩阵的初等行(列)变换**.

(1) 换法变换:对换λ-矩阵的两行(列)的位置.

对换λ-矩阵的第 i, j 两行(列),记作 $r_i \leftrightarrow r_j$ $(c_i \leftrightarrow c_j)$.

(2) 倍法变换:用非零数 k 乘以λ-矩阵的某一行(列).

以非零常数 k 乘以λ-矩阵的第 i 行(列),记作 kr_i (kc_i).

(3) 消法变换:将λ-矩阵的某一行(列)乘以多项式 $\varphi(\lambda)$ 再加到另一行(列)上.

将λ-矩阵的第 j 行(列)乘以 $\varphi(\lambda)$ 再加到第 i 行(列)上,记作 $r_i+\varphi(\lambda)r_j$ $(c_i+\varphi(\lambda)c_j)$.

需要注意的是,定义 7.4(3)中,$\varphi(\lambda)$ 是多项式,这与数字矩阵的初等变换不同.

λ-矩阵的初等行变换与初等列变换统称为**λ-矩阵的初等变换**.

与数字矩阵相同,初等变换不改变λ-矩阵的秩.如果一个λ-矩阵可以经过若干次初等变换化成另外一个λ-矩阵,则称这两个λ-矩阵**等价**.因此,两个等价的λ-矩阵具有相同的秩.

λ-矩阵的等价关系具有如下性质.

(1) 反身性.每个λ-矩阵与自身等价.

(2) 对称性.设 $\boldsymbol{A}(\lambda)$ 与 $\boldsymbol{B}(\lambda)$ 等价,则 $\boldsymbol{B}(\lambda)$ 与 $\boldsymbol{A}(\lambda)$ 等价.

(3) 传递性.设 $\boldsymbol{A}(\lambda)$ 与 $\boldsymbol{B}(\lambda)$ 等价,$\boldsymbol{B}(\lambda)$ 与 $\boldsymbol{C}(\lambda)$ 等价,则 $\boldsymbol{A}(\lambda)$ 与 $\boldsymbol{C}(\lambda)$ 等价.

与数字矩阵类似,定义λ-矩阵的初等矩阵为

$$\boldsymbol{E}(i,\ j),\quad \boldsymbol{E}(i(k)),\quad \boldsymbol{E}(i,\ j(\varphi)),$$

其中,第三个初等矩阵是将单位矩阵 $\boldsymbol{E}$ 的第 j 行乘以 $\varphi(\lambda)$ 再加到第 i 行上(或第 i 列乘以 $\varphi(\lambda)$ 再加到第 j 列上)得到,即

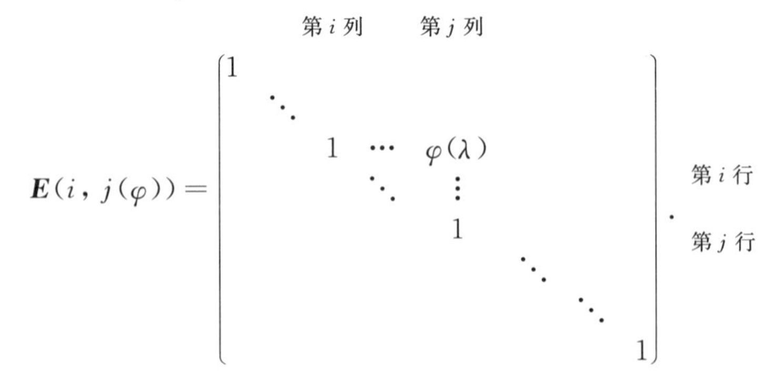

同样地,对λ-矩阵$\boldsymbol{A}(\lambda)$进行一次初等行(列)变换,相当于在$\boldsymbol{A}(\lambda)$的左(右)边乘以相应的初等矩阵.

λ-矩阵的初等矩阵都是可逆的,并且有

$$\boldsymbol{E}(i,\ j)^{-1}=\boldsymbol{E}(i,\ j),\quad \boldsymbol{E}(i(k))^{-1}=\boldsymbol{E}(i(k^{-1})),$$
$$\boldsymbol{E}(i,\ j(\varphi))^{-1}=\boldsymbol{E}(i,\ j(-\varphi)).$$

应用λ-矩阵的初等变换与初等矩阵的关系即得下面的定理.

定理 7.2 设$\boldsymbol{A}(\lambda)$, $\boldsymbol{B}(\lambda)$是两个$m\times n$的λ-矩阵,则$\boldsymbol{A}(\lambda)$与$\boldsymbol{B}(\lambda)$等价的充分必要条件是,存在初等矩阵$\boldsymbol{P}_1(\lambda)$, $\boldsymbol{P}_2(\lambda)$, …, $\boldsymbol{P}_s(\lambda)$, $\boldsymbol{Q}_1(\lambda)$, $\boldsymbol{Q}_2(\lambda)$, …, $\boldsymbol{Q}_t(\lambda)$,使得

$$\boldsymbol{A}(\lambda)=\boldsymbol{P}_1(\lambda)\boldsymbol{P}_2(\lambda)\cdots\boldsymbol{P}_s(\lambda)\boldsymbol{B}(\lambda)\boldsymbol{Q}_1(\lambda)\boldsymbol{Q}_2(\lambda)\cdots\boldsymbol{Q}_t(\lambda).$$

7.1.3 λ-矩阵的等价标准形

本节主要是证明任意一个λ-矩阵可以经过初等变换化为某种特殊形式的矩阵.

定理 7.3 任意秩为$r(r\geqslant 1)$的λ-矩阵$\boldsymbol{A}(\lambda)$都等价于下列形式的矩阵

$$\begin{pmatrix} d_1(\lambda) & & & & & & \\ & d_2(\lambda) & & & & & \\ & & \ddots & & & & \\ & & & d_r(\lambda) & & & \\ & & & & 0 & & \\ & & & & & \ddots & \\ & & & & & & 0 \end{pmatrix}, \tag{7.1}$$

其中, $d_i(\lambda)$, $i=1,\ 2,\ \cdots,\ r$,是首项系数为1的多项式,且

$$d_i(\lambda)\mid d_{i+1}(\lambda),\quad i=1,\ 2,\ \cdots,\ r-1.$$

称式(7.1)为λ-矩阵$\boldsymbol{A}(\lambda)$的**等价标准形.**

* **证明** 首先,经过适当行列调换,使得$\boldsymbol{A}(\lambda)$的左上角元素$a_{11}(\lambda)\neq 0$,且它是$\boldsymbol{A}(\lambda)$的非零元素中次数最小者.

其次,如果在$\boldsymbol{A}(\lambda)$的第1列中有一个非零元素$a_{i1}(\lambda)(i\neq 1)$,那么由带余除法,有

$$a_{i1}(\lambda)=a_{11}(\lambda)q(\lambda)+r(\lambda),$$

其中,余式 $r(\lambda)=0$ 或 $r(\lambda)\neq 0$, $\deg(r(x))<\deg(a_{11}(x))$.

将 $\boldsymbol{A}(\lambda)$ 的第 1 行乘以 $-q(\lambda)$ 再加到第 i 行上.当 $r(\lambda)\neq 0$ 时,得

$$\boldsymbol{A}(\lambda)=\begin{pmatrix} a_{11}(\lambda) & \cdots \\ \vdots & \vdots \\ a_{i1}(\lambda) & \cdots \\ \vdots & \vdots \end{pmatrix} \to \begin{pmatrix} a_{11}(\lambda) & \cdots \\ \vdots & \vdots \\ r(\lambda) & \cdots \\ \vdots & \vdots \end{pmatrix},$$

再将此矩阵的第 1 行与第 i 行交换,得

$$\boldsymbol{A}(\lambda)\to\begin{pmatrix} r(\lambda) & \cdots \\ \vdots & \vdots \\ a_{11}(\lambda) & \cdots \\ \vdots & \vdots \end{pmatrix},$$

此矩阵的左上角元素 $r(\lambda)$ 比 $a_{11}(\lambda)$ 的次数低.当 $r(\lambda)=0$ 时, $a_{i1}(\lambda)$ 变成 0.

如果在 $\boldsymbol{A}(\lambda)$ 的第 1 行中有一个非零元素 $a_{1i}(\lambda)(i\neq 1)$,那么,可以用类似初等列变换方法进行消元或者降低左上角元素的次数.

由于非零元的次数不可能无限降低,经过有限次初等变换后,矩阵 $\boldsymbol{A}(\lambda)$ 可以化为 $\boldsymbol{B}(\lambda)=(b_{ij}(\lambda))$,其中, $\boldsymbol{B}(\lambda)$ 的第 1 行和第 1 列的元素除 $b_{11}(\lambda)\neq 0$ 外,其余元素全为 0.

如果 $\boldsymbol{B}(\lambda)$ 的元素 $b_{ij}(\lambda)(i>1,\ j>1)$ 不能被 $b_{11}(\lambda)$ 整除,把 $\boldsymbol{B}(\lambda)$ 的第 i 列加到第 1 列上,再用前面的方法降低左上角元素的次数.再经过有限次初等变换后,矩阵 $\boldsymbol{B}(\lambda)$ 可以化为 $\boldsymbol{C}(\lambda)=(c_{ij}(\lambda))$,其中, $\boldsymbol{C}(\lambda)$ 的第 1 行与第 1 列的元素除 $c_{11}(\lambda)\neq 0$ 外,其余元素全为 0,并且 $c_{11}(\lambda)$ 能整除每一个元素 $c_{ij}(\lambda)$.

最后,如果 $\boldsymbol{C}(\lambda)$ 仍不是 $\boldsymbol{A}(\lambda)$ 的标准形,则在 $\boldsymbol{C}(\lambda)$ 中划去第 1 行与第 1 列的元素得到一个矩阵子块 $\boldsymbol{C}_1(\lambda)$,对 $\boldsymbol{C}_1(\lambda)$ 重复上面的初等变换过程.若 $\boldsymbol{A}(\lambda)$ 的秩为 r,则如此重复最多 r 次就可以将 $\boldsymbol{A}(\lambda)$ 化为左上角为对角矩阵,其余位置全为零,再在前 r 行各行分别乘以适当的非零常数,就可以得到 $\boldsymbol{A}(\lambda)$ 的等价标准形.显然,等价标准形中的 r 是 $\boldsymbol{A}(\lambda)$ 的秩.

例 7.1 求 λ - 矩阵

$$\boldsymbol{A}(\lambda)=\begin{pmatrix} -\lambda+1 & 2\lambda-1 & \lambda \\ \lambda & \lambda^2 & -\lambda \\ \lambda^2+1 & \lambda^3+\lambda-1 & -\lambda^2 \end{pmatrix}$$

的等价标准形.

解 $$\boldsymbol{A}(\lambda)\xrightarrow{c_1+c_3}\begin{pmatrix}1 & 2\lambda-1 & \lambda\\0 & \lambda^2 & -\lambda\\1 & \lambda^3+\lambda-1 & -\lambda^2\end{pmatrix}\xrightarrow{r_3-r_1}\begin{pmatrix}1 & 2\lambda-1 & \lambda\\0 & \lambda^2 & -\lambda\\0 & \lambda^3-\lambda & -\lambda^2-\lambda\end{pmatrix}$$

$$\xrightarrow[c_2-\lambda c_1]{c_2+(-2\lambda+1)c_1}\begin{pmatrix}1 & 0 & 0\\0 & \lambda^2 & -\lambda\\0 & \lambda^3-\lambda & -\lambda^2-\lambda\end{pmatrix}\xrightarrow{-c_3}\begin{pmatrix}1 & 0 & 0\\0 & \lambda^2 & \lambda\\0 & \lambda^3-\lambda & \lambda^2+\lambda\end{pmatrix}$$

$$\xrightarrow{c_2\leftrightarrow c_3}\begin{pmatrix}1 & 0 & 0\\0 & \lambda & \lambda^2\\0 & \lambda^2+\lambda & \lambda^3-\lambda\end{pmatrix}\xrightarrow{c_3-\lambda c_2}\begin{pmatrix}1 & 0 & 0\\0 & \lambda & 0\\0 & \lambda^2+\lambda & -\lambda^2-\lambda\end{pmatrix}$$

$$\xrightarrow{r_3-(\lambda+1)r_2}\begin{pmatrix}1 & 0 & 0\\0 & \lambda & 0\\0 & 0 & -\lambda^2-\lambda\end{pmatrix}\xrightarrow{-r_3}\begin{pmatrix}1 & 0 & 0\\0 & \lambda & 0\\0 & 0 & \lambda^2+\lambda\end{pmatrix}\triangleq\boldsymbol{B}(\lambda).$$

故 $\boldsymbol{B}(\lambda)$ 是 $\boldsymbol{A}(\lambda)$ 的等价标准形.

习题 7.1

1. 判断下列矩阵是否满秩、可逆？若可逆,求其逆矩阵.

(1) $\begin{pmatrix}1 & \lambda\\\lambda+1 & \lambda^2+\lambda+2\end{pmatrix}$;　　(2) $\begin{pmatrix}1 & 0 & 1\\0 & \lambda-1 & \lambda\\\lambda & 1 & \lambda^2\end{pmatrix}$;

(3) $\begin{pmatrix}1 & \lambda & 0\\2 & \lambda & 1\\\lambda^2+1 & 2 & \lambda^2+1\end{pmatrix}$;　　(4) $\begin{pmatrix}\lambda & 2\lambda+1 & 1\\1 & \lambda+1 & \lambda^2+1\\\lambda-1 & \lambda & -\lambda^2\end{pmatrix}$.

2. 证明下列命题.

(1) 设 n 阶 λ - 矩阵 $\boldsymbol{A}(\lambda)$ 可逆,则其逆矩阵是唯一的.

(2) 设 n 阶 λ - 矩阵 $\boldsymbol{A}(\lambda)$ 与 $\boldsymbol{B}(\lambda)$ 可逆,则 $\boldsymbol{A}(\lambda)\boldsymbol{B}(\lambda)$ 也可逆,且

$$(\boldsymbol{A}(\lambda)\boldsymbol{B}(\lambda))^{-1}=\boldsymbol{B}^{-1}(\lambda)\boldsymbol{A}^{-1}(\lambda).$$

3. 求下列 λ - 矩阵的等价标准形.

(1) $\begin{pmatrix}\lambda^3-\lambda & 2\lambda^2\\\lambda^2+5\lambda & 3\lambda\end{pmatrix}$;　　(2) $\begin{pmatrix}\lambda^2+1 & 2 & \lambda-1\\\lambda+1 & \lambda & 0\\1 & 0 & 0\end{pmatrix}$;

(3) $\begin{pmatrix}1 & \lambda & \lambda^2\\1 & 1 & \lambda+1\\4 & \lambda & \lambda^2+3\end{pmatrix}$;　　(4) $\begin{pmatrix}0 & \lambda & 0 & \lambda\\1 & 0 & 1 & 1\\1 & \lambda & \lambda^2-\lambda+1 & \lambda^2+1\\0 & \lambda^2 & -\lambda^2+\lambda & \lambda\end{pmatrix}$.

4. 求矩阵 $\boldsymbol{A}$, $\boldsymbol{B}$ 的特征矩阵的等价标准形,其中

$$\boldsymbol{A}=\begin{pmatrix}2&1&0\\0&1&2\\1&-1&1\end{pmatrix},\quad \boldsymbol{B}=\begin{pmatrix}1&1&1\\2&0&1\\-1&-1&2\end{pmatrix}.$$

7.2 行列式因子与不变因子

本节讨论 λ - 矩阵的行列式因子与不变因子,证明 λ - 矩阵的等价标准形是唯一的.

7.2.1 行列式因子

定义 7.5 设 λ - 矩阵 $\boldsymbol{A}(\lambda)$ 的秩为 r,对于正整数 k,$1\leqslant k\leqslant r$,$\boldsymbol{A}(\lambda)$ 中必有非零的 k 阶子式. $\boldsymbol{A}(\lambda)$ 中全部 k 阶子式的首项系数为 1 的最大公因式 $D_k(\lambda)$ 称为 $\boldsymbol{A}(\lambda)$ 的 **k 阶行列式因子**.

由定义 7.5 可知,对于秩为 r 的 λ - 矩阵,共有 r 个行列式因子. 另外,如果 λ - 矩阵 $\boldsymbol{A}(\lambda)$ 中存在某个 k 阶子式是非零常数,或者存在两个 k 阶子式互素,那么 $D_k(\lambda)=1$.

例 7.2 求 λ - 矩阵

$$\boldsymbol{A}(\lambda)=\begin{pmatrix}\lambda-2&1&-2\\-5&\lambda+3&-3\\1&0&\lambda+2\end{pmatrix}$$

的各阶行列式因子.

解 注意到, $\boldsymbol{A}(\lambda)$ 有 5 个一阶子式都是非零常数,因此 $D_1(\lambda)=1$.

又 $\boldsymbol{A}(\lambda)$ 中存在两个二阶子式

$$\begin{vmatrix}\lambda+3&-3\\0&\lambda+2\end{vmatrix}=(\lambda+3)(\lambda+2),\quad \begin{vmatrix}\lambda-2&-2\\-5&-3\end{vmatrix}=-3\lambda-4$$

互素,因而 $D_2(\lambda)=1$.

而三阶行列式因子

$$D_3(\lambda)=\begin{vmatrix}\lambda-2&1&-2\\-5&\lambda+3&-3\\1&0&\lambda+2\end{vmatrix}=(\lambda+1)^3.$$

如果 $m\times n$ 阶λ-矩阵的行数m 和列数n 较大，按定义 7.5 计算其行列式因子并非易事.比如，它的k 阶子式一共有 $C_m^k C_n^k$ 个，先要计算 $C_m^k C_n^k$ 个行列式值，然后求其首项系数为 1 的最大公因式才能得到 $D_k(\lambda)$，计算量显然很大.但是行列式因子有一个重要的性质，就是它在初等变换下不改变，这也是行列式因子的意义所在.

定理 7.4　初等变换不改变λ-矩阵的秩和各阶行列式因子，或者说，等价的λ-矩阵具有相同的秩与相同的各阶行列式因子.

***证明**　只需要证明：λ-矩阵经过一次初等变换，秩与行列式因子不变.只就初等行变换的情况加以证明，至于初等列变换的情况类似可证.

设λ-矩阵$\boldsymbol{A}(\lambda)$ 经过一次初等行变换变成 $\boldsymbol{B}(\lambda)$，$D_k(\lambda)$ 与 $D'_k(\lambda)$ 分别是$\boldsymbol{A}(\lambda)$ 与 $\boldsymbol{B}(\lambda)$ 的k 阶行列式因子，证明 $D_k(\lambda)=D'_k(\lambda)$.

如果 $\boldsymbol{A}(\lambda)$ 经过一次换法初等行变换或者倍法初等行变换化为 $\boldsymbol{B}(\lambda)$，这时，$\boldsymbol{B}(\lambda)$ 的k 阶子式与$\boldsymbol{A}(\lambda)$ 的k 阶子式的对应关系有以下三种情况：$\boldsymbol{B}(\lambda)$ 的k 阶子式就是$\boldsymbol{A}(\lambda)$ 的某个k 阶子式；$\boldsymbol{B}(\lambda)$ 的k 阶子式由$\boldsymbol{A}(\lambda)$ 的某个k 阶子式变换两行的位置得到；$\boldsymbol{B}(\lambda)$ 的k 阶子式由$\boldsymbol{A}(\lambda)$ 的某个k 阶子式的某一个行乘以非零数l 得到，因此 $\boldsymbol{B}(\lambda)$ 与 $\boldsymbol{A}(\lambda)$ 对应的k 阶子式最多相差一个非零倍数，所以，$D_k(\lambda)$ 是 $\boldsymbol{B}(\lambda)$ 的k 阶子式的公因式，从而 $D_k(\lambda)\mid D'_k(\lambda)$.

当使用消法初等行变换把$\boldsymbol{A}(\lambda)$ 化为$\boldsymbol{B}(\lambda)$（比如 $r_i+\varphi(\lambda)r_j$）时，考虑$\boldsymbol{B}(\lambda)$ 的任意一个k 阶子式$\boldsymbol{B}_k(\lambda)$. 分三种情况讨论：$\boldsymbol{B}_k(\lambda)$ 不包含$\boldsymbol{A}(\lambda)$ 的第i 行元素；$\boldsymbol{B}_k(\lambda)$ 同时包含$\boldsymbol{A}(\lambda)$ 的第i 行和第j 行元素；$\boldsymbol{B}_k(\lambda)$ 包含$\boldsymbol{A}(\lambda)$ 的第i 行但不包含第j 行元素.对于前两种情况，由行列式的性质，对$\boldsymbol{A}(\lambda)$ 中与$\boldsymbol{B}_k(\lambda)$ 对应k 阶子式$\boldsymbol{A}_k(\lambda)$，有 $\boldsymbol{A}_k(\lambda)=\boldsymbol{B}_k(\lambda)$，从而 $D_k(\lambda)\mid \boldsymbol{B}_k(\lambda)$. 对于第三种情况，由行列式的性质，有

$$\boldsymbol{B}_k(\lambda)=\begin{vmatrix}\vdots\\ r_i+\varphi(\lambda)r_j\\ \vdots\end{vmatrix}=\begin{vmatrix}\vdots\\ r_i\\ \vdots\end{vmatrix}+\varphi(\lambda)\begin{vmatrix}\vdots\\ r_j\\ \vdots\end{vmatrix},$$

其中，r_i，r_j 分别理解为$\boldsymbol{A}(\lambda)$ 和第i 行和第j 行的某k 个元素构成的$\boldsymbol{B}_k(\lambda)$ 的行.以上等式右端第一个行列式为$\boldsymbol{A}(\lambda)$ 的某个k 阶子式，而第二个行列式可以由$\boldsymbol{A}(\lambda)$ 的某个k 阶子式变换两行的位置得到，故 $D_k(\lambda)\mid \boldsymbol{B}_k(\lambda)$，从而 $D_k(\lambda)\mid D'_k(\lambda)$.

以上证明了，如果 $\boldsymbol{A}(\lambda)$ 经过一次初等变换变成 $\boldsymbol{B}(\lambda)$，则 $D_k(\lambda)\mid D'_k(\lambda)$. 但由初等变换是可逆的，$\boldsymbol{B}(\lambda)$ 也可以经过一次初等变换变成 $\boldsymbol{A}(\lambda)$，故也有 $D'_k(\lambda)\mid D_k(\lambda)$. 所以，由 $D_k(\lambda)$，$D'_k(\lambda)$ 的首项系数都为 1，得 $D_k(\lambda)=D'_k(\lambda)$.

设 $\boldsymbol{A}(\lambda)$ 经过一次初等变换变成 $\boldsymbol{B}(\lambda)$，如果 $\boldsymbol{A}(\lambda)$ 的秩为 r，则 $\boldsymbol{A}(\lambda)$ 的任意 $r+1$ 阶子式为零(如果存在的话)，利用上面的方法可以证明 $\boldsymbol{B}(\lambda)$ 的任意 $r+1$ 阶子式为零，从而

$$\boldsymbol{B}(\lambda) \text{ 的秩} \leqslant r;$$

由于 $\boldsymbol{B}(\lambda)$ 也可以经过一次初等变换变成 $\boldsymbol{A}(\lambda)$，故也有

$$\boldsymbol{A}(\lambda) \text{ 的秩 } r \leqslant \boldsymbol{B}(\lambda) \text{ 的秩}.$$

从而 $\boldsymbol{A}(\lambda)$ 与 $\boldsymbol{B}(\lambda)$ 有相同的秩.

例 7.3 计算等价标准形(7.1)的全部行列式因子.

解 注意到等价标准形(7.1)的全部一阶子式为

$$d_1(\lambda),\ d_2(\lambda),\ \cdots,\ d_r(\lambda),\ 0,$$

由于

$$d_i(\lambda) \mid d_{i+1}(\lambda), \quad i=1,\ 2,\ \cdots,\ r-1,$$

因此，等价标准形(7.1)的一阶行列式因子为 $d_1(\lambda)$，即 $D_1(\lambda)=d_1(\lambda)$.

等价标准形(7.1)的全部二阶子式是

$$d_1(\lambda),\ d_2(\lambda),\ \cdots,\ d_r(\lambda),\ 0$$

中任意两个相乘其积的最大公因式，因此，等价标准形(7.1)的二阶行列式因子为 $d_1(\lambda)d_2(\lambda)$，即 $D_2(\lambda)=d_1(\lambda)d_2(\lambda)$.

一般地，等价标准形(7.1)的 $k(1 \leqslant k \leqslant r)$ 阶行列式因子为

$$D_k(\lambda)=d_1(\lambda)d_2(\lambda)\cdots d_k(\lambda), \quad k=1,\ 2,\ \cdots,\ r,$$

即标准形中主对角线上前 k 个多项式的乘积.

总之，等价标准形(7.1)的全部行列式因子为

$$D_1(\lambda)=d_1(\lambda),\ D_2(\lambda)=d_1(\lambda)d_2(\lambda),\ \cdots,\ D_r(\lambda)=d_1(\lambda)d_2(\lambda)\cdots d_k(\lambda).$$

定理 7.5 λ-矩阵的等价标准形是唯一的.

证明 设式(7.1)是 $\boldsymbol{A}(\lambda)$ 的等价标准形，由定理 7.4 知，它们有相同的秩与相同的行列式因子，因此，$\boldsymbol{A}(\lambda)$ 的秩就是等价标准形的主对角线上非零元素的个数 r，$\boldsymbol{A}(\lambda)$ 的 k 阶行列式因子就是

$$D_k(\lambda)=d_1(\lambda)d_2(\lambda)\cdots d_k(\lambda), \quad k=1,\ 2,\ \cdots,\ r.$$

于是

$$d_1(\lambda)=D_1(\lambda),\ d_2(\lambda)=\frac{D_2(\lambda)}{D_1(\lambda)},\ \cdots,\ d_r(\lambda)=\frac{D_r(\lambda)}{D_{r-1}(\lambda)}.$$

这就是说，$\boldsymbol{A}(\lambda)$ 的等价标准形(7.1)的主对角线上的非零元素是被 $\boldsymbol{A}(\lambda)$ 的行列式因子所唯一决定的，所以 $\boldsymbol{A}(\lambda)$ 的等价标准形是唯一的. **证毕.**

由定理 7.5 可以看出，在 λ - 矩阵的行列式因子之间有关系式

$$D_k(\lambda) \mid D_{k+1}(\lambda), \quad k=1, 2, \cdots, r-1,$$

因此，在计算 λ - 矩阵的行列式因子时，常常是先计算最高阶的行列式因子，这样，就大致有了低阶行列式因子的范围了.

另外，由定理 7.4 和定理 7.5 知，可以通过初等变换求 λ - 矩阵的行列式因子. 例如，在例 7.1 中，$\boldsymbol{A}(\lambda)$ 的秩是 3，其一阶行列式因子 $D_1(\lambda)=1$，二阶行列式因子 $D_2(\lambda)=\lambda$，三阶行列式因子 $D_3(\lambda)=\lambda(\lambda^2+\lambda)$. 下面再举一例.

例 7.4 求 λ - 矩阵

$$\boldsymbol{A}(\lambda)=\begin{pmatrix} -\lambda+1 & \lambda^2 & \lambda \\ \lambda & \lambda & -\lambda \\ \lambda^2+1 & \lambda^2 & -\lambda^2 \end{pmatrix}$$

的秩及各阶行列式因子.

解 用初等变换将 λ - 矩阵 $\boldsymbol{A}(\lambda)$ 化成等价标准形.

$$\boldsymbol{A}(\lambda)=\begin{pmatrix} -\lambda+1 & \lambda^2 & \lambda \\ \lambda & \lambda & -\lambda \\ \lambda^2+1 & \lambda^2 & -\lambda^2 \end{pmatrix} \xrightarrow[r_3-\lambda r_2]{r_1+r_2} \begin{pmatrix} 1 & \lambda^2+\lambda & 0 \\ \lambda & \lambda & -\lambda \\ 1 & 0 & 0 \end{pmatrix}$$

$$\xrightarrow{r_1 \leftrightarrow r_3} \begin{pmatrix} 1 & 0 & 0 \\ \lambda & \lambda & -\lambda \\ 1 & \lambda^2+\lambda & 0 \end{pmatrix} \xrightarrow[r_3-r_1]{r_2-\lambda r_1} \begin{pmatrix} 1 & 0 & 0 \\ 0 & \lambda & -\lambda \\ 0 & \lambda^2+\lambda & 0 \end{pmatrix}$$

$$\xrightarrow{r_3-(\lambda+1)r_2} \begin{pmatrix} 1 & 0 & 0 \\ 0 & \lambda & -\lambda \\ 0 & 0 & \lambda(\lambda+1) \end{pmatrix} \xrightarrow[c_3+c_2]{} \begin{pmatrix} 1 & 0 & 0 \\ 0 & \lambda & 0 \\ 0 & 0 & \lambda(\lambda+1) \end{pmatrix}.$$

因此 $\boldsymbol{A}(\lambda)$ 的秩为 3，其一阶行列式因子 $D_1(\lambda)=1$，二阶行列式因子 $D_2(\lambda)=\lambda$，三阶行列式因子 $D_3(\lambda)=\lambda^2(\lambda+1)$.

7.2.2 不变因子

定义 7.6 设 $\boldsymbol{A}(\lambda)$ 是 λ - 矩阵，称 $\boldsymbol{A}(\lambda)$ 的等价标准形的主对角线上的非零元素 $d_1(\lambda), d_2(\lambda), \cdots, d_r(\lambda)$ 为 $\boldsymbol{A}(\lambda)$ 的**不变因子**.

例如，例 7.1 和例 7.4 中的 λ - 矩阵的不变因子分别是

$$d_1(\lambda)=1,\quad d_2(\lambda)=\lambda,\quad d_3(\lambda)=\lambda^2+\lambda;$$
$$d_1(\lambda)=1,\quad d_2(\lambda)=\lambda,\quad d_3(\lambda)=\lambda(\lambda+1).$$

例 7.5 求λ-矩阵

$$\boldsymbol{A}(\lambda)=\begin{pmatrix}1 & 0 & 0\\ 0 & \lambda(\lambda-1) & 0\\ 0 & 0 & \lambda(\lambda-2)\end{pmatrix}$$

的不变因子.

解 先求矩阵$\boldsymbol{A}(\lambda)$的等价标准形

$$\boldsymbol{A}(\lambda)\xrightarrow{r_2+r_3}\begin{pmatrix}1 & 0 & 0\\ 0 & \lambda(\lambda-1) & \lambda(\lambda-2)\\ 0 & 0 & \lambda(\lambda-2)\end{pmatrix}\xrightarrow[c_2-c_3]{}\begin{pmatrix}1 & 0 & 0\\ 0 & \lambda & \lambda(\lambda-2)\\ 0 & -\lambda(\lambda-2) & \lambda(\lambda-2)\end{pmatrix}$$
$$\xrightarrow{r_3+(\lambda-2)r_2}\begin{pmatrix}1 & 0 & 0\\ 0 & \lambda & \lambda(\lambda-2)\\ 0 & 0 & \lambda(\lambda-1)(\lambda-2)\end{pmatrix}$$
$$\xrightarrow[c_3-(\lambda-2)c_2]{}\begin{pmatrix}1 & 0 & 0\\ 0 & \lambda & 0\\ 0 & 0 & \lambda(\lambda-1)(\lambda-2)\end{pmatrix},$$

故$\boldsymbol{A}(\lambda)$的各阶不变因子是

$$d_1(\lambda)=1,\quad d_2(\lambda)=\lambda,\quad d_3(\lambda)=\lambda(\lambda-1)(\lambda-2).$$

显然,对例 7.5,可以先求行列式因子,再求不变因子.

定理 7.6 两个同型λ-矩阵等价的充分必要条件是它们有相同的行列式因子,或者有相同的不变因子.

证明 因为行列式因子与不变因子是相互确定的,因此,说两个λ-矩阵有相同的各阶行列式因子,就等于说它们有相同的各阶不变因子.

必要性已由定理 7.4 证明.

充分性是很明显的.事实上,设λ-矩阵$\boldsymbol{A}(\lambda)$与$\boldsymbol{B}(\lambda)$有相同的不变因子,则$\boldsymbol{A}(\lambda)$与$\boldsymbol{B}(\lambda)$和同一个等价标准形等价,因而$\boldsymbol{A}(\lambda)$与$\boldsymbol{B}(\lambda)$等价. **证毕.**

最后来看可逆λ-矩阵的等价标准形.

例 7.6 证明:对n阶λ-矩阵$\boldsymbol{A}(\lambda)$,下列命题等价.

(1) $\boldsymbol{A}(\lambda)$是可逆矩阵;

(2) $\boldsymbol{A}(\lambda)$与单位矩阵$\boldsymbol{E}$等价;

(3) $\boldsymbol{A}(\lambda)$可以表示成若干个初等矩阵的乘积.

证明　(1)⇔(2)：设 $\boldsymbol{A}(\lambda)$ 是可逆矩阵，由定理 7.1 知 $|\boldsymbol{A}(\lambda)|$ 是非零常数，这就是说，行列式因子

$$D_n(\lambda)=1.$$

由 $D_k(\lambda) \mid D_{k+1}(\lambda)(k=1,2,\cdots,n-1)$ 知，$D_k(\lambda)=1(k=1,2,\cdots,n)$. 所以，$\boldsymbol{A}(\lambda)$ 的不变因子为

$$d_k(\lambda)=1,\quad k=1,2,\cdots,n.$$

故可逆矩阵的等价标准形是单位矩阵 $\boldsymbol{E}$.

反之，设 $\boldsymbol{A}(\lambda)$ 与单位矩阵 $\boldsymbol{E}$ 等价，则 $\boldsymbol{A}(\lambda)$ 一定可逆.这是因为 $\boldsymbol{A}(\lambda)$ 与单位矩阵 $\boldsymbol{E}$ 有相同的不变因子，从而 $\boldsymbol{A}(\lambda)$ 的不变因子全是 1，其行列式的值等于非零的数，故 $\boldsymbol{A}(\lambda)$ 可逆.

(2)⇔(3)：$\boldsymbol{A}(\lambda)$ 与单位矩阵 $\boldsymbol{E}$ 等价的充分必要条件是存在初等矩阵 $\boldsymbol{P}_1(\lambda)$，$\boldsymbol{P}_2(\lambda)$，$\cdots$，$\boldsymbol{P}_s(\lambda)$，$\boldsymbol{Q}_1(\lambda)$，$\boldsymbol{Q}_2(\lambda)$，$\cdots$，$\boldsymbol{Q}_t(\lambda)$，使得

$$\begin{aligned}\boldsymbol{A}(\lambda)&=\boldsymbol{P}_1(\lambda)\boldsymbol{P}_2(\lambda)\cdots\boldsymbol{P}_s(\lambda)\boldsymbol{E}\boldsymbol{Q}_1(\lambda)\boldsymbol{Q}_2(\lambda)\cdots\boldsymbol{Q}_t(\lambda)\\&=\boldsymbol{P}_1(\lambda)\boldsymbol{P}_2(\lambda)\cdots\boldsymbol{P}_s(\lambda)\boldsymbol{Q}_1(\lambda)\boldsymbol{Q}_2(\lambda)\cdots\boldsymbol{Q}_t(\lambda).\end{aligned}$$

证毕.

从例 7.6 中可得下面的推论.

推论　两个 $m\times n$ 的 λ-矩阵 $\boldsymbol{A}(\lambda)$ 与 $\boldsymbol{B}(\lambda)$ 等价的充分必要条件是，存在 m 阶可逆矩阵 $\boldsymbol{P}(\lambda)$ 与 n 阶可逆矩阵 $\boldsymbol{Q}(\lambda)$，使得

$$\boldsymbol{B}(\lambda)=\boldsymbol{P}(\lambda)\boldsymbol{A}(\lambda)\boldsymbol{Q}(\lambda).$$

习题 7.2

1. 求下列 λ-矩阵的行列式因子和等价标准形.

(1) $\begin{pmatrix}\lambda^2+\lambda & 0 & 0\\ 0 & \lambda & 0\\ 0 & 0 & (\lambda+1)^2\end{pmatrix}$；　(2) $\begin{pmatrix}0 & 0 & 0 & \lambda^2\\ 0 & 0 & \lambda^2-\lambda & 0\\ 0 & (\lambda-1)^2 & 0 & 0\\ \lambda^2-\lambda & 0 & 0 & 0\end{pmatrix}$.

2. 求下列 λ-矩阵的不变因子.

(1) $\begin{pmatrix}\lambda-2 & -1 & 0\\ 0 & \lambda-2 & -1\\ 0 & 0 & \lambda-2\end{pmatrix}$；　(2) $\begin{pmatrix}\lambda^2+1 & \lambda^2 & -\lambda^2\\ 1 & \lambda^2+\lambda & 0\\ \lambda & \lambda & -\lambda\end{pmatrix}$；

(3) $\begin{pmatrix}\lambda+2 & 0 & 0\\ -1 & \lambda+2 & 0\\ 0 & -1 & \lambda+2\end{pmatrix}$；　(4) $\begin{pmatrix}\lambda & -1 & 0 & 0\\ 0 & \lambda & -1 & 0\\ 0 & 0 & \lambda & -1\\ 5 & 4 & 3 & \lambda+2\end{pmatrix}$.

3. 求 $|\boldsymbol{A}(\lambda)|$，并由此求 $\boldsymbol{A}(\lambda)$ 的不变因子和等价标准形，其中

$$\boldsymbol{A}(\lambda)=\begin{pmatrix}\lambda & 0 & 0 & a_1\\ -1 & \lambda & 0 & a_2\\ 0 & -1 & \lambda & a_3\\ 0 & 0 & -1 & \lambda+a_4\end{pmatrix}.$$

4. 证明：n 阶 λ - 矩阵

$$\begin{pmatrix}\lambda & 0 & 0 & 0 & \cdots & 0 & a_n\\ -1 & \lambda & 0 & 0 & \cdots & 0 & a_{n-1}\\ 0 & -1 & \lambda & 0 & \cdots & 0 & a_{n-2}\\ 0 & 0 & -1 & \lambda & \cdots & 0 & a_{n-3}\\ \vdots & \vdots & \vdots & \vdots & & \vdots & \vdots\\ 0 & 0 & 0 & 0 & \cdots & \lambda & a_2\\ 0 & 0 & 0 & 0 & \cdots & -1 & \lambda+a_1\end{pmatrix}$$

的不变因子是

$$d_1(\lambda)=d_2(\lambda)=\cdots=d_{n-1}(\lambda)=1,\quad d_n(\lambda)=f(\lambda),$$

其中，$f(\lambda)=\lambda^n+a_1\lambda^{n-1}+\cdots+a_{n-1}\lambda+a_n$.

7.3 初等因子

本节讨论数域 F 上的 λ - 矩阵的初等因子.

7.3.1 初等因子的概念

定义 7.7 设 $\boldsymbol{A}(\lambda)$ 是数域 F 上的秩为 r 的 λ - 矩阵，其不变因子 $d_1(\lambda)$，$d_2(\lambda)$，…，$d_r(\lambda)$ 在数域 F 上的首项系数为 1 的不可约因式方幂的全体，称为 $\boldsymbol{A}(\lambda)$ 在数域 F 上的**初等因子**.

由于不可约多项式的概念与数域有关，因此初等因子也与数域有关.初等因子是首项系数为 1 的不可约因式的方幂的"全体"，如有相同，则重复计算，不能省略.

如例 7.4 中 $\boldsymbol{A}(\lambda)$ 的初等因子是 λ，λ，$\lambda+1$，例 7.5 中 $\boldsymbol{A}(\lambda)$ 的初等因子是 λ，λ，$\lambda-1$，$\lambda-2$.

又如，设 λ - 矩阵 $\boldsymbol{A}(\lambda)$ 的等价标准形是

$$\begin{pmatrix}1 & & & & \\ & 1 & & & \\ & & \lambda(\lambda-1)^2 & & \\ & & & \lambda^2(\lambda-1)^2(\lambda^2+1) & \\ & & & & 0\end{pmatrix},$$

则其不变因子是

$$1,\quad 1,\quad \lambda(\lambda-1)^2,\quad \lambda^2(\lambda-1)^2(\lambda^2+1).$$

在实数域上,其初等因子是

$$\lambda,\quad \lambda^2,\quad (\lambda-1)^2,\quad (\lambda-1)^2,\quad \lambda^2+1.$$

在复数域上,其初等因子是

$$\lambda,\quad \lambda^2,\quad (\lambda-1)^2,\quad (\lambda-1)^2,\quad \lambda+\mathrm{i},\quad \lambda-\mathrm{i}.$$

7.3.1　初等因子的求法

由定理 7.6 知,两个同型 λ - 矩阵等价的充分必要条件是它们有相同的不变因子,而不变因子唯一决定初等因子,因此,设两个同型 λ - 矩阵等价,则它们有相同的初等因子.但是,反过来,有相同的初等因子的两个同型 λ - 矩阵未必有相同的不变因子.比如,三阶 λ - 矩阵

$$\begin{pmatrix}1 & & \\ & \lambda & \\ & & \lambda(\lambda-1)\end{pmatrix},\quad \begin{pmatrix}\lambda & & \\ & \lambda(\lambda-1) & \\ & & 0\end{pmatrix}$$

的初等因子都是 $\lambda, \lambda, \lambda-1$,但是,其不变因子不同,分别是

$$1, \lambda, \lambda(\lambda-1)\quad 与\quad \lambda, \lambda(\lambda-1).$$

所以,这两个三阶 λ - 矩阵并不等价.

如果再限制一个条件:秩相同,结论就成立了.也就是说,有相同秩与相同初等因子的两个同型 λ - 矩阵等价,于是得到如下定理.

定理 7.7　两个同型 λ - 矩阵等价的充分必要条件是它们有相同的秩以及有相同的初等因子.

* **证明**　必要性由定理 7.6 和定义 7.7 可得.下面证明充分性.

由定理 7.6 可知,只要证明"秩与初等因子唯一决定不变因子"就行了.

假设 $\boldsymbol{A}(\lambda)$ 的秩为 r,不变因子为 $d_1(\lambda), d_2(\lambda), \cdots, d_r(\lambda)$. 为讨论方便起见,把它们统一表示成数域 F 上的首项系数为 1 的不可约多项式方幂的乘积:

$$\begin{aligned}
d_1(\lambda)&=(p_1(\lambda))^{k_{11}}(p_2(\lambda))^{k_{12}}\cdots(p_t(\lambda))^{k_{1t}},\ k_{11}, k_{12}, \cdots, k_{1t}\geqslant 0,\\
d_2(\lambda)&=(p_1(\lambda))^{k_{21}}(p_2(\lambda))^{k_{22}}\cdots(p_t(\lambda))^{k_{2t}},\ k_{21}, k_{22}, \cdots, k_{2t}\geqslant 0,\\
&\vdots\\
d_r(\lambda)&=(p_1(\lambda))^{k_{r1}}(p_2(\lambda))^{k_{r2}}\cdots(p_t(\lambda))^{k_{rt}},\ k_{r1}, k_{r2}, \cdots, k_{rt}\geqslant 0,
\end{aligned}$$

则其中对应 $k_{ij}>0$ 的那些方幂

$$(p_j(\lambda))^{k_{ij}}, \quad k_{ij}>0$$

就是 $\boldsymbol{A}(\lambda)$ 的全部初等因子.根据不变因子的性质

$$d_i(\lambda) \mid d_{i+1}(\lambda), \quad i=1, 2, \cdots, r-1$$

知

$$(p_j(\lambda))^{k_{ij}} \mid (p_j(\lambda))^{k_{i+1,j}}, \quad i=1, 2, \cdots, r-1; j=1, 2, \cdots, t.$$

因此,在 $d_1(\lambda), d_2(\lambda), \cdots, d_r(\lambda)$ 的分解式中,属于同一个不可约因式的幂指数有递增的性质,即

$$k_{1j} \leqslant k_{2j} \leqslant \cdots \leqslant k_{rj}, \quad j=1, 2, \cdots, t.$$

这说明,同一个不可约因式的方幂做成的初等因子中,幂次最高的一定出现在最后一个不变因子 $d_r(\lambda)$ 的分解式中,幂次相等或次高的必定出现在倒数第二个不变因子 $d_{r-1}(\lambda)$ 的分解式中,如此顺推下去,可知属于同一个不可约因式的方幂所成的初等因子在不变因子中出现的位置是唯一确定的.

因此,在 $\boldsymbol{A}(\lambda)$ 的全部初等因子中,将同一个不可约因式方幂的那些初等因子按降幂排列(如果其个数不足 r 个,就在后面补上一些 1 凑成 r 个),将它们分别作为 $d_r(\lambda), d_{r-1}(\lambda), \cdots, d_1(\lambda)$ 的因式.对所有互不相同的不可约因式方幂重复上述步骤即得到 $\boldsymbol{A}(\lambda)$ 的全部不变因子.可见,不变因子由初等因子与秩唯一确定.

证毕.

定理 7.7 的证明过程提供了由秩与初等因子求不变因子的方法.

先将全部初等因子按下述方法排成 r (秩)列表:不同因子排在不同行,相同的因子排在同一行,且按降幂排成 r 列,不足 r 个的在后面用 1 补足,这样,由各列上因子的乘积的全体就得到全部不变因子 $d_i(\lambda), i=1, 2, \cdots, r$.

例 7.7 设秩为 7 的 λ - 矩阵 $\boldsymbol{A}(\lambda)$ 的全部初等因子为

$$\lambda, \quad \lambda, \quad \lambda-1, \quad (\lambda-1)^2, \quad \lambda+1, \quad \lambda+2,$$

求 $\boldsymbol{A}(\lambda)$ 的不变因子.

解 初等因子有 4 个不同的不可约因式:$\lambda, \lambda-1, \lambda+1, \lambda+2$,将所有初等因子按降幂顺序排成 4 行 7 列:

$$\begin{matrix} \lambda & \lambda & 1 & 1 & 1 & 1 & 1 \\ (\lambda-1)^2 & \lambda-1 & 1 & 1 & 1 & 1 & 1 \\ \lambda+1 & 1 & 1 & 1 & 1 & 1 & 1 \\ \lambda+2 & 1 & 1 & 1 & 1 & 1 & 1 \end{matrix}$$

各列元素相乘得到 $\boldsymbol{A}(\lambda)$ 的 7 个不变因子:

$$d_1(\lambda)=\cdots=d_5(\lambda)=1,\quad d_6(\lambda)=\lambda(\lambda-1),\quad d_7(\lambda)=\lambda(\lambda-1)^2(\lambda+1)(\lambda+2).$$

下面研究直接求初等因子的方法,在介绍这个方法之前,先来证明多项式的最大公因式的一个性质.

引理 1　设多项式 $f_1(\lambda)$, $f_2(\lambda)$ 都与 $g_1(\lambda)$, $g_2(\lambda)$ 互素,则

$$(f_1(\lambda)g_1(\lambda),\ f_2(\lambda)g_2(\lambda))=(f_1(\lambda),\ f_2(\lambda))\cdot(g_1(\lambda),\ g_2(\lambda)).$$

* **证明**　设 $(f_1(\lambda)g_1(\lambda),\ f_2(\lambda)g_2(\lambda))=d(\lambda)$, $(f_1(\lambda),\ f_2(\lambda))=d_1(\lambda)$, $(g_1(\lambda),\ g_2(\lambda))=d_2(\lambda)$,则 $d_1(\lambda)\mid d(\lambda)$, $d_2(\lambda)\mid d(\lambda)$.

由于 $(f_1(\lambda),\ g_1(\lambda))=1$,因此 $(d_1(\lambda),\ d_2(\lambda))=1$,故 $d_1(\lambda)d_2(\lambda)\mid d(\lambda)$.

又 $d(\lambda)\mid f_1(\lambda)g_1(\lambda)$, 可设 $d(\lambda)=f(\lambda)g(\lambda)$, 其中 $f(\lambda)\mid f_1(\lambda)$, $g(\lambda)\mid g_1(\lambda)$.

由 $(f_1(\lambda),\ g_2(\lambda))=1$,得 $(f(\lambda),\ g_2(\lambda))=1$, 于是由 $f(\lambda)\mid f_2(\lambda)g_2(\lambda)$, 得 $f(\lambda)\mid f_2(\lambda)$, 因而 $f(\lambda)\mid d_1(\lambda)$.

同理 $g(\lambda)\mid d_2(\lambda)$,所以 $d(\lambda)\mid d_1(\lambda)d_2(\lambda)$,故 $d(\lambda)=d_1(\lambda)d_2(\lambda)$.

引理 2　设

$$\boldsymbol{A}(\lambda)=\begin{pmatrix} f_1(\lambda)g_1(\lambda) & 0 \\ 0 & f_2(\lambda)g_2(\lambda) \end{pmatrix},\quad \boldsymbol{B}(\lambda)\begin{pmatrix} f_2(\lambda)g_1(\lambda) & 0 \\ 0 & f_1(\lambda)g_2(\lambda) \end{pmatrix},$$

且 $(f_i(\lambda),\ g_j(\lambda))=1(i,\ j=1,\ 2)$,则 $\boldsymbol{A}(\lambda)$ 与 $\boldsymbol{B}(\lambda)$ 等价.

证明　显然 $\boldsymbol{A}(\lambda)$ 与 $\boldsymbol{B}(\lambda)$ 有相同的二阶行列式因子,而它们的一阶行列式因子分别是

$$D_1(\lambda)=(f_1(\lambda)g_1(\lambda),\ f_2(\lambda)g_2(\lambda))$$

和

$$D_1'(\lambda)=(f_2(\lambda)g_1(\lambda),\ f_1(\lambda)g_2(\lambda)).$$

由引理 1 知

$$D_1(\lambda)=D_1'(\lambda)=(f_1(\lambda),\ f_2(\lambda))(g_1(\lambda),\ g_2(\lambda)),$$

因而 $\boldsymbol{A}(\lambda)$ 与 $\boldsymbol{B}(\lambda)$ 有相同的各阶行列式因子,由定理 7.6 知,$\boldsymbol{A}(\lambda)$ 与 $\boldsymbol{B}(\lambda)$ 等价.

定理 7.8　n 阶对角 λ-矩阵的初等因子等于其主对角线上各元素的不可约因式的方幂的全体.

* **证明**　先证 $n=2$ 的情形.

设有二阶对角 λ-矩阵

$$\boldsymbol{A}(\lambda)=\begin{pmatrix}h_1(\lambda) & 0\\ 0 & h_2(\lambda)\end{pmatrix},$$

其中,$h_i(\lambda)=p_1^{k_{i1}}(\lambda)p_2^{k_{i2}}(\lambda)\cdots p_s^{k_{is}}(\lambda)$, $i=1, 2$, 且 $k_{ij}\geqslant 0$, $i=1, 2$; $j=1, 2, \cdots, s$.

令

$$g_i(\lambda)=p_2^{k_{i2}}(\lambda)\cdots p_s^{k_{is}}(\lambda),\quad i=1, 2,$$

则

$$(p_1^{k_{i1}}(\lambda), g_j(\lambda))=1,\quad i, j=1, 2.$$

由引理 2 知

$$\begin{pmatrix}p_1^{k_{11}}(\lambda)g_1(\lambda) & 0\\ 0 & p_1^{k_{21}}(\lambda)g_2(\lambda)\end{pmatrix}\quad 与\quad \begin{pmatrix}p_1^{k_{21}}(\lambda)g_1(\lambda) & 0\\ 0 & p_1^{k_{11}}(\lambda)g_2(\lambda)\end{pmatrix}$$

等价. 于是,将 k_{11}, k_{21} 中最小者令为 k'_{11},另一个令为 k'_{21},则

$$\begin{pmatrix}p_1^{k'_{11}}(\lambda)g_1(\lambda) & 0\\ 0 & p_1^{k'_{21}}(\lambda)g_2(\lambda)\end{pmatrix}$$

与 $\boldsymbol{A}(\lambda)$ 等价.

再令

$$g'_i(\lambda)=p_1^{k'_{i1}}(\lambda)p_3^{k_{i3}}(\lambda)\cdots p_s^{k_{is}}(\lambda),\quad i=1, 2,$$

则

$$(p_2^{k_{i2}}(\lambda), g'_j(\lambda))=1,\quad i, j=1, 2.$$

由引理 2 可知

$$\begin{pmatrix}p_2^{k_{12}}(\lambda)g'_1(\lambda) & 0\\ 0 & p_2^{k_{22}}(\lambda)g'_2(\lambda)\end{pmatrix}\quad 与\quad \begin{pmatrix}p_1^{k_{21}}(\lambda)g'_1(\lambda) & 0\\ 0 & p_1^{k_{11}}(\lambda)g'_2(\lambda)\end{pmatrix}$$

等价. 于是,将 k_{12}, k_{22} 中最小者令为 k'_{12},另一个令为 k'_{22},则

$$\boldsymbol{A}(\lambda)\quad 与\quad \begin{pmatrix}p_1^{k'_{11}}(\lambda)p_2^{k'_{21}}(\lambda)p_3^{k_{31}}(\lambda)\cdots p_s^{k_{s1}}(\lambda) & 0\\ 0 & p_1^{k'_{21}}(\lambda)p_2^{k'_{22}}(\lambda)p_3^{k_{32}}(\lambda)\cdots p_s^{k_{s2}}(\lambda)\end{pmatrix}$$

等价.

重复以上过程,则得到一个对角阵 $\boldsymbol{B}(\lambda)$,其主对角线上各个不可约因式 $p_1(\lambda)$, $p_2(\lambda)$, $\cdots$, $p_s(\lambda)$ 的方幂均按升幂排列,且 $\boldsymbol{A}(\lambda)$ 与 $\boldsymbol{B}(\lambda)$ 等价,这个

$\boldsymbol{B}(\lambda)$ 正好是 $\boldsymbol{A}(\lambda)$ 的等价标准形.于是 $\boldsymbol{A}(\lambda)$ 的初等因子是

$$p_1^{k_{i1}}(\lambda),\ p_2^{k_{i2}}(\lambda),\ \cdots,\ p_s^{k_{is}}(\lambda),\quad k_{ij}>0,\ i=1,2;\ j=1,2,\cdots,s.$$

如果矩阵的阶数 $n>2$，根据上面的证明思路，得到 $\boldsymbol{A}(\lambda)$ 与一个主对角线上元素中不可约因式 $p_1(\lambda)$ 的方幂是升幂排列的对角矩阵等价；重复上面的做法，得到 $\boldsymbol{A}(\lambda)$ 与一个主对角线上元素中不可约因式 $p_1(\lambda)$ 和 $p_2(\lambda)$ 的方幂均按升幂排列的对角阵等价；如此继续下去，得到 $\boldsymbol{A}(\lambda)$ 与主对角线上元素中各个不可约因式均按升幂排列的对角矩阵等价，最后这个对角矩阵就是 $\boldsymbol{A}(\lambda)$ 的等价标准形，从而得到 $\boldsymbol{A}(\lambda)$ 的初等因子就是主对角线上各元素的不可约因式的方幂的全体. **证毕.**

由定理 7.8 可知，欲求 λ - 矩阵 $\boldsymbol{A}(\lambda)$ 的初等因子，勿需知道不变因子，只要用初等变换化成对角矩阵即可：首先用初等变换化矩阵 $\boldsymbol{A}(\lambda)$ 为对角矩阵，然后将对角矩阵主对角线上的元素分解成互不相同的一次因式方幂的乘积，则所有这些一次因式的方幂(相同的按出现的次数计算)就是 $\boldsymbol{A}(\lambda)$ 的全部初等因子.

例 7.8 求 λ - 矩阵

$$\boldsymbol{A}(\lambda)=\begin{pmatrix}0 & \lambda(\lambda-1) & 0\\ \lambda & 0 & \lambda+1\\ 0 & 0 & -\lambda+2\end{pmatrix}$$

的初等因子.

解 先对 $\boldsymbol{A}(\lambda)$ 进行初等变换化为对角矩阵

$$\boldsymbol{A}(\lambda)\xrightarrow{c_3-c_1}\begin{pmatrix}0 & \lambda(\lambda-1) & 0\\ \lambda & 0 & 1\\ 0 & 0 & -\lambda+2\end{pmatrix}\xrightarrow{c_3\leftrightarrow c_1}\begin{pmatrix}0 & \lambda(\lambda-1) & 0\\ 1 & 0 & \lambda\\ -\lambda+2 & 0 & 0\end{pmatrix}$$

$$\xrightarrow{r_1\leftrightarrow r_2}\begin{pmatrix}1 & 0 & \lambda\\ 0 & \lambda(\lambda-1) & 0\\ -\lambda+2 & 0 & 0\end{pmatrix}\xrightarrow{c_3-\lambda c_1}\begin{pmatrix}1 & 0 & 0\\ 0 & \lambda(\lambda-1) & 0\\ -\lambda+2 & 0 & \lambda(\lambda-2)\end{pmatrix}$$

$$\xrightarrow{r_3+(\lambda-2)r_1}\begin{pmatrix}1 & 0 & 0\\ 0 & \lambda(\lambda-1) & 0\\ 0 & 0 & \lambda(\lambda-2)\end{pmatrix}.$$

由定理 7.7 可知，$\boldsymbol{A}(\lambda)$ 的初等因子是主对角线上各多项式的不可约因式的方幂的全体：

$$\lambda,\quad \lambda,\quad \lambda-1,\quad \lambda-2.$$

定理 7.9 设 $\boldsymbol{A}(\lambda)$ 是分块对角 λ - 矩阵

$$A(\lambda)=\mathrm{diag}(A_1(\lambda), A_2(\lambda), \cdots, A_s(\lambda)),$$

则 $A(\lambda)$ 的初等因子就是各块 $A_1(\lambda)$, $A_2(\lambda)$,⋯, $A_s(\lambda)$ 的初等因子的全体.

证明 这是显然的.因为对某块 $A_i(\lambda)$ 进行初等变换时,不影响其他各块 $A_j(\lambda)(j\neq i)$,用初等变换将 $A(\lambda)$ 的各块化成对角矩阵,相当于把 $A(\lambda)$ 化成了对角矩阵,所以,$A_1(\lambda)$, $A_2(\lambda)$, ⋯, $A_s(\lambda)$ 的初等因子的全体就是 $A(\lambda)$ 的初等因子. **证毕.**

在本节最后,介绍 n 阶数字矩阵的行列式因子、不变因子和数域 F 上的初等因子等概念.

定义 7.8 设 A 是 n 阶数字矩阵,A 的特征矩阵 $\lambda E-A$ 的行列式因子、不变因子和数域 F 上的初等因子分别称为数字矩阵 A 的行列式因子、不变因子和数域 F 上的初等因子.

注意:任一 n 阶数字矩阵 A 的特征矩阵 $\lambda E-A$ 的秩都等于 n,因此,n 阶矩阵的不变因子总是有 n 个,并且它们的乘积就等于这个矩阵的特征多项式.

对 λ-矩阵而言,不变因子可以唯一决定初等因子,反过来,秩与初等因子可以唯一决定不变因子;对 n 阶数字矩阵而言,不变因子与初等因子可以相互唯一决定.

例 7.9 求矩阵

$$A=\begin{pmatrix}2 & -1 & 1\\ 0 & 3 & -1\\ 2 & 1 & 3\end{pmatrix}$$

的初等因子.

解 对矩阵 A 的特征矩阵进行初等变换化成对角矩阵

$$\lambda E-A=\begin{pmatrix}\lambda-2 & 1 & -1\\ 0 & \lambda-3 & 1\\ -2 & -1 & \lambda-3\end{pmatrix}\xrightarrow{c_1\leftrightarrow c_2}\begin{pmatrix}1 & \lambda-2 & -1\\ \lambda-3 & 0 & 1\\ -1 & -2 & \lambda-3\end{pmatrix}$$

$$\xrightarrow[r_3+r_1]{r_2-(\lambda-3)r_1}\begin{pmatrix}1 & \lambda-2 & -1\\ 0 & -(\lambda-3)(\lambda-2) & \lambda-2\\ 0 & \lambda-4 & \lambda-4\end{pmatrix}$$

$$\xrightarrow[c_3+c_1]{c_2-(\lambda-2)c_1}\begin{pmatrix}1 & 0 & 0\\ 0 & -(\lambda-3)(\lambda-2) & \lambda-2\\ 0 & \lambda-4 & \lambda-4\end{pmatrix}$$

$$\xrightarrow{c_2\leftrightarrow c_3}\begin{pmatrix}1 & 0 & 0\\ 0 & \lambda-2 & -(\lambda-3)(\lambda-2)\\ 0 & \lambda-4 & \lambda-4\end{pmatrix}$$

$$\xrightarrow{c_3+(\lambda-3)c_2}\begin{pmatrix}1 & 0 & 0\\0 & \lambda-2 & 0\\0 & \lambda-4 & (\lambda-4)(\lambda-2)\end{pmatrix}$$

$$\xrightarrow{r_2-r_3}\begin{pmatrix}1 & 0 & 0\\0 & 2 & -(\lambda-4)(\lambda-2)\\0 & \lambda-4 & (\lambda-4)(\lambda-2)\end{pmatrix}$$

$$\xrightarrow{\frac{1}{2}r_2}\begin{pmatrix}1 & 0 & 0\\0 & 1 & -\frac{1}{2}(\lambda-4)(\lambda-2)\\0 & \lambda-4 & (\lambda-4)(\lambda-2)\end{pmatrix}$$

$$\xrightarrow{r_3-(\lambda-4)r_2}\begin{pmatrix}1 & 0 & 0\\0 & 1 & -\frac{1}{2}(\lambda-4)(\lambda-2)\\0 & 0 & \frac{1}{2}(\lambda-4)(\lambda-2)^2\end{pmatrix}$$

$$\xrightarrow{c_3+\frac{1}{2}(\lambda-2)(\lambda-4)c_2}\begin{pmatrix}1 & 0 & 0\\0 & 1 & 0\\0 & 0 & \frac{1}{2}(\lambda-4)(\lambda-2)^2\end{pmatrix}$$

$$\xrightarrow{2r_3}\begin{pmatrix}1 & 0 & 0\\0 & 1 & 0\\0 & 0 & (\lambda-4)(\lambda-2)^2\end{pmatrix}.$$

所以,矩阵 $\boldsymbol{A}$ 的初等因子是 $\lambda-4$, $(\lambda-2)^2$.

习题 7.3

1. 设 $\boldsymbol{A}(\lambda)$ 是一个五阶方阵,其秩为 4,初等因子是

$$\lambda,\quad \lambda^2,\quad \lambda^2,\quad \lambda-1,\quad \lambda-1,\quad \lambda+1,\quad \lambda+1,\quad (\lambda+1)^3,$$

求 $\boldsymbol{A}(\lambda)$ 的不变因子.

2. 求下列各 λ-矩阵在有理数域、实数域和复数域上的初等因子.

(1) $\begin{pmatrix} 0 & \lambda+1 & -\lambda-1 \\ \lambda^3+\lambda^2+\lambda+1 & (\lambda+1)^2 & \lambda^3-\lambda \\ \lambda^3+\lambda^2+\lambda+1 & \lambda+1 & \lambda^3+\lambda^2 \end{pmatrix}$； (2) $\begin{pmatrix} \lambda^2+2 & \lambda^2+1 & \lambda^2+1 \\ 3 & \lambda^2+1 & 3 \\ \lambda^2+1 & \lambda^2+1 & \lambda^2+1 \end{pmatrix}$；

(3) $\begin{pmatrix} 0 & 0 & 1 & \lambda+2 \\ 0 & 1 & \lambda+2 & 0 \\ 1 & \lambda+2 & 0 & 0 \\ \lambda+2 & 0 & 0 & 0 \end{pmatrix}$； (4) $\begin{pmatrix} 1 & -\lambda & 0 & 2 \\ 0 & 2 & -\lambda-1 & -2 \\ \lambda & -\lambda^2-1 & 1 & \lambda+2 \\ 1 & -\lambda^2 & 0 & \lambda+1 \end{pmatrix}$.

3. 先求下列各 λ - 矩阵在实数域上的初等因子,再求其不变因子和等价标准形.

(1) $\begin{pmatrix} (\lambda+1)^2 & 0 & 0 \\ 0 & \lambda(\lambda+1) & 0 \\ 0 & 0 & \lambda \end{pmatrix}$； (2) $\begin{pmatrix} \lambda^2-2 & 0 & 0 & 0 \\ 0 & 0 & 0 & 0 \\ 0 & 0 & \lambda^2 & 0 \\ 0 & 0 & 0 & \lambda(\lambda+\sqrt{2}) \end{pmatrix}$.

4. 求下列矩阵的初等因子.

(1) $\begin{pmatrix} 4 & 2 & -5 \\ 6 & 4 & -9 \\ 5 & 3 & -7 \end{pmatrix}$； (2) $\begin{pmatrix} 2 & 0 & 0 \\ 1 & 1 & 1 \\ 1 & -1 & 3 \end{pmatrix}$；

(3) $\begin{pmatrix} 3 & 3 & -2 \\ -1 & -1 & 1 \\ 4 & 3 & -3 \end{pmatrix}$； (4) $\begin{pmatrix} 3 & 1 & 0 \\ -4 & -1 & 0 \\ 4 & -8 & 2 \end{pmatrix}$.

7.4 矩阵相似的条件

7.2 节和 7.3 节研究了 λ - 矩阵和数字矩阵的“三因子”——行列式因子、不变因子和初等因子,本节将利用“三因子”的概念来表达两个数字矩阵相似的条件.

引理 1 设 $\boldsymbol{A}, \boldsymbol{B}$ 是 n 阶数字矩阵,如果存在 n 阶数字矩阵 $\boldsymbol{P}_0, \boldsymbol{Q}_0$,使得

$$\lambda\boldsymbol{E}-\boldsymbol{A}=\boldsymbol{P}_0(\lambda\boldsymbol{E}-\boldsymbol{B})\boldsymbol{Q}_0,$$

则 $\boldsymbol{A}$ 与 $\boldsymbol{B}$ 相似.

证明 因为

$$\lambda\boldsymbol{E}-\boldsymbol{A}=\boldsymbol{P}_0(\lambda\boldsymbol{E}-\boldsymbol{B})\boldsymbol{Q}_0=\lambda\boldsymbol{P}_0\boldsymbol{Q}_0-\boldsymbol{P}_0\boldsymbol{B}\boldsymbol{Q}_0,$$

比较可得

$$\boldsymbol{P}_0\boldsymbol{Q}_0=\boldsymbol{E}, \quad \boldsymbol{P}_0\boldsymbol{B}\boldsymbol{Q}_0=\boldsymbol{A}.$$

故 $\boldsymbol{Q}_0=\boldsymbol{P}_0^{-1}$，从而 $\boldsymbol{A}=\boldsymbol{P}_0\boldsymbol{B}\boldsymbol{P}_0^{-1}$，所以，$\boldsymbol{A}$ 与 $\boldsymbol{B}$ 相似.　　**证毕.**

我们知道，任意 λ - 矩阵都可以表示成矩阵多项式的形式.例如

$$\begin{pmatrix}\lambda^2+1 & -2\lambda\\ \lambda-1 & 1\end{pmatrix}=\begin{pmatrix}1 & 0\\ 0 & 0\end{pmatrix}\lambda^2+\begin{pmatrix}0 & -2\\ 1 & 0\end{pmatrix}\lambda+\begin{pmatrix}1 & 0\\ -1 & 1\end{pmatrix}.$$

下面的引理 2 将要继续用到这种思想.

引理 2　设 $\boldsymbol{U}(\lambda)$，$\boldsymbol{V}(\lambda)$ 是两个 n 阶 λ - 矩阵，$\boldsymbol{A}$ 是不等于零的 n 阶数字矩阵，则一定存在 λ - 矩阵 $\boldsymbol{Q}(\lambda)$，$\boldsymbol{R}(\lambda)$ 和数字矩阵 $\boldsymbol{U}_0$，$\boldsymbol{V}_0$，使得

$$\boldsymbol{U}(\lambda)=(\lambda\boldsymbol{E}-\boldsymbol{A})\boldsymbol{Q}(\lambda)+\boldsymbol{U}_0,$$
$$\boldsymbol{V}(\lambda)=\boldsymbol{R}(\lambda)(\lambda\boldsymbol{E}-\boldsymbol{A})+\boldsymbol{V}_0.$$

* **证明**　把 $\boldsymbol{U}(\lambda)$ 改写成矩阵多项式

$$\boldsymbol{U}(\lambda)=\boldsymbol{D}_0\lambda^m+\boldsymbol{D}_1\lambda^{m-1}+\cdots+\boldsymbol{D}_{m-1}\lambda+\boldsymbol{D}_m,$$

其中，$\boldsymbol{D}_0$，$\boldsymbol{D}_1$，…，$\boldsymbol{D}_m$ 都是 n 阶数字矩阵，并且 $\boldsymbol{D}_0\neq\boldsymbol{O}$.

如果 $m=0$，则令 $\boldsymbol{Q}(\lambda)=\boldsymbol{Q}$ 及 $\boldsymbol{U}_0=\boldsymbol{D}_0$，故关于 $\boldsymbol{U}(\lambda)$ 的表达式显然成立.

设 $m>0$，令

$$\boldsymbol{Q}(\lambda)=\boldsymbol{Q}_0\lambda^{m-1}+\boldsymbol{Q}_1\lambda^{m-2}+\cdots+\boldsymbol{Q}_{m-2}\lambda+\boldsymbol{Q}_{m-1},$$

其中 $\boldsymbol{Q}_j$，$j=0, 1, \cdots, m-1$，都是待定的数字矩阵.于是

$$(\lambda\boldsymbol{E}-\boldsymbol{A})\boldsymbol{Q}(\lambda)=\boldsymbol{Q}_0\lambda^m+(\boldsymbol{Q}_1-\boldsymbol{A}\boldsymbol{Q}_0)\lambda^{m-1}+\cdots+(\boldsymbol{Q}_k-\boldsymbol{A}\boldsymbol{Q}_{k-1})\lambda^{m-k}+\cdots+(\boldsymbol{Q}_{m-1}-\boldsymbol{A}\boldsymbol{Q}_{m-2})\lambda-\boldsymbol{A}\boldsymbol{Q}_{m-1}.$$

将上式与上述的 $\boldsymbol{U}(\lambda)$ 的矩阵多项式表达式代入，并比较等式两边矩阵多项式的次数，得到

$$\begin{aligned}
\boldsymbol{D}_0&=\boldsymbol{Q}_0,\\
\boldsymbol{D}_1&=\boldsymbol{Q}_1-\boldsymbol{A}\boldsymbol{Q}_0,\\
\boldsymbol{D}_2&=\boldsymbol{Q}_2-\boldsymbol{A}\boldsymbol{Q}_1,\\
&\vdots\\
\boldsymbol{D}_k&=\boldsymbol{Q}_k-\boldsymbol{A}\boldsymbol{Q}_{k-1},\\
&\vdots\\
\boldsymbol{D}_{m-1}&=\boldsymbol{Q}_{m-1}-\boldsymbol{A}\boldsymbol{Q}_{m-2},\\
\boldsymbol{D}_m&=\boldsymbol{U}_0-\boldsymbol{A}\boldsymbol{Q}_{m-1}.
\end{aligned}$$

解得

$$
\begin{aligned}
&\boldsymbol{Q}_0=\boldsymbol{D}_0,\\
&\boldsymbol{Q}_1=\boldsymbol{D}_1+\boldsymbol{A}\boldsymbol{Q}_0,\\
&\boldsymbol{Q}_2=\boldsymbol{D}_2+\boldsymbol{A}\boldsymbol{Q}_1,\\
&\vdots\\
&\boldsymbol{Q}_k=\boldsymbol{D}_k+\boldsymbol{A}\boldsymbol{Q}_{k-1},\\
&\vdots\\
&\boldsymbol{Q}_{m-1}=\boldsymbol{D}_{m-1}+\boldsymbol{A}\boldsymbol{Q}_{m-2},\\
&\boldsymbol{U}_0=\boldsymbol{D}_m+\boldsymbol{A}\boldsymbol{Q}_{m-1}.
\end{aligned}
$$

用类似的方法可以求得 $\boldsymbol{R}(\lambda)$ 和 $\boldsymbol{V}_0$.

定理 7.10 n 阶数字矩阵 $\boldsymbol{A}$, $\boldsymbol{B}$ 相似的充分必要条件是特征矩阵 $\lambda\boldsymbol{E}-\boldsymbol{A}$ 与 $\lambda\boldsymbol{E}-\boldsymbol{B}$ 等价.

* **证明** 必要性.设 $\boldsymbol{A}$ 与 $\boldsymbol{B}$ 相似,则存在可逆矩阵 $\boldsymbol{P}$, 使

$$\boldsymbol{A}=\boldsymbol{P}^{-1}\boldsymbol{B}\boldsymbol{P},$$

于是

$$\lambda\boldsymbol{E}-\boldsymbol{A}=\lambda\boldsymbol{E}-\boldsymbol{P}^{-1}\boldsymbol{B}\boldsymbol{P}=\boldsymbol{P}^{-1}(\lambda\boldsymbol{E}-\boldsymbol{B})\boldsymbol{P},$$

从而特征矩阵 $\lambda\boldsymbol{E}-\boldsymbol{A}$ 与 $\lambda\boldsymbol{E}-\boldsymbol{B}$ 等价.

充分性.设 $\lambda\boldsymbol{E}-\boldsymbol{A}$ 与 $\lambda\boldsymbol{E}-\boldsymbol{B}$ 等价,则存在可逆 λ - 矩阵 $\boldsymbol{U}(\lambda)$ 与 $\boldsymbol{V}(\lambda)$, 使得

$$\lambda\boldsymbol{E}-\boldsymbol{A}=\boldsymbol{U}(\lambda)(\lambda\boldsymbol{E}-\boldsymbol{B})\boldsymbol{V}(\lambda)$$

成立.因此

$$\boldsymbol{U}^{-1}(\lambda)(\lambda\boldsymbol{E}-\boldsymbol{A})=(\lambda\boldsymbol{E}-\boldsymbol{B})\boldsymbol{V}(\lambda),$$

以及

$$\boldsymbol{U}(\lambda)(\lambda\boldsymbol{E}-\boldsymbol{B})=(\lambda\boldsymbol{E}-\boldsymbol{A})\boldsymbol{V}^{-1}(\lambda).$$

由引理 2 知,存在 λ - 矩阵 $\boldsymbol{Q}(\lambda)$, $\boldsymbol{R}(\lambda)$ 以及数字矩阵 $\boldsymbol{U}_0$ 和 $\boldsymbol{V}_0$, 使

$$
\begin{aligned}
\boldsymbol{U}(\lambda)&=(\lambda\boldsymbol{E}-\boldsymbol{A})\boldsymbol{Q}(\lambda)+\boldsymbol{U}_0,\\
\boldsymbol{V}(\lambda)&=\boldsymbol{R}(\lambda)(\lambda\boldsymbol{E}-\boldsymbol{A})+\boldsymbol{V}_0
\end{aligned}
$$

成立.所以

$$\boldsymbol{U}^{-1}(\lambda)(\lambda\boldsymbol{E}-\boldsymbol{A})=(\lambda\boldsymbol{E}-\boldsymbol{B})\boldsymbol{R}(\lambda)(\lambda\boldsymbol{E}-\boldsymbol{A})+(\lambda\boldsymbol{E}-\boldsymbol{B})\boldsymbol{V}_0,$$

移项并整理，得

$$[\boldsymbol{U}^{-1}(\lambda)-(\lambda\boldsymbol{E}-\boldsymbol{B})\boldsymbol{R}(\lambda)](\lambda\boldsymbol{E}-\boldsymbol{A})=(\lambda\boldsymbol{E}-\boldsymbol{B})\boldsymbol{V}_0.$$

等式右端作为矩阵多项式的次数等于 1 或 $\boldsymbol{V}_0=\boldsymbol{O}$.

如果 $\boldsymbol{V}_0=\boldsymbol{O}$，那么 $(\lambda\boldsymbol{E}-\boldsymbol{B})\boldsymbol{R}(\lambda)=\boldsymbol{U}^{-1}(\lambda)$ 是可逆的 λ - 矩阵，由定理 7.1 知，λ - 矩阵 $(\lambda\boldsymbol{E}-\boldsymbol{B})\boldsymbol{R}(\lambda)$ 的行列式为非零常数.但这是不可能的，因为 $|\lambda\boldsymbol{E}-\boldsymbol{B}|$ 是关于 λ 的 n 次多项式.因此 $\boldsymbol{V}_0\neq\boldsymbol{O}$，且 $\boldsymbol{U}^{-1}(\lambda)-(\lambda\boldsymbol{E}-\boldsymbol{B})\boldsymbol{R}(\lambda)$ 是非零数字矩阵.记

$$\boldsymbol{T}=\boldsymbol{U}^{-1}(\lambda)-(\lambda\boldsymbol{E}-\boldsymbol{B})\boldsymbol{R}(\lambda),$$

则有

$$\boldsymbol{T}(\lambda\boldsymbol{E}-\boldsymbol{A})=(\lambda\boldsymbol{E}-\boldsymbol{B})\boldsymbol{V}_0,$$

以及

$$\boldsymbol{U}(\lambda)\boldsymbol{T}=\boldsymbol{E}-\boldsymbol{U}(\lambda)(\lambda\boldsymbol{E}-\boldsymbol{B})\boldsymbol{R}(\lambda).$$

移项得

$$\begin{aligned}\boldsymbol{E}&=\boldsymbol{U}(\lambda)\boldsymbol{T}+\boldsymbol{U}(\lambda)(\lambda\boldsymbol{E}-\boldsymbol{B})\boldsymbol{R}(\lambda)\\&=\boldsymbol{U}(\lambda)\boldsymbol{T}+(\lambda\boldsymbol{E}-\boldsymbol{A})\boldsymbol{V}^{-1}(\lambda)\boldsymbol{R}(\lambda)\\&=[(\lambda\boldsymbol{E}-\boldsymbol{A})\boldsymbol{Q}(\lambda)+\boldsymbol{U}_0]\boldsymbol{T}+(\lambda\boldsymbol{E}-\boldsymbol{A})\boldsymbol{V}^{-1}(\lambda)\boldsymbol{R}(\lambda)\\&=\boldsymbol{U}_0\boldsymbol{T}+(\lambda\boldsymbol{E}-\boldsymbol{A})[\boldsymbol{Q}(\lambda)\boldsymbol{T}+\boldsymbol{V}^{-1}(\lambda)\boldsymbol{R}(\lambda)],\end{aligned}$$

等式右端的第二项必须为零，否则它作为矩阵多项式的次数至少是 1，而 $\boldsymbol{E}$ 和 $\boldsymbol{U}_0\boldsymbol{T}$ 都是数字矩阵，因此

$$\boldsymbol{E}=\boldsymbol{U}_0\boldsymbol{T},$$

即 $\boldsymbol{T}$ 是可逆矩阵.由 $\boldsymbol{T}(\lambda\boldsymbol{E}-\boldsymbol{A})=(\lambda\boldsymbol{E}-\boldsymbol{B})\boldsymbol{V}_0$ 知

$$\lambda\boldsymbol{E}-\boldsymbol{A}=\boldsymbol{T}^{-1}(\lambda\boldsymbol{E}-\boldsymbol{B})\boldsymbol{V}_0.$$

由引理 1 知 $\boldsymbol{A}$ 与 $\boldsymbol{B}$ 相似. **证毕.**

由于两个 n 阶数字矩阵的特征矩阵的秩都等于 n，由定理 7.7 和定理 7.10 可得下面的定理.

定理 7.11 两个 n 阶数字矩阵相似的充分必要条件是它们有相同的不变因子，或者说，两个 n 阶数字矩阵相似的充分必要条件是它们有相同的初等因子.

根据以上结果，可以把一个线性变换的任一矩阵的不变因子（它们与该矩阵的选取无关）定义为此**线性变换的不变因子**.

例 7.10 判断下列矩阵是否相似？为什么？

$$A=\begin{pmatrix}-1 & 1 & 0\\ -4 & 3 & 0\\ 1 & 0 & 2\end{pmatrix},\quad B=\begin{pmatrix}2 & 0 & 0\\ 0 & 1 & 1\\ 1 & 0 & 1\end{pmatrix}.$$

解 因为

$$\lambda E-A=\begin{pmatrix}\lambda+1 & -1 & 0\\ 4 & \lambda-3 & 0\\ -1 & 0 & \lambda-2\end{pmatrix}\xrightarrow{c_1+(\lambda+1)c_2}\begin{pmatrix}0 & -1 & 0\\ (\lambda-1)^2 & \lambda-3 & 0\\ -1 & 0 & \lambda-2\end{pmatrix}$$

$$\xrightarrow{r_2+(\lambda-3)r_1}\begin{pmatrix}0 & -1 & 0\\ (\lambda-1)^2 & 0 & 0\\ -1 & 0 & \lambda-2\end{pmatrix}\xrightarrow{r_2+(\lambda-1)^2r_3}\begin{pmatrix}0 & -1 & 0\\ 0 & 0 & (\lambda-1)^2(\lambda-2)\\ -1 & 0 & \lambda-2\end{pmatrix}$$

$$\xrightarrow{c_3+(\lambda-2)c_1}\begin{pmatrix}0 & -1 & 0\\ 0 & 0 & (\lambda-1)^2(\lambda-2)\\ -1 & 0 & 0\end{pmatrix}\xrightarrow[-r_3]{-r_1}\begin{pmatrix}0 & 1 & 0\\ 0 & 0 & (\lambda-1)^2(\lambda-2)\\ 1 & 0 & 0\end{pmatrix}$$

$$\xrightarrow{r_1\leftrightarrow r_3}\begin{pmatrix}1 & 0 & 0\\ 0 & 0 & (\lambda-1)^2(\lambda-2)\\ 0 & 1 & 0\end{pmatrix}\xrightarrow{r_2\leftrightarrow r_3}\begin{pmatrix}1 & 0 & 0\\ 0 & 1 & 0\\ 0 & 0 & (\lambda-1)^2(\lambda-2)\end{pmatrix},$$

所以 A 的不变因子为 $1,1,(\lambda-1)^2(\lambda-2)$.

同理可求得 B 的不变因子为 $1,1,(\lambda-1)^2(\lambda-2)$，所以由定理 7.10 知，$A$ 与 B 相似.

习题 7.4

1. 判断下列各组矩阵是否相似，并说明理由.

(1) $\begin{pmatrix}1 & 2\\ -1 & 1\end{pmatrix},\begin{pmatrix}-3 & 2\\ -9 & 5\end{pmatrix}$；　　(2) $\begin{pmatrix}-1 & 0 & 0\\ 0 & 1 & 0\\ 0 & 0 & 1\end{pmatrix},\begin{pmatrix}-1 & 0 & 0\\ 0 & 1 & 1\\ 0 & 0 & 1\end{pmatrix}$；

(3) $\begin{pmatrix}3 & 1 & 3\\ -4 & -2 & 6\\ -1 & -1 & 5\end{pmatrix},\begin{pmatrix}2 & 0 & 0\\ 1 & 1 & 1\\ 1 & -1 & 3\end{pmatrix}$.

2. 判断下列矩阵是否相似？为什么？

$$A=\begin{pmatrix}3 & 1 & 3\\ -4 & -2 & 6\\ -1 & -1 & 5\end{pmatrix},\quad B=\begin{pmatrix}2 & 1 & -1\\ 7 & 4 & -22\\ 2 & 1 & -5\end{pmatrix},\quad C=\begin{pmatrix}2 & 0 & 0\\ 1 & 1 & 1\\ 1 & -1 & 3\end{pmatrix}.$$

3. 证明：以下三个矩阵中没有相似的.

$$\boldsymbol{A}=\begin{pmatrix}a&0&0\\0&a&0\\0&0&a\end{pmatrix},\quad \boldsymbol{B}=\begin{pmatrix}a&0&0\\0&a&1\\0&0&a\end{pmatrix},\quad \boldsymbol{C}=\begin{pmatrix}a&1&0\\0&a&1\\0&0&a\end{pmatrix}.$$

4. 证明：方阵 $\boldsymbol{A}$ 与其转置方阵 $\boldsymbol{A}^{\mathrm{T}}$ 相似.

7.5 矩阵的约当标准形

我们知道,对 n 维线性空间的每一个线性变换,并非都有一个基,使得它在这个基下的矩阵成为对角矩阵,或者说,并非每一个数字矩阵都可以对角化.

本节限定在复数域上,得到了很有用的结论：复数域上任意 n 阶矩阵必定相似于约当形矩阵,或者说,对 n 维线性空间的每一个线性变换 σ,一定存在一个基,使得 σ 在这个基下的矩阵是约当形矩阵.

定义 7.9 设 λ_0 是复数,形如

$$\boldsymbol{J}(\lambda_0,t)=\begin{pmatrix}\lambda_0&&&\\1&\lambda_0&&\\&\ddots&\ddots&\\&&1&\lambda_0\end{pmatrix}_{t\times t}$$

的矩阵称为 t 阶**约当块**.由若干个约当块构成的分块对角矩阵

$$\boldsymbol{J}=\begin{pmatrix}\boldsymbol{J}_1&&&\\&\boldsymbol{J}_2&&\\&&\ddots&\\&&&\boldsymbol{J}_m\end{pmatrix},$$

称为**约当形矩阵**,其中

$$\boldsymbol{J}_i=\begin{pmatrix}\lambda_i&&&\\1&\lambda_i&&\\&\ddots&\ddots&\\&&1&\lambda_i\end{pmatrix}_{k_i\times k_i},\quad i=1,2,\cdots,m,$$

而 $\lambda_1,\lambda_2,\cdots,\lambda_m$ 中可能有些相等.

例如

$$\begin{pmatrix}2&0&0\\1&2&0\\0&1&2\end{pmatrix},\quad \begin{pmatrix}0&0&0&0\\1&0&0&0\\0&1&0&0\\0&0&1&0\end{pmatrix},\quad \begin{pmatrix}i&0\\1&i\end{pmatrix}$$

都是约当块,而

$$\begin{pmatrix}1&0&0&0&0&0\\1&1&0&0&0&0\\0&0&4&0&0&0\\0&0&0&4&0&0\\0&0&0&1&4&0\\0&0&0&0&1&4\end{pmatrix}$$

是一个约当形矩阵.

一阶约当块就是一阶矩阵,因此约当形矩阵中包括对角矩阵.

在一个约当形矩阵中,主对角线上的元素正好是其特征多项式的全部的根(重根按重数计算).

以下用初等因子的理论来解决约当标准形的计算问题,需要计算约当标准形的初等因子.首先探讨约当块的初等因子,事实上,不难得到下面的定理.

定理 7.12 t 阶约当块 $\boldsymbol{J}(\lambda_0, t)$ 的初等因子是 $(\lambda-\lambda_0)^t$.

证明 首先,容易求得 $\boldsymbol{J}(\lambda_0, t)$ 的特征行列式

$$|\lambda\boldsymbol{E}-\boldsymbol{J}(\lambda_0, t)|=(\lambda-\lambda_0)^t,$$

即 $\boldsymbol{J}(\lambda_0, t)$ 的 t 阶行列式因子

$$D_t(\lambda)=(\lambda-\lambda_0)^t.$$

而在特征矩阵 $\lambda\boldsymbol{E}-\boldsymbol{J}(\lambda_0, t)$ 的所有 $t-1$ 阶子式中,有一个是常数:

$$\begin{vmatrix}-1&\lambda-\lambda_0&&\\&-1&\ddots&\\&&\ddots&\lambda-\lambda_0\\&&&-1\end{vmatrix}=(-1)^{t-1},$$

故 $D_{t-1}(\lambda)=d_1(\lambda)\cdots d_{t-1}(\lambda)=1$,所以,

$$d_1(\lambda)=\cdots=d_{t-1}(\lambda)=1,$$

故 $J(\lambda_0, t)$ 的不变因子是 $1, \cdots, 1, (\lambda-\lambda_0)^t$,初等因子是 $(\lambda-\lambda_0)^t$. **证毕.**

需要注意的是,定理7.12中的 t 既是约当块的阶数也是初等因子的次数.

由定理7.9和定理7.12,可得下面的推论.

推论 约当形矩阵

$$\boldsymbol{J}=\operatorname{diag}(\boldsymbol{J}_1,\boldsymbol{J}_2,\cdots,\boldsymbol{J}_m)$$

的全部初等因子是 $(\lambda-\lambda_i)^{k_i}$, $i=1,2,\cdots,m$, 其中

$$\boldsymbol{J}_i=\begin{pmatrix}\lambda_i & & & \\ 1 & \lambda_i & & \\ & \ddots & \ddots & \\ & & 1 & \lambda_i\end{pmatrix}_{k_i\times k_i},\quad i=1,2,\cdots,m.$$

例7.11 六阶约当形矩阵

$$\boldsymbol{J}=\left(\begin{array}{c|ccc|cc}2 & & & & & \\ \hline & -1 & & & & \\ & 1 & -1 & & & \\ & & 1 & -1 & & \\ \hline & & & & 3 & \\ & & & & 1 & 3\end{array}\right)$$

有3个约当块,即

$$2,\quad \begin{pmatrix}-1 & 0 & 0\\ 1 & -1 & 0\\ 0 & 1 & -1\end{pmatrix},\quad \begin{pmatrix}3 & 0\\ 1 & 3\end{pmatrix}.$$

其初等因子分别是

$$\lambda-2,\quad (\lambda+1)^3,\quad (\lambda-3)^2.$$

因此,约当形矩阵 $\boldsymbol{J}$ 的初等因子是

$$\lambda-2,\quad (\lambda+1)^3,\quad (\lambda-3)^2.$$

反过来,各个初等因子 $\lambda-2$, $(\lambda+1)^3$, $(\lambda-3)^2$ 分别对应一个约当块

$$2,\quad \begin{pmatrix}-1 & 0 & 0\\ 1 & -1 & 0\\ 0 & 1 & -1\end{pmatrix},\quad \begin{pmatrix}3 & 0\\ 1 & 3\end{pmatrix}.$$

如果不计各约当块的次序,则它所对应的约当形矩阵是唯一的.

根据上面的讨论,每个约当形矩阵的全部初等因子就是由它的全部约当块的初等因子构成的.由于每个约当块矩完全由它的阶数 t 与主对角线上元素 λ_0 所刻画,而这两个数都反映在它的初等因子 $(\lambda-\lambda_0)^t$ 中.因此,约当块被它的初等因子唯一决定.由此可见,约当形矩阵除去其中约当块排列的次序外被它的初等因子唯一决定.

定理 7.13 复数域上任意 n 阶矩阵 $\boldsymbol{A}$ 都与一个约当形矩阵相似,即存在可逆阵 $\boldsymbol{P}$,使得 $\boldsymbol{P}^{-1}\boldsymbol{AP}=\boldsymbol{J}$,其中 $\boldsymbol{J}$ 是一个约当形矩阵.如果不计各约当块的次序,则这个约当形矩阵是唯一的,称 $\boldsymbol{J}$ 为矩阵 $\boldsymbol{A}$ 的**约当标准形**.

证明 设 n 阶矩阵 $\boldsymbol{A}$ 的初等因子为

$$(\lambda-\lambda_1)^{k_1},\ (\lambda-\lambda_2)^{k_2},\ \cdots,\ (\lambda-\lambda_m)^{k_m},$$

其中,λ_1, λ_2, $\cdots$, λ_m 可能有相同的,指数 k_1, k_2, $\cdots$, k_m 也可能有相同的.

每一个初等因子 $(\lambda-\lambda_i)^{k_i}$ 对应一个约当块

$$\boldsymbol{J}_i=\begin{pmatrix}\lambda_i & & & \\ 1 & \lambda_i & & \\ & \ddots & \ddots & \\ & & 1 & \lambda_i\end{pmatrix}_{k_i\times k_i},\quad i=1,\ 2,\ \cdots,\ m.$$

它们构成一个约当形矩阵

$$\boldsymbol{J}=\begin{pmatrix}\boldsymbol{J}_1 & & & \\ & \boldsymbol{J}_2 & & \\ & & \ddots & \\ & & & \boldsymbol{J}_m\end{pmatrix}.$$

由定理 7.9 和定理 7.12 知,约当形矩阵 $\boldsymbol{J}$ 的初等因子也是

$$(\lambda-\lambda_1)^{k_1},\ (\lambda-\lambda_2)^{k_2},\ \cdots,\ (\lambda-\lambda_m)^{k_m},$$

故由定理 7.11 知,$\boldsymbol{A}$ 与 $\boldsymbol{J}$ 相似.

若另有约当形矩阵 $\bar{\boldsymbol{J}}$ 与 $\boldsymbol{A}$ 相似,则 $\bar{\boldsymbol{J}}$ 与 $\boldsymbol{A}$ 有相同的初等因子,从而 $\bar{\boldsymbol{J}}$ 与 $\boldsymbol{J}$ 也有相同的初等因子.因此,$\bar{\boldsymbol{J}}$ 与 $\boldsymbol{J}$ 的差别最多只能是约当块的排列次序不同,所以,约当标准形是唯一的.

例 7.12 求矩阵

$$\boldsymbol{A}=\begin{pmatrix}-1 & -2 & 6\\ -1 & 0 & 3\\ -1 & -1 & 4\end{pmatrix}$$

的约当标准形.

解 对矩阵 $\boldsymbol{A}$ 的特征矩阵进行初等变换

$$\lambda\boldsymbol{E}-\boldsymbol{A}=\begin{pmatrix}\lambda+1 & 2 & -6\\ 1 & \lambda & -3\\ 1 & 1 & \lambda-4\end{pmatrix}\xrightarrow{r_1\leftrightarrow r_3}\begin{pmatrix}1 & 1 & \lambda-4\\ 1 & \lambda & -3\\ \lambda+1 & 2 & -6\end{pmatrix}$$

$$\xrightarrow[r_3-(\lambda+1)r_1]{r_2-r_1}\begin{pmatrix}1 & 1 & \lambda-4\\ 0 & \lambda-1 & -(\lambda-1)\\ 0 & -(\lambda-1) & -(\lambda-1)(\lambda-2)\end{pmatrix}$$

$$\xrightarrow[c_3-(\lambda-4)c_1]{c_2-c_1}\begin{pmatrix}1 & 0 & 0\\ 0 & \lambda-1 & -(\lambda-1)\\ 0 & -(\lambda-1) & -(\lambda-1)(\lambda-2)\end{pmatrix}$$

$$\xrightarrow{r_3+r_2}\begin{pmatrix}1 & 0 & 0\\ 0 & \lambda-1 & -(\lambda-1)\\ 0 & 0 & -(\lambda-1)^2\end{pmatrix}\xrightarrow{c_3+c_2}\begin{pmatrix}1 & 0 & 0\\ 0 & \lambda & 1 & 0\\ 0 & 0 & -(\lambda-1)^2\end{pmatrix}$$

$$\xrightarrow{-r_3}\begin{pmatrix}1 & 0 & 0\\ 0 & \lambda-1 & 0\\ 0 & 0 & (\lambda-1)^2\end{pmatrix},$$

于是得到 $\boldsymbol{A}$ 的初等因子：$\lambda-1$, $(\lambda-1)^2$.

由于初等因子 $\lambda-1$ 对应约当块 (1)，$(\lambda-1)^2$ 对应 $\begin{pmatrix}1 & 0\\ 1 & 1\end{pmatrix}$，故 $\boldsymbol{A}$ 的约当标准形是

$$\left(\begin{array}{c:cc}1 & 0 & 0\\ \hdashline 0 & 1 & 0\\ 0 & 1 & 1\end{array}\right).$$

应该指出，约当形矩阵包括对角矩阵作为特殊情形，那就是由一阶约当块构成的约当形矩阵，由此即得下面的推论.

推论 复数域上 n 阶矩阵 $\boldsymbol{A}$ 可对角化的充分必要条件是 $\boldsymbol{A}$ 的初等因子全是一次的(或者其不变因子无重根).

上面的推论可由定理 7.13 直接得到，详细的证明留给读者.

定理 7.13 换成线性变换的语言来说就是下面的定理.

定理 7.14 设 V 是复数域上的 n 维线性空间，σ 是 V 的线性变换，则在 V 中一定存在一个基，使得 σ 在这个基下的矩阵是约当形矩阵.如果不计约当块的排列次

序,这个约当形矩阵被σ唯一决定.

证明 在V中任取一个基$\boldsymbol{\varepsilon}_1, \boldsymbol{\varepsilon}_2, \cdots, \boldsymbol{\varepsilon}_n$,设$\sigma$在这个基下的矩阵是$\boldsymbol{A}$. 由定理7.13,存在可逆矩阵$\boldsymbol{P}$,使得$\boldsymbol{P}^{-1}\boldsymbol{AP}$成约当形矩阵$\boldsymbol{J}$. 令

$$(\boldsymbol{\eta}_1, \boldsymbol{\eta}_2, \cdots, \boldsymbol{\eta}_n) = (\boldsymbol{\varepsilon}_1, \boldsymbol{\varepsilon}_2, \cdots, \boldsymbol{\varepsilon}_n)\boldsymbol{P},$$

则$\boldsymbol{\eta}_1, \boldsymbol{\eta}_2, \cdots, \boldsymbol{\eta}_n$为$V$的一个基,线性变换$\sigma$在其下的矩阵就是$\boldsymbol{P}^{-1}\boldsymbol{AP}=\boldsymbol{J}$.

由定理7.13,唯一性是显然的. **证毕.**

虽然证明了每个复数矩阵$\boldsymbol{A}$都与一个约当形矩阵相似,并且有了具体求矩阵$\boldsymbol{A}$的约当标准形的方法,但是并没有谈到如何确定过渡矩阵$\boldsymbol{P}$,使得$\boldsymbol{P}^{-1}\boldsymbol{AP}$成约当标准形的问题. $\boldsymbol{P}$的确定牵涉比较复杂的计算问题,这里不讨论.

最后指出,如果规定上三角矩阵

$$\begin{pmatrix} \lambda_0 & 1 & 0 & \cdots & 0 & 0 \\ 0 & \lambda_0 & 1 & \cdots & 0 & 0 \\ \vdots & \vdots & \vdots & & \vdots & \vdots \\ 0 & 0 & 0 & \cdots & \lambda_0 & 1 \\ 0 & 0 & 0 & \cdots & 0 & \lambda_0 \end{pmatrix}$$

为约当块,应用完全类似的方法,可以证明相应于定理7.13,定理7.14的结论也成立.

习题 7.5

1. 求下列矩阵在复数域上的约当标准形.

(1) $\begin{pmatrix} 8 & -3 & 6 \\ 3 & -2 & 0 \\ -4 & 2 & -2 \end{pmatrix}$; (2) $\begin{pmatrix} 1 & 2 & 0 \\ 0 & 2 & 0 \\ -2 & -2 & -1 \end{pmatrix}$; (3) $\begin{pmatrix} 13 & 16 & 16 \\ -5 & -7 & -6 \\ -8 & -6 & -7 \end{pmatrix}$;

(4) $\begin{pmatrix} -4 & 2 & 10 \\ -4 & 3 & 7 \\ -3 & 1 & 7 \end{pmatrix}$; (5) $\begin{pmatrix} 1 & 1 & -1 \\ -3 & -3 & 3 \\ -2 & -2 & 2 \end{pmatrix}$; (6) $\begin{pmatrix} 3 & 3 & -2 \\ -1 & -1 & 1 \\ 4 & 3 & -3 \end{pmatrix}$.

2. 求矩阵

$$\boldsymbol{A} = \begin{pmatrix} 2 & -3 & 0 & 0 \\ 3 & 2 & 0 & 0 \\ 0 & 1 & 2 & -3 \\ 0 & 0 & 3 & 2 \end{pmatrix}$$

的不变因子、在复数域上的初等因子和约当标准形.

*7.6 最小多项式

设 $\boldsymbol{A}$ 为数域 F 上的 n 阶矩阵,其特征多项式为 $f(\lambda)$, 则由哈密尔顿-凯莱定理知, $f(\boldsymbol{A})=\boldsymbol{O}$. 设 $g(\lambda)$ 是比 $f(\lambda)$ 次数更高的多项式,计算 $g(\boldsymbol{A})$.

先用 $f(\lambda)$ 去除 $g(\lambda)$, 由带余除法可知

$$g(\lambda)=q(\lambda)f(\lambda)+r(\lambda),$$

这里 $r(\lambda)=0$, 或 $\deg(r(\lambda))<\deg(f(\lambda))$. 由于 $f(\boldsymbol{A})=\boldsymbol{O}$, 因此

$$g(\boldsymbol{A})=r(\boldsymbol{A}).$$

若 $r(\lambda)=0$, 即 $f(\lambda)\mid g(\lambda)$, 则 $g(\boldsymbol{A})=\boldsymbol{O}$.

若 $r(\lambda)\neq 0$, $r(\lambda)$ 的次数比 $f(\lambda)$ 的次数低,因而比 $g(\lambda)$ 更低,计算 $r(\boldsymbol{A})$ 显然更容易.

这就是说,如果能找到一个次数比 $f(\lambda)$ 的次数还要低的多项式 $m(\lambda)$, 且 $m(\boldsymbol{A})=\boldsymbol{O}$, 用 $m(\lambda)$ 去除 $g(\lambda)$, 得到的余式 $r(\lambda)$ 的次数比 $m(\lambda)$ 还低,这时计算 $g(\boldsymbol{A})$ 只需要计算 $r(\boldsymbol{A})$, 可以大大简化工作量,于是提出最小多项式的概念.

本节首先介绍最小多项式的概念和基本性质,然后讨论应用最小多项式来判断一个矩阵能否对角化的问题.

定义 7.10 设 $\boldsymbol{A}$ 是数域 F 上的 n 阶矩阵, $f(\lambda)$ 是数域 F 上的多项式,如果 $f(\boldsymbol{A})=\boldsymbol{O}$, 则称 $\boldsymbol{A}$ 是 $f(\lambda)$ 的根,称 $f(\lambda)$ 是矩阵 $\boldsymbol{A}$ 的**零化多项式**.

进一步,设 $m(\lambda)$ 是矩阵 $\boldsymbol{A}$ 的次数最低的首项系数为 1 的零化多项式,则称 $m(\lambda)$ 是 $\boldsymbol{A}$ 的**最小多项式**.

由定义 7.10 知,设 $f(\lambda)$ 是矩阵 $\boldsymbol{A}$ 的零化多项式,则 $\forall g(\lambda)\in F[\lambda]$, $f(\lambda)g(\lambda)$ 也是 $\boldsymbol{A}$ 的零化多项式.

关于 A 的最小多项式,容易得到下面两个性质.

性质 1 设 $m(\lambda)$ 是矩阵 $\boldsymbol{A}$ 的最小多项式,则 $f(\lambda)$ 是 $\boldsymbol{A}$ 的零化多项式的充分必要条件是 $m(\lambda)\mid f(\lambda)$.

证明 因为 $\deg(m(\lambda))\leqslant\deg(f(\lambda))$, 所以 $m(\lambda)\mid f(\lambda)$.

反之,设 $m(\lambda)\mid f(\lambda)$, 则 $\exists g(\lambda)\in F[\lambda]$, 使得

$$f(\lambda)=m(\lambda)g(\lambda),$$

于是由 $m(\boldsymbol{A})=\boldsymbol{O}$, 得 $f(\boldsymbol{A})=\boldsymbol{O}$, 故 $f(\lambda)$ 是 $\boldsymbol{A}$ 的零化多项式.

性质 2 矩阵 $\boldsymbol{A}$ 的最小多项式是唯一的.

证明 设 $m_1(\lambda)$, $m_2(\lambda)$ 都是 $\boldsymbol{A}$ 的最小多项式,则由性质 1 知

$$m_1(\lambda) \mid m_2(\lambda), \quad m_2(\lambda) \mid m_1(\lambda),$$

而 $m_1(\lambda)$, $m_2(\lambda)$ 都是首项系数为 1 的多项式,因此 $m_1(\lambda)=m_2(\lambda)$. **证毕.**

由性质 1 知,矩阵 $\boldsymbol{A}$ 的最小多项式是 $\boldsymbol{A}$ 的特征多项式的一个因式.因此,求 $\boldsymbol{A}$ 的最小多项式应该在特征多项式的因式中去寻找.

例 7.13 数量矩阵 $k\boldsymbol{E}$ 的最小多项式为 $\lambda-k$,特别地,单位矩阵的最小多项式为 $\lambda-1$,零矩阵的最小多项式为 λ. 另一方面,如果 $\boldsymbol{A}$ 的最小多项式是一次多项式,那么 $\boldsymbol{A}$ 一定是数量矩阵.

例 7.14 设矩阵

$$\boldsymbol{A}=\begin{pmatrix}1 & 1 & 0\\ 0 & 1 & 0\\ 0 & 0 & 1\end{pmatrix},$$

求 $\boldsymbol{A}$ 的最小多项式.

解 $\boldsymbol{A}$ 的特征多项式

$$f(\lambda)=|\lambda\boldsymbol{E}-\boldsymbol{A}|=\begin{vmatrix}\lambda-1 & -1 & 0\\ 0 & \lambda-1 & 0\\ 0 & 0 & \lambda-1\end{vmatrix}=(\lambda-1)^3.$$

经验证 $\boldsymbol{A}-\boldsymbol{E}\neq\boldsymbol{O}$, $(\boldsymbol{A}-\boldsymbol{E})^2=\boldsymbol{O}$, 所以 $\boldsymbol{A}$ 的最小多项式是 $m(\lambda)=(\lambda-1)^2$.

例 7.15 求 k 阶约当块

$$\boldsymbol{J}_k=\begin{pmatrix}a & & & \\ 1 & \ddots & & \\ & \ddots & \ddots & \\ & & 1 & a\end{pmatrix}$$

的最小多项式.

解 注意到

$$\boldsymbol{J}_k-a\boldsymbol{E}=\begin{pmatrix}0 & & & \\ 1 & \ddots & & \\ & \ddots & \ddots & \\ & & 1 & 0\end{pmatrix}, \cdots, (\boldsymbol{J}_k-a\boldsymbol{E})^{k-1}=\begin{pmatrix}0 & & & \\ 0 & \ddots & & \\ \vdots & \ddots & \ddots & \\ 1 & \cdots & 0 & 0\end{pmatrix}\neq\boldsymbol{O},$$

$$(\boldsymbol{J}_k-a\boldsymbol{E})^k=\boldsymbol{O}.$$

因此, $\boldsymbol{J}_k$ 的最小多项式就是它的特征多项式 $f(\lambda)=(\lambda-a)^k$.

定理 7.15 设 $d_1(\lambda)$, $d_2(\lambda)$, …, $d_n(\lambda)$ 是 n 阶矩阵 $\boldsymbol{A}$ 的不变因子,则 $d_n(\lambda)$ 是 $\boldsymbol{A}$ 的最小多项式,即矩阵 $\boldsymbol{A}$ 的最小多项式是 $\boldsymbol{A}$ 的最后一个不变因子.

* **证明** 用 $D_k(\lambda)$ 表示 $\lambda\boldsymbol{E}-\boldsymbol{A}$ 的 k 阶行列式因子,$(\lambda\boldsymbol{E}-\boldsymbol{A})^*$ 表示 $\lambda\boldsymbol{E}-\boldsymbol{A}$ 的伴随矩阵,于是

$$D_n(\lambda)=|\lambda\boldsymbol{E}-\boldsymbol{A}|.$$

注意到 $D_{n-1}(\lambda)$ 是 $\lambda\boldsymbol{E}-\boldsymbol{A}$ 的所有 $n-1$ 阶子式的最大公因式,即 $(\lambda\boldsymbol{E}-\boldsymbol{A})^*$ 的所有一阶子式的最大公因式,因此,从 $(\lambda\boldsymbol{E}-\boldsymbol{A})^*$ 的每个元素中提出多项式 $D_{n-1}(\lambda)$,得

$$(\lambda\boldsymbol{E}-\boldsymbol{A})^*=D_{n-1}(\lambda)\cdot\boldsymbol{B}(\lambda),$$

则 $\boldsymbol{B}(\lambda)$ 中的元素互素.由伴随矩阵的性质得

$$(\lambda\boldsymbol{E}-\boldsymbol{A})(\lambda\boldsymbol{E}-\boldsymbol{A})^*=D_{n-1}(\lambda)\cdot(\lambda\boldsymbol{E}-\boldsymbol{A})\boldsymbol{B}(\lambda)=D_n(\lambda)\boldsymbol{E},$$

所以

$$(\lambda\boldsymbol{E}-\boldsymbol{A})\boldsymbol{B}(\lambda)=\frac{D_n(\lambda)}{D_{n-1}(\lambda)}\boldsymbol{E}=d_n(\lambda)\boldsymbol{E}.$$

将 $\boldsymbol{B}(\lambda)$ 表示成矩阵多项式,并用 $\lambda=\boldsymbol{A}$ 代入上式两端,即得 $d_n(\boldsymbol{A})=\boldsymbol{O}$.

又设 $m(\lambda)$ 是 $\boldsymbol{A}$ 的最小多项式,则 $m(\lambda)\mid d_n(\lambda)$,假定

$$d_n(\lambda)=m(\lambda)q(\lambda),$$

而 $m(\boldsymbol{A})=\boldsymbol{O}$,由 7.4 节的引理 2 知,存在 λ-矩阵 $\boldsymbol{Q}(\lambda)$,使得

$$m(\lambda)\boldsymbol{E}=(\lambda\boldsymbol{E}-\boldsymbol{A})\boldsymbol{Q}(\lambda),$$

所以

$$d_n(\lambda)\boldsymbol{E}=(\lambda\boldsymbol{E}-\boldsymbol{A})\boldsymbol{Q}(\lambda)\cdot q(\lambda).$$

注意到 $\lambda\boldsymbol{E}-\boldsymbol{A}$ 是可逆矩阵,故

$$\boldsymbol{B}(\lambda)=q(\lambda)\boldsymbol{Q}(\lambda).$$

此式表明,$q(\lambda)$ 是 $\boldsymbol{B}(\lambda)$ 的所有元素的一个公因式.但 $\boldsymbol{B}(\lambda)$ 中所有元素互素,故 $q(\lambda)$ 只能为常数.

由于 $d_n(\lambda)=m(\lambda)q(\lambda)$,且 $d_n(\lambda)$, $m(\lambda)$ 都是首项系数为 1 的多项式,因此 $q(\lambda)=1$,即

$$d_n(\lambda)=m(\lambda).$$

$d_n(\lambda)$ 是 $\boldsymbol{A}$ 的最小多项式. **证毕.**

由定理 7.15 知,设 $m(\lambda)$ 是 n 阶矩阵 $\boldsymbol{A}$ 的最小多项式,则 $m(\lambda)=d_n(\lambda)$,也就是说,求 $\boldsymbol{A}$ 的最小多项式只要求 $\boldsymbol{A}$ 的最后一个不变因子.下面举一例说明.

例 7.16 求

$$\boldsymbol{A}=\begin{pmatrix}1 & 1 & 0\\ -1 & 0 & 1\\ -3 & 0 & 0\end{pmatrix}$$

的最小多项式.

解 对矩阵 $\boldsymbol{A}$ 的特征矩阵进行初等变换,可得到其等价标准形

$$\lambda\boldsymbol{E}-\boldsymbol{A}=\begin{pmatrix}\lambda-1 & -1 & 0\\ 1 & \lambda & -1\\ 3 & 0 & \lambda\end{pmatrix}\to\begin{pmatrix}1 & 0 & 0\\ 0 & 1 & 0\\ 0 & 0 & \lambda^3-\lambda^2+\lambda+3\end{pmatrix}.$$

所以矩阵 $\boldsymbol{A}$ 的不变因子是

$$1,\quad 1,\quad \lambda^3-\lambda^2+\lambda+3,$$

最小多项式是

$$m(\lambda)=\lambda^3-\lambda^2+\lambda+3.$$

推论 1 相似矩阵有相同的最小多项式.

这是因为相似矩阵有相同的不变因子,由定理 7.15 即知推论 1 成立.

推论 2 矩阵 $\boldsymbol{A}$ 的特征多项式的不可约因式一定是最小多项式的因式,因此特征多项式的根也是最小多项式的根.

***证明** 设矩阵 $\boldsymbol{A}$ 的最小多项式是 $m(\lambda)$,特征多项式是 $f(\lambda)$. 由定理 7.15 的证明可知,存在 λ - 矩阵 $\boldsymbol{Q}(\lambda)$,使得

$$m(\lambda)\boldsymbol{E}=(\lambda\boldsymbol{E}-\boldsymbol{A})\boldsymbol{Q}(\lambda).$$

两边取行列式得

$$|m(\lambda)\boldsymbol{E}|=|(\lambda\boldsymbol{E}-\boldsymbol{A})\boldsymbol{Q}(\lambda)|,$$

即

$$(m(\lambda))^n=f(\lambda)\,|\boldsymbol{Q}(\lambda)|.$$

故特征多项式 $f(\lambda)$ 的全体不可约因式都能整除 $(m(\lambda))^n$,因此也能整除 $m(\lambda)$.

证毕.

推论 2 说明，在复数域上，特征多项式与最小多项的根是一致的，不同的只可能是根的重数而已，若特征多项式没有重根，则特征多项式与最小多项式相同.

推论 3 在复数域上，矩阵 $\boldsymbol{A}$ 可对角化的充分必要条件是 $\boldsymbol{A}$ 的最小多项式无重根，即 $\boldsymbol{A}$ 的最小多项式可表示为

$$m(\lambda)=(\lambda-\lambda_1)(\lambda-\lambda_2)\cdots(\lambda-\lambda_m),$$

其中，$\lambda_1, \lambda_2, \cdots, \lambda_m$ 是矩阵 $\boldsymbol{A}$ 的互不相同的特征值.

证明 由定理 7.13 的推论可知，复数矩阵 $\boldsymbol{A}$ 可对角化的充要条件是 $\boldsymbol{A}$ 的不变因子无重根，由定理 7.15 知，它等价于 $\boldsymbol{A}$ 的最小多项式无重根，再由上面推论 2 知结论成立. **证毕.**

有了这这些性质，求矩阵 $\boldsymbol{A}$ 的最小多项式变得容易了，而且可应用最小多项式判断一个矩阵可否对角化的问题.

例 7.17 在例 6.15 中，矩阵 $\boldsymbol{A}$ 是可对角化的，它的最小多项式是

$$m(\lambda)=(\lambda-1)(\lambda+2)=\lambda^2+\lambda-2.$$

在例 6.16 中，矩阵 $\boldsymbol{A}$ 也可对角化，其最小多项式是

$$m(\lambda)=(\lambda+1)(\lambda-5)=\lambda^2-4\lambda-5.$$

对例 6.16 中的矩阵 $\boldsymbol{A}$，设 $g(\lambda)=\lambda^4-3\lambda^3-3\lambda^2-2\lambda-1$，如何求 $g(\boldsymbol{A})$？用 $m(\lambda)$ 去除 $g(\lambda)$，得到余式 $r(\lambda)=27\lambda+29$，于是

$$g(\boldsymbol{A})=r(\boldsymbol{A})=27\boldsymbol{A}+29\boldsymbol{E}=\begin{pmatrix}56&54&54\\54&56&54\\54&54&56\end{pmatrix}.$$

这显然比计算矩阵 $\boldsymbol{A}$ 的各次方幂再代入求 $g(\boldsymbol{A})$ 简便多了.

读者可以验证例 6.23 的矩阵不可对角化，其最小多项式有重根.

例 7.18 设

$$\boldsymbol{A}=\begin{pmatrix}2&1&0\\-4&-2&0\\2&1&0\end{pmatrix},$$

计算 $g(\boldsymbol{A})=\boldsymbol{A}^7-3\boldsymbol{A}^6+4\boldsymbol{A}^4-10\boldsymbol{A}^2+2\boldsymbol{A}-3\boldsymbol{E}$.

解 对特征矩阵进行初等变换可得

$$\lambda\boldsymbol{E}-\boldsymbol{A}=\begin{pmatrix}\lambda-2&-1&0\\4&\lambda+2&0\\-2&-1&\lambda\end{pmatrix}\rightarrow\begin{pmatrix}1&0&0\\0&\lambda&0\\0&0&\lambda^2\end{pmatrix}.$$

最后一个不变因子是λ^2，因此$\boldsymbol{A}$的最小多项式为$m(\lambda)=\lambda^2$，有$\boldsymbol{A}^2=\boldsymbol{O}$. 因此，

$$g(\boldsymbol{A})=2\boldsymbol{A}-3\boldsymbol{E}=\begin{pmatrix}1 & 2 & 0\\ -8 & -7 & 0\\ 4 & 2 & -3\end{pmatrix}.$$

由推论 2 可知,例 7.18 的矩阵$\boldsymbol{A}$不可对角化,因为 0 是$\boldsymbol{A}$的最小多项式的二重根.

下面介绍一个非常简单且很有用的引理,请读者自己举例验证.

引理 设方阵$\boldsymbol{A}$是分块上三角矩阵,且主对角线上的每一子块$\boldsymbol{A}_i(i=1, 2, \cdots, m)$也是方阵

$$\boldsymbol{A}=\begin{pmatrix}\boldsymbol{A}_1 & * & \cdots & *\\ & \boldsymbol{A}_2 & \cdots & *\\ & & \ddots & \vdots\\ & & & \boldsymbol{A}_m\end{pmatrix},$$

$g(\lambda)$是多项式,则$g(\boldsymbol{A})$也是分块上三角矩阵,且

$$g(\boldsymbol{A})=\begin{pmatrix}g(\boldsymbol{A}_1) & * & \cdots & *\\ & g(\boldsymbol{A}_2) & \cdots & *\\ & & \ddots & \vdots\\ & & & g(\boldsymbol{A}_m)\end{pmatrix}.$$

定理 7.16 设$\boldsymbol{A}$是分块对角矩阵

$$\boldsymbol{A}=\begin{pmatrix}\boldsymbol{A}_1 & \boldsymbol{O}\\ \boldsymbol{O} & \boldsymbol{A}_2\end{pmatrix},$$

如果$m_{\boldsymbol{A}_1}(\lambda)$, $m_{\boldsymbol{A}_2}(\lambda)$分别是$\boldsymbol{A}_1$, $\boldsymbol{A}_2$的最小多项式,则$m_{\boldsymbol{A}_1}(\lambda)$, $m_{\boldsymbol{A}_2}(\lambda)$的最小公倍式$[m_{\boldsymbol{A}_1}(\lambda), m_{\boldsymbol{A}_2}(\lambda)]$为$\boldsymbol{A}$的最小多项式.

证明 因为$m_{\boldsymbol{A}_1}(\lambda)$为$\boldsymbol{A}_1$的最小多项式,故$m_{\boldsymbol{A}_1}(\boldsymbol{A}_1)=\boldsymbol{O}$.

记$m(\lambda)=[m_{\boldsymbol{A}_1}(\lambda), m_{\boldsymbol{A}_2}(\lambda)]$，则$m_{\boldsymbol{A}_1}(\lambda)$是$m(\lambda)$的因式,从而$m(\boldsymbol{A}_1)=\boldsymbol{O}$. 同理可得$m(\boldsymbol{A}_2)=\boldsymbol{O}$, 所以

$$m(\boldsymbol{A})=\begin{pmatrix}m(\boldsymbol{A}_1) & \boldsymbol{O}\\ \boldsymbol{O} & m(\boldsymbol{A}_2)\end{pmatrix}=\boldsymbol{O},$$

即$m(\lambda)$是矩阵$\boldsymbol{A}$的零化多项式.

其次,设$h(\lambda)$是$\boldsymbol{A}$的任意一个零化多项式,即有$h(\boldsymbol{A})=\boldsymbol{O}$, 由上面引理得

$$h(\boldsymbol{A})=\begin{pmatrix} h(\boldsymbol{A}_1) & \boldsymbol{O} \\ \boldsymbol{O} & h(\boldsymbol{A}_2) \end{pmatrix}=\boldsymbol{O}.$$

于是 $h(\boldsymbol{A}_1)=\boldsymbol{O}$, $h(\boldsymbol{A}_2)=\boldsymbol{O}$. 所以, $m_{\boldsymbol{A}_1}(\lambda)\mid h(\lambda)$, $m_{\boldsymbol{A}_2}(\lambda)\mid h(\lambda)$, 从而 $m(\lambda)\mid h(\lambda)$, 故 $m(\lambda)$ 是 $\boldsymbol{A}$ 的最小多项式. **证毕.**

用数学归纳法可以将这个结论推广：设 $\boldsymbol{A}$ 是分块对角矩阵

$$\boldsymbol{A}=\begin{pmatrix} \boldsymbol{A}_1 & & & \\ & \boldsymbol{A}_2 & & \\ & & \ddots & \\ & & & \boldsymbol{A}_m \end{pmatrix},$$

$m_i(\lambda)$ 为 $\boldsymbol{A}_i$ 的最小多项式, $i=1, 2, \cdots, m$, 则最小公倍式 $[m_1(\lambda), m_2(\lambda), \cdots, m_m(\lambda)]$ 是 $\boldsymbol{A}$ 的最小多项式.

根据线性变换与矩阵的对应关系,可以定义线性变换 σ 的最小多项式如下.

定义 7.11　设 V 是数域 F 上的 n 维线性空间, $\boldsymbol{\varepsilon}_1, \boldsymbol{\varepsilon}_2, \cdots, \boldsymbol{\varepsilon}_n$ 是 V 的一个基, V 的线性变换 σ 在这个基下的矩阵是 $\boldsymbol{A}$, 称 $\boldsymbol{A}$ 的最小多项式 $m_{\boldsymbol{A}}(\lambda)$ 为**线性变换 $\boldsymbol{\sigma}$ 的最小多项式.**

习题 7.6

1. 求下列矩阵的最小多项式.

(1) $\begin{pmatrix} 3 & 1 & -1 \\ -2 & 0 & 2 \\ -1 & -1 & 3 \end{pmatrix}$;　(2) $\begin{pmatrix} 1 & -2 & -4 \\ -2 & 4 & -2 \\ -4 & -2 & 1 \end{pmatrix}$;

(3) $\begin{pmatrix} 3 & 0 & 8 \\ 3 & -1 & 6 \\ -2 & 0 & -5 \end{pmatrix}$;　(4) $\begin{pmatrix} 1 & 1 & 1 \\ 2 & 0 & 1 \\ -1 & -1 & 2 \end{pmatrix}$.

2. 设

$$\boldsymbol{A}=\begin{pmatrix} 7 & 4 & -1 \\ 4 & 7 & -1 \\ -4 & -4 & 4 \end{pmatrix},$$

计算 $g(\boldsymbol{A})=\boldsymbol{A}^4-15\boldsymbol{A}^3+34\boldsymbol{A}^2+31\boldsymbol{A}-73\boldsymbol{E}$.

3. 设 $\boldsymbol{A}$ 是数域 F 上的 n 阶矩阵, $m(\lambda)$ 是 $\boldsymbol{A}$ 的最小多项式, $f(\lambda)\in F[\lambda]$, 如果

$$(m(\lambda), f(\lambda))=1,$$

证明 $f(\boldsymbol{A})$ 可逆.

4. 证明：n 阶矩阵 $\boldsymbol{A}$ 可逆的充分必要条件是 $\boldsymbol{A}$ 的最小多项式的常数项不为零.

5. 设 $\boldsymbol{A}$ 是复数域上的 n 阶矩阵,且 $\boldsymbol{A}^2+\boldsymbol{A}=2\boldsymbol{E}$,证明 $\boldsymbol{A}$ 可对角化.

6. 设 σ 是有限维线性空间 V 的线性变换,证明:

(1) 若 $\sigma^2=1_V$,则 σ 可对角化;

(2) 若 $\sigma^2=\sigma$,则 σ 可对角化;

(3) 若 $\sigma\neq o$,且 $\sigma^2=o$,则 σ 不可对角化.

总 习 题 7

一、单项选择题

1. 设 $\boldsymbol{A}(\lambda)$ 是 n 阶 λ - 矩阵,则(　　)不是 $\boldsymbol{A}(\lambda)$ 可逆的充分必要条件.

A. $\boldsymbol{A}(\lambda)$ 的秩为 n　　　　B. $\boldsymbol{A}(\lambda)$ 的行列式为非零常数

C. $\boldsymbol{A}(\lambda)$ 的等价标准形是单位矩阵　　　　D. $\boldsymbol{A}(\lambda)$ 是初等 λ - 矩阵的乘积

2. 以下关于 λ - 矩阵的叙述中,正确的是(　　).

A. 若 $\boldsymbol{A}(\lambda)\neq\boldsymbol{O}$, $\boldsymbol{B}(\lambda)\neq\boldsymbol{O}$, 则 $\boldsymbol{A}(\lambda)\boldsymbol{B}(\lambda)\neq\boldsymbol{O}$

B. 若 $R(\boldsymbol{A}(\lambda))=R(\boldsymbol{B}(\lambda))$,则 $\boldsymbol{A}(\lambda)$ 与 $\boldsymbol{B}(\lambda)$ 等价

C. 若 $\boldsymbol{A}(\lambda)$ 与 $\boldsymbol{B}(\lambda)$ 等价,则 $\boldsymbol{A}(\lambda)$ 与 $\boldsymbol{B}(\lambda)$ 有相同的等价标准形

D. 若 $\boldsymbol{A}(\lambda)$ 和 $\boldsymbol{B}(\lambda)$ 有相同的初等因子,则 $\boldsymbol{A}(\lambda)$ 与 $\boldsymbol{B}(\lambda)$ 等价

3. 设 $\boldsymbol{A}$ 有一个不变因子是 $\lambda^2-\lambda$,则(　　).

A. $\boldsymbol{A}$ 可对角化

B. $\boldsymbol{A}$ 的行列式等于 0

C. $\boldsymbol{A}$ 的特征多项式为 $\lambda^k(\lambda-1)^{n-1}$

D. $\boldsymbol{A}$ 的约当标准形主对角线上的元素不是 0 就是 1

4. 下列叙述中,(　　)不是 $\boldsymbol{A}=k\boldsymbol{E}_n$ 的充分必要条件.

A. $\boldsymbol{A}$ 的所有不变因子均非常数

B. $\boldsymbol{A}$ 的初等因子全是一次多项式

C. $\boldsymbol{A}$ 的约当标准形为对角矩阵

D. $\boldsymbol{A}$ 的 $n-1$ 阶行列式因子是 $n-1$ 次多项式

5. 设方阵 $\boldsymbol{A}$ 的特征多项式为 $f(\lambda)=\lambda^2(\lambda-1)^2(\lambda-2)$,则 $\boldsymbol{A}$ 可能的约当标准形共有(　　)个.

A. 1　　　　B. 2　　　　C. 3　　　　D. 4

二、填空题

1. 设 $\boldsymbol{A}(\lambda)$ 为五阶方阵,其秩为 4,初等因子是 λ, λ^2, λ^2, $\lambda-1$, $\lambda-1$, $\lambda+1$, $(\lambda+1)^3$,则 $\boldsymbol{A}(\lambda)$ 的等价标准形是________.

2. 设 $\boldsymbol{A}$ 的特征矩阵与 $\mathrm{diag}\,(1, 1, 1, 1, \lambda^2, (\lambda^2+1)^2)$ 等价,则 $\boldsymbol{A}$ 的约当标准形是________.

3. 矩阵 $\begin{pmatrix} 0 & 0 & 1 & 0 \\ 0 & 0 & 0 & 1 \\ 1 & 0 & 0 & 0 \\ 0 & 1 & 0 & 0 \end{pmatrix}$ 的约当标准形是________.

4. 设六阶矩阵 $\mathbf{A}$ 的最小多项式 $m_{\mathbf{A}}(\lambda)=(\lambda+2)^2(\lambda-2)^2$，则 $\mathbf{A}$ 的所有可能的(互不相似的)约当标准形是________.

5. 设 $\mathbf{A}$ 的初等因子为 $\lambda, \lambda^3, (\lambda-1)^2, (\lambda-1)^2, (\lambda-1)^2$，则 $\mathbf{A}$ 的特征值为________(含重数).

三、计算题

1. 设 σ 是 $\mathbf{F}^3$ 的线性变换：$\sigma(a, b, c)^{\mathrm{T}}=(c, b, a)^{\mathrm{T}}(\forall(a, b, c)^{\mathrm{T}} \in \mathbf{F}^3)$，求 σ 的最小多项式.

2. 求矩阵

$$\mathbf{A}=\begin{pmatrix} 2 & -1 & -1 \\ 2 & -1 & -2 \\ -1 & -1 & 2 \end{pmatrix}$$

的约当标准形 $\boldsymbol{J}$，并求可逆矩阵 $\boldsymbol{P}$，使得 $\boldsymbol{P}^{-1}\boldsymbol{A}\boldsymbol{P}=\boldsymbol{J}$.

3. 设 σ 是线性空间 V 的线性变换，$f(\lambda)$ 和 $m(\lambda)$ 分别是 σ 的特征多项式和最小多项式，且

$$f(\lambda)=(\lambda+1)^3(\lambda-2)^2(\lambda+3), \quad m(\lambda)=(\lambda+1)^2(\lambda-2)(\lambda+3).$$

(1) 求 σ 的所有不变因子；

(2) 写出 σ 的约当标准形.

四、证明题

1. 设 F_1, F_2 是两个数域，且 $F_1 \subseteq F_2$. 若 $\mathbf{A}, \boldsymbol{B}$ 是 F_1 上的两个 n 阶矩阵，证明：$\mathbf{A}, \boldsymbol{B}$ 在 F_1 上相似当且仅当 $\mathbf{A}, \boldsymbol{B}$ 在 F_2 上相似.

2. 设 $\mathbf{A}=\begin{pmatrix} 0 & 10 & 30 \\ 0 & 0 & 2\,010 \\ 0 & 0 & 0 \end{pmatrix}$，证明：$\boldsymbol{X}^2=\mathbf{A}$ 无解，这里 $\boldsymbol{X}$ 是三阶未知复矩阵.

第 8 章

欧 氏 空 间

在线性空间中，向量之间的基本运算只有加法和数乘这两种线性运算，就诸多几何问题而言，仅有这些概念是不够的，还得考虑向量的度量性质，如长度、夹角等.因此，有必要在线性空间中引入度量的概念，本章要介绍的欧氏空间就是引入这些度量概念的实数域 $\mathbf{R}$ 上的线性空间.

本章先介绍欧氏空间的概念，然后介绍标准正交基、正交矩阵与正交变换、实对称矩阵与对称变换，最后介绍欧氏子空间的正交性.

8.1 欧氏空间的概念

我们知道，在几何空间 $\mathbf{R}^3$ 中，向量的长度、夹角等度量概念都可以通过向量的数量积(内积)表示出来，而且向量的内积有明显的代数性质.因此，在抽象的讨论中，取内积作为基本的概念，为此，先将 $\mathbf{R}^3$ 中的内积加以推广.

8.1.1 内积与欧氏空间

定义 8.1 设 V 是实数域 $\mathbf{R}$ 上的线性空间，对任意 $\boldsymbol{\alpha}, \boldsymbol{\beta} \in V$，定义实数 $(\boldsymbol{\alpha}, \boldsymbol{\beta})$ 与之对应，并且满足以下性质：

(1) $(\boldsymbol{\alpha}, \boldsymbol{\beta})=(\boldsymbol{\beta}, \boldsymbol{\alpha})$；

(2) $(k\boldsymbol{\alpha}, \boldsymbol{\beta})=k(\boldsymbol{\alpha}, \boldsymbol{\beta})$；

(3) $(\boldsymbol{\alpha}+\boldsymbol{\beta}, \boldsymbol{\gamma})=(\boldsymbol{\alpha}, \boldsymbol{\gamma})+(\boldsymbol{\beta}, \boldsymbol{\gamma})$；

(4) $(\boldsymbol{\alpha}, \boldsymbol{\alpha}) \geqslant 0$，当且仅当 $\boldsymbol{\alpha}=0$ 时，$(\boldsymbol{\alpha}, \boldsymbol{\alpha})=0$.

其中，$\boldsymbol{\alpha}, \boldsymbol{\beta}, \boldsymbol{\gamma}$ 是 V 中的任意向量，k 是任意实数，称 $(\boldsymbol{\alpha}, \boldsymbol{\beta})$ 为向量 $\boldsymbol{\alpha}, \boldsymbol{\beta}$ 的**内积**，称 V 为**欧几里得空间**，简称**欧氏空间**.

在定义 8.1 中，内积性质(1)称为“对称性”，(2)、(3)合称为“线性性”，(4)称为“非负性”.

例 8.1 在 $\mathbf{R}^n$ 中，对任意向量 $\boldsymbol{\alpha}=(a_1, a_2, \cdots, a_n)^{\mathrm{T}}$，$\boldsymbol{\beta}=(b_1, b_2, \cdots, b_n)^{\mathrm{T}}$，定义

$$(\boldsymbol{\alpha}, \boldsymbol{\beta})=\sum_{i=1}^{n} a_i b_i=\boldsymbol{\alpha}^{\mathrm{T}} \boldsymbol{\beta},$$

则 $(\boldsymbol{\alpha}, \boldsymbol{\beta}) \in \mathbf{R}$，且由 $\boldsymbol{\alpha}, \boldsymbol{\beta}$ 唯一确定.不难验证，$(\boldsymbol{\alpha}, \boldsymbol{\beta})=\sum_{i=1}^{n} a_i b_i$ 满足定义 8.1 中的四个性质，因此 $\mathbf{R}^n$ 构成一个欧氏空间.

在例 8.1 中，当 $n=3$ 时，$(\boldsymbol{\alpha}, \boldsymbol{\beta})=a_1 b_1+a_2 b_2+a_3 b_3$，这就是几何空间 $\mathbf{R}^3$ 中的向量的内积在直角坐标系中的坐标表达式.

例 8.2 设在 $\mathbf{R}^n$ 中，对任意向量 $\boldsymbol{\alpha}=(a_1, a_2, \cdots, a_n)^{\mathrm{T}}$，$\boldsymbol{\beta}=(b_1, b_2, \cdots, b_n)^{\mathrm{T}}$，定义

$$(\boldsymbol{\alpha}, \boldsymbol{\beta})=\sum_{i=1}^{n} i a_i b_i,$$

则 $(\boldsymbol{\alpha}, \boldsymbol{\beta})$ 也是 $\mathbf{R}^n$ 的内积，因此 $\mathbf{R}^n$ 按照这个内积也是一个欧氏空间.

由例 8.1 与例 8.2 可知，同一个 $\mathbf{R}$ 上的线性空间，可以定义不同的内积，从而得到不同的欧氏空间.

若无特别说明，以后说欧氏空间 $\mathbf{R}^n$ 时，其内积均为例 8.1 所定义的内积(称之为**通常内积**).

例 8.3 对任意 $f(x), g(x) \in C[a, b]$ (或 $R[x], R[x]_n$)，定义

$$(f(x), g(x))=\int_a^b f(x) g(x) \mathrm{d} x.$$

由定积分的性质容易验证它满足内积的四个性质，因此 $C[a, b]$ (或 $R[x]$, $R[x]_n$) 在这个内积下成为一个欧氏空间.

下面来看欧氏空间的一些基本性质.

首先，由于内积具有对称性，因此，与(2)、(3)相当地就有

(2′) $(\boldsymbol{\alpha}, k\boldsymbol{\beta})=(k\boldsymbol{\beta}, \boldsymbol{\alpha})=k(\boldsymbol{\beta}, \boldsymbol{\alpha})=k(\boldsymbol{\alpha}, \boldsymbol{\beta})$；

(3′) $(\boldsymbol{\alpha}, \boldsymbol{\beta}+\boldsymbol{\gamma})=(\boldsymbol{\beta}+\boldsymbol{\gamma}, \boldsymbol{\alpha})=(\boldsymbol{\beta}, \boldsymbol{\alpha})+(\boldsymbol{\gamma}, \boldsymbol{\alpha})=(\boldsymbol{\alpha}, \boldsymbol{\beta})+(\boldsymbol{\alpha}, \boldsymbol{\gamma})$.

其次，结合线性性，容易得到内积还有如下简单性质.

(5) $\left(\sum_{i=1}^{m} k_i \boldsymbol{\alpha}_i, \boldsymbol{\beta}\right)=\sum_{i=1}^{m} k_i(\boldsymbol{\alpha}_i, \boldsymbol{\beta})$，其中 $k_1, k_2, \cdots, k_m \in \mathbf{R}$；

(6) $\left(\sum_{i=1}^{m} k_i \boldsymbol{\alpha}_i, \sum_{j=1}^{n} l_j \boldsymbol{\beta}_j\right)=\sum_{i=1}^{m} \sum_{j=1}^{n} k_i l_j(\boldsymbol{\alpha}_i, \boldsymbol{\beta}_j)$，其中 $k_1, k_2, \cdots, k_m, l_1, l_2, \cdots, l_n \in \mathbf{R}$；

(7) $(\boldsymbol{\alpha}, \mathbf{0})=(\mathbf{0}, \boldsymbol{\alpha})=0$.

由内积性质(4)，有 $(\boldsymbol{\alpha}, \boldsymbol{\alpha}) \geqslant 0$，所以对任意向量 $\boldsymbol{\alpha}$，$\sqrt{(\boldsymbol{\alpha}, \boldsymbol{\alpha})}$ 是有意义的，

这样,与几何空间 $\mathbf{R}^3$ 类似,就可以合理地引入欧氏空间中向量长度的概念.

定义 8.2 非负实数 $\sqrt{(\boldsymbol{\alpha}, \boldsymbol{\alpha})}$ 称为向量 $\boldsymbol{\alpha}$ 的**长度**(又称向量 $\boldsymbol{\alpha}$ 的**模**),记为 $|\boldsymbol{\alpha}|$,即

$$|\boldsymbol{\alpha}|=\sqrt{(\boldsymbol{\alpha}, \boldsymbol{\alpha})}.$$

任意抽象的欧氏空间中每一个向量都有一个确定的长度.显然,零向量的长度为零,任何非零向量的长度是正实数.

长度为 1 的向量称为**单位向量**.

由定义 8.2 可得,例 8.1 中欧氏空间 $\mathbf{R}^n$ 中的向量 $\boldsymbol{\alpha}=(a_1, a_2, \cdots, a_n)^{\mathrm{T}}$ 的长度是

$$|\boldsymbol{\alpha}|=\sqrt{a_1^2+a_2^2+\cdots+a_n^2}.$$

当 $n=3$ 时,$|\boldsymbol{\alpha}|=\sqrt{a_1^2+a_2^2+a_3^2}$,与几何空间 $\mathbf{R}^3$ 的向量长度意义是一致的.

由定义 8.2 可得向量长度的以下简单性质,即有定理 8.1.

定理 8.1 对欧氏空间 V 中的任意向量 $\boldsymbol{\alpha}, \boldsymbol{\beta}$ 及任意实数 k,都有

(1) 正齐性:$|k\boldsymbol{\alpha}|=|k||\boldsymbol{\alpha}|$;

(2) 柯西-布涅科夫斯基不等式:$|(\boldsymbol{\alpha}, \boldsymbol{\beta})|\leqslant|\boldsymbol{\alpha}||\boldsymbol{\beta}|$,当且仅当 $\boldsymbol{\alpha}, \boldsymbol{\beta}$ 线性相关时,取等号;

(3) 三角不等式:$|\boldsymbol{\alpha}+\boldsymbol{\beta}|\leqslant|\boldsymbol{\alpha}|+|\boldsymbol{\beta}|$.

证明 (1) $|k\boldsymbol{\alpha}|=\sqrt{(k\boldsymbol{\alpha}, k\boldsymbol{\alpha})}=\sqrt{k^2(\boldsymbol{\alpha}, \boldsymbol{\alpha})}=|k||\boldsymbol{\alpha}|$.

(2) 如果 $\boldsymbol{\alpha}, \boldsymbol{\beta}$ 线性相关,则 $\boldsymbol{\alpha}=k\boldsymbol{\beta}$ 或 $\boldsymbol{\beta}=k\boldsymbol{\alpha}\,(k\in\mathbf{R})$,无论哪一种情况,都有

$$(\boldsymbol{\alpha}, \boldsymbol{\beta})^2=(\boldsymbol{\alpha}, \boldsymbol{\alpha})(\boldsymbol{\beta}, \boldsymbol{\beta}),$$

从而

$$|(\boldsymbol{\alpha}, \boldsymbol{\beta})|=|\boldsymbol{\alpha}||\boldsymbol{\beta}|.$$

现设 $\boldsymbol{\alpha}, \boldsymbol{\beta}$ 线性无关,则对任意实数 t,$\boldsymbol{\alpha}+t\boldsymbol{\beta}\neq\mathbf{0}$,因此

$$(\boldsymbol{\alpha}+t\boldsymbol{\beta}, \boldsymbol{\alpha}+t\boldsymbol{\beta})=(\boldsymbol{\alpha}, \boldsymbol{\alpha})+2(\boldsymbol{\alpha}, \boldsymbol{\beta})t+(\boldsymbol{\beta}, \boldsymbol{\beta})t^2>0$$

对一切实数 t 都成立.注意到 $(\boldsymbol{\beta}, \boldsymbol{\beta})=|\boldsymbol{\beta}|^2>0$,所以

$$\Delta=4(\boldsymbol{\alpha}, \boldsymbol{\beta})^2-4(\boldsymbol{\alpha}, \boldsymbol{\alpha})(\boldsymbol{\beta}, \boldsymbol{\beta})<0,$$

即

$$(\boldsymbol{\alpha}, \boldsymbol{\beta})^2<(\boldsymbol{\alpha}, \boldsymbol{\alpha})(\boldsymbol{\beta}, \boldsymbol{\beta}),$$

故

$$|(\boldsymbol{\alpha}, \boldsymbol{\beta})| < |\boldsymbol{\alpha}||\boldsymbol{\beta}|.$$

(3)

$$\begin{aligned}|\boldsymbol{\alpha}+\boldsymbol{\beta}|^2 &= (\boldsymbol{\alpha}+\boldsymbol{\beta}, \boldsymbol{\alpha}+\boldsymbol{\beta}) \\ &= (\boldsymbol{\alpha}, \boldsymbol{\alpha}) + 2(\boldsymbol{\alpha}, \boldsymbol{\beta}) + (\boldsymbol{\beta}, \boldsymbol{\beta}) \\ &\leqslant |\boldsymbol{\alpha}|^2 + 2|\boldsymbol{\alpha}||\boldsymbol{\beta}| + |\boldsymbol{\beta}|^2 \\ &\leqslant (|\boldsymbol{\alpha}| + |\boldsymbol{\beta}|)^2.\end{aligned}$$

证毕.

由向量长度的“正齐性”，设 $\boldsymbol{\alpha} \neq \mathbf{0}$，则向量 $\dfrac{1}{|\boldsymbol{\alpha}|}\boldsymbol{\alpha}$ 是一个单位向量，称为向量 $\boldsymbol{\alpha}$ 的**单位化向量**.用非零向量 $\boldsymbol{\alpha}$ 的长度去除向量 $\boldsymbol{\alpha}$，得到一个与 $\boldsymbol{\alpha}$ 成比例的单位向量，通常称为把 $\boldsymbol{\alpha}$ **单位化.**

利用柯西-布涅科夫斯基不等式，以及 $\mathbf{R}^n$ 与 $C[a, b]$ 的内积定义，可得下面两个著名的不等式.

例 8.4 在欧氏空间 $\mathbf{R}^n$ 中，对任意实数 $a_1, a_2, \cdots, a_n, b_1, b_2, \cdots, b_n$，都有不等式

$$(a_1b_1 + a_2b_2 + \cdots + a_nb_n)^2 \leqslant (a_1^2 + a_2^2 + \cdots + a_n^2)(b_1^2 + b_2^2 + \cdots + b_n^2)$$

成立，这就是著名的**柯西不等式.**

例 8.5 在欧氏空间 $C[a, b]$ 中，对区间 $[a, b]$ 上的任意连续函数 $f(x)$，$g(x)$，都有

$$\left|\int_a^b f(x)g(x)\mathrm{d}x\right| \leqslant \sqrt{\int_a^b f^2(x)\mathrm{d}x} \cdot \sqrt{\int_a^b g^2(x)\mathrm{d}x}$$

成立，此不等式通常称为**施瓦兹不等式.**

对欧氏空间 V 中的任意两个非零向量 $\boldsymbol{\alpha}, \boldsymbol{\beta}$，由 $|(\boldsymbol{\alpha}, \boldsymbol{\beta})| \leqslant |\boldsymbol{\alpha}||\boldsymbol{\beta}|$ 知，

$$-1 \leqslant \frac{(\boldsymbol{\alpha}, \boldsymbol{\beta})}{|\boldsymbol{\alpha}||\boldsymbol{\beta}|} \leqslant 1,$$

因此，下面的关于向量夹角的定义是合理的.

定义 8.3 设 $\boldsymbol{\alpha}, \boldsymbol{\beta}$ 是两个非零向量，称 $\arccos\dfrac{(\boldsymbol{\alpha}, \boldsymbol{\beta})}{|\boldsymbol{\alpha}||\boldsymbol{\beta}|}$ 为 $\boldsymbol{\alpha}, \boldsymbol{\beta}$ 的**夹角**，记为 $\langle\boldsymbol{\alpha}, \boldsymbol{\beta}\rangle$，即

$$\langle\boldsymbol{\alpha}, \boldsymbol{\beta}\rangle = \arccos\frac{(\boldsymbol{\alpha}, \boldsymbol{\beta})}{|\boldsymbol{\alpha}||\boldsymbol{\beta}|}.$$

规定 $0 \leqslant \langle\boldsymbol{\alpha}, \boldsymbol{\beta}\rangle \leqslant \pi$.

例 8.6 在 $\mathbf{R}^4$ 中,求向量 $\boldsymbol{\alpha}=(-1, 2, 2, 3)^{\mathrm{T}}$, $\boldsymbol{\beta}=(3, -2, -1, 2)^{\mathrm{T}}$ 的内积、长度、夹角以及它们的单位化向量.

解 向量 $\boldsymbol{\alpha}$, $\boldsymbol{\beta}$ 的内积和长度分别为

$$(\boldsymbol{\alpha}, \boldsymbol{\beta})=-1\times3+2\times(-2)+2\times(-1)+3\times2=-3,$$
$$|\boldsymbol{\alpha}|=\sqrt{(-1)^2+2^2+2^2+3^2}=3\sqrt{2},$$
$$|\boldsymbol{\beta}|=\sqrt{3^2+(-2)^2+(-1)^2+2^2}=3\sqrt{2},$$

因此,向量 $\boldsymbol{\alpha}$, $\boldsymbol{\beta}$ 的夹角是

$$\langle\boldsymbol{\alpha}, \boldsymbol{\beta}\rangle=\arccos\frac{(\boldsymbol{\alpha}, \boldsymbol{\beta})}{|\boldsymbol{\alpha}||\boldsymbol{\beta}|}=\arccos\left(-\frac{1}{6}\right)=\pi-\arccos\frac{1}{6}.$$

向量 $\boldsymbol{\alpha}$, $\boldsymbol{\beta}$ 的单位化向量分别是

$$\frac{1}{|\boldsymbol{\alpha}|}\boldsymbol{\alpha}=\frac{1}{3\sqrt{2}}(-1, 2, 2, 3)^{\mathrm{T}}, \quad \frac{1}{|\boldsymbol{\beta}|}\boldsymbol{\beta}=\frac{1}{3\sqrt{2}}(3, -2, -1, 2)^{\mathrm{T}}.$$

有了夹角的概念后,当欧氏空间中两个非零向量的夹角是 $\frac{\pi}{2}$ 时,很自然地称它们是正交(垂直)的.

定义 8.4 设 $(\boldsymbol{\alpha}, \boldsymbol{\beta})=0$, 则称 $\boldsymbol{\alpha}$ 与 $\boldsymbol{\beta}$ **正交**,记作 $\boldsymbol{\alpha}\perp\boldsymbol{\beta}$.

显然,零向量与任意向量都正交,而且只有零向量与自己正交.另外可知,两个非零向量 $\boldsymbol{\alpha}$, $\boldsymbol{\beta}$ 正交的充分必要条件是 $\langle\boldsymbol{\alpha}, \boldsymbol{\beta}\rangle=\frac{\pi}{2}$.

在欧氏空间 $\mathbf{R}^n$ 中, n 维单位坐标向量是互相正交的,即 $\boldsymbol{e}_i\perp\boldsymbol{e}_j$ $(i\neq j;\ i, j=1, 2, \cdots, n)$.

可以证明,设 $\boldsymbol{\alpha}\perp\boldsymbol{\beta}_i$ $(i=1, 2, \cdots, m)$, 则 $\forall k_1, k_2, \cdots, k_m\in\mathbf{R}$, 有 $\boldsymbol{\alpha}\perp\sum_{i=1}^{m}k_i\boldsymbol{\beta}_i$ (见习题 8.1 第 4 题).

定理 8.2 设向量 $\boldsymbol{\alpha}$, $\boldsymbol{\beta}$ 正交,则

$$|\boldsymbol{\alpha}+\boldsymbol{\beta}|^2=|\boldsymbol{\alpha}|^2+|\boldsymbol{\beta}|^2,$$

这就是所谓的**勾股定理**.

证明 设向量 $\boldsymbol{\alpha}$, $\boldsymbol{\beta}$ 正交,则 $(\boldsymbol{\alpha}, \boldsymbol{\beta})=0$, 因此

$$\begin{aligned}|\boldsymbol{\alpha}+\boldsymbol{\beta}|^2&=(\boldsymbol{\alpha}+\boldsymbol{\beta}, \boldsymbol{\alpha}+\boldsymbol{\beta})=(\boldsymbol{\alpha}, \boldsymbol{\alpha})+2(\boldsymbol{\alpha}, \boldsymbol{\beta})+(\boldsymbol{\beta}, \boldsymbol{\beta})\\&=(\boldsymbol{\alpha}, \boldsymbol{\alpha})+(\boldsymbol{\beta}, \boldsymbol{\beta})=|\boldsymbol{\alpha}|^2+|\boldsymbol{\beta}|^2.\end{aligned}$$

证毕.

勾股定理可推广为多个向量的情形,即有下面的推论,其证明可由数学归纳法

得到.

推论 设向量 $\boldsymbol{\alpha}_1, \boldsymbol{\alpha}_2, \cdots, \boldsymbol{\alpha}_m$ 两两正交,即 $(\boldsymbol{\alpha}_i, \boldsymbol{\alpha}_j)=0(i \neq j; i, j=1, 2, \cdots, m)$,则

$$|\boldsymbol{\alpha}_1+\boldsymbol{\alpha}_2+\cdots+\boldsymbol{\alpha}_m|^2=|\boldsymbol{\alpha}_1|^2+|\boldsymbol{\alpha}_2|^2+\cdots+|\boldsymbol{\alpha}_m|^2.$$

例 8.7 在 $\mathbf{R}^4$ 中,求一个单位向量与向量

$$\boldsymbol{\alpha}_1=(1, 2, -1, 2)^{\mathrm{T}}, \quad \boldsymbol{\alpha}_2=(2, -1, 2, -1)^{\mathrm{T}}, \quad \boldsymbol{\alpha}_3=(1, -8, 7, 4)^{\mathrm{T}}$$

都正交.

解 设向量 $\boldsymbol{\alpha}=(x_1, x_2, x_3, x_4)^{\mathrm{T}}$ 与 $\boldsymbol{\alpha}_1, \boldsymbol{\alpha}_2, \boldsymbol{\alpha}_3$ 都正交,即有

$$(\boldsymbol{\alpha}, \boldsymbol{\alpha}_1)=(\boldsymbol{\alpha}, \boldsymbol{\alpha}_2)=(\boldsymbol{\alpha}, \boldsymbol{\alpha}_3)=0,$$

因此得

$$\begin{cases} x_1+2x_2-x_3+2x_4=0, \\ 2x_1-x_2+2x_3-x_4=0, \\ x_1-8x_2+7x_3+4x_4=0. \end{cases}$$

解这个方程组得

$$x_1=-\frac{3}{5}x_3, \quad x_2=\frac{4}{5}x_3, \quad x_4=0.$$

令 $x_3=5$,得一个基础解系 $(-3, 4, 5, 0)^{\mathrm{T}}$,取向量 $\boldsymbol{\alpha}=(-3, 4, 5, 0)^{\mathrm{T}}$,则 $\boldsymbol{\alpha}=(-3, 4, 5, 0)^{\mathrm{T}}$ 与向量 $\boldsymbol{\alpha}_1, \boldsymbol{\alpha}_2, \boldsymbol{\alpha}_3$ 都正交.

再将 $\boldsymbol{\alpha}$ 单位化:$\frac{1}{|\boldsymbol{\alpha}|}\boldsymbol{\alpha}=\frac{1}{5\sqrt{2}}(-3, 4, 5, 0)^{\mathrm{T}}$,即得单位向量 $\frac{1}{5\sqrt{2}}(-3, 4, 5, 0)^{\mathrm{T}}$.

定义 8.5 在欧氏空间中,两个向量 $\boldsymbol{\alpha}, \boldsymbol{\beta}$ 的**距离**是指向量 $\boldsymbol{\alpha}-\boldsymbol{\beta}$ 的长度 $|\boldsymbol{\alpha}-\boldsymbol{\beta}|$,通常用符号 $d(\boldsymbol{\alpha}, \boldsymbol{\beta})$ 表示,即

$$d(\boldsymbol{\alpha}, \boldsymbol{\beta})=|\boldsymbol{\alpha}-\boldsymbol{\beta}|.$$

容易知道,距离有如下性质.

(1) 非负性. $d(\boldsymbol{\alpha}, \boldsymbol{\beta}) \geqslant 0$,当且仅当 $\boldsymbol{\alpha}=\boldsymbol{\beta}$ 时取等号.

(2) 对称性. $d(\boldsymbol{\alpha}, \boldsymbol{\beta})=d(\boldsymbol{\beta}, \boldsymbol{\alpha})$.

(3) 三角不等式. $d(\boldsymbol{\alpha}, \boldsymbol{\beta}) \leqslant d(\boldsymbol{\alpha}, \boldsymbol{\gamma})+d(\boldsymbol{\gamma}, \boldsymbol{\beta})$,这里 $\boldsymbol{\alpha}, \boldsymbol{\beta}, \boldsymbol{\gamma}$ 是欧氏空间中的任意向量.

8.1.2 度量矩阵与同构映射

定义 8.6 设 V 是 n 维欧氏空间,$\boldsymbol{\varepsilon}_1, \boldsymbol{\varepsilon}_2, \cdots, \boldsymbol{\varepsilon}_n$ 是 V 的一个基,令 $a_{ij}=(\boldsymbol{\varepsilon}_i,$

$\boldsymbol{\varepsilon}_j$), $i, j=1, 2, \cdots, n$,称 n 阶矩阵 $\boldsymbol{A}=(a_{ij})_{n\times n}$ 为基 $\boldsymbol{\varepsilon}_1, \boldsymbol{\varepsilon}_2, \cdots, \boldsymbol{\varepsilon}_n$ 的**度量矩阵**.

显然,度量矩阵由基和内积唯一决定,并且度量矩阵是实对称矩阵,即 $a_{ij}=a_{ji}(i, j=1, 2, \cdots, n)$.

基 $\boldsymbol{\varepsilon}_1, \boldsymbol{\varepsilon}_2, \cdots, \boldsymbol{\varepsilon}_n$ 的度量矩阵可详细表示为

$$\boldsymbol{A}=\begin{pmatrix} (\boldsymbol{\varepsilon}_1, \boldsymbol{\varepsilon}_1) & (\boldsymbol{\varepsilon}_1, \boldsymbol{\varepsilon}_2) & \cdots & (\boldsymbol{\varepsilon}_1, \boldsymbol{\varepsilon}_n) \\ (\boldsymbol{\varepsilon}_2, \boldsymbol{\varepsilon}_1) & (\boldsymbol{\varepsilon}_2, \boldsymbol{\varepsilon}_2) & \cdots & (\boldsymbol{\varepsilon}_2, \boldsymbol{\varepsilon}_n) \\ \vdots & \vdots & & \vdots \\ (\boldsymbol{\varepsilon}_n, \boldsymbol{\varepsilon}_1) & (\boldsymbol{\varepsilon}_n, \boldsymbol{\varepsilon}_2) & \cdots & (\boldsymbol{\varepsilon}_n, \boldsymbol{\varepsilon}_n) \end{pmatrix}.$$

现在考察向量的内积与度量矩阵的关系.

设 $\boldsymbol{\varepsilon}_1, \boldsymbol{\varepsilon}_2, \cdots, \boldsymbol{\varepsilon}_n$ 是 n 维欧氏空间 V 的一个基,$\boldsymbol{A}=(a_{ij})_{n\times n}$ 是这个基的度量矩阵. 对任意 $\boldsymbol{\alpha}, \boldsymbol{\beta} \in V$,设

$$\boldsymbol{\alpha}=x_1\boldsymbol{\varepsilon}_1+x_2\boldsymbol{\varepsilon}_2+\cdots+x_n\boldsymbol{\varepsilon}_n,$$
$$\boldsymbol{\beta}=y_1\boldsymbol{\varepsilon}_1+y_2\boldsymbol{\varepsilon}_2+\cdots+y_n\boldsymbol{\varepsilon}_n,$$

其中,$\boldsymbol{x}=(x_1, x_2, \cdots, x_n)^{\mathrm{T}}$, $\boldsymbol{y}=(y_1, y_2, \cdots, y_n)^{\mathrm{T}}$ 分别是向量 $\boldsymbol{\alpha}, \boldsymbol{\beta}$ 在基 $\boldsymbol{\varepsilon}_1, \boldsymbol{\varepsilon}_2, \cdots, \boldsymbol{\varepsilon}_n$ 下的坐标.由内积的性质知

$$(\boldsymbol{\alpha}, \boldsymbol{\beta})=\left(\sum_{i=1}^{n} x_i\boldsymbol{\varepsilon}_i, \sum_{i=1}^{n} y_i\boldsymbol{\varepsilon}_i\right)=\sum_{i=1}^{n}\sum_{j=1}^{n}(\boldsymbol{\varepsilon}_i, \boldsymbol{\varepsilon}_j)x_iy_j=\sum_{i=1}^{n}\sum_{j=1}^{n}a_{ij}x_iy_j=\boldsymbol{x}^{\mathrm{T}}\boldsymbol{A}\boldsymbol{y},$$

因此,任意两个向量的内积由度量矩阵唯一决定.

特别地

$$|\boldsymbol{\alpha}|^2=(\boldsymbol{\alpha}, \boldsymbol{\alpha})=\sum_{i=1}^{n}\sum_{j=1}^{n}a_{ij}x_ix_j=\boldsymbol{x}^{\mathrm{T}}\boldsymbol{A}\boldsymbol{x}.$$

在本节最后,简单介绍欧氏空间的同构.

定义 8.7 设 V, U 是实数域 $\mathbf{R}$ 上的两个欧氏空间,如果存在 V 到 U 的一个双射 σ,满足:

(1) $\sigma(\boldsymbol{\alpha}+\boldsymbol{\beta})=\sigma(\boldsymbol{\alpha})+\sigma(\boldsymbol{\beta})$;

(2) $\sigma(k\boldsymbol{\alpha})=k\sigma(\boldsymbol{\alpha})$;

(3) $(\sigma(\boldsymbol{\alpha}), \sigma(\boldsymbol{\beta}))=(\boldsymbol{\alpha}, \boldsymbol{\beta})$,

这里 $\boldsymbol{\alpha}, \boldsymbol{\beta} \in V$, $k \in \mathbf{R}$, 则称欧氏空间 V 与 U **同构**,称 σ 是 V 到 U 的一个**同构映射**.

根据定义 8.7 的(1),(2),欧氏空间的同构映射首先是线性空间的同构映射.

欧氏空间的同构映射就是保持内积不变的线性双射.由于向量的长度、向量间

的夹角都是由内积决定的，所以，同构映射也保持向量的长度不变，保持向量的夹角不变，因而保持几何形状不变.

容易证明，同构作为欧氏空间之间的关系具有反身性、对称性和传递性，因而它是欧氏空间的等价关系.另外还可以证明下面的定理8.3（见习题8.2第9题），所以，任意一个 n 维欧氏空间都与 $\mathbf{R}^n$ 同构，这样，从同构观点看，有限维欧氏空间的结构完全由它的维数所决定.

定理 8.3 两个有限维欧氏空间同构的充分必要条件是它们的维数相同.

习题 8.1

1. 设 $\boldsymbol{\alpha}=(a_1, a_2, \cdots, a_n)^{\mathrm{T}}$, $\boldsymbol{\beta}=(b_1, b_2, \cdots, b_n)^{\mathrm{T}} \in \mathbf{R}^n$，判断下列各二元实函数是否是 $\mathbf{R}^n$ 的内积？从而判断 $\mathbf{R}^n$ 是否是欧氏空间？

(1) $(\boldsymbol{\alpha}, \boldsymbol{\beta})=\sqrt{\sum_{i=1}^{n}\sum_{j=1}^{n}a_i^2b_j^2}$；　　(2) $(\boldsymbol{\alpha}, \boldsymbol{\beta})=\left(\sum_{i=1}^{n}a_i\right)\left(\sum_{j=1}^{n}b_j\right)$；

(3) $(\boldsymbol{\alpha}, \boldsymbol{\beta})=\sum_{i=1}^{n}\sum_{j=1}^{n}k_ia_ib_j$，其中 $k_i>0(i=1, 2, \cdots, n)$ 是常数.

2. 求欧氏空间 $\mathbf{R}^4$ 中的向量 $\boldsymbol{\alpha}$ 与 $\boldsymbol{\beta}$ 的夹角和距离.

(1) $\boldsymbol{\alpha}=(2, 1, 3, 2)^{\mathrm{T}}$, $\boldsymbol{\beta}=(1, 2, -2, 1)^{\mathrm{T}}$；

(2) $\boldsymbol{\alpha}=(1, 2, 2, 3)^{\mathrm{T}}$, $\boldsymbol{\beta}=(3, 1, 5, 1)^{\mathrm{T}}$；

(3) $\boldsymbol{\alpha}=(1, 1, 1, 2)^{\mathrm{T}}$, $\boldsymbol{\beta}=(3, 1, -1, 0)^{\mathrm{T}}$.

3. 在线性空间 $\mathbf{R}^{2\times2}$ 中，对任意两个矩阵

$$\boldsymbol{A}=\begin{pmatrix}a_{11} & a_{12}\\ a_{21} & a_{22}\end{pmatrix},\quad \boldsymbol{B}=\begin{pmatrix}b_{11} & b_{12}\\ b_{21} & b_{22}\end{pmatrix},$$

定义二元实函数

$$(\boldsymbol{A}, \boldsymbol{B})=\sum_{i=1}^{2}\sum_{j=1}^{2}a_{ij}b_{ij}=a_{11}b_{11}+a_{12}b_{12}+a_{21}b_{21}+a_{22}b_{22}.$$

(1) 证明：$(\boldsymbol{A}, \boldsymbol{B})$ 是 $\mathbf{R}^{2\times2}$ 的内积，因而 $\mathbf{R}^{2\times2}$ 是欧氏空间；

(2) 求向量

$$\boldsymbol{A}=\begin{pmatrix}1 & -1\\ -1 & 1\end{pmatrix},\quad \boldsymbol{B}=\begin{pmatrix}1 & 2\\ 3 & 1\end{pmatrix}$$

的长度和它们的夹角.

4. 证明：在欧氏空间中，如果向量 $\boldsymbol{\alpha}$ 与向量组 $\boldsymbol{\beta}_1, \boldsymbol{\beta}_2, \cdots, \boldsymbol{\beta}_m$ 中的每个向量都正交，那么，向量 $\boldsymbol{\alpha}$ 与 $\boldsymbol{\beta}_1, \boldsymbol{\beta}_2, \cdots, \boldsymbol{\beta}_m$ 的任意线性组合也正交.

5. 设 $\boldsymbol{\alpha}, \boldsymbol{\beta}$ 是欧氏空间中的向量，证明：

(1) $|\boldsymbol{\alpha}|-|\boldsymbol{\beta}|\leqslant|\boldsymbol{\alpha}-\boldsymbol{\beta}|\leqslant|\boldsymbol{\alpha}|+|\boldsymbol{\beta}|$；

(2) $|\boldsymbol{\alpha}+\boldsymbol{\beta}|^2+|\boldsymbol{\alpha}-\boldsymbol{\beta}|^2=2(|\boldsymbol{\alpha}|^2+|\boldsymbol{\beta}|^2)$;

(3) $|\boldsymbol{\alpha}+\boldsymbol{\beta}|^2-|\boldsymbol{\alpha}-\boldsymbol{\beta}|^2=4(\boldsymbol{\alpha}, \boldsymbol{\beta})$;

(4) 若 $|\boldsymbol{\alpha}|=|\boldsymbol{\beta}|$,则 $\boldsymbol{\alpha}+\boldsymbol{\beta}$ 与 $\boldsymbol{\alpha}-\boldsymbol{\beta}$ 正交.

6. 在欧氏空间 $\mathbf{R}^4$ 中求与向量

$$\boldsymbol{\alpha}_1=(1, 1, -1, 1)^{\mathrm{T}}, \quad \boldsymbol{\alpha}_2=(1, -1, -1, 1)^{\mathrm{T}}, \quad \boldsymbol{\alpha}_3=(2, 1, 1, 3)^{\mathrm{T}}$$

都正交的一个单位向量.

7. 在欧氏空间 $\mathbf{R}^3$ 中,求基

$$\boldsymbol{\varepsilon}_1=(1, -1, 2)^{\mathrm{T}}, \quad \boldsymbol{\varepsilon}_2=(-3, 0, -1)^{\mathrm{T}}, \quad \boldsymbol{\varepsilon}_3=(2, 3, 1)^{\mathrm{T}}$$

的度量矩阵.

8. 设 $\boldsymbol{\alpha}_1, \boldsymbol{\alpha}_2, \cdots, \boldsymbol{\alpha}_n$ 是 n 维欧氏空间 V 的一个基,证明:

(1) 若 $\boldsymbol{\beta}\in V$,使得 $(\boldsymbol{\beta}, \boldsymbol{\alpha}_i)=0(i=1, 2, \cdots, n)$,则 $\boldsymbol{\beta}=\mathbf{0}$;

(2) 若 $\boldsymbol{\beta}, \boldsymbol{\gamma}\in V$,使得 $\forall\boldsymbol{\alpha}\in V$,有 $(\boldsymbol{\beta}, \boldsymbol{\alpha})=(\boldsymbol{\gamma}, \boldsymbol{\alpha})$,则 $\boldsymbol{\beta}=\boldsymbol{\gamma}$.

8.2 标准正交基

8.1 节讲了,在 n 维欧氏空间中,选定一个基,两个向量的内积由其度量矩阵唯一决定.如果能找到这样一个基,其度量矩阵具有非常简单的形式,比如单位矩阵,那么,任意两个向量的内积就可用坐标表示成简单形式,本节的目的就是要找到这样的基——标准正交基.

8.2.1 正交向量组

定义 8.8 设 V 是欧氏空间,$\boldsymbol{\alpha}_1, \boldsymbol{\alpha}_2, \cdots, \boldsymbol{\alpha}_m$ 是 V 中一组全不为零的向量.如果 $\boldsymbol{\alpha}_1, \boldsymbol{\alpha}_2, \cdots, \boldsymbol{\alpha}_m$ 两两正交,即

$$(\boldsymbol{\alpha}_i, \boldsymbol{\alpha}_j)=0, \quad i\neq j;\ i, j=1, 2, \cdots, n,$$

则称该向量组为**正交向量组**.由单位向量组成的正交向量组称为**标准正交向量组**.

按定义 8.8,由单个非零向量所成的向量组也是正交向量组.

例如,$\boldsymbol{\alpha}_1=(1, -2, 0)^{\mathrm{T}}$, $\boldsymbol{\alpha}_2=(-4, -2, 5)^{\mathrm{T}}$, $\boldsymbol{\alpha}_3=(2, 1, 2)^{\mathrm{T}}$ 是 $\mathbf{R}^3$ 的一个正交向量组,而 $\boldsymbol{\beta}_1=\dfrac{1}{\sqrt{5}}(1, -2, 0)^{\mathrm{T}}$, $\boldsymbol{\beta}_2=\dfrac{1}{3\sqrt{5}}(-4, -2, 5)^{\mathrm{T}}$, $\boldsymbol{\beta}_3=\dfrac{1}{3}(2, 1, 2)^{\mathrm{T}}$ 是 $\mathbf{R}^3$ 的一个标准正交向量组.

定理 8.4 正交向量组一定是线性无关的.

证明 设 $\boldsymbol{\alpha}_1, \boldsymbol{\alpha}_2, \cdots, \boldsymbol{\alpha}_m$ 是欧氏空间 V 的一个正交向量组,并令 $k_1, k_2, \cdots,$

$k_m \in \mathbf{R}$, 使得

$$k_1\boldsymbol{\alpha}_1+k_2\boldsymbol{\alpha}_2+\cdots+k_m\boldsymbol{\alpha}_m=\mathbf{0}.$$

上式两边分别与 $\boldsymbol{\alpha}_1, \boldsymbol{\alpha}_2, \cdots, \boldsymbol{\alpha}_m$ 作内积,得到

$$\begin{cases}(\sum_{i=1}^{m}k_i\boldsymbol{\alpha}_i, \boldsymbol{\alpha}_1)=\sum_{i=1}^{m}k_i(\boldsymbol{\alpha}_i, \boldsymbol{\alpha}_1)=k_1(\boldsymbol{\alpha}_1, \boldsymbol{\alpha}_1)=0,\\ (\sum_{i=1}^{m}k_i\boldsymbol{\alpha}_i, \boldsymbol{\alpha}_2)=\sum_{i=1}^{m}k_i(\boldsymbol{\alpha}_i, \boldsymbol{\alpha}_2)=k_2(\boldsymbol{\alpha}_2, \boldsymbol{\alpha}_2)=0,\\ \qquad\qquad\vdots\\ (\sum_{i=1}^{m}k_i\boldsymbol{\alpha}_i, \boldsymbol{\alpha}_m)=\sum_{i=1}^{m}k_i(\boldsymbol{\alpha}_i, \boldsymbol{\alpha}_m)=k_m(\boldsymbol{\alpha}_m, \boldsymbol{\alpha}_m)=0.\end{cases}$$

但由于 $\boldsymbol{\alpha}_i \neq \mathbf{0}$, 所以 $(\boldsymbol{\alpha}_i, \boldsymbol{\alpha}_i) \neq 0$, $i=1, 2, \cdots, m$, 于是

$$k_1=k_2=\cdots=k_m=0,$$

故 $\boldsymbol{\alpha}_1, \boldsymbol{\alpha}_2, \cdots, \boldsymbol{\alpha}_m$ 线性无关. **证毕**

由此可见,在 n 维欧氏空间中,两两正交的非零向量不能超过 n 个.

需要指出的是,虽然正交向量组是线性无关向量组,但线性无关向量组却不一定是正交向量组.例如, $\boldsymbol{\alpha}_1=(1, 0, 0)^{\mathrm{T}}$, $\boldsymbol{\alpha}_2=(1, 1, 0)^{\mathrm{T}}$, $\boldsymbol{\alpha}_3=(1, 1, 1)^{\mathrm{T}}$ 是 $\mathbf{R}^3$ 中的线性无关向量组,但由于

$$(\boldsymbol{\alpha}_1, \boldsymbol{\alpha}_2)=1, \quad (\boldsymbol{\alpha}_1, \boldsymbol{\alpha}_3)=1, \quad (\boldsymbol{\alpha}_2, \boldsymbol{\alpha}_3)=2,$$

因此, $\boldsymbol{\alpha}_1, \boldsymbol{\alpha}_2, \boldsymbol{\alpha}_3$ 不是正交向量组.

定理 8.5 设 $\boldsymbol{\alpha}_1, \boldsymbol{\alpha}_2, \cdots, \boldsymbol{\alpha}_m$ 是欧氏空间 V 的线性无关向量组,则一定存在正交向量组 $\boldsymbol{\beta}_1, \boldsymbol{\beta}_2, \cdots, \boldsymbol{\beta}_m$ 与向量组 $\boldsymbol{\alpha}_1, \boldsymbol{\alpha}_2, \cdots, \boldsymbol{\alpha}_m$ 等价.

证明 令

$$\boldsymbol{\beta}_1=\boldsymbol{\alpha}_1, \quad \boldsymbol{\beta}_2=\boldsymbol{\alpha}_2-\frac{(\boldsymbol{\alpha}_2, \boldsymbol{\beta}_1)}{(\boldsymbol{\beta}_1, \boldsymbol{\beta}_1)}\boldsymbol{\beta}_1,$$

由

$$(\boldsymbol{\beta}_2, \boldsymbol{\beta}_1)=(\boldsymbol{\alpha}_2, \boldsymbol{\beta}_1)-\frac{(\boldsymbol{\alpha}_2, \boldsymbol{\beta}_1)}{(\boldsymbol{\beta}_1, \boldsymbol{\beta}_1)}(\boldsymbol{\beta}_1, \boldsymbol{\beta}_1)=0$$

知, $\boldsymbol{\beta}_2$ 与 $\boldsymbol{\beta}_1$ 正交,显然 $\boldsymbol{\beta}_1, \boldsymbol{\beta}_2$ 与 $\boldsymbol{\alpha}_1, \boldsymbol{\alpha}_2$ 等价.

假设 $1<k\leqslant m$, 满足定理要求的 $\boldsymbol{\beta}_1, \boldsymbol{\beta}_2, \cdots, \boldsymbol{\beta}_{k-1}$ 都已得到.取

$$\boldsymbol{\beta}_k=\boldsymbol{\alpha}_k-\frac{(\boldsymbol{\alpha}_k, \boldsymbol{\beta}_1)}{(\boldsymbol{\beta}_1, \boldsymbol{\beta}_1)}\boldsymbol{\beta}_1-\frac{(\boldsymbol{\alpha}_k, \boldsymbol{\beta}_2)}{(\boldsymbol{\beta}_2, \boldsymbol{\beta}_2)}\boldsymbol{\beta}_2-\cdots-\frac{(\boldsymbol{\alpha}_k, \boldsymbol{\beta}_{k-1})}{(\boldsymbol{\beta}_{k-1}, \boldsymbol{\beta}_{k-1})}\boldsymbol{\beta}_{k-1}.$$

由假设知,每个 $\boldsymbol{\beta}_i$ 都可由 $\boldsymbol{\alpha}_1, \boldsymbol{\alpha}_2, \cdots, \boldsymbol{\alpha}_i (i=1, 2, \cdots, k-1)$ 线性表示,因此,$\boldsymbol{\beta}_k$ 可由 $\boldsymbol{\alpha}_1, \boldsymbol{\alpha}_2, \cdots, \boldsymbol{\alpha}_k$ 线性表示.显然,$\boldsymbol{\alpha}_k$ 可由 $\boldsymbol{\beta}_1, \boldsymbol{\beta}_2, \cdots, \boldsymbol{\beta}_k$ 线性表示,所以,向量组 $\boldsymbol{\beta}_1, \boldsymbol{\beta}_2, \cdots, \boldsymbol{\beta}_k$ 与 $\boldsymbol{\alpha}_1, \boldsymbol{\alpha}_2, \cdots, \boldsymbol{\alpha}_k$ 等价.

又因为 $\boldsymbol{\beta}_1, \boldsymbol{\beta}_2, \cdots, \boldsymbol{\beta}_{k-1}$ 两两正交,所以

$$(\boldsymbol{\beta}_k, \boldsymbol{\beta}_i)=(\boldsymbol{\alpha}_k, \boldsymbol{\beta}_i)-\frac{(\boldsymbol{\alpha}_k, \boldsymbol{\beta}_i)}{(\boldsymbol{\beta}_i, \boldsymbol{\beta}_i)}(\boldsymbol{\beta}_i, \boldsymbol{\beta}_i)=0, \quad i=1, 2, \cdots, k-1,$$

于是,$\boldsymbol{\beta}_1, \boldsymbol{\beta}_2, \cdots, \boldsymbol{\beta}_k$ 两两正交. **证毕.**

定理 8.5 的证明过程中所给出的从线性无关向量组 $\boldsymbol{\alpha}_1, \boldsymbol{\alpha}_2, \cdots, \boldsymbol{\alpha}_m$ 出发,得到与之等价的正交向量组 $\boldsymbol{\beta}_1, \boldsymbol{\beta}_2, \cdots, \boldsymbol{\beta}_m$ 的方法称为**施密特正交化方法**.施密特正交化公式可归纳如下:

$$\begin{aligned}
\boldsymbol{\beta}_1 &= \boldsymbol{\alpha}_1, \\
\boldsymbol{\beta}_2 &= \boldsymbol{\alpha}_2-\frac{(\boldsymbol{\alpha}_2, \boldsymbol{\beta}_1)}{(\boldsymbol{\beta}_1, \boldsymbol{\beta}_1)}\boldsymbol{\beta}_1, \\
\boldsymbol{\beta}_3 &= \boldsymbol{\alpha}_3-\frac{(\boldsymbol{\alpha}_3, \boldsymbol{\beta}_1)}{(\boldsymbol{\beta}_1, \boldsymbol{\beta}_1)}\boldsymbol{\beta}_1-\frac{(\boldsymbol{\alpha}_3, \boldsymbol{\beta}_2)}{(\boldsymbol{\beta}_2, \boldsymbol{\beta}_2)}\boldsymbol{\beta}_2, \\
&\vdots \\
\boldsymbol{\beta}_m &= \boldsymbol{\alpha}_m-\frac{(\boldsymbol{\alpha}_m, \boldsymbol{\beta}_1)}{(\boldsymbol{\beta}_1, \boldsymbol{\beta}_1)}\boldsymbol{\beta}_1-\frac{(\boldsymbol{\alpha}_m, \boldsymbol{\beta}_2)}{(\boldsymbol{\beta}_2, \boldsymbol{\beta}_2)}\boldsymbol{\beta}_2-\cdots-\frac{(\boldsymbol{\alpha}_m, \boldsymbol{\beta}_{m-1})}{(\boldsymbol{\beta}_{m-1}, \boldsymbol{\beta}_{m-1})}\boldsymbol{\beta}_{m-1}.
\end{aligned}$$

进一步将每一个向量单位化,即令

$$\boldsymbol{\gamma}_i=\frac{\boldsymbol{\beta}_i}{|\boldsymbol{\beta}_i|}, \quad i=1, 2, \cdots, m,$$

则得到一个标准正交向量组 $\boldsymbol{\gamma}_1, \boldsymbol{\gamma}_2, \cdots, \boldsymbol{\gamma}_m$. 这个过程称为**施密特正交单位化过程.**

在 n 维欧氏空间中,任何一个线性无关的向量组都可以通过施密特正交化方法,化为与之等价的标准正交向量组.

例 8.8 用施密特正交化方法把向量组

$$\boldsymbol{\alpha}_1=(1, 2, -1)^{\mathrm{T}}, \quad \boldsymbol{\alpha}_2=(-1, 3, 1)^{\mathrm{T}} \quad \boldsymbol{\alpha}_3=(4, -1, 0)^{\mathrm{T}}$$

化成标准正交向量组.

解 令 $\boldsymbol{\beta}_1=\boldsymbol{\alpha}_1=(1, 2, -1)^{\mathrm{T}}$,

$$\boldsymbol{\beta}_2=\boldsymbol{\alpha}_2-\frac{(\boldsymbol{\alpha}_2,\boldsymbol{\beta}_1)}{(\boldsymbol{\beta}_1,\boldsymbol{\beta}_1)}\boldsymbol{\beta}_1=(-1,3,1)^{\mathrm{T}}-\frac{4}{6}(1,2,-1)^{\mathrm{T}}$$
$$=\frac{5}{3}(-1,1,1)^{\mathrm{T}},$$
$$\boldsymbol{\beta}_3=\boldsymbol{\alpha}_3-\frac{(\boldsymbol{\alpha}_3,\boldsymbol{\beta}_1)}{(\boldsymbol{\beta}_1,\boldsymbol{\beta}_1)}\boldsymbol{\beta}_1-\frac{(\boldsymbol{\alpha}_3,\boldsymbol{\beta}_2)}{(\boldsymbol{\beta}_2,\boldsymbol{\beta}_2)}\boldsymbol{\beta}_2$$
$$=(4,-1,0)^{\mathrm{T}}-\frac{2}{6}(1,2,-1)^{\mathrm{T}}-\frac{-5}{3}(-1,1,1)^{\mathrm{T}}$$
$$=2(1,0,1)^{\mathrm{T}}.$$

再将 $\boldsymbol{\beta}_1,\boldsymbol{\beta}_2,\boldsymbol{\beta}_3$ 单位化,即得所求的标准正交向量组为

$$\boldsymbol{\gamma}_1=\frac{\boldsymbol{\beta}_1}{|\boldsymbol{\beta}_1|}=\frac{1}{\sqrt{6}}(1,2,-1)^{\mathrm{T}},\quad \boldsymbol{\gamma}_2=\frac{\boldsymbol{\beta}_2}{|\boldsymbol{\beta}_2|}=\frac{1}{\sqrt{3}}(-1,1,1)^{\mathrm{T}},$$
$$\boldsymbol{\gamma}_3=\frac{\boldsymbol{\beta}_3}{|\boldsymbol{\beta}_3|}=\frac{1}{\sqrt{2}}(1,0,1)^{\mathrm{T}}.$$

在定理 8.5 中,如果记 $c_{ji}=\dfrac{(\boldsymbol{\alpha}_i,\boldsymbol{\beta}_j)}{(\boldsymbol{\beta}_j,\boldsymbol{\beta}_j)}$, $i,j=1,2,\cdots,m$,则

$$\begin{aligned}
&\boldsymbol{\alpha}_1=\boldsymbol{\beta}_1,\\
&\boldsymbol{\alpha}_2=c_{12}\boldsymbol{\beta}_1+\boldsymbol{\beta}_2,\\
&\boldsymbol{\alpha}_3=c_{13}\boldsymbol{\beta}_1+c_{23}\boldsymbol{\beta}_2+\boldsymbol{\beta}_3,\\
&\quad\vdots\\
&\boldsymbol{\alpha}_m=c_{1m}\boldsymbol{\beta}_1+c_{2m}\boldsymbol{\beta}_2+\cdots+c_{m-1,m}\boldsymbol{\beta}_{m-1}+\boldsymbol{\beta}_m,
\end{aligned}$$

有

$$(\boldsymbol{\alpha}_1,\boldsymbol{\alpha}_2,\cdots,\boldsymbol{\alpha}_m)=(\boldsymbol{\beta}_1,\boldsymbol{\beta}_2,\cdots,\boldsymbol{\beta}_m)\boldsymbol{C},$$

其中

$$\boldsymbol{C}=\begin{pmatrix}1 & c_{12} & c_{13} & \cdots & c_{1m}\\ 0 & 1 & c_{23} & \cdots & c_{2m}\\ 0 & 0 & 1 & \cdots & c_{3m}\\ \vdots & \vdots & \vdots & & \vdots\\ 0 & 0 & 0 & \cdots & 1\end{pmatrix}$$

为主对角线上元素全是 1 的上三角矩阵.

可得下面的推论.

推论 设$\boldsymbol{\alpha}_1, \boldsymbol{\alpha}_2, \cdots, \boldsymbol{\alpha}_m$是欧氏空间$V$的线性无关的向量组,则存在正交向量组$\boldsymbol{\beta}_1, \boldsymbol{\beta}_2, \cdots, \boldsymbol{\beta}_m$和主对角线上元素全是1的$m$阶上三角矩阵$\boldsymbol{C}$,使得

$$(\boldsymbol{\alpha}_1, \boldsymbol{\alpha}_2, \cdots, \boldsymbol{\alpha}_m)=(\boldsymbol{\beta}_1, \boldsymbol{\beta}_2, \cdots, \boldsymbol{\beta}_m)\boldsymbol{C}.$$

8.2.2 标准正交基

定义 8.9 如果有限维欧氏空间V中的一个基是正交向量组,则称之为V的**正交基**,如果这个基还是标准正交向量组,则称之为V的**标准正交基**.

在欧氏空间$\mathbf{R}^n$中,向量组

$$\boldsymbol{\alpha}_1=(1, 0, \cdots, 0)^{\mathrm{T}}, \boldsymbol{\alpha}_2=(0, 2, \cdots, 0)^{\mathrm{T}}, \cdots, \boldsymbol{a}_n=(0, \cdots, 0, n)^{\mathrm{T}}$$

是一个正交基,而标准正交向量组$\boldsymbol{e}_1, \boldsymbol{e}_2, \cdots, \boldsymbol{e}_n$是$\mathbf{R}^n$的一个标准正交基.

定理 8.6 任一有限维欧氏空间必有标准正交基.

证明 任一有限维欧氏空间一定有基,用施密特正交单位化方法可将这个基化成标准正交基. **证毕.**

根据定理8.5,将有限维欧氏空间的一个基正交化可得一个正交基,再通过单位化就可得到一个标准正交基.

定理 8.7 n维欧氏空间V的任意一个标准正交向量组都可以扩充为V的标准正交基.

证明 设$\boldsymbol{\alpha}_1, \boldsymbol{\alpha}_2, \cdots, \boldsymbol{\alpha}_m$是$V$的标准正交向量组,显然它是线性无关的,因此可以扩充成V的一个基$\boldsymbol{\alpha}_1, \cdots, \boldsymbol{\alpha}_m, \boldsymbol{\beta}_{m+1}, \cdots, \boldsymbol{\beta}_n$,用施密特正交单位化方法将它正交单位化,这一过程中$\boldsymbol{\alpha}_1, \cdots, \boldsymbol{\alpha}_m$并不改变,即可得到$V$的标准正交基$\boldsymbol{\alpha}_1, \cdots, \boldsymbol{\alpha}_m, \boldsymbol{\alpha}_{m+1}, \cdots, \boldsymbol{\alpha}_n$. **证毕.**

定理8.7说明,n维欧氏空间V的任意一个正交向量组,都可以扩充为V的一个正交基,而V的任意一个标准正交向量组都可以扩充为V的标准正交基.

例 8.9 已知$\mathbf{R}^4$的正交单位向量$\boldsymbol{\alpha}_1=\left(\frac{1}{2}, \frac{1}{2}, \frac{1}{2}, \frac{1}{2}\right)^{\mathrm{T}}$与$\boldsymbol{\alpha}_2=\left(\frac{1}{2}, \frac{1}{2}, -\frac{1}{2}, -\frac{1}{2}\right)^{\mathrm{T}}$,求$\boldsymbol{\alpha}_3, \boldsymbol{\alpha}_4 \in \mathbf{R}^4$,使得$\boldsymbol{\alpha}_1, \boldsymbol{\alpha}_2, \boldsymbol{\alpha}_3, \boldsymbol{\alpha}_4$是$\mathbf{R}^4$的一个标准正交基.

解 设$\boldsymbol{\alpha}=(x_1, x_2, x_3, x_4)^{\mathrm{T}}$,则由$(\boldsymbol{\alpha}, \boldsymbol{\alpha}_1)=(\boldsymbol{\alpha}, \boldsymbol{\alpha}_2)=0$可得

$$\begin{cases} x_1+x_2+x_3+x_4=0, \\ x_1+x_2-x_3-x_4=0. \end{cases}$$

解得同解方程组

$$\begin{cases} x_1 = -x_2, \\ x_3 = -x_4. \end{cases}$$

分别令 $(x_2, x_4)^T = (-1, 0)^T, (0, -1)^T$，求得一个基础解系

$$\boldsymbol{\beta}_1 = (1, -1, 0, 0)^T, \quad \boldsymbol{\beta}_2 = (0, 0, 1, -1)^T,$$

注意到 $\boldsymbol{\beta}_1$，$\boldsymbol{\beta}_2$ 相互正交，于是将 $\boldsymbol{\beta}_1$，$\boldsymbol{\beta}_2$ 单位化，即令

$$\boldsymbol{\alpha}_3 = \frac{\boldsymbol{\beta}_1}{|\boldsymbol{\beta}_1|} = \left(\frac{1}{\sqrt{2}}, -\frac{1}{\sqrt{2}}, 0, 0\right)^T, \quad \boldsymbol{\alpha}_4 = \frac{\boldsymbol{\beta}_2}{|\boldsymbol{\beta}_2|} = \left(0, 0, \frac{1}{\sqrt{2}}, -\frac{1}{\sqrt{2}}\right)^T,$$

从而 $\boldsymbol{\alpha}_1$，$\boldsymbol{\alpha}_2$，$\boldsymbol{\alpha}_3$，$\boldsymbol{\alpha}_4$ 是 $\mathbf{R}^4$ 的一个标准正交基.

定理 8.8 n 维欧氏空间的基是标准正交基的充分必要条件是它的度量矩阵是单位矩阵.

证明 设 $\boldsymbol{\varepsilon}_1, \boldsymbol{\varepsilon}_2, \cdots, \boldsymbol{\varepsilon}_n$ 是 n 维欧氏空间 V 的一个标准正交基，由定义 8.9 得

$$(\boldsymbol{\varepsilon}_i, \boldsymbol{\varepsilon}_j) = \begin{cases} 1, & i = j, \\ 0, & i \neq j, \end{cases} \quad i, j = 1, 2, \cdots, n,$$

因此，$\boldsymbol{\varepsilon}_1, \boldsymbol{\varepsilon}_2, \cdots, \boldsymbol{\varepsilon}_n$ 的度量矩阵是单位矩阵.显然，反之也成立.

定理 8.9 设 V 是 n 维欧氏空间，任一向量 $\boldsymbol{\alpha} \in V$ 在标准正交基 $\boldsymbol{\varepsilon}_1, \boldsymbol{\varepsilon}_2, \cdots, \boldsymbol{\varepsilon}_n$ 下的坐标是 $(x_1, x_2, \cdots, x_n)^T$，则

(1) $x_i = (\boldsymbol{\alpha}, \boldsymbol{\varepsilon}_i)$，$i = 1, 2, \cdots, n$；

(2) $\boldsymbol{\alpha} = (\boldsymbol{\alpha}, \boldsymbol{\varepsilon}_1)\boldsymbol{\varepsilon}_1 + (\boldsymbol{\alpha}, \boldsymbol{\varepsilon}_2)\boldsymbol{\varepsilon}_2 + \cdots + (\boldsymbol{\alpha}, \boldsymbol{\varepsilon}_n)\boldsymbol{\varepsilon}_n$；

(3) 设向量 $\boldsymbol{\beta} \in V$ 在标准正交基 $\boldsymbol{\varepsilon}_1, \boldsymbol{\varepsilon}_2, \cdots, \boldsymbol{\varepsilon}_n$ 下的坐标是 $(y_1, y_2, \cdots, y_n)^T$，则

$$(\boldsymbol{\alpha}, \boldsymbol{\beta}) = \sum_{i=1}^{n} x_i y_i.$$

证明 由于

$$\boldsymbol{\alpha} = x_1\boldsymbol{\varepsilon}_1 + x_2\boldsymbol{\varepsilon}_2 + \cdots + x_n\boldsymbol{\varepsilon}_n,$$

且

$$(\boldsymbol{\varepsilon}_i, \boldsymbol{\varepsilon}_j) = \begin{cases} 1, & i = j, \\ 0, & i \neq j, \end{cases} \quad i, j = 1, 2, \cdots, n,$$

因此

$$(\boldsymbol{\alpha}, \boldsymbol{\varepsilon}_i) = (x_1\boldsymbol{\varepsilon}_1 + x_2\boldsymbol{\varepsilon}_2 + \cdots + x_n\boldsymbol{\varepsilon}_n, \boldsymbol{\varepsilon}_i) = x_i(\boldsymbol{\varepsilon}_i, \boldsymbol{\varepsilon}_i) = x_i,$$

从而

$$\boldsymbol{\alpha}=(\boldsymbol{\alpha},\boldsymbol{\varepsilon}_1)\boldsymbol{\varepsilon}_1+(\boldsymbol{\alpha},\boldsymbol{\varepsilon}_2)\boldsymbol{\varepsilon}_2+\cdots+(\boldsymbol{\alpha},\boldsymbol{\varepsilon}_n)\boldsymbol{\varepsilon}_n.$$

又因为标准正交基 $\boldsymbol{\varepsilon}_1,\boldsymbol{\varepsilon}_2,\cdots,\boldsymbol{\varepsilon}_n$ 的度量矩阵是单位矩阵,所以

$$(\boldsymbol{\alpha},\boldsymbol{\beta})=\boldsymbol{x}^{\mathrm{T}}\boldsymbol{E}\boldsymbol{y}=\boldsymbol{x}^{\mathrm{T}}\boldsymbol{y}=\sum_{i=1}^{n}x_iy_i.$$

证毕.

推论 设 V 是 n 维欧氏空间,任意向量 $\boldsymbol{\alpha},\boldsymbol{\beta}\in V$ 在标准正交基 $\boldsymbol{\varepsilon}_1,\boldsymbol{\varepsilon}_2,\cdots,\boldsymbol{\varepsilon}_n$ 下的坐标分别是

$$(x_1,x_2,\cdots,x_n)^{\mathrm{T}},\quad (y_1,y_2,\cdots,y_n)^{\mathrm{T}},$$

则

(1) $|\boldsymbol{\alpha}|=\sqrt{(\boldsymbol{\alpha},\boldsymbol{\alpha})}=\sqrt{\sum_{i=1}^{n}x_i^2}$;

(2) $\cos\langle\boldsymbol{\alpha},\boldsymbol{\beta}\rangle=\dfrac{(\boldsymbol{\alpha},\boldsymbol{\beta})}{|\boldsymbol{\alpha}||\boldsymbol{\beta}|}=\dfrac{\sum_{i=1}^{n}x_iy_i}{\sqrt{\sum_{i=1}^{n}x_i^2}\cdot\sqrt{\sum_{i=1}^{n}y_i^2}}\quad(\boldsymbol{\alpha},\boldsymbol{\beta}\neq\mathbf{0})$;

(3) $d(\boldsymbol{\alpha},\boldsymbol{\beta})=|\boldsymbol{\alpha}-\boldsymbol{\beta}|=\sqrt{\sum_{i=1}^{n}(x_i-y_i)^2}$.

由于欧氏空间中的标准正交基有这些很好的性质,所以在讨论欧氏空间中的问题时,总是取它的一个标准正交基,而不是一般的基.

习题 8.2

1. 把下列向量组化成标准正交向量组.

(1) $\boldsymbol{\alpha}_1=(0,2,-1)^{\mathrm{T}},\boldsymbol{\alpha}_2=(0,1,1)^{\mathrm{T}},\boldsymbol{\alpha}_3=(1,0,-1)^{\mathrm{T}}$;

(2) $\boldsymbol{\alpha}_1=(1,1,1)^{\mathrm{T}},\boldsymbol{\alpha}_2=(0,1,2)^{\mathrm{T}},\boldsymbol{\alpha}_3=(2,0,3)^{\mathrm{T}}$;

(3) $\boldsymbol{\alpha}_1=(1,1,0,0)^{\mathrm{T}},\boldsymbol{\alpha}_2=(1,0,1,0)^{\mathrm{T}},\boldsymbol{\alpha}_3=(-1,0,0,1)^{\mathrm{T}},\boldsymbol{\alpha}_4=(1,-1,-1,1)^{\mathrm{T}}$.

2. 设 $\boldsymbol{\alpha}_1=(1,1,1,1)^{\mathrm{T}},\boldsymbol{\alpha}_2=(3,3,1,1)^{\mathrm{T}},\boldsymbol{\alpha}_3=(3,1,3,1)^{\mathrm{T}},\boldsymbol{\alpha}_4=(3,-1,4,2)^{\mathrm{T}}$ 是 $\mathbf{R}^4$ 的一个基,试用施密特正交单位化方法求 $\mathbf{R}^4$ 的一个标准正交基.

3. 求齐次线性方程组

$$\begin{cases}x_1 \quad -x_3+x_4=0,\\ \quad x_2 \quad -x_4=0\end{cases}$$

的解空间的一个标准正交基.

4. 设欧氏空间 $R[x]_3$ 的内积为

$$(f(x), g(x))=\int_0^1 f(x)g(x)\mathrm{d}x, \quad \forall f(x), g(x)\in R[x]_3,$$

求 $R[x]_3$ 的一个标准正交基.

5. 设 $\boldsymbol{\alpha}_1=(1, 0, 0, 0)^{\mathrm{T}}$ 与 $\boldsymbol{\alpha}_2=\left(0, \frac{1}{2}, \frac{1}{2}, \frac{1}{\sqrt{2}}\right)^{\mathrm{T}}$ 是 $\mathbf{R}^4$ 的正交单位向量,求 $\boldsymbol{\alpha}_3, \boldsymbol{\alpha}_4\in\mathbf{R}^4$,使得 $\boldsymbol{\alpha}_1, \boldsymbol{\alpha}_2, \boldsymbol{\alpha}_3, \boldsymbol{\alpha}_4$ 是 $\mathbf{R}^4$ 的一个标准正交基.

6. 设 $\boldsymbol{\alpha}_1, \boldsymbol{\alpha}_2, \boldsymbol{\alpha}_3$ 是三维欧氏空间 V 的一个标准正交基,证明:$\boldsymbol{\beta}_1=\frac{1}{3}(2\boldsymbol{\alpha}_1+2\boldsymbol{\alpha}_2-\boldsymbol{\alpha}_3)$,$\boldsymbol{\beta}_2=\frac{1}{3}(2\boldsymbol{\alpha}_1-\boldsymbol{\alpha}_2+2\boldsymbol{\alpha}_3)$,$\boldsymbol{\beta}_3=\frac{1}{3}(\boldsymbol{\alpha}_1-2\boldsymbol{\alpha}_2-2\boldsymbol{\alpha}_3)$ 也是 V 的一个标准正交基.

7. 证明:欧氏空间中两个向量 $\boldsymbol{\alpha}$,$\boldsymbol{\beta}$ 正交的充分必要条件是对任意实数 k,都有

$$|\boldsymbol{\alpha}+k\boldsymbol{\beta}|\geqslant|\boldsymbol{\alpha}|.$$

8. 设 $\boldsymbol{\alpha}_1, \boldsymbol{\alpha}_2, \cdots, \boldsymbol{\alpha}_m$ 是欧氏空间 V 的一个正交向量组,$\boldsymbol{\alpha}$ 是 V 中任一向量,证明贝塞尔不等式:

$$\sum_{i=1}^{m}\frac{|(\boldsymbol{\alpha}, \boldsymbol{\alpha}_i)|^2}{|\boldsymbol{\alpha}_i|^2}\leqslant|\boldsymbol{\alpha}|^2,$$

等号成立的充分必要条件是

$$\boldsymbol{\alpha}\in L(\boldsymbol{\alpha}_1, \boldsymbol{\alpha}_2, \cdots, \boldsymbol{\alpha}_m).$$

9. 证明:两个有限维欧氏空间同构当且仅当它们的维数相等.

8.3 正交矩阵与正交变换

在 n 维欧氏空间 V 中,标准正交基是不唯一的.由第 5 章知,一个 n 维线性空间中的两个基之间的过渡矩阵是可逆矩阵,那么,在一个 n 维欧氏空间中两个标准正交基之间的过渡矩阵会是一个怎样的矩阵呢?

本节通过讨论 n 维欧氏空间的两个标准正交基之间的过渡矩阵,引入正交矩阵与正交变换的概念,并对其进行探讨.

8.3.1 正交矩阵

设 $\boldsymbol{\varepsilon}_1, \boldsymbol{\varepsilon}_2, \cdots, \boldsymbol{\varepsilon}_n$ 与 $\boldsymbol{\eta}_1, \boldsymbol{\eta}_2, \cdots, \boldsymbol{\eta}_n$ 是 n 维欧氏空间 V 的两个标准正交基.令

$$(\boldsymbol{\eta}_1, \boldsymbol{\eta}_2, \cdots, \boldsymbol{\eta}_n)=(\boldsymbol{\varepsilon}_1, \boldsymbol{\varepsilon}_2, \cdots, \boldsymbol{\varepsilon}_n)\boldsymbol{A},$$

其中 $\boldsymbol{A}=(a_{ij})_{n\times n}\in\mathbf{R}^{n\times n}$,则

$$\boldsymbol{\eta}_i = a_{1i}\boldsymbol{\varepsilon}_1 + a_{2i}\boldsymbol{\varepsilon}_2 + \cdots + a_{ni}\boldsymbol{\varepsilon}_n, \quad i=1, 2, \cdots, n,$$

于是

$$(\boldsymbol{\eta}_i, \boldsymbol{\eta}_j) = a_{1i}a_{1j} + a_{2i}a_{2j} + \cdots + a_{ni}a_{nj}, \quad i, j=1, 2, \cdots, n,$$

而

$$(\boldsymbol{\eta}_i, \boldsymbol{\eta}_j) = \begin{cases} 1, & i=j, \\ 0, & i \neq j, \end{cases} \quad i, j=1, 2, \cdots, n,$$

因此可得

$$a_{1i}a_{1j} + a_{2i}a_{2j} + \cdots + a_{ni}a_{nj} = \begin{cases} 1, & i=j, \\ 0, & i \neq j, \end{cases} \quad i, j=1, 2, \cdots, n,$$

即得

$$\boldsymbol{A}^{\mathrm{T}}\boldsymbol{A} = \boldsymbol{E}.$$

定义 8.10 设 $\boldsymbol{A} \in \mathbf{R}^{n\times n}$，如果 $\boldsymbol{A}^{\mathrm{T}}\boldsymbol{A} = \boldsymbol{E}$，则称 $\boldsymbol{A}$ 是一个**正交矩阵**.

由定义 8.10 容易得到正交矩阵的如下性质.

性质 1 设 $\boldsymbol{A}$ 是 n 阶实矩阵,则下列各条件等价.

(1) $\boldsymbol{A}$ 是正交矩阵;

(2) $\boldsymbol{A}\boldsymbol{A}^{\mathrm{T}} = \boldsymbol{E}$;

(3) $\boldsymbol{A}^{-1} = \boldsymbol{A}^{\mathrm{T}}$;

(4) $\boldsymbol{A}$ 的列向量组是标准正交向量组;

(5) $\boldsymbol{A}$ 的行向量组是标准正交向量组.

由性质 1 知,正交矩阵一定是可逆矩阵,而且它的逆矩阵等于其转置矩阵.另外,n 阶正交矩阵的行(列)向量组是 $\mathbf{R}^n$ 的标准正交基.

性质 2 (1) 设 $\boldsymbol{A}$ 是正交矩阵,则 $|\boldsymbol{A}|=1$ 或 $|\boldsymbol{A}|=-1$;

(2) 设 $\boldsymbol{A}$ 是正交矩阵,则 $\boldsymbol{A}^{-1}, \boldsymbol{A}^{\mathrm{T}}, \boldsymbol{A}^*$ 也是正交矩阵;

(3) 设 $\boldsymbol{A}, \boldsymbol{B}$ 是正交矩阵,则 $\boldsymbol{AB}$ 也是正交矩阵.

性质 3 上三角正交矩阵是对角矩阵,且主对角线上的元素是 1 或 -1.

证明 设

$$\boldsymbol{A} = \begin{pmatrix} a_{11} & a_{12} & \cdots & a_{1n} \\ 0 & a_{22} & \cdots & a_{2n} \\ \vdots & \vdots & & \vdots \\ 0 & 0 & \cdots & a_{nn} \end{pmatrix}$$

为一上三角正交矩阵,则其逆矩阵

$$A^{-1} \triangleq \begin{pmatrix} b_{11} & b_{12} & \cdots & b_{1n} \\ 0 & b_{22} & \cdots & b_{2n} \\ \vdots & \vdots & & \vdots \\ 0 & 0 & \cdots & b_{nn} \end{pmatrix}$$

也是上三角矩阵,且 $\boldsymbol{A}^{\mathrm{T}}=\boldsymbol{A}^{-1}$, 即有

$$\begin{pmatrix} a_{11} & 0 & \cdots & 0 \\ a_{12} & a_{22} & \cdots & 0 \\ \vdots & \vdots & & \vdots \\ a_{1n} & a_{2n} & \cdots & a_{nn} \end{pmatrix} = \begin{pmatrix} b_{11} & b_{12} & \cdots & b_{1n} \\ 0 & b_{22} & \cdots & b_{2n} \\ \vdots & \vdots & & \vdots \\ 0 & 0 & \cdots & b_{nn} \end{pmatrix},$$

于是

$$a_{ij}=0, \quad i \neq j;\ i, j=1, 2, \cdots, n.$$

这样

$$\boldsymbol{A} = \begin{pmatrix} a_{11} & 0 & \cdots & 0 \\ 0 & a_{22} & \cdots & 0 \\ \vdots & \vdots & & \vdots \\ 0 & 0 & \cdots & a_{nn} \end{pmatrix}$$

为对角矩阵.

再由于 $\boldsymbol{A}^{\mathrm{T}}\boldsymbol{A}=\boldsymbol{E}$, 所以 $a_{ii}^2=1$, $i=1, 2, \cdots, n$, 此即 $a_{ii}=1$ 或 $a_{ii}=-1$, $i=1, 2, \cdots, n$.

例 8.10 判别下列矩阵是否为正交矩阵.

(1) $\begin{pmatrix} 0 & \frac{1}{\sqrt{2}} & -\frac{1}{\sqrt{2}} \\ -\frac{2}{\sqrt{6}} & \frac{1}{\sqrt{6}} & \frac{1}{\sqrt{6}} \\ \frac{1}{\sqrt{3}} & \frac{1}{\sqrt{3}} & \frac{1}{\sqrt{3}} \end{pmatrix}$, (2) $\begin{pmatrix} 1 & -\frac{1}{2} & \frac{1}{3} \\ -\frac{1}{2} & 1 & \frac{1}{2} \\ \frac{1}{3} & \frac{1}{2} & -1 \end{pmatrix}$.

解 (1) 是正交矩阵,因为易验证该矩阵的列向量组是标准正交向量组.

(2) 不是正交矩阵,因为该矩阵第 1 列和第 2 列对应向量的内积是

$$1 \times \left(-\frac{1}{2}\right) + \left(-\frac{1}{2}\right) \times 1 + \frac{1}{3} \times \frac{1}{2} = -\frac{5}{6} \neq 0,$$

即该矩阵的列向量组不是标准正交向量组,所以该矩阵不是正交矩阵.

定理 8.10 设 $\boldsymbol{A}$ 是 n 阶实可逆矩阵,则存在正交矩阵 $\boldsymbol{Q}$ 和主对角线上元素全为正数的上三角矩阵 $\boldsymbol{T}$, 使得

$$\boldsymbol{A}=\boldsymbol{QT},$$

并且这种分解式是唯一的.称这个结果为矩阵 $\boldsymbol{A}$ 的 $\boldsymbol{QT}$ 分解.

证明 将可逆矩阵 $\boldsymbol{A}$ 按列分块成

$$A=(\boldsymbol{\alpha}_1, \boldsymbol{\alpha}_2, \cdots, \boldsymbol{\alpha}_n).$$

由定理 8.5 的推论可知,存在正交向量组 $\boldsymbol{\beta}_1, \boldsymbol{\beta}_2, \cdots, \boldsymbol{\beta}_n$ 和一个主对角线上的元素全为 1 的上三角矩阵 $\boldsymbol{C}$, 使得

$$(\boldsymbol{\alpha}_1, \boldsymbol{\alpha}_2, \boldsymbol{\alpha}_n)=(\boldsymbol{\beta}_1, \boldsymbol{\beta}_2, \cdots, \boldsymbol{\beta}_n)\boldsymbol{C},$$

将 $\boldsymbol{\beta}_1, \boldsymbol{\beta}_2, \cdots, \boldsymbol{\beta}_n$ 单位化,即令

$$\boldsymbol{\gamma}_1=\frac{1}{|\boldsymbol{\beta}_1|}\boldsymbol{\beta}_1, \quad \boldsymbol{\gamma}_2=\frac{1}{|\boldsymbol{\beta}_2|}\boldsymbol{\beta}_2, \quad \cdots, \quad \boldsymbol{\gamma}_n=\frac{1}{|\boldsymbol{\beta}_n|}\boldsymbol{\beta}_n,$$

则有

$$(\boldsymbol{\beta}_1, \boldsymbol{\beta}_2, \cdots, \boldsymbol{\beta}_n)=(\boldsymbol{\gamma}_1, \boldsymbol{\gamma}_2, \cdots, \boldsymbol{\gamma}_n)\begin{pmatrix} |\boldsymbol{\beta}_1| & & & \\ & |\boldsymbol{\beta}_2| & & \\ & & \ddots & \\ & & & |\boldsymbol{\beta}_n| \end{pmatrix}.$$

又令

$$\boldsymbol{Q}=(\boldsymbol{\gamma}_1, \boldsymbol{\gamma}_2, \cdots, \boldsymbol{\gamma}_n), \quad \boldsymbol{T}=\begin{pmatrix} |\boldsymbol{\beta}_1| & & & \\ & |\boldsymbol{\beta}_2| & & \\ & & \ddots & \\ & & & |\boldsymbol{\beta}_n| \end{pmatrix}\boldsymbol{C},$$

则 $\boldsymbol{Q}$ 的列向量 $\boldsymbol{\gamma}_1, \boldsymbol{\gamma}_2, \cdots, \boldsymbol{\gamma}_n$ 是标准正交向量组,因而 $\boldsymbol{Q}$ 是正交矩阵,而 $\boldsymbol{T}$ 是上三角矩阵,其主对角线上的元素为正数: $|\boldsymbol{\beta}_1|, |\boldsymbol{\beta}_2|, \cdots, |\boldsymbol{\beta}_n|$, 且有 $\boldsymbol{A}=\boldsymbol{QT}$, 存在性得证.

再证唯一性.设

$$\boldsymbol{A}=\boldsymbol{QT}=\boldsymbol{Q}_1\boldsymbol{T}_1$$

是 $\boldsymbol{A}$ 的两种 $\boldsymbol{QT}$ 分解.其中, $\boldsymbol{Q}, \boldsymbol{Q}_1$ 是正交矩阵, $\boldsymbol{T}, \boldsymbol{T}_1$ 是主对角线上的元素全是正数的上三角矩阵.于是

$$Q_1^{-1}Q = T_1 T^{-1}.$$

由正交矩阵的性质 2 知，$Q_1^{-1}Q$ 仍为正交矩阵，则 T_1T^{-1} 是主对角线上的元素全是正数的上三角正交矩阵，从而由性质 3 知，T_1T^{-1} 只能是单位矩阵，即

$$T_1T^{-1} = Q_1^{-1}Q = E,$$

从而 $Q = Q_1$，$T = T_1$. 唯一性得证. **证毕.**

由本节开头的讨论可以得到下面的定理.

定理 8.11 设 $\boldsymbol{\varepsilon}_1, \boldsymbol{\varepsilon}_2, \cdots, \boldsymbol{\varepsilon}_n$ 是 n 维欧氏空间 V 的一个标准正交基，向量组 $\boldsymbol{\eta}_1, \boldsymbol{\eta}_2, \cdots, \boldsymbol{\eta}_n$ 满足

$$(\boldsymbol{\eta}_1, \boldsymbol{\eta}_2, \cdots, \boldsymbol{\eta}_n) = (\boldsymbol{\varepsilon}_1, \boldsymbol{\varepsilon}_2, \cdots, \boldsymbol{\varepsilon}_n)\boldsymbol{A},$$

其中，$\boldsymbol{A}$ 为 n 阶实矩阵，则 $\boldsymbol{\eta}_1, \boldsymbol{\eta}_2, \cdots, \boldsymbol{\eta}_n$ 是 V 的标准正交基的充分必要条件是 $\boldsymbol{A}$ 是正交矩阵.

证明 必要性. 由前面的讨论即可得.

充分性. 设 $\boldsymbol{A}$ 是正交矩阵，则 $\boldsymbol{A}$ 可逆，于是 $\boldsymbol{\eta}_1, \boldsymbol{\eta}_2, \cdots, \boldsymbol{\eta}_n$ 线性无关，从而是 V 的一个基. 而由

$$(\boldsymbol{\eta}_i, \boldsymbol{\eta}_j) = a_{1i}a_{1j} + a_{2i}a_{2j} + \cdots + a_{ni}a_{nj} = \begin{cases} 1, & i = j, \\ 0, & i \neq j, \end{cases} \quad i, j = 1, 2, \cdots, n$$

可知，$\boldsymbol{\eta}_1, \boldsymbol{\eta}_2, \cdots, \boldsymbol{\eta}_n$ 是 V 的标准正交基. **证毕.**

定理 8.11 说明，有限维欧氏空间的标准正交基到标准正交基的过渡矩阵是正交矩阵.

8.3.2 正交变换

由第 6 章的结论可知，若在 n 维欧氏空间 V 中取定一个标准正交基，则 $L(V)$ 与 $\mathbf{R}^{n\times n}$ 是同构的，下面讨论 $\mathbf{R}^{n\times n}$ 中正交矩阵所对应的 V 的线性变换，并探讨其性质.

设 $\boldsymbol{\varepsilon}_1, \boldsymbol{\varepsilon}_2, \cdots, \boldsymbol{\varepsilon}_n$ 是 n 维欧氏空间 V 的一个标准正交基，σ 是 V 的线性变换，σ 在 $\boldsymbol{\varepsilon}_1, \boldsymbol{\varepsilon}_2, \cdots, \boldsymbol{\varepsilon}_n$ 下的矩阵是正交矩阵 $\boldsymbol{A} = (a_{ij})_{n\times n}$，则

$$\begin{aligned}(\sigma(\boldsymbol{\varepsilon}_i), \sigma(\boldsymbol{\varepsilon}_j)) &= (a_{1i}\boldsymbol{\varepsilon}_1 + a_{2i}\boldsymbol{\varepsilon}_2 + \cdots + a_{ni}\boldsymbol{\varepsilon}_n, a_{1j}\boldsymbol{\varepsilon}_1 + a_{2j}\boldsymbol{\varepsilon}_2 + \cdots + a_{nj}\boldsymbol{\varepsilon}_n), \\ &= a_{1i}a_{1j} + a_{2i}a_{2j} + \cdots + a_{ni}a_{nj} = \begin{cases} 1, & i = j, \\ 0, & i \neq j, \end{cases} \quad i, j = 1, 2, \cdots, n.\end{aligned}$$

因此，$\forall \boldsymbol{\alpha}, \boldsymbol{\beta} \in V$，设

$$\boldsymbol{\alpha}=x_1\boldsymbol{\varepsilon}_1+x_2\boldsymbol{\varepsilon}_2+\cdots+x_n\boldsymbol{\varepsilon}_n,\quad \boldsymbol{\beta}=y_1\boldsymbol{\varepsilon}_1+y_2\boldsymbol{\varepsilon}_2+\cdots+y_n\boldsymbol{\varepsilon}_n,$$

则有

$$\begin{aligned}(\sigma(\boldsymbol{\alpha}),\ \sigma(\boldsymbol{\beta}))&=\Big(\sum_{i=1}^{n}x_i\sigma(\boldsymbol{\varepsilon}_i),\ \sum_{j=1}^{n}x_j\sigma(\boldsymbol{\varepsilon}_j)\Big)\\&=\sum_{i=1}^{n}\sum_{j=1}^{n}x_iy_j(\sigma(\boldsymbol{\varepsilon}_i),\ \sigma(\boldsymbol{\varepsilon}_j))=\sum_{i=1}^{n}x_iy_i,\end{aligned}$$

而

$$(\boldsymbol{\alpha},\boldsymbol{\beta})=x_1y_1+x_2y_2+\cdots+x_ny_n=\sum_{i=1}^{n}x_iy_i,$$

从而

$$(\sigma(\boldsymbol{\alpha}),\ \sigma(\boldsymbol{\beta}))=(\boldsymbol{\alpha},\boldsymbol{\beta}).$$

为此,给出下面的定义.

定义 8.11 设 σ 是欧氏空间 V 的线性变换,如果 σ 保持向量的内积不变,即对任意 $\boldsymbol{\alpha},\boldsymbol{\beta}\in V$, 都有

$$(\sigma(\boldsymbol{\alpha}),\ \sigma(\boldsymbol{\beta}))=(\boldsymbol{\alpha},\boldsymbol{\beta}),$$

则称 σ 为 V 的**正交变换**.

例如,恒等变换是正交变换,平面中平移变换不能保持向量内积不变,它不是正交变换.

例 8.11 设 $\boldsymbol{\eta}$ 是 n 维欧氏空间 V 中的一个单位向量,定义 V 的变换如下:

$$\sigma(\boldsymbol{\alpha})=\boldsymbol{\alpha}-2(\boldsymbol{\eta},\boldsymbol{\alpha})\boldsymbol{\eta},\quad \forall\boldsymbol{\alpha}\in V.$$

证明 σ 是 V 的正交变换,且 V 中存在一个标准正交基 $\boldsymbol{\varepsilon}_1,\boldsymbol{\varepsilon}_2,\cdots,\boldsymbol{\varepsilon}_n$, 使得

$$\sigma(\boldsymbol{\varepsilon}_1)=-\boldsymbol{\varepsilon}_1,\quad \sigma(\boldsymbol{\varepsilon}_i)=\boldsymbol{\varepsilon}_i,\quad i=2,3,\cdots,n.$$

证明 (1) $\forall\boldsymbol{\alpha},\boldsymbol{\beta}\in V$, $\forall k\in\mathbf{R}$, 有

$$\begin{aligned}\sigma(\boldsymbol{\alpha}+\boldsymbol{\beta})&=(\boldsymbol{\alpha}+\boldsymbol{\beta})-2(\boldsymbol{\eta},\boldsymbol{\alpha}+\boldsymbol{\beta})\boldsymbol{\eta}\\&=[\boldsymbol{\alpha}-2(\boldsymbol{\eta},\boldsymbol{\alpha})\boldsymbol{\eta}]+[\boldsymbol{\beta}-2(\boldsymbol{\eta},\boldsymbol{\beta})\boldsymbol{\eta}]\\&=\sigma(\boldsymbol{\alpha})+\sigma(\boldsymbol{\beta}),\\\sigma(k\boldsymbol{\alpha})&=k\boldsymbol{\alpha}-2(\boldsymbol{\eta},k\boldsymbol{\alpha})\boldsymbol{\eta}=k[\boldsymbol{\alpha}-2(\boldsymbol{\eta},\boldsymbol{\alpha})\boldsymbol{\eta}]\\&=k\sigma(\boldsymbol{\alpha}),\end{aligned}$$

所以 σ 是 V 的线性变换.又因为

$$
\begin{aligned}
(\sigma(\boldsymbol{\alpha}), \sigma(\boldsymbol{\beta})) &= (\boldsymbol{\alpha} - 2(\boldsymbol{\eta}, \boldsymbol{\alpha})\boldsymbol{\eta}, \boldsymbol{\beta} - 2(\boldsymbol{\eta}, \boldsymbol{\beta})\boldsymbol{\eta}) \\
&= (\boldsymbol{\alpha}, \boldsymbol{\beta}) - 4(\boldsymbol{\eta}, \boldsymbol{\alpha})(\boldsymbol{\eta}, \boldsymbol{\beta}) + 4(\boldsymbol{\eta}, \boldsymbol{\alpha})(\boldsymbol{\eta}, \boldsymbol{\beta})(\boldsymbol{\eta}, \boldsymbol{\eta}) \\
&= (\boldsymbol{\alpha}, \boldsymbol{\beta}),
\end{aligned}
$$

所以 σ 是 V 的正交变换.

(2) 令 $\boldsymbol{\varepsilon}_1 = \boldsymbol{\eta}$，由于 $\boldsymbol{\varepsilon}_1$ 是单位向量,所以将它扩充为 V 的一个标准正交基 $\boldsymbol{\varepsilon}_1$, $\boldsymbol{\varepsilon}_2$, …, $\boldsymbol{\varepsilon}_n$，则有

$$
\begin{aligned}
&\sigma(\boldsymbol{\varepsilon}_1) = \boldsymbol{\varepsilon}_1 - 2(\boldsymbol{\varepsilon}_1, \boldsymbol{\varepsilon}_1)\boldsymbol{\varepsilon}_1 = -\boldsymbol{\varepsilon}_1, \\
&\sigma(\boldsymbol{\varepsilon}_i) = \boldsymbol{\varepsilon}_i - 2(\boldsymbol{\varepsilon}_1, \boldsymbol{\varepsilon}_i)\boldsymbol{\varepsilon}_1 = \boldsymbol{\varepsilon}_i, \quad i = 2, 3, \cdots, n.
\end{aligned}
$$

证毕.

例 8.11 中的正交变换常称为**镜面反射变换**或**镜像变换**.

下面的定理给出有限维欧氏空间正交变换的等价刻画.

定理 8.12 设 σ 是 n 维欧氏空间 V 的一个线性变换,则下列条件等价.

(1) σ 是正交变换.

(2) σ 保持向量的长度不变,即 $\forall \boldsymbol{\alpha} \in V$，有 $|\sigma(\boldsymbol{\alpha})| = |\boldsymbol{\alpha}|$.

(3) σ 把标准正交基 $\boldsymbol{\varepsilon}_1$, $\boldsymbol{\varepsilon}_2$, …, $\boldsymbol{\varepsilon}_n$ 映射为标准正交基 $\sigma(\boldsymbol{\varepsilon}_1)$, $\sigma(\boldsymbol{\varepsilon}_2)$, …, $\sigma(\boldsymbol{\varepsilon}_n)$.

(4) σ 在任意一个标准正交基下的矩阵是正交矩阵.

证明 (1)⇒(2)：$\forall \boldsymbol{\alpha} \in V$，由 $(\sigma(\boldsymbol{\alpha}), \sigma(\boldsymbol{\alpha})) = (\boldsymbol{\alpha}, \boldsymbol{\alpha})$ 知 $|\sigma(\boldsymbol{\alpha})|^2 = |\boldsymbol{\alpha}|^2$，故 $|\sigma(\boldsymbol{\alpha})| = |\boldsymbol{\alpha}|$.

(2) ⇒(3)：设 $\boldsymbol{\varepsilon}_1$, $\boldsymbol{\varepsilon}_2$, …, $\boldsymbol{\varepsilon}_n$ 是 V 的标准正交基,则有

$$
|\boldsymbol{\varepsilon}_i + \boldsymbol{\varepsilon}_j|^2 = |\sigma(\boldsymbol{\varepsilon}_i + \boldsymbol{\varepsilon}_j)|^2 = |\sigma(\boldsymbol{\varepsilon}_i) + \sigma(\boldsymbol{\varepsilon}_j)|^2,
$$

即

$$
|\boldsymbol{\varepsilon}_i|^2 + |\boldsymbol{\varepsilon}_j|^2 + 2(\boldsymbol{\varepsilon}_i, \boldsymbol{\varepsilon}_j) = |\sigma(\boldsymbol{\varepsilon}_i)|^2 + |\sigma(\boldsymbol{\varepsilon}_j)|^2 + 2(\sigma(\boldsymbol{\varepsilon}_i), \sigma(\boldsymbol{\varepsilon}_j)).
$$

又

$$
|\boldsymbol{\varepsilon}_i|^2 = |\sigma(\boldsymbol{\varepsilon}_i)|^2, \quad |\boldsymbol{\varepsilon}_j|^2 = |\sigma(\boldsymbol{\varepsilon}_j)|^2,
$$

所以

$$
(\sigma(\boldsymbol{\varepsilon}_i), \sigma(\boldsymbol{\varepsilon}_j)) = (\boldsymbol{\varepsilon}_i, \boldsymbol{\varepsilon}_j) = \begin{cases} 1, & i = j, \\ 0, & i \neq j, \end{cases} \quad i, j = 1, 2, \cdots, n,
$$

即 $\sigma(\boldsymbol{\varepsilon}_1)$, $\sigma(\boldsymbol{\varepsilon}_2)$, …, $\sigma(\boldsymbol{\varepsilon}_n)$ 是标准正交基.

(3) ⇒(4)：设 $\boldsymbol{\varepsilon}_1$, $\boldsymbol{\varepsilon}_2$, …, $\boldsymbol{\varepsilon}_n$ 是 V 的任意一个标准正交基，σ 在这个基下的矩阵是 $\boldsymbol{A}$. 由于 $\sigma(\boldsymbol{\varepsilon}_1)$, $\sigma(\boldsymbol{\varepsilon}_2)$, …, $\sigma(\boldsymbol{\varepsilon}_n)$ 也是 V 的标准正交基,因而 $\boldsymbol{A}$ 是从标准正交基 $\boldsymbol{\varepsilon}_1$, $\boldsymbol{\varepsilon}_2$, …, $\boldsymbol{\varepsilon}_n$ 到标准正交基 $\sigma(\boldsymbol{\varepsilon}_1)$, $\sigma(\boldsymbol{\varepsilon}_2)$, …, $\sigma(\boldsymbol{\varepsilon}_n)$ 的过渡矩阵.由定理 8.11 知 $\boldsymbol{A}$ 是正交矩阵.

(4) ⇒(1)：$\forall \boldsymbol{\alpha}, \boldsymbol{\beta} \in V$，设 $\boldsymbol{\varepsilon}_1, \boldsymbol{\varepsilon}_2, \cdots, \boldsymbol{\varepsilon}_n$ 是 V 的标准正交基，而

$$\boldsymbol{\alpha} = x_1\boldsymbol{\varepsilon}_1 + x_2\boldsymbol{\varepsilon}_2 + \cdots + x_n\boldsymbol{\varepsilon}_n, \quad \boldsymbol{\beta} = y_1\boldsymbol{\varepsilon}_1 + y_2\boldsymbol{\varepsilon}_2 + \cdots + y_n\boldsymbol{\varepsilon}_n,$$

注意到 $\boldsymbol{\varepsilon}_1, \boldsymbol{\varepsilon}_2, \cdots, \boldsymbol{\varepsilon}_n$ 和 $\sigma(\boldsymbol{\varepsilon}_1), \sigma(\boldsymbol{\varepsilon}_2), \cdots, \sigma(\boldsymbol{\varepsilon}_n)$ 都是 V 的标准正交基，因此

$$\begin{aligned}(\sigma(\boldsymbol{\alpha}), \sigma(\boldsymbol{\beta})) &= \left(\sum_{i=1}^{n} x_i\sigma(\boldsymbol{\varepsilon}_i), \sum_{j=1}^{n} x_j\sigma(\boldsymbol{\varepsilon}_j)\right) \\ &= \sum_{i=1}^{n} x_i y_i = (\boldsymbol{\alpha}, \boldsymbol{\beta}),\end{aligned}$$

故 σ 是正交变换. **证毕.**

由于非零向量的夹角完全由其内积决定，所以，正交变换也保持夹角不变.因此，正交变换保持几何形状不变.同时，正交变换是 V 到 V 的同构映射，因而是可逆变换，其逆变换也是正交变换.两个正交变换的乘积也是正交变换.

从定理 8.12 可以看到，取定 n 维欧氏空间 V 的标准正交基，正交变换与正交矩阵是一一对应关系.一个正交变换对应一个正交矩阵；反之，一个正交矩阵对应一个正交变换.

另外，根据定义 8.11，结合定理 8.12 的证明过程，可得出下面的推论 1.

推论 1 设 $\boldsymbol{\varepsilon}_1, \boldsymbol{\varepsilon}_2, \cdots, \boldsymbol{\varepsilon}_n$ 是 n 维欧氏空间 V 的一个基，σ 是 V 的线性变换，则 σ 是正交变换的充分必要条件是

$$(\sigma(\boldsymbol{\varepsilon}_i), \sigma(\boldsymbol{\varepsilon}_j)) = (\boldsymbol{\varepsilon}_i, \boldsymbol{\varepsilon}_j), \quad \forall i, j = 1, 2, \cdots, n.$$

推论 2 设 σ 是 n 维欧氏空间 V 的一个线性变换，若 σ 在 V 的某个标准正交基下的矩阵是正交矩阵，则 σ 是正交变换.

证明 设 σ 在 V 的标准正交基 $\boldsymbol{\varepsilon}_1, \boldsymbol{\varepsilon}_2, \cdots, \boldsymbol{\varepsilon}_n$ 下的矩阵 $\boldsymbol{A}$ 是正交矩阵，$\boldsymbol{\eta}_1, \boldsymbol{\eta}_2, \cdots, \boldsymbol{\eta}_n$ 是 V 的任意一个标准正交基，且 σ 在其下矩阵为 $\boldsymbol{B}$.

令标准正交基 $\boldsymbol{\varepsilon}_1, \boldsymbol{\varepsilon}_2, \cdots, \boldsymbol{\varepsilon}_n$ 到标准正交基 $\boldsymbol{\eta}_1, \boldsymbol{\eta}_2, \cdots, \boldsymbol{\eta}_n$ 的过渡矩阵为 $\boldsymbol{P}$，即有

$$(\boldsymbol{\eta}_1, \boldsymbol{\eta}_2, \cdots, \boldsymbol{\eta}_n) = (\boldsymbol{\varepsilon}_1, \boldsymbol{\varepsilon}_2, \cdots, \boldsymbol{\varepsilon}_n)\boldsymbol{P},$$

则

$$\boldsymbol{B} = \boldsymbol{P}^{-1}\boldsymbol{A}\boldsymbol{P}.$$

由定理 8.11 知 $\boldsymbol{P}$ 为正交矩阵，从而 $\boldsymbol{B}$ 也是正交矩阵，故 σ 是正交变换. **证毕.**

上面的推论 2 说明，要验证 n 维欧氏空间 V 的线性变换 σ 是正交变换，只要找 V 的某个标准正交基，使得 σ 在其下矩阵为正交矩阵，下面举例说明.

定义 8.12 设 σ 是 n 维欧氏空间 V 的正交变换，且在某个标准正交基下的矩

阵是 $\boldsymbol{A}$. 若 $|\boldsymbol{A}|=1$, 则称 σ 是**第一类正交变换**;若 $|\boldsymbol{A}|=-1$, 则称 σ 是**第二类正交变换**.

例 8.12 在欧氏空间 $\mathbf{R}^2$ 中, σ 是将平面向量逆时针旋转 θ 角的正交变换,则 σ 在标准正交基 $\boldsymbol{e}_1, \boldsymbol{e}_2$ 下的矩阵是

$$\boldsymbol{A}=\begin{pmatrix}\cos\theta & -\sin\theta \\ \sin\theta & \cos\theta\end{pmatrix}.$$

显然 $\boldsymbol{A}$ 是正交矩阵,且 $|\boldsymbol{A}|=1$, 故旋转变换是第一类正交变换.

前面例 8.11 中的镜面反射变换 σ 是第二类的正交变换,因为 σ 在标准正交基 $\boldsymbol{\varepsilon}_1, \boldsymbol{\varepsilon}_2, \cdots, \boldsymbol{\varepsilon}_n$ 下的矩阵是

$$\boldsymbol{A}=\begin{pmatrix}-1 & & & \\ & 1 & & \\ & & \ddots & \\ & & & 1\end{pmatrix}.$$

显然, $\boldsymbol{A}$ 是正交矩阵,且 $|\boldsymbol{A}|=-1$.

例 8.13 证明: 欧氏空间中正交变换如有特征值,则特征值只能是 1 或 -1.

证明 设 σ 是欧氏空间 V 的正交变换, λ 是它的任一特征值, $\boldsymbol{\alpha}$ 是属于特征值 λ 的特征向量,则

$$\sigma(\boldsymbol{\alpha})=\lambda\boldsymbol{\alpha}.$$

由于 $(\boldsymbol{\alpha}, \boldsymbol{\alpha})>0$, 故

$$(\boldsymbol{\alpha}, \boldsymbol{\alpha})=(\sigma(\boldsymbol{\alpha}), \sigma(\boldsymbol{\alpha}))=(\lambda\boldsymbol{\alpha}, \lambda\boldsymbol{\alpha})=\lambda^2(\boldsymbol{\alpha}, \boldsymbol{\alpha}),$$

因此 $\lambda^2=1$, 即 $\lambda=\pm 1$.

习题 8.3

1. 设 $\boldsymbol{A}$ 是实对称矩阵,且 $\boldsymbol{A}^2+4\boldsymbol{A}+3\boldsymbol{E}=\boldsymbol{O}$, 证明: $\boldsymbol{A}+2\boldsymbol{E}$ 是正交矩阵.
2. 设 $\boldsymbol{\alpha}\in\mathbf{R}^n$, $\boldsymbol{\alpha}^{\mathrm{T}}\boldsymbol{\alpha}=1$, 令 $\boldsymbol{A}=\boldsymbol{E}-2\boldsymbol{\alpha}\boldsymbol{\alpha}^{\mathrm{T}}$, 证明: $\boldsymbol{A}$ 是对称正交矩阵.
3. 判别下列矩阵是否为正交矩阵? 并说明理由.

(1) $\begin{pmatrix}\frac{1}{\sqrt{2}} & \frac{1}{\sqrt{2}} & 0 & 0 \\ 0 & 0 & \frac{1}{\sqrt{2}} & \frac{1}{\sqrt{2}} \\ \frac{1}{2} & -\frac{1}{2} & -\frac{1}{2} & \frac{1}{2} \\ \frac{1}{2} & -\frac{1}{2} & \frac{1}{2} & -\frac{1}{2}\end{pmatrix}$; (2) $\begin{pmatrix}\frac{1}{\sqrt{3}} & \frac{1}{\sqrt{3}} & \frac{1}{\sqrt{3}} \\ 0 & -\frac{1}{\sqrt{2}} & \frac{1}{\sqrt{2}} \\ -\frac{2}{\sqrt{6}} & \frac{1}{\sqrt{6}} & \frac{1}{\sqrt{6}}\end{pmatrix}$.

4. 设 σ 是 $\mathbf{R}^3$ 的线性变换，且 $\forall x, y, z \in \mathbf{R}$，都有

$$\sigma((x, y, z)^{\mathrm{T}}) = (y, z, x)^{\mathrm{T}},$$

证明：σ 是 $\mathbf{R}^3$ 的正交变换.

5. 设 σ 是欧氏空间 V 的正交变换，证明：σ 保持 V 的非零向量的夹角不变.举例说明，若 V 的线性变换 σ 保持非零向量的夹角不变，则 σ 未必是 V 的正交变换.

6. 设 σ 是欧氏空间 V 的线性变换，证明：σ 是正交变换的充分必要条件是 σ 保持任意两个向量的距离不变，即 $\forall \boldsymbol{\alpha}, \boldsymbol{\beta} \in V$，有

$$d(\sigma(\boldsymbol{\alpha}), \sigma(\boldsymbol{\beta})) = d(\boldsymbol{\alpha}, \boldsymbol{\beta}).$$

7. 证明：正交变换的属于不同特征值的特征向量相互正交.

8. 设 $\boldsymbol{A}, \boldsymbol{B}$ 都是 n 阶实可逆矩阵，且 $\boldsymbol{A}^{\mathrm{T}}\boldsymbol{A} = \boldsymbol{B}^{\mathrm{T}}\boldsymbol{B}$，证明：存在正交矩阵 $\boldsymbol{Q}$，使得 $\boldsymbol{A} = \boldsymbol{QB}$.

8.4 实对称矩阵与对称变换

由第 6 章知，n 阶矩阵未必可对角化，但是有一类矩阵一定可以对角化，这就是实对称矩阵.实对称矩阵是一类十分重要的矩阵，它们具有许多一般矩阵所没有的特殊性质.

本节先讨论实对称矩阵的对角化问题，然后介绍与实对称矩阵所对应的对称变换.

8.4.1 实对称矩阵的对角化

实对称矩阵具有以下特殊性质.

性质 1 实对称矩阵的特征值都是实数.

证明 设复数 λ 是实对称矩阵 $\boldsymbol{A}$ 的特征值，复向量 $\boldsymbol{x} = (x_1, x_2, \cdots, x_n)^{\mathrm{T}}$ 是 $\boldsymbol{A}$ 的属于特征值 λ 的特征向量，则有

$$\boldsymbol{Ax} = \lambda \boldsymbol{x}, \quad \boldsymbol{x} \neq \boldsymbol{0}.$$

上式两边取共轭，注意到 $\bar{\boldsymbol{A}} = \boldsymbol{A}$，可得

$$\boldsymbol{A}\bar{\boldsymbol{x}} = \bar{\boldsymbol{A}}\bar{\boldsymbol{x}} = \overline{\boldsymbol{Ax}} = \overline{\lambda \boldsymbol{x}} = \bar{\lambda}\bar{\boldsymbol{x}},$$

前式两边再取转置，因为 $\boldsymbol{A}^{\mathrm{T}} = \boldsymbol{A}$，得

$$\bar{\boldsymbol{x}}^{\mathrm{T}}\boldsymbol{A} = \bar{\lambda}\bar{\boldsymbol{x}}^{\mathrm{T}},$$

于是有

$$\bar{x}^{T}Ax=\bar{\lambda}\bar{x}^{T}x,$$

即
$$\lambda\bar{x}^{T}x=\bar{\lambda}\bar{x}^{T}x,$$

从而
$$(\lambda-\bar{\lambda})\bar{x}^{T}x=\mathbf{0}.$$

但因 $x\neq\mathbf{0}$，所以

$$\bar{x}^{T}x=\sum_{i=1}^{n}\bar{x}_{i}x_{i}=\sum_{i=1}^{n}|x_{i}|^{2}>0,$$

故 $\lambda-\bar{\lambda}=0$，即 $\lambda=\bar{\lambda}$，这说明 λ 是实数. **证毕.**

显然，对 n 阶实对称矩阵 A，因其特征值 $\lambda_i(i=1,2,\cdots,n)$ 是实数，故齐次线性方程组

$$(\lambda_{i}E-A)x=\mathbf{0}$$

是实系数方程组，它有实的基础解系，所以 A 的属于特征值 λ_i 的特征向量可以取为实向量.

性质 2 实对称矩阵的属于不同特征值的特征向量相互正交.

证明 设 λ_1，λ_2 是实对称矩阵 A 的特征值，且 $\lambda_1\neq\lambda_2$，x，y 分别是属于 λ_1，λ_2 的特征向量，则

$$Ax=\lambda_{1}x,\quad Ay=\lambda_{2}y,\quad x\neq\mathbf{0},\quad y\neq\mathbf{0}.$$

因为 $A^{T}=A$，所以有

$$\lambda_{1}(x^{T}y)=(\lambda_{1}x)^{T}y=(Ax)^{T}y=x^{T}(Ay)=\lambda_{2}(x^{T}y).$$

而 $\lambda_1\neq\lambda_2$，故得

$$(x,y)=x^{T}y=\mathbf{0},$$

即 x 与 y 正交. **证毕.**

我们知道，n 阶矩阵的属于不同特征值的特征向量线性无关.性质 2 说明，实对称矩阵的属于不同特征值的特征向量不仅线性无关，而且相互正交，请读者注意二者的区别.

定理 8.13 设 A 是任一 n 阶实对称矩阵，则一定存在 n 阶正交矩阵 Q，使得 $Q^{-1}AQ$ 为对角矩阵，即

$$Q^{-1}AQ=Q^{T}AQ=\mathrm{diag}(\lambda_{1},\lambda_{2},\cdots,\lambda_{n}),$$

其中，λ_1，λ_2，$\cdots$，λ_n 是 A 的 n 个特征值.

证明 对 A 的阶数 n 作数学归纳法.

当 $n=1$ 时,结论显然成立.

假设结论对 $n-1$ 阶的实对称矩阵成立.考虑 n 阶对称阵 $\boldsymbol{A}$. 由性质 1 知, $\boldsymbol{A}$ 必有实特征值 λ_1 和相应的特征向量 $\boldsymbol{x}$, 将 $\boldsymbol{x}$ 单位化,记为 $\boldsymbol{\gamma}_1$, 再将 $\boldsymbol{\gamma}_1$ 扩充为 $\mathbf{R}^n$ 的标准正交基 $\boldsymbol{\gamma}_1, \boldsymbol{\gamma}_2, \cdots, \boldsymbol{\gamma}_n$, 则可设

$$\boldsymbol{A}(\boldsymbol{\gamma}_1, \boldsymbol{\gamma}_2, \cdots, \boldsymbol{\gamma}_n)=(\boldsymbol{\gamma}_1, \boldsymbol{\gamma}_2, \cdots, \boldsymbol{\gamma}_n)\begin{pmatrix}\lambda_1 & \boldsymbol{\alpha}^{\mathrm{T}} \\ 0 & \boldsymbol{A}_1\end{pmatrix}.$$

令 $\boldsymbol{Q}_1=(\boldsymbol{\gamma}_1, \boldsymbol{\gamma}_2, \cdots, \boldsymbol{\gamma}_n)$, 则 $\boldsymbol{Q}_1$ 为正交矩阵,且

$$\boldsymbol{Q}_1^{-1}\boldsymbol{A}\boldsymbol{Q}_1=\boldsymbol{Q}_1^{\mathrm{T}}\boldsymbol{A}\boldsymbol{Q}_1=\begin{pmatrix}\lambda_1 & \boldsymbol{\alpha}^{\mathrm{T}} \\ 0 & \boldsymbol{A}_1\end{pmatrix},$$

又因为 $\boldsymbol{A}^{\mathrm{T}}=\boldsymbol{A}$, 所以

$$\begin{pmatrix}\lambda_1 & \boldsymbol{\alpha}^{\mathrm{T}} \\ 0 & \boldsymbol{A}_1\end{pmatrix}=\begin{pmatrix}\lambda_1 & 0 \\ \boldsymbol{\alpha} & \boldsymbol{A}_1^{\mathrm{T}}\end{pmatrix}.$$

故 $\boldsymbol{\alpha}=\mathbf{0}$, $\boldsymbol{A}_1=\boldsymbol{A}_1^{\mathrm{T}}$. 由归纳假设,存在正交矩阵 $\boldsymbol{Q}_2$, 使得

$$\boldsymbol{Q}_2^{-1}\boldsymbol{A}_1\boldsymbol{Q}_2=\boldsymbol{Q}_2^{\mathrm{T}}\boldsymbol{A}_1\boldsymbol{Q}_2=\operatorname{diag}(\lambda_2, \cdots, \lambda_n).$$

令

$$\boldsymbol{Q}=\boldsymbol{Q}_1\begin{pmatrix}1 & 0 \\ 0 & \boldsymbol{Q}_2\end{pmatrix},$$

则 $\boldsymbol{Q}$ 为正交矩阵,且有

$$\boldsymbol{Q}^{-1}\boldsymbol{A}\boldsymbol{Q}=\boldsymbol{Q}^{\mathrm{T}}\boldsymbol{A}\boldsymbol{Q}=\operatorname{diag}(\lambda_1, \lambda_2, \cdots, \lambda_n).$$ **证毕.**

如果两个矩阵相似,且相似变换矩阵是正交矩阵,常称这两个矩阵**正交相似.** 定理 8.13 的结论就是,任意实对称矩阵都正交相似于对角矩阵,且对角矩阵主对角线上元素恰为 $\boldsymbol{A}$ 的全部特征值.或者说,对于实对称矩阵 $\boldsymbol{A}$ 来说,不仅可以找到可逆矩阵 $\boldsymbol{P}$, 使得 $\boldsymbol{P}^{-1}\boldsymbol{A}\boldsymbol{P}$ 为对角矩阵,而且还可以找到正交矩阵 $\boldsymbol{Q}$, 使得 $\boldsymbol{Q}^{-1}\boldsymbol{A}\boldsymbol{Q}$ 为对角矩阵(此时称 $\boldsymbol{A}$ 可正交相似对角化,简称**正交对角化**).

定理 8.13 通常称为实对称矩阵的正交对角化定理,可简单地说成:任一 n 阶实对称矩阵都可正交对角化.

与将一般矩阵对角化的方法类似,实对称矩阵 $\boldsymbol{A}$ 的正交对角化可以按下列步骤进行:

(1) 解特征方程 $|\lambda\boldsymbol{E}-\boldsymbol{A}|=0$, 求出 $\boldsymbol{A}$ 的全部互不相等的特征值 $\lambda_1, \lambda_2, \cdots, \lambda_m$.

(2) 对每一个不同特征值 λ_i，求对应的齐次线性方程组 $(\lambda_i \boldsymbol{E}-\boldsymbol{A})\boldsymbol{x}=\mathbf{0}$ 的基础解系.

(3) 对 $k(k\geqslant 2)$ 重特征值,求得的基础解系含有 k 个线性无关的向量,可用施密特正交单位化方法将它们正交单位化;对单特征值,则只需将其基础解系(只有一个向量)单位化即可.

(4) 把上面求出的全部标准正交向量组(设为 $\boldsymbol{\gamma}_1, \boldsymbol{\gamma}_2, \cdots, \boldsymbol{\gamma}_n$) 作为列拼成一个 n 阶矩阵,就得到所求的正交矩阵 $\boldsymbol{Q}$，而

$$\boldsymbol{Q}^{-1}\boldsymbol{A}\boldsymbol{Q}=\boldsymbol{Q}^{\mathrm{T}}\boldsymbol{A}\boldsymbol{Q}=\operatorname{diag}(\lambda_1, \cdots, \lambda_1, \lambda_2, \cdots, \lambda_2, \cdots, \lambda_m, \cdots, \lambda_m),$$

其中,对角矩阵中 $\lambda_1, \lambda_2, \cdots, \lambda_m$ 的顺序与特征向量 $\boldsymbol{\gamma}_1, \boldsymbol{\gamma}_2, \cdots, \boldsymbol{\gamma}_n$ 的排列顺序一致.

需要注意的是,当 n 阶实对称矩阵 $\boldsymbol{A}$ 有 n 个互不相同特征值 $\lambda_1, \lambda_2, \cdots, \lambda_n$ 时,则只需将对应特征向量 $\boldsymbol{\alpha}_1, \boldsymbol{\alpha}_2, \cdots, \boldsymbol{\alpha}_n$ 单位化,得

$$\boldsymbol{\gamma}_1=\frac{\boldsymbol{\alpha}_1}{|\boldsymbol{\alpha}_1|}, \boldsymbol{\gamma}_2=\frac{\boldsymbol{\alpha}_2}{|\boldsymbol{\alpha}_2|}, \cdots, \boldsymbol{\gamma}_n=\frac{\boldsymbol{\alpha}_n}{|\boldsymbol{\alpha}_n|},$$

令 $\boldsymbol{Q}=(\boldsymbol{\gamma}_1, \boldsymbol{\gamma}_2, \cdots, \boldsymbol{\gamma}_n)$，$\boldsymbol{Q}$ 即为所求的正交矩阵.

例 8.14　设

$$\boldsymbol{A}=\begin{pmatrix} 4 & 2 & 2 \\ 2 & 4 & 2 \\ 2 & 2 & 4 \end{pmatrix},$$

求一个正交矩阵 $\boldsymbol{Q}$，使得 $\boldsymbol{Q}^{-1}\boldsymbol{A}\boldsymbol{Q}$ 为对角矩阵.

解　由

$$|\lambda \boldsymbol{E}-\boldsymbol{A}|=\begin{vmatrix} \lambda-4 & -2 & -2 \\ -2 & \lambda-4 & -2 \\ -2 & -2 & \lambda-4 \end{vmatrix}=(\lambda-8)(\lambda-2)^2,$$

求得 $\boldsymbol{A}$ 的特征值为 $\lambda_1=8$, $\lambda_2=\lambda_3=2$.

当 $\lambda_1=8$ 时,解方程 $(8\boldsymbol{E}-\boldsymbol{A})\boldsymbol{x}=\mathbf{0}$，由

$$8\boldsymbol{E}-\boldsymbol{A}=\begin{pmatrix} 4 & -2 & -2 \\ -2 & 4 & -2 \\ -2 & -2 & 4 \end{pmatrix} \rightarrow \begin{pmatrix} 1 & 0 & -1 \\ 0 & 1 & -1 \\ 0 & 0 & 0 \end{pmatrix},$$

可求得一个基础解系 $\boldsymbol{\alpha}_1=(1, 1, 1)^{\mathrm{T}}$，将 $\boldsymbol{\alpha}_1$ 单位化,得 $\boldsymbol{\gamma}_1=\frac{1}{\sqrt{3}}(1, 1, 1)^{\mathrm{T}}$.

当$\lambda_2=\lambda_3=2$时,解方程$(2\boldsymbol{E}-\boldsymbol{A})\boldsymbol{x}=\boldsymbol{0}$,由

$$2\boldsymbol{E}-\boldsymbol{A}=\begin{pmatrix}-2&-2&-2\\-2&-2&-2\\-2&-2&-2\end{pmatrix}\to\begin{pmatrix}1&1&1\\0&0&0\\0&0&0\end{pmatrix},$$

可求得一个基础解系$\boldsymbol{\alpha}_2=(-1,1,0)^{\mathrm{T}}$, $\boldsymbol{\alpha}_3=(-1,0,1)^{\mathrm{T}}$.

将$\boldsymbol{\alpha}_2$, $\boldsymbol{\alpha}_3$正交化,令$\boldsymbol{\beta}_2=\boldsymbol{\alpha}_2=(-1,1,0)^{\mathrm{T}}$,

$$\boldsymbol{\beta}_3=\boldsymbol{\alpha}_3-\frac{(\boldsymbol{\alpha}_3,\boldsymbol{\beta}_2)}{(\boldsymbol{\beta}_2,\boldsymbol{\beta}_2)}\boldsymbol{\beta}_2=(-1,0,1)^{\mathrm{T}}-\frac{1}{2}(-1,1,0)^{\mathrm{T}}=-\frac{1}{2}(1,1,-2)^{\mathrm{T}}.$$

再将$\boldsymbol{\beta}_2$, $\boldsymbol{\beta}_3$单位化,得$\boldsymbol{\gamma}_2=\frac{1}{\sqrt{2}}(-1,1,0)^{\mathrm{T}}$, $\boldsymbol{\gamma}_3=\frac{1}{\sqrt{6}}(-1,-1,2)^{\mathrm{T}}$.

令

$$\boldsymbol{Q}=(\boldsymbol{\gamma}_1,\boldsymbol{\gamma}_2,\boldsymbol{\gamma}_3)=\begin{pmatrix}\frac{1}{\sqrt{3}}&-\frac{1}{\sqrt{2}}&-\frac{1}{\sqrt{6}}\\\frac{1}{\sqrt{3}}&\frac{1}{\sqrt{2}}&-\frac{1}{\sqrt{6}}\\\frac{1}{\sqrt{3}}&0&\frac{2}{\sqrt{6}}\end{pmatrix},$$

则$\boldsymbol{Q}$为正交矩阵,且有

$$\boldsymbol{Q}^{-1}\boldsymbol{A}\boldsymbol{Q}=\begin{pmatrix}8&&\\&2&\\&&2\end{pmatrix}.$$

例 8.15 设三阶实对称矩阵$\boldsymbol{A}$的特征值为$\lambda_1=-2$, $\lambda_2=\lambda_3=1$,属于特征值$\lambda_1=-2$的特征向量为$\boldsymbol{\alpha}_1=(1,1,-1)^{\mathrm{T}}$,求矩阵$\boldsymbol{A}$.

解 设$\boldsymbol{A}$的属于特征值$\lambda_2=\lambda_3=1$的特征向量为$\boldsymbol{\alpha}=(x_1,x_2,x_3)^{\mathrm{T}}$,则由性质2知

$$\boldsymbol{\alpha}^{\mathrm{T}}\boldsymbol{\alpha}_1=\boldsymbol{0},$$

即有

$$x_1+x_2-x_3=0,$$

求得一基础解系$\boldsymbol{\alpha}_2=(-1,1,0)^{\mathrm{T}}$, $\boldsymbol{\alpha}_3=(1,0,1)^{\mathrm{T}}$.

将 $\boldsymbol{\alpha}_1$ 单位化，得 $\boldsymbol{\gamma}_1=\frac{1}{\sqrt{3}}(1,\ 1,\ -1)^{\mathrm{T}}$，

将 $\boldsymbol{\alpha}_2$，$\boldsymbol{\alpha}_3$ 正交化，令 $\boldsymbol{\beta}_2=\boldsymbol{\alpha}_2=(-1,\ 1,\ 0)^{\mathrm{T}}$，则

$$\boldsymbol{\beta}_3=\boldsymbol{\alpha}_3-\frac{(\boldsymbol{\alpha}_3,\ \boldsymbol{\beta}_2)}{(\boldsymbol{\beta}_2,\ \boldsymbol{\beta}_2)}\boldsymbol{\beta}_2=(1,\ 0,\ 1)^{\mathrm{T}}+\frac{1}{2}(-1,\ 1,\ 0)^{\mathrm{T}}=\frac{1}{2}(1,\ 1,\ 2)^{\mathrm{T}},$$

再将 $\boldsymbol{\beta}_2$，$\boldsymbol{\beta}_3$ 单位化，得

$$\boldsymbol{\gamma}_2=\frac{1}{\sqrt{2}}(-1,\ 1,\ 0)^{\mathrm{T}},\quad \boldsymbol{\gamma}_3=\frac{1}{\sqrt{6}}(1,\ 1,\ 2)^{\mathrm{T}}.$$

令

$$\boldsymbol{Q}=(\boldsymbol{\gamma}_1,\ \boldsymbol{\gamma}_2,\ \boldsymbol{\gamma}_3)=\begin{pmatrix}\frac{1}{\sqrt{3}} & -\frac{1}{\sqrt{2}} & \frac{1}{\sqrt{6}}\\ \frac{1}{\sqrt{3}} & \frac{1}{\sqrt{2}} & \frac{1}{\sqrt{6}}\\ -\frac{1}{\sqrt{3}} & 0 & \frac{2}{\sqrt{6}}\end{pmatrix},$$

则 $\boldsymbol{Q}$ 为正交矩阵，且有

$$\boldsymbol{Q}^{-1}\boldsymbol{A}\boldsymbol{Q}=\begin{pmatrix}2 & & \\ & -1 & \\ & & -1\end{pmatrix}.$$

于是

$$\boldsymbol{A}=\boldsymbol{Q}\begin{pmatrix}2 & & \\ & -1 & \\ & & -1\end{pmatrix}\boldsymbol{Q}^{\mathrm{T}}=\begin{pmatrix}\frac{1}{\sqrt{3}} & -\frac{1}{\sqrt{2}} & \frac{1}{\sqrt{6}}\\ \frac{1}{\sqrt{3}} & \frac{1}{\sqrt{2}} & \frac{1}{\sqrt{6}}\\ -\frac{1}{\sqrt{3}} & 0 & \frac{2}{\sqrt{6}}\end{pmatrix}\begin{pmatrix}2 & & \\ & -1 & \\ & & -1\end{pmatrix}\begin{pmatrix}\frac{1}{\sqrt{3}} & \frac{1}{\sqrt{3}} & -\frac{1}{\sqrt{3}}\\ -\frac{1}{\sqrt{2}} & \frac{1}{\sqrt{2}} & 0\\ \frac{1}{\sqrt{6}} & \frac{1}{\sqrt{6}} & \frac{2}{\sqrt{6}}\end{pmatrix}$$

$$=\begin{pmatrix}0 & 1 & -1\\ 1 & 0 & -1\\ -1 & -1 & 0\end{pmatrix}.$$

8.4.2 对称变换

设 V 是 n 维欧氏空间，下面讨论实对称矩阵所对应的 V 的线性变换，并探讨其

性质.

设$\boldsymbol{\varepsilon}_1, \boldsymbol{\varepsilon}_2, \cdots, \boldsymbol{\varepsilon}_n$是$V$的一个标准正交基,$\sigma$是$V$的线性变换,$\sigma$在$\boldsymbol{\varepsilon}_1, \boldsymbol{\varepsilon}_2, \cdots, \boldsymbol{\varepsilon}_n$下的矩阵是实对称矩阵$\boldsymbol{A}=(a_{ij})_{n\times n}$,则

$$(\sigma(\boldsymbol{\varepsilon}_i), \boldsymbol{\varepsilon}_j)=(a_{1i}\boldsymbol{\varepsilon}_1+a_{2i}\boldsymbol{\varepsilon}_2+\cdots+a_{ni}\boldsymbol{\varepsilon}_n, \boldsymbol{\varepsilon}_j)=a_{ji}(\boldsymbol{\varepsilon}_j, \boldsymbol{\varepsilon}_j)=a_{ji},$$
$$(\boldsymbol{\varepsilon}_i, \sigma(\boldsymbol{\varepsilon}_j))=(\boldsymbol{\varepsilon}_i, a_{1j}\boldsymbol{\varepsilon}_1+a_{2j}\boldsymbol{\varepsilon}_2+\cdots+a_{nj}\boldsymbol{\varepsilon}_n)=a_{ij}(\boldsymbol{\varepsilon}_i, \boldsymbol{\varepsilon}_i)=a_{ij},$$

因为$a_{ij}=a_{ji}$,所以

$$(\sigma(\boldsymbol{\varepsilon}_i), \boldsymbol{\varepsilon}_j)=(\boldsymbol{\varepsilon}_i, \sigma(\boldsymbol{\varepsilon}_j)),$$

因此,$\forall \boldsymbol{\alpha}, \boldsymbol{\beta}\in V$,设

$$\boldsymbol{\alpha}=x_1\boldsymbol{\varepsilon}_1+x_2\boldsymbol{\varepsilon}_2+\cdots+x_n\boldsymbol{\varepsilon}_n,\quad \boldsymbol{\beta}=y_1\boldsymbol{\varepsilon}_1+y_2\boldsymbol{\varepsilon}_2+\cdots+y_n\boldsymbol{\varepsilon}_n,$$

则

$$(\sigma(\boldsymbol{\alpha}), \boldsymbol{\beta})=\left(\sum_{i=1}^n x_i\sigma(\boldsymbol{\varepsilon}_i), \sum_{j=1}^n y_j\boldsymbol{\varepsilon}_j\right)=\sum_{i=1}^n\sum_{j=1}^n x_iy_j(\sigma(\boldsymbol{\varepsilon}_i), \boldsymbol{\varepsilon}_j),$$
$$(\boldsymbol{\alpha}, \sigma(\boldsymbol{\beta}))=\left(\sum_{i=1}^n x_i\boldsymbol{\varepsilon}_i, \sum_{j=1}^n y_j\sigma(\boldsymbol{\varepsilon}_j)\right)=\sum_{i=1}^n\sum_{j=1}^n x_iy_j(\boldsymbol{\varepsilon}_i, \sigma(\boldsymbol{\varepsilon}_j)),$$

最后得到

$$(\sigma(\boldsymbol{\alpha}), \boldsymbol{\beta})=(\boldsymbol{\alpha}, \sigma(\boldsymbol{\beta})).$$

为此,给出下面的定义.

定义 8.13 设σ是欧氏空间V的线性变换,如果对任意$\boldsymbol{\alpha}, \boldsymbol{\beta}\in V$,都有

$$(\sigma(\boldsymbol{\alpha}), \boldsymbol{\beta})=(\boldsymbol{\alpha}, \sigma(\boldsymbol{\beta})),$$

则称σ是V的**对称变换**.

下面这个定理是对称变换的一个等价刻画.

定理 8.14 设σ是n维欧氏空间V的线性变换,则σ是对称变换的充分必要条件是σ在V的任一标准正交基下的矩阵是实对称矩阵.

证明 充分性.由前面的讨论已证.

必要性.设$\boldsymbol{\varepsilon}_1, \boldsymbol{\varepsilon}_2, \cdots, \boldsymbol{\varepsilon}_n$是$n$维欧氏空间$V$的一个标准正交基,$\sigma$在这个基下的矩阵是$\boldsymbol{A}=(a_{ij})_{n\times n}$,则

$$(\sigma(\boldsymbol{\varepsilon}_i), \boldsymbol{\varepsilon}_j)=(a_{1i}\boldsymbol{\varepsilon}_1+a_{2i}\boldsymbol{\varepsilon}_2+\cdots+a_{ni}\boldsymbol{\varepsilon}_n, \boldsymbol{\varepsilon}_j)=a_{ji}(\boldsymbol{\varepsilon}_j, \boldsymbol{\varepsilon}_j)=a_{ji},$$
$$(\boldsymbol{\varepsilon}_i, \sigma(\boldsymbol{\varepsilon}_j))=(\boldsymbol{\varepsilon}_i, a_{1j}\boldsymbol{\varepsilon}_1+a_{2j}\boldsymbol{\varepsilon}_2+\cdots+a_{nj}\boldsymbol{\varepsilon}_n)=a_{ij}(\boldsymbol{\varepsilon}_i, \boldsymbol{\varepsilon}_i)=a_{ij}.$$

因为$(\sigma(\boldsymbol{\varepsilon}_i), \boldsymbol{\varepsilon}_j)=(\boldsymbol{\varepsilon}_i, \sigma(\boldsymbol{\varepsilon}_j))$,所以$a_{ij}=a_{ij}(i, j=1, 2, \cdots, n)$,即$\boldsymbol{A}$是实对

称矩阵. **证毕.**

由定理 8.14 可知,在给定的标准正交基下,有限维欧氏空间的对称变换与实对称矩阵是一一对应的.另外,根据定理 8.14 的证明,可得下面的推论.

推论 设 $\boldsymbol{\varepsilon}_1, \boldsymbol{\varepsilon}_2, \cdots, \boldsymbol{\varepsilon}_n$ 是 n 维欧氏空间 V 的一个基,σ 是 V 的线性变换,则 σ 为对称变换的充分必要条件是

$$(\sigma(\boldsymbol{\varepsilon}_i), \boldsymbol{\varepsilon}_j)=(\boldsymbol{\varepsilon}_i, \sigma(\boldsymbol{\varepsilon}_j)), \quad \forall i, j=1, 2, \cdots, n.$$

定理 8.15 设 σ 是 n 维欧氏空间 V 的对称变换,则一定存在标准正交基,使得 σ 在这个基下的矩阵是对角矩阵,并且对角矩阵主对角线上的元素恰好为 σ 的特征值.

证明 设 $\boldsymbol{\varepsilon}_1, \boldsymbol{\varepsilon}_2, \cdots, \boldsymbol{\varepsilon}_n$ 是 n 维欧氏空间 V 的一个标准正交基,σ 在这个基下的矩阵为 $\boldsymbol{A}$, 则 $\boldsymbol{A}$ 是 n 阶实对称矩阵,由定理 8.13 知,存在 n 阶正交矩阵 $\boldsymbol{Q}$, 使得

$$\boldsymbol{Q}^{-1}\boldsymbol{A}\boldsymbol{Q}=\operatorname{diag}(\lambda_1, \lambda_2, \cdots, \lambda_n),$$

其中,$\lambda_1, \lambda_2, \cdots, \lambda_n$ 为 $\boldsymbol{A}$ 的全部特征值.

令

$$(\boldsymbol{\eta}_1, \boldsymbol{\eta}_2, \cdots, \boldsymbol{\eta}_n)=(\boldsymbol{\varepsilon}_1, \boldsymbol{\varepsilon}_2, \cdots, \boldsymbol{\varepsilon}_n)\boldsymbol{Q},$$

由于 $\boldsymbol{Q}$ 是正交矩阵, $\boldsymbol{\varepsilon}_1, \boldsymbol{\varepsilon}_2, \cdots, \boldsymbol{\varepsilon}_n$ 是标准正交基,由定理 8.11 知, $\boldsymbol{\eta}_1, \boldsymbol{\eta}_2, \cdots, \boldsymbol{\eta}_n$ 也是 V 的标准正交基,且 σ 在基 $\boldsymbol{\eta}_1, \boldsymbol{\eta}_2, \cdots, \boldsymbol{\eta}_n$ 下的矩阵是 $\boldsymbol{Q}^{-1}\boldsymbol{A}\boldsymbol{Q}$, 即为对角矩阵 $\operatorname{diag}(\lambda_1, \lambda_2, \cdots, \lambda_n)$.

习题 8.4

1. 试求一个正交的相似变换矩阵,将下列实对称矩阵化为对角矩阵.

(1) $\begin{pmatrix} 1 & -2 & 0 \\ -2 & 2 & -2 \\ 0 & -2 & 3 \end{pmatrix}$; (2) $\begin{pmatrix} 4 & 0 & 0 \\ 0 & 3 & 1 \\ 0 & 1 & 3 \end{pmatrix}$;

(3) $\begin{pmatrix} 1 & 2 & 4 \\ 2 & -2 & 2 \\ 4 & 2 & 1 \end{pmatrix}$; (4) $\begin{pmatrix} 1 & 1 & 1 \\ 1 & 1 & 1 \\ 1 & 1 & 1 \end{pmatrix}$.

2. 设实对称矩阵 $\boldsymbol{A}=\begin{pmatrix} a & 1 & 1 \\ 1 & a & -1 \\ 1 & -1 & a \end{pmatrix}$, 求可逆矩阵 $\boldsymbol{P}$, 使得 $\boldsymbol{P}^{-1}\boldsymbol{A}\boldsymbol{P}$ 为对角矩阵,并计算 $|\boldsymbol{A}-\boldsymbol{E}|$ 的值.

3. 设三阶实对称矩阵 $\boldsymbol{A}$ 的特征值为 $\lambda_1=-1$, $\lambda_2=\lambda_3=1$, 属于特征值 $\lambda_1=-1$ 的特征向量为 $\boldsymbol{\alpha}_1=(0, 1, 1)^{\mathrm{T}}$, 求矩阵 $\boldsymbol{A}$.

4. 设$\boldsymbol{A}$为三阶实对称矩阵,满足$\boldsymbol{A}^2+2\boldsymbol{A}=\boldsymbol{O}$,且$R(\boldsymbol{A})=2$,求$\boldsymbol{A}$的全部特征值.

5. 设$\boldsymbol{A}$是n阶实对称矩阵,且$\boldsymbol{A}^2=\boldsymbol{E}$,证明:存在$n$阶正交矩阵$\boldsymbol{Q}$,使得

$$\boldsymbol{Q}^{-1}\boldsymbol{A}\boldsymbol{Q}=\begin{pmatrix}\boldsymbol{E}_r & \boldsymbol{O}\\ \boldsymbol{O} & -\boldsymbol{E}_{n-r}\end{pmatrix}.$$

6. 设σ是n维欧氏空间V的线性变换,证明:若σ既是正交变换,又是对称变换,则σ^2是一个恒等变换.

7. 设σ是n维欧氏空间V的线性变换,如果对任意$\boldsymbol{\alpha},\boldsymbol{\beta}\in V$,都有

$$(\sigma,(\boldsymbol{\alpha}),\boldsymbol{\beta})=-(\boldsymbol{\alpha},\sigma(\boldsymbol{\beta})),$$

则称σ是V的反对称变换,证明:σ是反对称变换的充分必要条件是σ在V的任一标准正交基下的矩阵为实反对称矩阵.

8. (1) 证明:实反对称矩阵的特征值是零或纯虚数;

(2) 设$\boldsymbol{A}$是实反对称矩阵,证明:$\boldsymbol{E}+\boldsymbol{A}$, $\boldsymbol{E}-\boldsymbol{A}$是可逆矩阵;

(3) 设$\boldsymbol{A}$是实反对称矩阵,证明:$(\boldsymbol{E}-\boldsymbol{A})(\boldsymbol{E}+\boldsymbol{A})^{-1}$, $(\boldsymbol{E}-\boldsymbol{A})^{-1}(\boldsymbol{E}+\boldsymbol{A})$是正交矩阵.

8.5 欧氏子空间的正交性

设W是欧氏空间V的非空子集,如果W是作为线性空间V的子空间,那么由于V的内积也是W的内积,因此W关于V的内积也构成一个欧氏空间,称为欧氏空间V的子空间,可简称为欧氏子空间.由此可见,W作为线性空间的子空间与作为欧氏空间的子空间是一样的.因此欧氏空间的子空间也有交、和、直和的运算,以及与线性空间中一样的结论.

本节主要是在欧氏空间的向量正交的基础上,讨论欧氏子空间的正交问题.

8.5.1 子空间的正交性

定义 8.14 设V是一个欧氏空间,V_1, V_2是V的两个子空间,$\boldsymbol{\alpha}\in V$.若对任意$\boldsymbol{\beta}\in V_1$,都有$(\boldsymbol{\alpha},\boldsymbol{\beta})=0$,则称$\boldsymbol{\alpha}$与$V_1$**正交**,记作$\boldsymbol{\alpha}\perp V_1$;若对任意$\boldsymbol{\alpha}\in V_1$, $\boldsymbol{\beta}\in V_2$,都有$(\boldsymbol{\alpha},\boldsymbol{\beta})=0$,则称$V_1$与$V_2$**正交**,记作$V_1\perp V_2$.

例 8.16 在欧氏空间$\mathbf{R}^3$中,$V_1=\{(x, y, 0)^{\mathrm{T}} \mid x, y\in\mathbf{R}\}$表示$xOy$平面上的全体向量构成的子空间,向量$\boldsymbol{e}_3=(0, 0, 1)^{\mathrm{T}}$是$Oz$轴上的单位向量,则$\boldsymbol{e}_3$与$V_1$中的每一个向量都正交,即$\boldsymbol{e}_3\perp V_1$.记$V_2=\{(0, 0, z)^{\mathrm{T}} \mid z\in\mathbf{R}\}=L(\boldsymbol{e}_3)$,代表$Oz$轴上的全体向量,则$V_1$中的每一个向量都与$V_2$中的每一个向量正交,即$V_1\perp V_2$.

例 8.17 设向量$\boldsymbol{\alpha}$与$\boldsymbol{\alpha}_1$, $\boldsymbol{\alpha}_2$, $\cdots$, $\boldsymbol{\alpha}_m$中的每一个向量都正交,则$\boldsymbol{\alpha}$与$\boldsymbol{\alpha}_1$,

$\boldsymbol{\alpha}_2, \cdots, \boldsymbol{\alpha}_m$ 的一切线性组合都正交,因此,

$$\boldsymbol{\alpha} \perp L(\boldsymbol{\alpha}_1, \boldsymbol{\alpha}_2, \cdots, \boldsymbol{\alpha}_s).$$

进一步,设 $\boldsymbol{\alpha}_i \perp \boldsymbol{\beta}_j (i=1, 2, \cdots, m; j=1, 2, \cdots, t)$,则

$$L(\boldsymbol{\alpha}_1, \boldsymbol{\alpha}_2, \cdots, \boldsymbol{\alpha}_m) \perp L(\boldsymbol{\beta}_1, \boldsymbol{\beta}_2, \cdots, \boldsymbol{\beta}_t).$$

正交的子空间有以下性质(V_1, V_2, V_3 是欧氏空间 V 的子空间).

性质 1 设 $V_1 \perp V_2$,则 $V_1 \cap V_2 = \{\mathbf{0}\}$.

特别地,设 $V_1 \perp V_1$,则 $V_1 = \{\mathbf{0}\}$.

事实上,对任意 $\boldsymbol{\alpha} \in V_1 \cap V_2$,则 $\boldsymbol{\alpha} \perp \boldsymbol{\alpha}$,即 $(\boldsymbol{\alpha}, \boldsymbol{\alpha})=0$,故 $\boldsymbol{\alpha}=\mathbf{0}$.

性质 2 设 $V_1 \perp V_2, V_1 \perp V_3$,则 $V_1 \perp (V_2+V_3)$.

事实上,$\forall \boldsymbol{\alpha} \in V_1, \boldsymbol{\beta} \in V_2, \boldsymbol{\gamma} \in V_3$,由 $(\boldsymbol{\alpha}, \boldsymbol{\beta})=0, (\boldsymbol{\alpha}, \boldsymbol{\gamma})=0$ 知,$(\boldsymbol{\alpha}, \boldsymbol{\beta}+\boldsymbol{\gamma})=0$,所以 $V_1 \perp (V_2+V_3)$.

定理 8.16 设子空间 $V_1, V_2, \cdots, V_m$ 两两正交,则和 $V_1+V_2+\cdots+V_m$ 是直和.

特别地,设 $V_1 \perp V_2$,则 $V_1+V_2=V_1 \oplus V_2$.

证明 设存在 $\boldsymbol{\alpha}_i \in V_i (i=1, 2, \cdots, m)$,使得

$$\boldsymbol{\alpha}_1+\boldsymbol{\alpha}_2+\cdots+\boldsymbol{\alpha}_m=\mathbf{0}.$$

由于 $(\boldsymbol{\alpha}_i, \boldsymbol{\alpha}_j)=\mathbf{0}(i \neq j, i, j=1, 2, \cdots, m)$,因此,$\forall i=1, 2, \cdots, m$,都有

$$(\boldsymbol{\alpha}_1+\boldsymbol{\alpha}_2+\cdots+\boldsymbol{\alpha}_m, \boldsymbol{\alpha}_i)=(\boldsymbol{\alpha}_i, \boldsymbol{\alpha}_i)=0,$$

由内积的定义知 $\boldsymbol{\alpha}_i=\mathbf{0}(i=1, 2, \cdots, m)$,故

$$\sum_{i=1}^{m} V_i=V_1 \oplus V_2 \oplus \cdots \oplus V_m.$$

8.5.2 子空间的正交补

先看下面的例子.

例 8.18 设 V_1 是欧氏空间 V 的一个子空间,记

$$V_1^{\perp}=\{\boldsymbol{\alpha} \in V \mid \forall \boldsymbol{\beta} \in V_1, (\boldsymbol{\alpha}, \boldsymbol{\beta})=0\},$$

则 $V_1^{\perp}$ 是 V 的子空间.

证明 首先,由 $\mathbf{0} \in V_1^{\perp}$ 可知,$V_1^{\perp}$ 是 V 的非空子集.

其次,$\forall \boldsymbol{\alpha}_1, \boldsymbol{\alpha}_2 \in V^{\perp}$, $\forall k \in \mathbf{R}$,有

$$(\boldsymbol{\alpha}_1, \boldsymbol{\beta})=(\boldsymbol{\alpha}_2, \boldsymbol{\beta})=0, \quad \forall \boldsymbol{\beta} \in V_1,$$

于是有

$$(\boldsymbol{\alpha}_1+\boldsymbol{\alpha}_2, \boldsymbol{\beta})=(\boldsymbol{\alpha}_1, \boldsymbol{\beta})+(\boldsymbol{\alpha}_2, \boldsymbol{\beta})=0,$$
$$(k\boldsymbol{\alpha}_1, \boldsymbol{\beta})=k(\boldsymbol{\alpha}_1, \boldsymbol{\beta})=0,$$

所以 $\boldsymbol{\alpha}_1+\boldsymbol{\alpha}_2, k\boldsymbol{\alpha}_1 \in V^{\perp}$，故 $V_1^{\perp}$ 是 V 的子空间.

定义 8.15 设 V_1 是欧氏空间 V 的子空间,则称

$$V_1^{\perp}=\{\boldsymbol{\alpha} \in V_1, \forall \boldsymbol{\beta} \in V_1, (\boldsymbol{\alpha}, \boldsymbol{\beta})=0\}$$

是 V_1 的一个正交补空间,简称 V_1 的**正交补**.

显然,由定义 8.15 知,$V_1^{\perp}$ 由 V 中所有与 V_1 正交的向量组成,即有

$$V_1^{\perp}=\{\boldsymbol{\alpha} \in V \mid \boldsymbol{\alpha} \perp V_1\}.$$

定理 8.17 设 V_1 是 n 维欧氏空间 V 的一个子空间,则 V 中存在唯一的子空间 V_2，使得 $V_1 \perp V_2$ 且 $V=V_1 \oplus V_2$，因而 $V_2=V_1^{\perp}$.

证明 若 $V_1=\{\mathbf{0}\}$，则取 $V_2=V$，显然有 $V_1^{\perp}=V_2$ 且 $V=V_1 \oplus V_2$.

若 $V_1 \neq \{\mathbf{0}\}$，取 V_1 的一个正交基 $\boldsymbol{\varepsilon}_1, \boldsymbol{\varepsilon}_2, \cdots, \boldsymbol{\varepsilon}_m$，由定理 8.7,可把它扩充成 V 的正交基 $\boldsymbol{\varepsilon}_1, \boldsymbol{\varepsilon}_2, \cdots, \boldsymbol{\varepsilon}_m, \boldsymbol{\varepsilon}_{m+1}, \cdots, \boldsymbol{\varepsilon}_n$，则有

$$V_1=L(\boldsymbol{\varepsilon}_1, \boldsymbol{\varepsilon}_2, \cdots, \boldsymbol{\varepsilon}_m), \quad V=L(\boldsymbol{\varepsilon}_1, \boldsymbol{\varepsilon}_2, \cdots, \boldsymbol{\varepsilon}_m, \boldsymbol{\varepsilon}_{m+1}, \cdots, \boldsymbol{\varepsilon}_n).$$

令 $V_2=L(\boldsymbol{\varepsilon}_{m+1}, \boldsymbol{\varepsilon}_{m+2}, \cdots, \boldsymbol{\varepsilon}_n)$，则 $V=V_1 \oplus V_2$，且由

$$(\boldsymbol{\varepsilon}_i, \boldsymbol{\varepsilon}_{m+j})=0, \quad i=1, 2, \cdots, m; j=1, 2, \cdots, n-m,$$

可得 $V_1 \perp V_2$，于是 $V_1 \cap V_2=\{\mathbf{0}\}$，故 $V=V_1 \oplus V_2$.

由 $V_1^{\perp}+V_1=V_1^{\perp} \oplus V_1$ 知

$$\dim V_1^{\perp}+\dim V_1=\dim(V_1^{\perp}+V_1) \leqslant n,$$

于是有

$$\dim V_1^{\perp} \leqslant n-\dim V_1=n-m.$$

又由 $V_1 \perp V_2$,可得 $V_2 \subseteq V_1^{\perp}$，所以有

$$n-m=\dim V_2 \leqslant \dim V_1^{\perp} \leqslant n-m,$$

从而 $\dim V_2=\dim V_1^{\perp}=n-m$，因而 $V_2=V_1^{\perp}$，故 V_2 是由 V_1 唯一确定的. **证毕.**

定理 8.17 说明,n 维欧氏空间 V 的每一个子空间 V_1 都有唯一的正交补.例如,在例 8.16 中,$\mathbf{R}^3=V_1+V_2$，且 $V_1 \perp V_2$，则 V_1，V_2 互为正交补.

另外,从定理 8.17 中容易得到下面的推论.

推论 1 设 V 是 n 维欧氏空间，V_1 是 V 的子空间，则

$$V = V_1 \oplus V_1^{\perp}.$$

推论 2 设 V 是 n 维欧氏空间，V_1 是 V 的子空间，则

$$\dim V_1 + \dim V_1^{\perp} = n.$$

推论 3 设 V 是 n 维欧氏空间，V_1 是 V 的子空间，则

$$(V_1^{\perp})^{\perp} = V_1.$$

定理 8.18 设 σ 是 n 维欧氏空间 V 的对称变换，若 V_1 是 σ 的不变子空间，则 $V_1^{\perp}$ 也是 σ 的不变子空间.

证明 设 $\boldsymbol{\alpha} \in V_1^{\perp}$，要证 $\sigma(\boldsymbol{\alpha}) \in V_1^{\perp}$，即证 $\sigma(\boldsymbol{\alpha}) \in V_1$.

任取 $\boldsymbol{\beta} \in V_1$，由 V_1 是 σ 的不变子空间知，$\sigma(\boldsymbol{\beta}) \in V_1$. 因为 $\boldsymbol{\alpha} \in V_1^{\perp}$，故 $(\boldsymbol{\alpha}, \sigma(\boldsymbol{\beta})) = 0$. 因此，由对称变换的定义可得

$$(\sigma(\boldsymbol{\alpha}), \boldsymbol{\beta}) = (\boldsymbol{\alpha}, \sigma(\boldsymbol{\beta})) = 0,$$

即 $\sigma(\boldsymbol{\alpha}) \in V_1^{\perp}$，故 $V_1^{\perp}$ 是 σ 的不变子空间. **证毕.**

对反对称变换，也有定理 8.18 类似的结论，即下面的推论.

推论 设 σ 是 n 维欧氏空间 V 的反对称变换，若 V_1 是 σ 的不变子空间，则 $V_1^{\perp}$ 也是 σ 的不变子空间.

下面来看正交补的几何意义.

在 $\mathbf{R}^3$ 中，若 V_1 是过原点的一个平面，则 $V_1^{\perp}$ 是过原点且与平面 V_1 垂直的直线.

由定理 8.17 可知，若 V_1 是 n 维欧氏空间 V 的子空间，则由 $V = V_1 \oplus V_1^{\perp}$ 知，对任意 $\boldsymbol{\alpha} \in V$ 都能唯一地表示成

$$\boldsymbol{\alpha} = \boldsymbol{\alpha}_1 + \boldsymbol{\alpha}_2, \quad \boldsymbol{\alpha}_1 \in V_1, \boldsymbol{\alpha}_2 \in V_1^{\perp},$$

分解式中的 $\boldsymbol{\alpha}_1$ 称为 $\boldsymbol{\alpha}$ 在 V_1 上的**正交投影**.

若取 V_1 的一个标准正交基 $\boldsymbol{\varepsilon}_1, \boldsymbol{\varepsilon}_2, \cdots, \boldsymbol{\varepsilon}_m$，则易知 $\boldsymbol{\alpha}$ 在 V_1 上的正交投影为

$$\boldsymbol{\alpha}_1 = \sum_{i=1}^{m} (\boldsymbol{\alpha}, \boldsymbol{\varepsilon}_i)\boldsymbol{\varepsilon}_i.$$

显然，由分解式 $\boldsymbol{\alpha} = \boldsymbol{\alpha}_1 + \boldsymbol{\alpha}_2$ 知，$\boldsymbol{\alpha}_1 \in V_1$ 是 $\boldsymbol{\alpha}$ 在 V_1 上的正交投影，当且仅当 $\boldsymbol{\alpha} - \boldsymbol{\alpha}_1 \in V_1^{\perp}$. **证毕.**

我们知道，在 $\mathbf{R}^3$ 中，平面外的点到平面上各点的距离中，垂线最短，这个性质在一般的欧氏空间 V 的子空间 V_1 上也成立.

定理 8.19 设 V_1 是 n 维欧氏空间 V 的子空间，$\boldsymbol{\alpha}\in V$，则 $\boldsymbol{\alpha}_1\in V_1$ 是 $\boldsymbol{\alpha}$ 在 V_1 上的正交投影的充分必要条件是

$$d(\boldsymbol{\alpha},\boldsymbol{\alpha}_1)\leqslant d(\boldsymbol{\alpha},\boldsymbol{\beta}),\quad \forall \boldsymbol{\beta}\in V_1.$$

证明 必要性.因为 $\boldsymbol{\alpha}_1$ 是 $\boldsymbol{\alpha}$ 在 V_1 上的正交投影，所以

$$(\boldsymbol{\alpha}-\boldsymbol{\alpha}_1)\perp(\boldsymbol{\alpha}_1-\boldsymbol{\beta}),\quad \forall \boldsymbol{\beta}\in V_1.$$

于是，由勾股定理得

$$|\boldsymbol{\alpha}-\boldsymbol{\beta}|^2=|(\boldsymbol{\alpha}-\boldsymbol{\alpha}_1)+(\boldsymbol{\alpha}_1-\boldsymbol{\beta})|^2=|\boldsymbol{\alpha}-\boldsymbol{\alpha}_1|^2+|\boldsymbol{\alpha}_1-\boldsymbol{\beta}|^2,\quad \forall \boldsymbol{\beta}\in V_1,$$

从而

$$|\boldsymbol{\alpha}-\boldsymbol{\alpha}_1|^2\leqslant|\boldsymbol{\alpha}-\boldsymbol{\beta}|^2,\quad \forall \boldsymbol{\beta}\in V_1,$$

即

$$d(\boldsymbol{\alpha},\boldsymbol{\alpha}_1)\leqslant d(\boldsymbol{\alpha},\boldsymbol{\beta}),\quad \forall \boldsymbol{\beta}\in V_1.$$

充分性.设 $\boldsymbol{\gamma}$ 是 $\boldsymbol{\alpha}$ 在 V_1 上的正交投影，由必要性知

$$d(\boldsymbol{\alpha},\boldsymbol{\gamma})\leqslant d(\boldsymbol{\alpha},\boldsymbol{\alpha}_1),$$

由条件知

$$d(\boldsymbol{\alpha},\boldsymbol{\alpha}_1)\leqslant d(\boldsymbol{\alpha},\boldsymbol{\gamma}),$$

于是

$$d(\boldsymbol{\alpha},\boldsymbol{\gamma})=d(\boldsymbol{\alpha},\boldsymbol{\alpha}_1).$$

由于 $(\boldsymbol{\alpha}-\boldsymbol{\gamma})\in V_1^{\perp}$，$(\boldsymbol{\gamma}-\boldsymbol{\alpha}_1)\in V_1$，从而

$$|\boldsymbol{\alpha}-\boldsymbol{\gamma}|^2=|\boldsymbol{\alpha}-\boldsymbol{\alpha}_1|^2=|\boldsymbol{\alpha}-\boldsymbol{\gamma}+\boldsymbol{\gamma}-\boldsymbol{\alpha}_1|^2=|\boldsymbol{\alpha}-\boldsymbol{\gamma}|^2+|\boldsymbol{\gamma}-\boldsymbol{\alpha}_1|^2,$$

因而 $|\boldsymbol{\gamma}-\boldsymbol{\alpha}_1|^2=0$，即 $\boldsymbol{\gamma}=\boldsymbol{\alpha}_1$，故 $\boldsymbol{\alpha}_1\in V_1$ 是 $\boldsymbol{\alpha}$ 在 V_1 上的正交投影.

*8.5.2 最小二乘法

最后，简单探讨线性方程组的最小二乘解问题.

设有实线性方程组

$$\begin{cases} a_{11}x_1+a_{12}x_2+\cdots+a_{1n}x_n=b_1, \\ a_{21}x_1+a_{22}x_2+\cdots+a_{2n}x_n=b_2, \\ \qquad\qquad\vdots \\ a_{m1}x_1+a_{m2}x_2+\cdots+a_{mn}x_n=b_n, \end{cases}\tag{8.1}$$

称使得

$$\sum_{i=1}^{m}(a_{i1}x_1+a_{i2}x_2+\cdots+a_{in}x_n-b_i)^2 \tag{8.2}$$

最小的一组数 x_1^0, x_2^0,. …, x_n^0 为线性方程组(8.1)的**最小二乘解**,这种问题就称为**最小二乘法问题**.

显然,当方程组(8.1)有解时,其最小二乘解就是它的解;当方程组(8.1)无解时,其最小二乘解是它的误差最小的近似解.

先利用欧氏空间的概念来表达最小二乘法,再给出最小二乘解所满足的代数条件,为此令

$$\boldsymbol{A}=(a_{ij})_{m\times n},\quad \boldsymbol{x}=(x_1,x_2,\cdots,x_n)^{\mathrm{T}},\quad \boldsymbol{b}=(b_1,b_2,\cdots,b_m)^{\mathrm{T}},$$

$$\boldsymbol{y}=\boldsymbol{A}\boldsymbol{x}=\left(\sum_{j=1}^{n}a_{1j}x_j,\ \sum_{j=1}^{n}a_{2j}x_j,\ \cdots,\ \sum_{j=1}^{n}a_{mj}x_j\right)^{\mathrm{T}},$$

则 $\boldsymbol{b}$, $\boldsymbol{y}\in\mathbf{R}^n$, $\sum_{i=1}^{m}(a_{i1}x_1+a_{i2}x_2+\cdots+a_{in}x_n-b_i)^2=|\boldsymbol{y}-\boldsymbol{b}|^2$. 于是求方程组(8.1)的最小二乘解就是找 x_1^0, x_2^0, …, x_n^0, 使得 $|\boldsymbol{y}-\boldsymbol{b}|$ 最小,即 $\boldsymbol{y}$ 与 $\boldsymbol{b}$ 的距离最短.

由方程组(8.2)可得

$$\boldsymbol{y}=x_1\boldsymbol{\alpha}_1+x_2\boldsymbol{\alpha}_2+\cdots+x_n\boldsymbol{\alpha}_n\in L(\boldsymbol{\alpha}_1,\boldsymbol{\alpha}_2,\cdots,\boldsymbol{\alpha}_n),$$

其中, $\boldsymbol{\alpha}_j=(a_{1j},a_{2j},\cdots,a_{mj})^{\mathrm{T}}$, $j=1,2,\cdots,n$, 是 $\boldsymbol{A}$ 的第 j 列.

于是求方程组(8.1)的最小二乘解就转化为在 $L(\boldsymbol{\alpha}_1,\boldsymbol{\alpha}_2,\cdots,\boldsymbol{\alpha}_n)$ 中找一向量 $\boldsymbol{y}$, 使得 $\boldsymbol{b}$ 到它的距离比到子空间 $L(\boldsymbol{\alpha}_1,\boldsymbol{\alpha}_2,\cdots,\boldsymbol{\alpha}_n)$ 中其他向量的距离都短.

设

$$\boldsymbol{y}^0=\boldsymbol{A}\boldsymbol{x}^0=x_1^0\boldsymbol{\alpha}_1+x_2^0\boldsymbol{\alpha}_2+\cdots+x_n^0\boldsymbol{\alpha}_n$$

是所要求的向量,则

$$\boldsymbol{c}=\boldsymbol{b}-\boldsymbol{y}^0=\boldsymbol{b}-\boldsymbol{A}\boldsymbol{x}^0$$

必须垂直于子空间 $L(\boldsymbol{\alpha}_1,\boldsymbol{\alpha}_2,\cdots,\boldsymbol{\alpha}_n)$, 为此只需且必须

$$(\boldsymbol{c},\boldsymbol{\alpha}_1)=(\boldsymbol{c},\boldsymbol{\alpha}_2)=\cdots=(\boldsymbol{c},\boldsymbol{\alpha}_n)=0,$$

即

$$\boldsymbol{\alpha}_1^{\mathrm{T}}\boldsymbol{c}=\boldsymbol{\alpha}_2^{\mathrm{T}}\boldsymbol{c}=\cdots=\boldsymbol{\alpha}_n^{\mathrm{T}}\boldsymbol{c}=0,$$

于是

$$\boldsymbol{A}^{\mathrm{T}}(\boldsymbol{b}-\boldsymbol{A}\boldsymbol{x}^0)=\boldsymbol{A}^{\mathrm{T}}\boldsymbol{c}=(\boldsymbol{\alpha}_1^{\mathrm{T}},\boldsymbol{\alpha}_2^{\mathrm{T}},\cdots,\boldsymbol{\alpha}_n^{\mathrm{T}})^{\mathrm{T}}\boldsymbol{c}=(\boldsymbol{\alpha}_1^{\mathrm{T}}\boldsymbol{c},\boldsymbol{\alpha}_2^{\mathrm{T}}\boldsymbol{c},\cdots,\boldsymbol{\alpha}_n^{\mathrm{T}}\boldsymbol{c})^{\mathrm{T}}=\boldsymbol{0}.$$

所以,方程组(8.1)的最小二乘解就是线性方程组 $\boldsymbol{A}^{\mathrm{T}}\boldsymbol{A}\boldsymbol{x}=\boldsymbol{A}^{\mathrm{T}}\boldsymbol{b}$ 的解,而 $\boldsymbol{A}^{\mathrm{T}}\boldsymbol{A}\boldsymbol{x}=\boldsymbol{A}^{\mathrm{T}}\boldsymbol{b}$ 总是有解的.

习题 8.5

1. 设 $\boldsymbol{\alpha}_1=(1,0,-1,2)^{\mathrm{T}}$, $\boldsymbol{\alpha}_2=(-1,1,1,0)^{\mathrm{T}}$, $V_1=L(\boldsymbol{\alpha}_1,\boldsymbol{\alpha}_2)$ 是 $\mathbf{R}^4$ 的子空间,求 $V_1^{\perp}$.

2. 求齐次线性方程组

$$\begin{cases}x_1-2x_2+3x_3-4x_4=0,\\ x_1+5x_2+3x_3+3x_4=0\end{cases}$$

的解空间 V_1 的正交补 $V_1^{\perp}$.

3. 设 V_1, V_2 是欧氏空间 V 的两个子空间,证明:

$$(V_1+V_2)^{\perp}=V_1^{\perp}\cap V_2^{\perp},\quad (V_1\cap V_2)^{\perp}=V_1^{\perp}+V_2^{\perp}.$$

4. 设 σ 是 n 维欧氏空间 V 的一个正交变换,如果 V_1 是 σ 的不变子空间,证明:$V_1^{\perp}$ 也是 σ 的不变子空间.

5. 设 $\boldsymbol{\alpha}$ 是 n 维欧氏空间 V 的非零向量, $V_1=\{x\mid x\perp\boldsymbol{\alpha},\ x\in V\}$, 证明:

(1) V_1 是 V 的子空间;

(2) $\dim V_1=n-1$.

6. 设 σ 是 n 维欧氏空间 V 的一个正交变换,令

$$V_1=\{\boldsymbol{\alpha}\in V\mid\sigma(\boldsymbol{\alpha})=\boldsymbol{\alpha}\},\quad V_2=\{\boldsymbol{\alpha}-\sigma(\boldsymbol{\alpha})\mid\boldsymbol{\alpha}\in V\},$$

证明: $V=V_1\oplus V_2$.

7. 设 V_1, V_2 是 n 维欧氏空间 V 的两个子空间,且 $\dim V_1<\dim V_2$, 证明:存在非零向量 $\boldsymbol{\alpha}\in V_2$, 使得 $\boldsymbol{\alpha}\perp V_1$.

总 习 题 8

一、单项选择题

1. 设 V 是有限维欧氏空间, $\sigma\in L(V)$, 任取 $\boldsymbol{\alpha},\boldsymbol{\beta}\in V$, 则下列说法正确的是(　　).

A. 若 $(\boldsymbol{\alpha},\boldsymbol{\beta})=0$, 则 $\boldsymbol{\alpha}=\mathbf{0}$ 或 $\boldsymbol{\beta}=\mathbf{0}$

B. 若 $(\boldsymbol{\alpha},\boldsymbol{\alpha})=0$, 则 $\boldsymbol{\alpha}=\mathbf{0}$

C. 若 $(\sigma(\boldsymbol{\alpha}),\sigma(\boldsymbol{\alpha}))=(\boldsymbol{\alpha},\boldsymbol{\alpha})$, 则 $\sigma=1_V$

D. 若 $(\sigma(\boldsymbol{\alpha}),\sigma(\boldsymbol{\beta}))=(\boldsymbol{\alpha},\boldsymbol{\beta})$, 则 $\sigma=1_V$

2. 设 V 是有限维欧氏空间,则下列关于过渡矩阵的命题中(　　)是错误的.

A. V 的不同基的过渡矩阵是可逆矩阵

B. V 的不同标准正交基的过渡矩阵是可逆矩阵

C. V 的不同基的过渡矩阵是正交矩阵

D. V 的不同标准正交基的过渡矩阵是正交矩阵

3. 设 V 是有限维欧氏空间，U, W 是 V 的子空间，非零向量 $\boldsymbol{\alpha}$, $\boldsymbol{\beta}$, $\boldsymbol{\gamma} \in V$，则下列结论正确的是(　　).

A. 若 $\boldsymbol{\alpha} \perp \boldsymbol{\beta}$，则 $\boldsymbol{\alpha}$, $\boldsymbol{\beta}$ 线性无关　　B. 若 $U \cap W = \{\mathbf{0}\}$，则 $U \perp W$

C. 若 $\boldsymbol{\alpha} \perp \boldsymbol{\beta}$, $\boldsymbol{\beta} \perp \boldsymbol{\gamma}$，则 $\boldsymbol{\alpha} \perp \boldsymbol{\gamma}$　　D. 若 $\dim V = \dim U + \dim W$，则 $U = W^{\perp}$

4. 设 $\boldsymbol{A}$, $\boldsymbol{B}$ 是同阶正交矩阵，则(　　)也是正交矩阵.

A. $\boldsymbol{A}+\boldsymbol{B}$　　B. $\boldsymbol{A}-\boldsymbol{B}$　　C. $2\boldsymbol{AB}$　　D. $\boldsymbol{A}^2\boldsymbol{B}$

5. 设 V_1, V_2 是有限维欧氏空间 V 的子空间，则下列关于正交补空间的叙述中错误的是(　　).

A. $(V_1+V_2)^{\perp} = V_1^{\perp} \cap V_2^{\perp}$　　B. 若 $V_2 \subseteq V_1$，则 $V_1^{\perp} \subseteq V_2^{\perp}$

C. $(V_1 \cap V_2)^{\perp} = V_1^{\perp} + V_2^{\perp}$　　D. 若 $V = V_1 \oplus V_2$，则 $V_2 = V_1^{\perp}$

二、填空题

1. 设 $\boldsymbol{\varepsilon}_1$, $\boldsymbol{\varepsilon}_2$, $\cdots$, $\boldsymbol{\varepsilon}_n$ 是 n 维欧氏空间 V 的一个基，$\boldsymbol{\alpha}$, $\boldsymbol{\beta} \in V$，若对 $i=1, 2, \cdots, n$，均有 $(\boldsymbol{\alpha}, \boldsymbol{\varepsilon}_i) = (\boldsymbol{\beta}, \boldsymbol{\varepsilon}_i)$，则 $\boldsymbol{\alpha}$ 与 $\boldsymbol{\beta}$ 的关系是________.

2. 设 $\boldsymbol{\varepsilon}_1$, $\boldsymbol{\varepsilon}_2$, $\cdots$, $\boldsymbol{\varepsilon}_n$ 是 n 维欧氏空间 V 的一个正交基，则 V 中向量 $\boldsymbol{\alpha}$ 在 $\boldsymbol{\varepsilon}_1$, $\boldsymbol{\varepsilon}_2$, $\cdots$, $\boldsymbol{\varepsilon}_n$ 下的坐标是________.

3. 设 $\boldsymbol{\alpha}_1$, $\boldsymbol{\alpha}_2$, $\boldsymbol{\alpha}_3$ 是欧氏空间 $\mathbf{R}^3$ 的一个标准正交基，其中 $\boldsymbol{\alpha}_1 = \left(\frac{\sqrt{3}}{3}, \frac{\sqrt{3}}{3}, \frac{\sqrt{3}}{3}\right)^{\mathrm{T}}$，$\boldsymbol{\alpha}_2 = \left(-\frac{\sqrt{6}}{6}, -\frac{\sqrt{6}}{6}, \frac{\sqrt{6}}{3}\right)^{\mathrm{T}}$，则 $\boldsymbol{\alpha}_3 =$ ________.

4. 设 V_1, V_2 是 n 维欧氏空间 V 的子空间，且 $V_1 \subseteq V_2$，则 $\dim V_1 + \dim V_2^{\perp}$ 与 n 的关系是________.

5. 设二阶实对称矩阵 $\boldsymbol{A}$ 的特征值 a, b 互不相等，$\boldsymbol{A}(1, 2)^{\mathrm{T}} = a(1, -2)^{\mathrm{T}}$，则________是 $\boldsymbol{A}$ 的属于特征值 b 的单位特征向量.

三、计算题

1. 设 $\boldsymbol{\alpha}_1$, $\boldsymbol{\alpha}_2$, $\boldsymbol{\alpha}_3$ 是三维欧氏空间 V 的一个基，这个基的度量矩阵是

$$\boldsymbol{A} = \begin{pmatrix} 1 & -1 & 1 \\ -1 & 2 & 0 \\ 1 & 0 & 4 \end{pmatrix},$$

求 V 的一个标准正交基.

2. 设 $\boldsymbol{\varepsilon}_1$, $\boldsymbol{\varepsilon}_2$, $\boldsymbol{\varepsilon}_3$, $\boldsymbol{\varepsilon}_4$ 是欧氏空间 V 的一个标准正交基，$V_1 = L(\boldsymbol{\alpha}_1, \boldsymbol{\alpha}_2, \boldsymbol{\alpha}_3)$，其中

$$\begin{cases} \boldsymbol{\alpha}_1 = \boldsymbol{\varepsilon}_1 + \boldsymbol{\varepsilon}_2 - \boldsymbol{\varepsilon}_3 + 2\boldsymbol{\varepsilon}_4, \\ \boldsymbol{\alpha}_2 = \boldsymbol{\varepsilon}_1 - \boldsymbol{\varepsilon}_2 - \boldsymbol{\varepsilon}_3 - 4\boldsymbol{\varepsilon}_4, \\ \boldsymbol{\alpha}_3 = \boldsymbol{\varepsilon}_1 + 3\boldsymbol{\varepsilon}_2 - \boldsymbol{\varepsilon}_3 + 8\boldsymbol{\varepsilon}_4, \end{cases}$$

求：(1) V_1 的一个标准正交基；

(2) $V_1^{\perp}$ 的一个标准正交基；

(3) $\boldsymbol{\alpha}=\boldsymbol{\varepsilon}_1+4\boldsymbol{\varepsilon}_2-4\boldsymbol{\varepsilon}_3-\boldsymbol{\varepsilon}_4$ 在 V_1 上的正交投影.

3. 设线性方程组 $\boldsymbol{Ax}=\boldsymbol{b}$ 有解但不唯一,其中

$$\boldsymbol{A}=\begin{pmatrix}1&1&a\\1&a&1\\a&1&1\end{pmatrix},\quad \boldsymbol{b}=(1,1,-2)^{\mathrm{T}},$$

求:(1) a 的值;

(2) 正交矩阵 $\boldsymbol{Q}$ 和对角矩阵 $\boldsymbol{\Lambda}$,使得 $\boldsymbol{Q}^{\mathrm{T}}\boldsymbol{AQ}=\boldsymbol{\Lambda}$.

4. 设三阶实对称矩阵 $\boldsymbol{A}$ 的各行元素之和都是 3,向量 $\boldsymbol{\alpha}_1=(-1,2,-1)^{\mathrm{T}}$, $\boldsymbol{\alpha}_2=(0,-1,1)^{\mathrm{T}}$ 是线性方程组 $\boldsymbol{Ax}=\boldsymbol{0}$ 的两个解向量.求:

(1) $\boldsymbol{A}$ 的特征值与特征向量;

(2) 正交矩阵 $\boldsymbol{Q}$ 和对角矩阵 $\boldsymbol{\Lambda}$,使得 $\boldsymbol{Q}^{\mathrm{T}}\boldsymbol{AQ}=\boldsymbol{\Lambda}$;

(3) $\boldsymbol{A}$ 及 $\left(\boldsymbol{A}-\dfrac{3}{2}\boldsymbol{E}\right)^6$.

四、证明题

1. 设 $\boldsymbol{A}$, $\boldsymbol{B}$ 是 n 阶正交矩阵,且 $|\boldsymbol{A}|=-|\boldsymbol{B}|$,证明 $|\boldsymbol{A}+\boldsymbol{B}|=0$.

2.. 设 σ 是 n 维欧氏空间 V 的对称变换,证明:

(1) V 可以分解成 n 个一维的 σ 的不变子空间的直和;

(2) $\mathrm{Ker}\sigma=(\mathrm{Im}\sigma)^{\perp}$.

3. 设实对称矩阵 $\boldsymbol{A}$, $\boldsymbol{B}$ 的特征值相同,证明:存在正交矩阵 $\boldsymbol{Q}$,使得 $\boldsymbol{Q}^{-1}\boldsymbol{AQ}=\boldsymbol{B}$.

4. 设 $\boldsymbol{\alpha}$, $\boldsymbol{\beta}$ 是欧氏空间 V 的两个向量,且 $|\boldsymbol{\alpha}|=|\boldsymbol{\beta}|$,证明:存在正交变换 σ,使得 $\sigma(\boldsymbol{\alpha})=\boldsymbol{\beta}$.

第 9 章

二　次　型

在解析几何中,经常要将二次曲线或二次曲面的方程化为只含有平方项的标准形,便于识别其类型并研究其性质.

例如,对二次曲线

$$ax^2+bxy+cy^2=1,$$

可以选择适当的坐标旋转变换

$$\begin{cases}x=x'\cos\theta-y'\sin\theta,\\ y=x'\sin\theta+y'\cos\theta.\end{cases}$$

把方程化为标准形式

$$mx'^2+ny'^2=1.$$

这类问题具有普遍性,在许多理论问题和实际问题中常会遇到,本章将把这类问题一般化,讨论 n 元二次型的化简问题,并研究二次型的正定性.

9.1　二次型及其矩阵表示

本节先介绍二次型的概念及其矩阵表示,然后研究矩阵之间的合同关系.

9.1.1　二次型的概念

定义 9.1　含有 n 个变量 $x_1, x_2, \cdots, x_n$ 的二次齐次函数

$$\begin{aligned}f(x_1, x_2, \cdots, x_n)=&a_{11}x_1^2+2a_{12}x_1x_2+\cdots+2a_{1n}x_1x_n+\\&a_{22}x_2^2+2a_{23}x_2x_3+\cdots+2a_{2n}x_2x_n+\cdots+\\&a_{n-1,n-1}x_{n-1}^2+2a_{n-1,n}x_{n-1}x_n+a_{nn}x_n^2,\end{aligned}\tag{9.1}$$

称为 **n 元二次型**,简称**二次型**.当 a_{ij} 为复数时, $f(x_1, x_2, \cdots, x_n)$ 或 f 称为**复二次型**;当 a_{ij} 为实数时, f 称为**实二次型**;当 $a_{ij}\in F$ 时, f 称为**数域 F 上的二次型**.

例如，$f(x_1, x_2, x_3)=2x_1^2+4x_2^2+5x_3^2-4x_1x_3$，$f(x_1, x_2, x_3)=x_1x_2+x_1x_3+x_2x_3$ 都为实二次型；而 $f(x, y)=x^2+\mathrm{i}y^2(\mathrm{i}^2=-1)$ 是一个复二次型.

在式(9.1)中，取 $a_{ij}=a_{ji}$，则 $2a_{ij}x_ix_j=a_{ij}x_ix_j+a_{ji}x_jx_i$，于是式(9.1)可化为

$$\begin{aligned}
f(x_1, x_2, \cdots, x_n) &= a_{11}x_1^2+a_{12}x_1x_2+\cdots+a_{1n}x_1x_n+ \\
&\quad a_{21}x_2x_1+a_{22}x_2^2+\cdots+a_{2n}x_2x_n+\cdots+ \\
&\quad a_{n1}x_nx_1+a_{n2}x_nx_2+\cdots+a_{nn}x_n^2 \\
&= \sum_{i=1}^{n}\sum_{j=1}^{n}a_{ij}x_ix_j \\
&= x_1(a_{11}x_1+a_{12}x_2+\cdots+a_{1n}x_n)+ \\
&\quad x_2(a_{21}x_1+a_{22}x_2+\cdots+a_{2n}x_n)+\cdots+ \\
&\quad x_n(a_{n1}x_1+a_{n2}x_2+\cdots+a_{nn}x_n) \\
&= (x_1, x_2, \cdots, x_n)\begin{pmatrix} a_{11}x_1+a_{12}x_2+\cdots+a_{1n}x_n \\ a_{21}x_1+a_{22}x_2+\cdots+a_{2n}x_n \\ \vdots \\ a_{n1}x_1+a_{n2}x_2+\cdots+a_{nn}x_n \end{pmatrix} \\
&= (x_1, x_2, \cdots, x_n)\begin{pmatrix} a_{11} & a_{12} & \cdots & a_{1n} \\ a_{21} & a_{22} & \cdots & a_{2n} \\ \vdots & \vdots & & \vdots \\ a_{n1} & a_{n2} & \cdots & a_{nn} \end{pmatrix}\begin{pmatrix} x_1 \\ x_2 \\ \vdots \\ x_n \end{pmatrix} \\
&= \boldsymbol{x}^{\mathrm{T}}\boldsymbol{A}\boldsymbol{x}.
\end{aligned}$$

其中

$$\boldsymbol{x}=(x_1, x_2, \cdots, x_n)^{\mathrm{T}}, \quad \boldsymbol{A}=\begin{pmatrix} a_{11} & a_{12} & \cdots & a_{1n} \\ a_{21} & a_{22} & \cdots & a_{2n} \\ \vdots & \vdots & & \vdots \\ a_{n1} & a_{n2} & \cdots & a_{nn} \end{pmatrix}=(a_{ij})_{n\times n}.$$

称 $f(x_1, x_2, \cdots, x_n)=\boldsymbol{x}^{\mathrm{T}}\boldsymbol{A}\boldsymbol{x}$ 为二次型的**矩阵形式**，常简记为 $f(x)=\boldsymbol{x}^{\mathrm{T}}\boldsymbol{A}\boldsymbol{x}$，其中 $\boldsymbol{A}$ 是对称矩阵，称为该**二次型的矩阵**.

应该看到，二次型 $f(x)=\boldsymbol{x}^{\mathrm{T}}\boldsymbol{A}\boldsymbol{x}$ 的矩阵 $\boldsymbol{A}$ 的元素，当 $i\neq j$ 时，$a_{ij}=a_{ji}$ 正是它的 x_ix_j 项的系数的一半，而 a_{ii} 是项 x_i^2 的系数，因此，二次型 $f(x)=\boldsymbol{x}^{\mathrm{T}}\boldsymbol{A}\boldsymbol{x}$ 与其对称矩阵 $\boldsymbol{A}$ 之间有一一对应关系.因此，二次型 $f(x)=\boldsymbol{x}^{\mathrm{T}}\boldsymbol{A}\boldsymbol{x}$ 称为**对称矩阵 $\boldsymbol{A}$ 的二次型**，对称矩阵 $\boldsymbol{A}$ 的秩称为**二次型 $\boldsymbol{f(x)=x^{\mathrm{T}}Ax}$ 的秩**.

例如,二次型

$$f(x_1, x_2, \cdots, x_3)=3x_1^2+2x_1x_2+\sqrt{2}x_1x_3-x_2^2-4x_2x_3+5x_3^2$$

对应的实对称矩阵为

$$\begin{pmatrix} 3 & 1 & \frac{\sqrt{2}}{2} \\ 1 & -1 & -2 \\ \frac{\sqrt{2}}{2} & -2 & 5 \end{pmatrix}.$$

反之,实对称矩阵 $\boldsymbol{A}=\begin{pmatrix} 3 & 1 & \frac{\sqrt{2}}{2} \\ 1 & -1 & -2 \\ \frac{\sqrt{2}}{2} & -2 & 5 \end{pmatrix}$ 所对应的二次型是

$$\begin{aligned}\boldsymbol{x}^{\mathrm{T}}\boldsymbol{A}\boldsymbol{x} &= (x_1, x_2, x_3)\begin{pmatrix} 3 & 1 & \frac{\sqrt{2}}{2} \\ 1 & -1 & -2 \\ \frac{\sqrt{2}}{2} & -2 & 5 \end{pmatrix}\begin{pmatrix} x_1 \\ x_2 \\ x_3 \end{pmatrix} \\ &= 3x_1^2+2x_1x_2+\sqrt{2}x_1x_3-x_2^2-4x_2x_3+5x_3^2.\end{aligned}$$

本书中的二次型 $f(x)=\boldsymbol{x}^{\mathrm{T}}\boldsymbol{A}\boldsymbol{x}$,除特别说明外,指的是 $f(x)=\boldsymbol{x}^{\mathrm{T}}\boldsymbol{A}\boldsymbol{x}$(其中 $\boldsymbol{A}^{\mathrm{T}}=\boldsymbol{A}$).

9.1.2 合同矩阵

与在解析几何中一样,在处理许多问题时也经常希望通过变量之间的变换来简化有关的二次型.为此,引入如下定义.

定义 9.2 关系式

$$\begin{cases} x_1=c_{11}y_1+c_{12}y_2+\cdots+c_{1n}y_n, \\ x_2=c_{21}y_1+c_{22}y_2+\cdots+c_{2n}y_n, \\ \quad\vdots \\ x_n=c_{n1}y_1+c_{n2}y_2+\cdots+c_{nn}y_n \end{cases}$$

称为由变量 $x_1, x_2, \cdots, x_n$ 到变量 $y_1, y_2, \cdots, y_n$ 的**线性替换**,简记为 $\boldsymbol{x}=\boldsymbol{C}\boldsymbol{y}$,而

系数矩阵 $\boldsymbol{C}=(c_{ij})_{n\times n}$ 称为**线性替换矩阵**.

如果 $\boldsymbol{C}$ 可逆,则称线性替换 $\boldsymbol{x}=\boldsymbol{C}\boldsymbol{y}$ 为**可逆线性替换**.如果 $\boldsymbol{C}$ 为正交矩阵,则称线性替换 $\boldsymbol{x}=\boldsymbol{C}\boldsymbol{y}$ 为**正交线性替换**.

对二次型 $f(x)=\boldsymbol{x}^{\mathrm{T}}\boldsymbol{A}\boldsymbol{x}$,我们的问题是:寻求可逆线性替换 $\boldsymbol{x}=\boldsymbol{C}\boldsymbol{y}$,将二次型化简,即化为只含有平方项的二次型.

将 $\boldsymbol{x}=\boldsymbol{C}\boldsymbol{y}$ 代入 $f(\boldsymbol{x})=\boldsymbol{x}^{\mathrm{T}}\boldsymbol{A}\boldsymbol{x}$,得到

$$f(x)=\boldsymbol{x}^{\mathrm{T}}\boldsymbol{A}\boldsymbol{x}=(\boldsymbol{C}\boldsymbol{y})^{\mathrm{T}}\boldsymbol{A}(\boldsymbol{C}\boldsymbol{y})=\boldsymbol{y}^{\mathrm{T}}(\boldsymbol{C}^{\mathrm{T}}\boldsymbol{A}\boldsymbol{C})\boldsymbol{y},$$

这里,$\boldsymbol{y}^{\mathrm{T}}(\boldsymbol{C}^{\mathrm{T}}\boldsymbol{A}\boldsymbol{C})\boldsymbol{y}$ 是关于 $y_1, y_2, \cdots, y_n$ 的二次型,对应的矩阵为 $\boldsymbol{C}^{\mathrm{T}}\boldsymbol{A}\boldsymbol{C}$.

关于 $\boldsymbol{A}$ 与 $\boldsymbol{C}^{\mathrm{T}}\boldsymbol{A}\boldsymbol{C}$ 的关系,给出下列定义.

定义 9.3 设 $\boldsymbol{A}, \boldsymbol{B}$ 为两个 n 阶矩阵,如果存在 n 阶可逆矩阵 $\boldsymbol{C}$,使得 $\boldsymbol{C}^{\mathrm{T}}\boldsymbol{A}\boldsymbol{C}=\boldsymbol{B}$,则称**矩阵 $\boldsymbol{A}$ 合同于矩阵 $\boldsymbol{B}$**,或称 **$\boldsymbol{A}$ 与 $\boldsymbol{B}$ 合同**.

矩阵的合同有如下基本性质.

性质 1 矩阵的合同是矩阵间的一个等价关系,即具有

(1) 反身性. 对任意方阵 $\boldsymbol{A}$,$\boldsymbol{A}$ 与 $\boldsymbol{A}$ 合同.

(2) 对称性. 设 $\boldsymbol{A}$ 与 $\boldsymbol{B}$ 合同,则 $\boldsymbol{B}$ 与 $\boldsymbol{A}$ 合同.

(3) 传递性. 设 $\boldsymbol{A}$ 与 $\boldsymbol{B}$ 合同,且 $\boldsymbol{B}$ 与 $\boldsymbol{C}$ 合同,则 $\boldsymbol{A}$ 与 $\boldsymbol{C}$ 合同.

性质 2 设 $\boldsymbol{A}$ 为对称矩阵,$\boldsymbol{B}$ 与 $\boldsymbol{A}$ 合同,则 $\boldsymbol{B}$ 也为对称矩阵,且 $R(\boldsymbol{B})=R(\boldsymbol{A})$.

由此可见,二次型 $f(x)=\boldsymbol{x}^{\mathrm{T}}\boldsymbol{A}\boldsymbol{x}$ 的矩阵 $\boldsymbol{A}$ 与经过可逆线性替换 $\boldsymbol{x}=\boldsymbol{C}\boldsymbol{y}$ 得到的二次型的矩阵 $\boldsymbol{B}=\boldsymbol{C}^{\mathrm{T}}\boldsymbol{A}\boldsymbol{C}$ 是合同的,且二次型的秩不变.

习题 9.1

1. 写出下列二次型的矩阵.

(1) $f(x_1, x_2, x_3)=2x_1^2+x_2^2-4x_1x_2+6x_1x_3-2x_2x_3$;

(2) $f(x_1, x_2, x_3)=x_1^2-2x_2^2+3x_3^2+2x_1x_2-4x_1x_3+2x_2x_3$.

2. 写出下列矩阵所对应的二次型.

(1) $\begin{pmatrix} 3 & -2 \\ -2 & 4 \end{pmatrix}$; (2) $\begin{pmatrix} -1 & 1 & 2 \\ 1 & 0 & -1 \\ 2 & -1 & 2 \end{pmatrix}$.

3. 写出下列二次型的矩阵表示.

(1) $f(x_1, x_2, x_3)=-4x_1x_2+2x_1x_3+2x_2x_3$;

(2) $f(x, y, z)=x^2+4xy+4y^2+2xz+z^2+4yz$;

(3) $f(x_1, x_2, x_3, x_4)=x_1^2+x_2^2+x_3^2+x_4^2-2x_1x_2+4x_1x_3-2x_1x_4+6x_2x_3-4x_2x_4$.

4. 设二次型 $f(x_1, x_2, x_3)=x_1^2+x_2^2+x_3^2+2ax_1x_2+2x_1x_3+2bx_2x_3$ 的秩为 2,求 a, b

满足的条件.

5. 证明：两个对角矩阵

$$\boldsymbol{A}_1=\mathrm{diag}(\lambda_1,\lambda_2,\cdots,\lambda_n),\quad \boldsymbol{A}_2=\mathrm{diag}(\lambda_{i_1},\lambda_{i_2},\cdots,\lambda_{i_n})$$

合同,其中,$i_1, i_2, \cdots, i_n$ 是 $1, 2, \cdots, n$ 的一个排列.

6. 设矩阵 $\boldsymbol{A}_1$ 与 $\boldsymbol{B}_1$ 合同,$\boldsymbol{A}_2$ 与 $\boldsymbol{B}_2$ 合同,证明：矩阵

$$\begin{pmatrix}\boldsymbol{A}_1 & \boldsymbol{O}\\ \boldsymbol{O} & \boldsymbol{A}_2\end{pmatrix} \quad 与 \quad \begin{pmatrix}\boldsymbol{B}_1 & \boldsymbol{O}\\ \boldsymbol{O} & \boldsymbol{B}_2\end{pmatrix}$$

合同.

7. 证明二次型 $f(x)=\boldsymbol{x}^{\mathrm{T}}\boldsymbol{A}\boldsymbol{x}$（$\boldsymbol{A}$ 为 n 阶矩阵）的矩阵是$\dfrac{\boldsymbol{A}+\boldsymbol{A}^{\mathrm{T}}}{2}$，并写出下列二次型的矩阵.

(1) $f(x)=\boldsymbol{x}^{\mathrm{T}}\begin{pmatrix}2 & 1\\ 3 & 1\end{pmatrix}\boldsymbol{x}$;　　　(2) $f(x)=\boldsymbol{x}^{\mathrm{T}}\begin{pmatrix}1 & 2 & 3\\ 4 & 5 & 6\\ 7 & 8 & 9\end{pmatrix}\boldsymbol{x}$.

8. (1) 设 $\boldsymbol{A}$ 是n 阶矩阵,证明：$\boldsymbol{A}$ 是反对称矩阵的充分必要条件是对任意n 维列向量$\boldsymbol{x}$，都有 $\boldsymbol{x}^{\mathrm{T}}\boldsymbol{A}\boldsymbol{x}=\boldsymbol{0}$.

(2) 设 $\boldsymbol{A}$ 是n 阶对称矩阵,证明：如果对任意 n 维列向量 $\boldsymbol{x}$，都有 $\boldsymbol{x}^{\mathrm{T}}\boldsymbol{A}\boldsymbol{x}=\boldsymbol{0}$，则 $\boldsymbol{A}=\boldsymbol{O}$.

(3) 设 $\boldsymbol{A}, \boldsymbol{B}$ 是n 阶对称矩阵,证明：如果对任意 n 维列向量 $\boldsymbol{x}$，都有 $\boldsymbol{x}^{\mathrm{T}}\boldsymbol{A}\boldsymbol{x}=\boldsymbol{x}^{\mathrm{T}}\boldsymbol{B}\boldsymbol{x}$，则 $\boldsymbol{A}=\boldsymbol{B}$.

9.2 化二次型为标准形

本节讨论用可逆线性替换化简二次型的问题.可以认为,二次型中最简单的一种是只含有平方项的二次型,称之为标准形.

9.2.1 化二次型为标准形

定义 9.4 设二次型 $f(x)=\boldsymbol{x}^{\mathrm{T}}\boldsymbol{A}\boldsymbol{x}$ 经过可逆线性替换 $\boldsymbol{x}=\boldsymbol{C}\boldsymbol{y}$ 化为只含有平方项的二次型

$$d_1y_1^2+d_2y_2^2+\cdots+d_ny_n^2, \tag{9.2}$$

则称式(9.2)为二次型 $f(x)=\boldsymbol{x}^{\mathrm{T}}\boldsymbol{A}\boldsymbol{x}$ 的**标准形.**

下面研究用可逆线性替换 $\boldsymbol{x}=\boldsymbol{C}\boldsymbol{y}$，把二次型 $f(x)=\boldsymbol{x}^{\mathrm{T}}\boldsymbol{A}\boldsymbol{x}$ 化为标准形的方法.

由 9.1 节讨论知,二次型 $f(x)=\boldsymbol{x}^{\mathrm{T}}\boldsymbol{A}\boldsymbol{x}$ 在可逆线性替换 $\boldsymbol{x}=\boldsymbol{C}\boldsymbol{y}$ 下可化为

$\boldsymbol{y}^{\mathrm{T}}(\boldsymbol{C}^{\mathrm{T}}\boldsymbol{A}\boldsymbol{C})\boldsymbol{y}$. 如果 $\boldsymbol{C}^{\mathrm{T}}\boldsymbol{A}\boldsymbol{C}$ 为对角矩阵 $\boldsymbol{\Lambda}=\mathrm{diag}(d_1, d_2, \cdots, d_n)$，则 $f(x)=\boldsymbol{x}^{\mathrm{T}}\boldsymbol{A}\boldsymbol{x}$ 就可化为标准形 $d_1y_1^2+d_2y_2^2+\cdots+d_ny_n^2$，其标准形中的系数恰好为对角矩阵 $\boldsymbol{\Lambda}$ 的主对角线上的元素，因此上面的问题归结为 $\boldsymbol{A}$ 能否合同于一个对角矩阵的问题.

1. 用配方法化二次型为标准形

对二次型 $f(x)=\boldsymbol{x}^{\mathrm{T}}\boldsymbol{A}\boldsymbol{x}$，利用拉格朗日配方法(实际上就是中学里学过的“配方法”)得到下列结论.

定理 9.1 任意二次型都可以经过可逆线性替换化为标准形.

***证明** 对二次型变量的个数 n 作数学归纳法.

对于 $n=1$，二次型就是

$$f(x_1)=a_{11}x_1^2.$$

这已经是标准形了.

假定对 $n-1$ 元的二次型，定理的结论成立.再设

$$f(x_1, x_2, \cdots, x_n)=\sum_{i=1}^{n}\sum_{j=1}^{n}a_{ij}x_ix_j\ (a_{ij}=a_{ji}).$$

分三种情形来讨论：

(1) $a_{ii}(i=1, 2, \cdots, n)$ 中至少有一个不为零，例如，$a_{11}\neq 0$. 这时

$$\begin{aligned}f(x_1, x_2, \cdots, x_n)&=a_{11}x_1^2+\sum_{j=2}^{n}a_{1j}x_1x_j+\sum_{i=2}^{n}a_{i1}x_ix_1+\sum_{i=2}^{n}\sum_{j=2}^{n}a_{ij}x_ix_j\\&=a_{11}x_1^2+2\sum_{j=2}^{n}a_{1j}x_1x_j+\sum_{i=2}^{n}\sum_{j=2}^{n}a_{ij}x_ix_j\\&=a_{11}\Big(x_1+\sum_{j=2}^{n}a_{11}^{-1}a_{1j}x_1x_j\Big)^2-a_{11}^{-1}\Big(\sum_{j=2}^{n}a_{1j}x_j\Big)^2+\\&\quad\sum_{i=2}^{n}\sum_{j=2}^{n}a_{ij}x_ix_j\\&=a_{11}\Big(x_1+\sum_{j=2}^{n}a_{11}^{-1}a_{1j}x_1x_j\Big)^2+\sum_{i=2}^{n}\sum_{j=2}^{n}b_{ij}x_ix_j,\end{aligned}$$

这里

$$\sum_{i=2}^{n}\sum_{j=2}^{n}b_{ij}x_ix_j=-a_{11}^{-1}\Big(\sum_{j=2}^{n}a_{1j}x_j\Big)^2+\sum_{i=2}^{n}\sum_{j=2}^{n}a_{ij}x_ix_j,$$

是一个 $x_2, x_3, \cdots, x_n$ 的二次型.令

$$\begin{cases} y_1 = x_1 + \sum\limits_{j=2}^{n} a_{11}^{-1} a_{1j} x_j, \\ y_1 = y_2, \\ \quad \vdots \\ y_n = x_n, \end{cases}$$

即

$$\begin{cases} x_1 = y_1 - \sum\limits_{j=2}^{n} a_{11}^{-1} a_{1j} y_j, \\ x_2 = y_2, \\ \quad \vdots \\ x_n = y_n. \end{cases}$$

这是一个可逆线性替换,它使得

$$f(x_1, x_2, \cdots, x_n) = a_{11} y_1^2 + \sum_{i=2}^{n} \sum_{j=2}^{n} b_{ij} y_i y_j.$$

由归纳假设,对 $n-1$ 元二次型 $\sum\limits_{i=2}^{n} \sum\limits_{j=2}^{n} b_{ij} y_i y_j$,有可逆线性替换

$$\begin{cases} z_2 = c_{22} y_2 + c_{23} y_3 + \cdots + c_{2n} y_n, \\ z_3 = c_{32} y_2 + c_{33} y_3 + \cdots + c_{3n} y_n, \\ \quad \vdots \\ z_n = c_{n2} y_2 + c_{n3} y_3 + \cdots + c_{nn} y_n, \end{cases}$$

使之化为标准形

$$d_2 z_2^2 + d_3 z_3^2 + \cdots + d_n z_n^2,$$

于是可逆线性替换

$$\begin{cases} z_1 = y_1, \\ z_2 = c_{22} y_2 + c_{23} y_3 + \cdots + c_{2n} y_n, \\ \quad \vdots \\ z_n = c_{n2} y_2 + c_{n3} y_3 + \cdots + c_{nn} y_n, \end{cases}$$

使得 $f(x_1, x_2, \cdots, x_n)$ 化为标准形

$$f(x_1, x_2, \cdots, x_n) = a_{11} z_1^2 + d_2 z_2^2 + \cdots + d_n z_n^2,$$

根据数学归纳法原理,定理得证.

(2)所有 $a_{ii}=0$,但是至少有一个 $a_{1j}\neq 0\ (j>1)$,不妨设 $a_{12}\neq 0$.令

$$\begin{cases} x_1 = z_1 + z_2, \\ x_2 = z_1 - z_2, \\ x_3 = z_3, \\ \quad\vdots \\ x_n = z_n. \end{cases}$$

它是可逆线性替换,且使得

$$\begin{aligned} f(x_1, x_2, \cdots, x_n) &= 2a_{12}x_1x_2 + \cdots \\ &= 2a_{12}(z_1+z_2)(z_1-z_2) + \cdots \\ &= 2a_{12}z_1^2 - 2a_{12}z_2^2 + \cdots, \end{aligned}$$

这时上式右端是 $z_1, z_2, \cdots, z_n$ 的二次型,且 z_1^2 的系数不为零,属于第一种情况,定理成立.

(3) $a_{11}=a_{12}=\cdots=a_{1n}=0$,此时由对称性,有

$$a_{21}=a_{31}=\cdots=a_{n1}=0.$$

因此

$$f(x_1, x_2, \cdots, x_n)=\sum_{i=2}^{n}\sum_{j=2}^{n}a_{ij}x_ix_j$$

是 $n-1$ 元二次型,根据归纳假设,它能用可逆线性替换化为标准形.

综合以上(1)、(2)、(3),根据数学归纳法,定理得证. **证毕.**

拉格朗日配方法给出了把二次型化为标准形的一种方法,从证明中可归纳出具体的步骤如下.

(1) 若二次型含有 x_i 的平方项,则先把含有 x_i 的乘积项集中,然后配方,再对其余的变量进行同样过程直到所有变量都配成平方项为止,经过可逆线性替换,可得到标准形.

(2) 若二次型中不含有平方项,但是 $a_{ij}\neq 0\ (i\neq j)$,则先作可逆线性替换

$$\begin{cases} x_i = y_i + y_j, \\ x_j = y_i - y_j, \\ x_k = y_k,\ k=1, 2, \cdots, n \text{ 且 } k\neq i, j \end{cases}$$

化二次型为含有平方项的二次型,然后再按(1)中方法配方.

将定理 9.1 用矩阵的语言描述可得以下定理.

定理 9.2　对任意对称矩阵 $\boldsymbol{A}$，存在可逆矩阵 $\boldsymbol{C}$，使得 $\boldsymbol{B}=\boldsymbol{C}^{\mathrm{T}}\boldsymbol{A}\boldsymbol{C}$ 为对角矩阵，即任意对称矩阵都与一个对角矩阵合同.

例 9.1　化二次型 $f(x_1, x_2, x_3)=x_1^2+2x_2^2+5x_3^2+2x_1x_2+2x_1x_3+6x_2x_3$ 为标准形,并求所作可逆线性替换.

解　由于 $f(x_1, x_2, x_3)$ 含有 x_1 的平方项,因此先将含有 x_1 的各项归并一起,配成完全平方项(余项不含有 x_1):

$$\begin{aligned} f(x_1, x_2, x_3) &= x_1^2+2x_1x_2+2x_1x_3+2x_2^2+5x_3^2+6x_2x_3 \\ &= (x_1+x_2+x_3)^2+x_2^2+4x_3^2+4x_2x_3, \end{aligned}$$

再对后三项中含 x_2 的项配方(余项不再含有 x_2),得到

$$f(x_1, x_2, x_3)=(x_1+x_2+x_3)^2+(x_2+2x_3)^2.$$

令 $\begin{cases} y_1=x_1+x_2+x_3, \\ y_2=x_2+2x_3, \\ y_3=x_3, \end{cases}$ 即 $\begin{cases} x_1=y_1-y_2+y_3, \\ x_2=y_2-2y_3, \\ x_3=y_3, \end{cases}$

或

$$\begin{pmatrix} x_1 \\ x_2 \\ x_3 \end{pmatrix}=\begin{pmatrix} 1 & -1 & 1 \\ 0 & 1 & -2 \\ 0 & 0 & 1 \end{pmatrix}=\begin{pmatrix} y_1 \\ y_2 \\ y_3 \end{pmatrix},$$

则 $f(x_1, x_2, x_3)$ 化为标准形

$$f=y_1^2+y_2^2,$$

所作可逆线性替换为 $\boldsymbol{x}=\boldsymbol{C}\boldsymbol{y}$，其中

$$\boldsymbol{C}=\begin{pmatrix} 1 & -1 & 1 \\ 0 & 1 & -2 \\ 0 & 0 & 1 \end{pmatrix}.$$

例 9.2　化二次型 $f(x_1, x_2, x_3)=2x_1x_2+2x_1x_3-6x_2x_3$ 为标准形,并求所作可逆线性替换.

解　由于所给二次型中不含平方项,但含有 x_1x_2 乘积项,因此先作一个可逆线性替换,使它出现平方项,为此令

$$\begin{cases} x_1=y_1+y_2, \\ x_2=y_1-y_2, \\ x_3=y_3, \end{cases} \quad 即 \begin{pmatrix} x_1 \\ x_2 \\ x_3 \end{pmatrix}=\begin{pmatrix} 1 & 1 & 0 \\ 1 & -1 & 0 \\ 0 & 0 & 1 \end{pmatrix}=\begin{pmatrix} y_1 \\ y_2 \\ y_3 \end{pmatrix},$$

代入 $f(x_1, x_2, x_3)=2x_1x_2+2x_1x_3-6x_2x_3$ 中,可得

$$\begin{aligned}f&=2(y_1+y_2)(y_1-y_2)+2(y_1+y_2)y_3-6(y_1-y_2)y_3\\&=2y_1^2-2y_2^2-4y_1y_3+8y_2y_3.\end{aligned}$$

这时,在 f 中含有 y_1 的平方项,可把含 y_1 的项归并一起配方(余项不再含有 y_1),再将含 y_2 的项归并一起配方(余项不再含有 y_2),可得

$$\begin{aligned}f&=2(y_1^2-2y_1y_3+y_3^2)-2y_2^2+8y_2y_3-2y_3^2\\&=2(y_1-y_3)^2-2(y_2^2-4y_2y_3+4y_3^2)+6y_3^2\\&=2(y_1-y_3)^2-2(y_2-2y_3)^2+6y_3^2.\end{aligned}$$

$$令\begin{cases}z_1=y_1-y_3,\\z_2=y_2-2y_3,\\z_3=y_3,\end{cases}\quad 即\begin{cases}y_1=z_1+z_3,\\y_2=z_2+2z_3,\\y_3=z_3,\end{cases}$$

或

$$\begin{pmatrix}y_1\\y_2\\y_3\end{pmatrix}=\begin{pmatrix}1&0&1\\0&1&2\\0&0&1\end{pmatrix}\begin{pmatrix}z_1\\z_2\\z_3\end{pmatrix},$$

则 $f(x_1, x_2, x_3)$ 化为标准形

$$f=2z_1^2-2z_2^2+6z_3^2.$$

以上把二次型化为标准形经过了两次可逆线性替换

$$\begin{pmatrix}x_1\\x_2\\x_3\end{pmatrix}=\begin{pmatrix}1&1&0\\1&-1&0\\0&0&1\end{pmatrix}\begin{pmatrix}y_1\\y_2\\y_3\end{pmatrix},\quad\begin{pmatrix}y_1\\y_2\\y_3\end{pmatrix}=\begin{pmatrix}1&0&1\\0&1&2\\0&0&1\end{pmatrix}\begin{pmatrix}z_1\\z_2\\z_3\end{pmatrix},$$

于是所作可逆线性替换为 $\boldsymbol{x}=\boldsymbol{C}\boldsymbol{z}$,其中

$$\boldsymbol{C}=\begin{pmatrix}1&1&0\\1&-1&0\\0&0&1\end{pmatrix}\begin{pmatrix}1&0&1\\0&1&2\\0&0&1\end{pmatrix}=\begin{pmatrix}1&1&3\\1&-1&-1\\0&0&1\end{pmatrix}.$$

2. 用初等合同变换法化二次型为标准形

我们知道,初等矩阵的转置是同类型的初等矩阵:

$$\begin{aligned}&\boldsymbol{E}(i, j)^{\mathrm{T}}=\boldsymbol{E}(i, j),\quad \boldsymbol{E}(i, (k))^{\mathrm{T}}=\boldsymbol{E}(i, (k)),\\&\boldsymbol{E}(i, j(k))^{\mathrm{T}}=\boldsymbol{E}(j, i(k)).\end{aligned}$$

为此，先将矩阵的初等变换进行推广，给出初等合同变换的概念，然后探讨用初等合同变换法化二次型为标准形.

定义 9.5　对 n 阶矩阵 $\boldsymbol{A}$ 进行一次初等行变换，再进行一次同种类型初等列变换，称为对 $\boldsymbol{A}$ 进行一次**初等合同变换**.

显然，对 n 阶矩阵进行一次初等合同变换，与进行初等行变换或进行同种初等列变换的先后顺序无关.

一般地，n 阶矩阵 $\boldsymbol{A}$ 的初等合同变换有如下三种情形.

(1) $\boldsymbol{E}(i,j)^{\mathrm{T}}\boldsymbol{A}\boldsymbol{E}(i,j)=\boldsymbol{E}(i,j)\boldsymbol{A}\boldsymbol{E}(i,j)$：交换矩阵 $\boldsymbol{A}$ 的第 i，j 两行，再交换 $\boldsymbol{A}$ 的第 i，j 两列；

(2) $\boldsymbol{E}(i(k))^{\mathrm{T}}\boldsymbol{A}\boldsymbol{E}(i(k))=\boldsymbol{E}(i(k))\boldsymbol{A}\boldsymbol{E}(i(k))\ (k\neq 0)$：对矩阵 $\boldsymbol{A}$ 的第 i 行乘以非零数 k，再对 $\boldsymbol{A}$ 的第 i 列乘以非零数 k；

(3) $\boldsymbol{E}(i,j(k))^{\mathrm{T}}\boldsymbol{A}\boldsymbol{E}(i,j(k))=\boldsymbol{E}(j,i(k))\boldsymbol{A}\boldsymbol{E}(i,j(k))$：将矩阵 $\boldsymbol{A}$ 的第 i 行乘以数 k 加到第 j 行上，再对 $\boldsymbol{A}$ 的第 i 列乘以数 k 加到第 j 列上.

我们知道，任意可逆矩阵都可以表示成若干个初等矩阵的乘积.设 $\boldsymbol{C}$ 是可逆矩阵，则 $\boldsymbol{C}$ 可表示成

$$\boldsymbol{C}=\boldsymbol{P}_1\boldsymbol{P}_2\cdots\boldsymbol{P}_m,$$

其中，$\boldsymbol{P}_1,\boldsymbol{P}_2,\cdots,\boldsymbol{P}_m$ 是初等矩阵.因而矩阵 $\boldsymbol{A}$ 与 $\boldsymbol{B}$ 合同可以表示为

$$\begin{aligned}\boldsymbol{B}&=\boldsymbol{C}^{\mathrm{T}}\boldsymbol{A}\boldsymbol{C}=(\boldsymbol{P}_1\boldsymbol{P}_2\cdots\boldsymbol{P}_m)^{\mathrm{T}}\boldsymbol{A}\boldsymbol{P}_1\boldsymbol{P}_2\cdots\boldsymbol{P}_m\\&=\boldsymbol{P}_m^{\mathrm{T}}\cdots\boldsymbol{P}_2^{\mathrm{T}}\boldsymbol{P}_1^{\mathrm{T}}\boldsymbol{A}\boldsymbol{P}_1\boldsymbol{P}_2\cdots\boldsymbol{P}_m\\&=\{\boldsymbol{P}_m^{\mathrm{T}}\cdots[\boldsymbol{P}_2^{\mathrm{T}}(\boldsymbol{P}_1^{\mathrm{T}}\boldsymbol{A}\boldsymbol{P}_1)\boldsymbol{P}_2]\cdots\boldsymbol{P}_m\},\end{aligned}$$

也就是说，$\boldsymbol{B}$ 可以由矩阵 $\boldsymbol{A}$ 进行若干次初等合同变换得到，于是有如下定理.

定理 9.3　两个 n 阶矩阵合同的充分必要条件是其中一个矩阵可以经过若干次初等合同变换化成另一个矩阵.

设可逆线性替换 $\boldsymbol{x}=\boldsymbol{C}\boldsymbol{y}$ 把二次型 $f(x)=\boldsymbol{x}^{\mathrm{T}}\boldsymbol{A}\boldsymbol{x}$ 化为标准形 $\boldsymbol{y}^{\mathrm{T}}\boldsymbol{\Lambda}\boldsymbol{y}$，则 $\boldsymbol{C}^{\mathrm{T}}\boldsymbol{A}\boldsymbol{C}=\boldsymbol{\Lambda}$. 根据上面的讨论，可得如下的初等合同变换法.

对 $2n\times n$ 矩阵 $\begin{pmatrix}\boldsymbol{A}\\\boldsymbol{E}\end{pmatrix}$ 进行相应于左乘 $\boldsymbol{P}_m^{\mathrm{T}}\cdots\boldsymbol{P}_2^{\mathrm{T}}\boldsymbol{P}_1^{\mathrm{T}}$ 的初等行变换，再对 $\boldsymbol{A}$ 进行相应于右乘 $\boldsymbol{P}_1\boldsymbol{P}_2\cdots\boldsymbol{P}_m$ 的初等列变换，则矩阵 $\boldsymbol{A}$ 化为对角矩阵 $\boldsymbol{\Lambda}$，而单位矩阵 $\boldsymbol{E}$ 就变为所要求的可逆矩阵 $\boldsymbol{C}$.

例 9.3　用初等合同变换法化二次型

$$f(x_1,x_2,x_3)=x_1^2+4x_2^2+x_3^2+2x_1x_2+10x_1x_3+6x_2x_3$$

为标准形.

解 $f(x_1, x_2, x_3)$ 的矩阵为

$$A=\begin{pmatrix}1&1&5\\1&4&3\\5&3&1\end{pmatrix},$$

对矩阵 $\begin{pmatrix}A\\E\end{pmatrix}$ 进行初等合同变换,有

$$\begin{pmatrix}A\\E\end{pmatrix}=\begin{pmatrix}1&1&5\\1&4&3\\5&3&1\\1&0&0\\0&1&0\\0&0&1\end{pmatrix}\xrightarrow{r_2-r_1}\begin{pmatrix}1&1&5\\0&3&-2\\5&3&1\\1&0&0\\0&1&0\\0&0&1\end{pmatrix}\xrightarrow[c_2-c_1]{}\begin{pmatrix}1&0&5\\0&3&-2\\5&-2&1\\1&-1&0\\0&1&0\\0&0&1\end{pmatrix}$$

$$\xrightarrow{r_3-5r_1}\begin{pmatrix}1&0&5\\0&3&-2\\0&-2&-24\\1&-1&0\\0&1&0\\0&0&1\end{pmatrix}\xrightarrow[c_3-5c_1]{}\begin{pmatrix}1&0&0\\0&3&-2\\0&-2&-24\\1&-1&-5\\0&1&0\\0&0&1\end{pmatrix}$$

$$\xrightarrow{r_3+\frac{2}{3}r_2}\begin{pmatrix}1&0&0\\0&3&-2\\0&0&-\frac{76}{3}\\1&-1&-5\\0&1&0\\0&0&1\end{pmatrix}\xrightarrow[c_3+\frac{2}{3}c_2]{}\begin{pmatrix}1&0&0\\0&3&0\\0&0&-\frac{76}{3}\\1&-1&-\frac{17}{3}\\0&1&\frac{2}{3}\\0&0&1\end{pmatrix}.$$

由此可确定可逆矩阵 $C=\begin{pmatrix}1&-1&-\frac{17}{3}\\0&1&\frac{2}{3}\\0&0&1\end{pmatrix}$,且 $C^{\mathrm{T}}AC=\Lambda=\begin{pmatrix}1&&\\&3&\\&&-\frac{76}{3}\end{pmatrix}$.

因此二次型 $f(x_1, x_2, x_3)$ 经过可逆线性替换 $\boldsymbol{x}=\boldsymbol{C}\boldsymbol{y}$，即

$$\begin{pmatrix} x_1 \\ x_2 \\ x_3 \end{pmatrix}=\begin{pmatrix} 1 & -1 & -\frac{17}{3} \\ 0 & 1 & \frac{2}{3} \\ 0 & 0 & 1 \end{pmatrix}\begin{pmatrix} y_1 \\ y_2 \\ y_3 \end{pmatrix},$$

化为标准形

$$f=y_1^2+3y_2^2-\frac{76}{3}y_3^2.$$

3. 用正交线性替换法化二次型为标准形

在前面我们已经知道，对实二次型 $f(x)=\boldsymbol{x}^{\mathrm{T}}\boldsymbol{A}\boldsymbol{x}$ 来说，要经过可逆线性替换 $\boldsymbol{x}=\boldsymbol{C}\boldsymbol{y}$ 化为标准形，即要使得 $\boldsymbol{C}^{\mathrm{T}}\boldsymbol{A}\boldsymbol{C}$ 成为对角矩阵.因此，我们的主要问题是：对于实对称矩阵 $\boldsymbol{A}$，寻求可逆矩阵 $\boldsymbol{C}$，使得 $\boldsymbol{C}^{\mathrm{T}}\boldsymbol{A}\boldsymbol{C}$ 成为对角矩阵.

由定理 8.9 知，对 n 阶实对称矩阵 $\boldsymbol{A}$，必有正交矩阵 $\boldsymbol{Q}$，使得 $\boldsymbol{Q}^{-1}\boldsymbol{A}\boldsymbol{Q}=\boldsymbol{Q}^{\mathrm{T}}\boldsymbol{A}\boldsymbol{Q}=\boldsymbol{\Lambda}$，其中 $\boldsymbol{\Lambda}$ 是以 $\boldsymbol{A}$ 的 n 个特征值为主对角线上元素的对角矩阵.把此结论应用于二次型，则得到以下定理.

定理 9.4 对任意实二次型 $f(x)=\boldsymbol{x}^{\mathrm{T}}\boldsymbol{A}\boldsymbol{x}$，存在正交线性替换 $\boldsymbol{x}=\boldsymbol{Q}\boldsymbol{y}$，使之化为标准形

$$\lambda_1 y_1^2+\lambda_2 y_2^2+\cdots+\lambda_n y_n^2,$$

其中，$\lambda_1, \lambda_2, \cdots, \lambda_n$ 是 f 的矩阵 $\boldsymbol{A}$ 的全部特征值.

用正交线性替换化二次型为标准形，可按如下步骤进行.

(1) 将二次型写成矩阵形式，求出其矩阵 $\boldsymbol{A}$；

(2) 求出 $\boldsymbol{A}$ 的所有特征值 $\lambda_1, \lambda_2, \cdots, \lambda_n$；

(3) 求出 $\boldsymbol{A}$ 的属于各特征值的线性无关的特征向量 $\boldsymbol{\alpha}_1, \boldsymbol{\alpha}_2, \cdots, \boldsymbol{\alpha}_n$；

(4) 将特征向量 $\boldsymbol{\alpha}_1, \boldsymbol{\alpha}_2, \cdots, \boldsymbol{\alpha}_n$ 正交单位化，得 $\boldsymbol{\gamma}_1, \boldsymbol{\gamma}_2, \cdots, \boldsymbol{\gamma}_n$；

(5) 记 $\boldsymbol{Q}=(\boldsymbol{\gamma}_1, \boldsymbol{\gamma}_2, \cdots, \boldsymbol{\gamma}_n)$，则正交线性替换 $\boldsymbol{x}=\boldsymbol{Q}\boldsymbol{y}$ 把二次型 f 化为标准形

$$f=\lambda_1 y_1^2+\lambda_2 y_2^2+\cdots+\lambda_n y_n^2.$$

例 9.4 求一个正交线性替换 $\boldsymbol{x}=\boldsymbol{Q}\boldsymbol{y}$，化二次型

$$f(x_1, x_2, x_3)=x_1^2+4x_2^2+x_3^2-4x_1x_2-8x_1x_3-4x_2x_3$$

为标准形.

解 二次型的矩阵为

$$\boldsymbol{A}=\begin{pmatrix}1&-2&-4\\-2&4&-2\\-4&-2&1\end{pmatrix}.$$

因为
$$|\lambda\boldsymbol{E}-\boldsymbol{A}|=\begin{vmatrix}\lambda-1&2&4\\2&\lambda-4&2\\4&2&\lambda-1\end{vmatrix}=(\lambda-5)^2(\lambda+4),$$

所以 $\boldsymbol{A}$ 的特征值为 $\lambda_1=-4$, $\lambda_2=\lambda_3=5$.

对于 $\lambda_1=-4$,解方程 $(-4\boldsymbol{E}-\boldsymbol{A})\boldsymbol{x}=\boldsymbol{0}$,由

$$-4\boldsymbol{E}-\boldsymbol{A}=\begin{pmatrix}-5&2&4\\2&-8&2\\4&2&-5\end{pmatrix}\longrightarrow\begin{pmatrix}1&0&-1\\0&2&-1\\0&0&0\end{pmatrix},$$

求得一个基础解系(特征向量)为 $\boldsymbol{\alpha}_1=(2,1,2)^{\mathrm{T}}$,单位化得 $\boldsymbol{\gamma}_1=\left(\frac{2}{3},\frac{1}{3},\frac{2}{3}\right)^{\mathrm{T}}$.

对于 $\lambda_2=\lambda_3=5$,解方程 $(5\boldsymbol{E}-\boldsymbol{A})\boldsymbol{x}=\boldsymbol{0}$,由

$$5\boldsymbol{E}-\boldsymbol{A}=\begin{pmatrix}4&2&4\\2&1&2\\4&2&4\end{pmatrix}\longrightarrow\begin{pmatrix}1&\frac{1}{2}&1\\0&0&0\\0&0&0\end{pmatrix},$$

求得一个基础解系(特征向量)为 $\boldsymbol{\alpha}_2=(1,-2,0)^{\mathrm{T}}$, $\boldsymbol{\alpha}_3=(1,0,-1)^{\mathrm{T}}$.

将 $\boldsymbol{\alpha}_2$, $\boldsymbol{\alpha}_3$ 正交化,令 $\boldsymbol{\beta}_2=\boldsymbol{\alpha}_2=(1,-2,0)^{\mathrm{T}}$,

$$\boldsymbol{\beta}_3=\boldsymbol{\alpha}_3-\frac{(\boldsymbol{\alpha}_3,\boldsymbol{\beta}_2)}{(\boldsymbol{\beta}_2,\boldsymbol{\beta}_2)}\boldsymbol{\beta}_2=(1,0,-1)^{\mathrm{T}}-\frac{1}{5}(1,-2,0)^{\mathrm{T}}=\left(\frac{4}{5},\frac{2}{5},-1\right)^{\mathrm{T}},$$

再将 $\boldsymbol{\beta}_2$, $\boldsymbol{\beta}_3$ 单位化,得

$$\boldsymbol{\gamma}_2=\left(\frac{1}{\sqrt{5}},-\frac{2}{\sqrt{5}},0\right)^{\mathrm{T}},\quad \boldsymbol{\gamma}_3=\left(\frac{4}{3\sqrt{5}},\frac{2}{3\sqrt{5}},-\frac{5}{3\sqrt{5}}\right)^{\mathrm{T}}.$$

将 $\boldsymbol{\gamma}_1$, $\boldsymbol{\gamma}_2$, $\boldsymbol{\gamma}_3$ 构成正交矩阵

$$\boldsymbol{Q}=(\boldsymbol{\gamma}_1,\boldsymbol{\gamma}_2,\boldsymbol{\gamma}_3)=\begin{pmatrix}\frac{2}{3}&\frac{1}{\sqrt{5}}&\frac{4}{3\sqrt{5}}\\\frac{1}{3}&-\frac{2}{\sqrt{5}}&\frac{2}{3\sqrt{5}}\\\frac{2}{3}&0&-\frac{5}{3\sqrt{5}}\end{pmatrix},$$

则正交线性替换 $\boldsymbol{x}=\boldsymbol{Q}\boldsymbol{y}$ 把二次型化为标准形

$$f=-4y_1^2+5y_2^2+5y_3^2.$$

习题 9.2

1. 用拉格朗日配方法化下列二次型为标准形,并求所作可逆线性替换.

(1) $f(x_1, x_2, x_3)=x_1^2-2x_2^2+2x_1x_3-2x_2x_3$;

(2) $f(x_1, x_2, x_3)=3x_1x_2+3x_1x_3-9x_2x_3$.

2. 用初等合同变换法化下列二次型为标准形,并求所作可逆线性替换.

(1) $f(x_1, x_2, x_3)=x_1x_2-4x_1x_3+6x_2x_3$;

(2) $f(x_1, x_2, x_3)=2x_1^2+3x_2^2+3x_3^2+4x_2x_3$.

3. 求一个正交线性替换,化下列二次型为标准形.

(1) $f(x_1, x_2, x_3)=x_1^2+2x_2^2+5x_3^2+4x_2x_3$;

(2) $f(x_1, x_2, x_3)=x_1^2+x_3^2+2x_1x_2-2x_2x_3$;

(3) $f(x_1, x_2, x_3, x_4)=2x_1x_2+2x_1x_3-2x_1x_4-2x_2x_3+2x_2x_4+2x_3x_4$.

4. 求一个正交线性替换,把二次曲面的方程

$$3x^2+4xy+5y^2-4xz+5z^2-10yz=1$$

化成标准方程.

9.3　二次型的规范形

在 9.2 节已经看到,任意二次型都可以经过可逆线性替换化成标准形,但标准形不是唯一的,这不利于对二次型进行分类.本节引入二次型规范形的概念,证明二次型的规范形是唯一的.

虽然同一个二次型的标准形不是唯一的,但标准形中系数不为零的平方项的个数都是相同的,它等于二次型的秩.因此,还可以再做一次可逆线性替换(适当交换各项的顺序),把二次型化为标准形 $d_1y_1^2+d_2y_2^2+\cdots+d_ry_r^2$, 其中 $d_i\neq 0$, $i=1, 2, \cdots, r$, r 是二次型的秩.

下面分别在复数域和实数域中讨论二次型的规范形.

9.3.1　复二次型的规范形

设 $f(x)=\boldsymbol{x}^{\mathrm{T}}\boldsymbol{A}\boldsymbol{x}$ 是 n 元复二次型,经过适当的可逆线性替换 $\boldsymbol{x}=\boldsymbol{C}\boldsymbol{y}$ 后,可化为标准形

$$d_1y_1^2+d_2y_2^2+\cdots+d_ry_r^2,$$

其中,$d_i\neq 0,\ i=1,\ 2,\ \cdots,\ r,\ r$ 是二次型的秩,即 $r=R(\boldsymbol{A})$.

由于复数总可以开平方,所以可再做一次可逆线性替换,令

$$\begin{cases} z_i=\sqrt{d_i}\,y_i, & i=1,\ 2,\ \cdots,\ r,\\ z_j=y_j, & j=r+1,\ r+2,\ \cdots,\ n,\end{cases}$$

即

$$\begin{cases} y_i=\dfrac{1}{\sqrt{d_i}}z_i, & i=1,\ 2,\ \cdots,\ r,\\ y_j=z_j, & j=r+1,\ r+2,\ \cdots,\ n,\end{cases}$$

或

$$\begin{pmatrix} y_1\\ \vdots\\ y_r\\ y_{r+1}\\ \vdots\\ y_n\end{pmatrix}=\begin{pmatrix} \frac{1}{\sqrt{d_1}} & & & & & \\ & \ddots & & & & \\ & & \frac{1}{\sqrt{d_r}} & & & \\ & & & 1 & & \\ & & & & \ddots & \\ & & & & & 1\end{pmatrix}\begin{pmatrix} z_1\\ \vdots\\ z_r\\ z_{r+1}\\ \vdots\\ z_n\end{pmatrix},\quad \text{即 } \boldsymbol{y}=\boldsymbol{D}\boldsymbol{z},$$

则 $d_1y_1^2+d_2y_2^2+\cdots+d_ry_r^2$ 化为

$$z_1^2+z_2^2+\cdots+z_r^2,$$

于是可逆线性替换 $\boldsymbol{x}=\boldsymbol{C}\boldsymbol{D}\boldsymbol{z}$ 把复二次型 $f(x)=\boldsymbol{x}^{\mathrm{T}}\boldsymbol{A}\boldsymbol{x}$ 化为

$$z_1^2+z_2^2+\cdots+z_r^2.$$

定义 9.6 设复二次型 $f(x)=\boldsymbol{x}^{\mathrm{T}}\boldsymbol{A}\boldsymbol{x}$ 经过可逆线性替换 $\boldsymbol{x}=\boldsymbol{C}\boldsymbol{y}$ 化为 $y_1^2+y_2^2+\cdots+y_r^2$,则称 $y_1^2+y_2^2+\cdots+y_r^2$ 为该复二次型的规范形(也称为**复规范形**).

显然,复规范形完全由原二次型的秩所决定,因此可得下面的定理.

定理 9.5 任意复二次型都可经过适当的可逆线性替换化成复规范形,且规范形是唯一的.

用矩阵的语言,定理 9.5 可叙述为下面的定理.

定理 9.6 任意 n 阶复对称矩阵都合同于对角矩阵:

$$\begin{pmatrix} 1 & & & & & \\ & \ddots & & & & \\ & & 1 & & & \\ & & & 0 & & \\ & & & & \ddots & \\ & & & & & 0 \end{pmatrix} \begin{pmatrix} \boldsymbol{E}_r & 0 \\ 0 & 0 \end{pmatrix},$$

其中,1 的个数 r 等于该矩阵的秩.

很明显,由定理 9.6 可得下面的结论.

推论 两个 n 阶复对称矩阵合同的充分必要条件是它们的秩相同.

9.3.2 实二次型的规范形

设 $f(x)=\boldsymbol{x}^{\mathrm{T}}\boldsymbol{A}\boldsymbol{x}$ 是实二次型,经过适当的可逆线性替换 $\boldsymbol{x}=\boldsymbol{C}_1\boldsymbol{y}$ 后,可化为标准形 $d_1y_1^2+d_2y_2^2+\cdots+d_ry_r^2$,再适当交换各项的顺序(这也可看成作一次可逆线性替换 $\boldsymbol{y}=\boldsymbol{C}_2\boldsymbol{z}$),将 $d_1y_1^2+d_2y_2^2+\cdots+d_ry_r^2$ 变为

$$d_1z_1^2+\cdots+d_pz_p^2-d_{p+1}z_{p+1}^2-\cdots-d_rz_r^2,$$

其中,$d_i>0$, $i=1, 2, \cdots, r$, r 是二次型的秩,即 $r=R(\boldsymbol{A})$.

因为在实数域中,正实数总可以开平方,所以再做一次可逆线性替换,令

$$\begin{cases} w_i=\sqrt{d_i}z_i, & i=1, 2, \cdots, r, \\ w_j=z_j, & j=r+1, r+2, \cdots, n, \end{cases}$$

即

$$\begin{cases} z_i=\dfrac{1}{\sqrt{d_i}}w_i, & i=1, 2, \cdots, r, \\ z_j=w_j, & j=r+1, r+2, \cdots, n, \end{cases}$$

或

$$\begin{pmatrix} z_1 \\ \vdots \\ z_r \\ z_{r+1} \\ \vdots \\ z_n \end{pmatrix} = \begin{pmatrix} \frac{1}{\sqrt{d_1}} & & & & & \\ & \ddots & & & & \\ & & \frac{1}{\sqrt{d_r}} & & & \\ & & & 1 & & \\ & & & & \ddots & \\ & & & & & 1 \end{pmatrix} \begin{pmatrix} w_1 \\ \vdots \\ w_r \\ w_{r+1} \\ \vdots \\ w_n \end{pmatrix}, \quad \text{即 } \boldsymbol{z}=\boldsymbol{C}_3\boldsymbol{w},$$

则 $d_1z_1^2+\cdots+d_pz_p^2-d_{p+1}z_{p+1}^2-\cdots-d_rz_r^2$ 化为

$$w_1^2+\cdots+w_p^2-w_{p+1}^2-\cdots-w_r^2,$$

于是,可逆线性替换 $\boldsymbol{x}=\boldsymbol{C}_1\boldsymbol{C}_2\boldsymbol{C}_3 w$ 把实二次型 $f(x)=\boldsymbol{x}^{\mathrm{T}}\boldsymbol{A}\boldsymbol{x}$ 化为

$$w_1^2+\cdots+w_p^2-w_{p+1}^2-\cdots-w_r^2.$$

定义 9.7 设实二次型 $f(x)=\boldsymbol{x}^{\mathrm{T}}\boldsymbol{A}\boldsymbol{x}$ 经过可逆线性替换 $\boldsymbol{x}=\boldsymbol{C}\boldsymbol{y}$ 化为 $w_1^2+\cdots+w_p^2-w_{p+1}^2-\cdots-w_r^2$,则称 $w_1^2+\cdots+w_p^2-w_{p+1}^2-\cdots-w_r^2$ 为该实二次型的规范形(也称**实规范形**).

实二次型的规范形是否唯一? 下面的惯性定理给出了肯定的回答.

定理 9.7(惯性定理) 任意 n 元实二次型都可经过适当的可逆线性替换化为规范形,且规范形是唯一的.

***证明** 定理的前半部分存在性在前面已经证明了,下面证明后半部分唯一性.

设实二次型 $f(x)=\boldsymbol{x}^{\mathrm{T}}\boldsymbol{A}\boldsymbol{x}$ 经过可逆线性替换 $\boldsymbol{x}=\boldsymbol{C}\boldsymbol{y}$ 化为规范形

$$f=y_1^2+\cdots+y_p^2-y_{p+1}^2-\cdots-y_r^2.$$

经过可逆线性变换 $\boldsymbol{x}=\boldsymbol{D}\boldsymbol{z}$ 化为另一个规范形

$$f=z_1^2+\cdots+z_q^2-z_{q+1}^2-\cdots-z_r^2.$$

现在证明 $p=q$.

用反证法,假设 $p>q$. 因为

$$y_1^2+\cdots+y_p^2-y_{p+1}^2-\cdots-y_r^2=z_1^2+\cdots+z_q^2-z_{q+1}^2-\cdots-z_r^2,$$

其中,$\boldsymbol{z}=\boldsymbol{D}^{-1}\boldsymbol{C}\boldsymbol{y}$.令 $\boldsymbol{D}^{-1}\boldsymbol{C}=\boldsymbol{G}=(g_{ij})_{n\times n}$,于是

$$\begin{cases}z_1=g_{11}y_1+g_{12}y_2+\cdots+g_{1n}y_n,\\ z_2=g_{21}y_1+g_{22}y_2+\cdots+g_{2n}y_n,\\ \quad\vdots\\ z_n=g_{n1}y_1+g_{n2}y_2+\cdots+g_{nn}y_n.\end{cases}$$

考虑齐次线性方程组

$$\begin{cases}g_{11}y_1+g_{12}y_2+\cdots+g_{1n}y_n=0,\\ g_{21}y_1+g_{22}y_2+\cdots+g_{2n}y_n=0,\\ \quad\vdots\\ g_{q1}y_1+g_{q2}y_2+\cdots+g_{qn}y_n=0,\\ y_{p+1}=0,\\ \quad\vdots\\ y_n=0,\end{cases}$$

其中有

$$q+(n-p)=n-(p-q)$$

个方程和 n 个未知量.显然 $n-(p-q)<n$，即方程个数少于未知量个数,因此齐次线性方程组有非零解,设为

$$(y_1, y_2, \cdots, y_p, y_{p+1}, \cdots, y_n)^{\mathrm{T}}=(c_1, c_2, \cdots, c_p, 0, \cdots, 0)^{\mathrm{T}},$$

此时,二次型的值

$$f(c_1, c_2, \cdots, c_p, 0, \cdots, 0)=c_1^2+c_2^2+\cdots+c_p^2>0,$$

并且

$$z_1=\cdots=z_q=0.$$

于是,又有

$$f(c_1, c_2, \cdots, c_p, 0, \cdots, 0)=-z_{q+1}^2-\cdots-z_r^2\leqslant 0,$$

矛盾！故 $p\leqslant q$.

同理可以证明 $p\geqslant q$. 所以，$p=q$. 唯一性得证. **证毕.**

用矩阵的语言,定理 9.7 可叙述为下面的定理.

定理 9.8 任意 n 阶实对称矩阵 $\boldsymbol{A}$ 都合同于对角矩阵

$$\begin{pmatrix} \boldsymbol{E}_p & & \\ & \boldsymbol{E}_{r-p} & \\ & & 0 \end{pmatrix},$$

并且这种对角矩阵是唯一的,其中 $r=R(\boldsymbol{A})$，此对角矩阵称为 $\boldsymbol{A}$ 的**合同规范形.**

定义 9.8 在实二次型 $f(x)=\boldsymbol{x}^{\mathrm{T}}\boldsymbol{A}\boldsymbol{x}$ 的规范形中,正平方项的个数 p 称为该实二次型(或矩阵 $\boldsymbol{A}$) 的**正惯性指数**;负平方项的个数 $r-p$ 称为该实二次型(或矩阵 $\boldsymbol{A}$) 的**负惯性指数**;它们的差 $p-(r-p)=2p-r$ 称为该实二次型(或矩阵 $\boldsymbol{A}$) 的**符号差.**

由惯性定理可知,实二次型的规范形由它的秩和正惯性指数唯一决定.

虽然实二次型的标准形不是唯一的,但由上面化成规范形的过程可以看出,标准形中系数为正的平方项个数与规范形中正平方项的个数是一致的,这就是说,实二次型的标准形中系数为正的平方项的个数是唯一确定的,它等于正惯性指数,而系数为负的平方项的个数就等于负惯性指数.

例如,在例 9.1 中,f 的正惯性指数为 2,负惯性指数为 0,符号差为 2;在例 9.2 中,f 的正惯性指数为 2,负惯性指数为 1,符号差为 1.

显然,实对称矩阵的正惯性指数等于它的正特征值的个数,负惯性指数等于它的负特征值的个数,因此,实对称矩阵的合同规范形由其特征值的符号完全决定.

下面的推论是成立的.

推论 两个 n 阶实对称矩阵合同当且仅当它们有相同的秩和正惯性指数,或者说,它们的特征值中正、负和零的个数分别相等.

例 9.5 在实数范围里,化二次型 $f(x_1, x_2, x_3)=2x_1x_2-6x_2x_3+2x_1x_3$ 为规范形.

解 由例 9.2 知,二次型 $f(x_1, x_2, x_3)=2x_1x_2-6x_2x_3+2x_1x_3$ 可化为标准形

$$f=2z_1^2-2z_2^2+6z_3^2,$$

故令

$$\begin{cases} w_1=\sqrt{2}\,z_1, \\ w_2=\sqrt{2}\,z_2, \\ w_3=\sqrt{6}\,z_3, \end{cases}$$

则

$$\begin{cases} z_1=\dfrac{1}{\sqrt{2}}w_1, \\ z_2=\dfrac{1}{\sqrt{2}}w_2, \\ z_3=\dfrac{1}{\sqrt{6}}w_3. \end{cases}$$

故 f 可化为规范形

$$f=w_1^2-w_2^2+w_3^2.$$

例 9.6 化实二次型

$$f(x_1, x_2, x_3)=x_1^2+2x_1x_2+2x_1x_3+2x_2^2+8x_2x_3+5x_3^2$$

为规范形,并求其正惯性指数.

解 先将含有 x_1 的项配方,可得

$$\begin{aligned} f(x_1, x_2, x_3) &= x_1^2+2x_1(x_2+x_3)+(x_2+x_3)^2-(x_2+x_3)^2+2x_2^2+8x_2x_3+5x_3^2 \\ &=(x_1+x_2+x_3)^2+x_2^2+6x_2x_3+4x_3^2, \end{aligned}$$

再将后三项中含有 x_2 的项配方，有

$$
\begin{aligned}
f(x_1, x_2, x_3) &= (x_1+x_2+x_3)^2+x_2^2+6x_2x_3+9x_3^2-5x_3^2 \\
&= (x_1+x_2+x_3)^2+(x_2+3x_3)^2-5x_3^2,
\end{aligned}
$$

令

$$
\begin{cases}
y_1 = x_1+x_2+x_3, \\
y_2 = x_2+3x_3, \\
y_3 = \sqrt{5}x_3,
\end{cases}
$$

则

$$
\begin{cases}
x_1 = y_1-y_2+\dfrac{2}{\sqrt{5}}y_3, \\
x_2 = y_2-\dfrac{3}{\sqrt{5}}y_3, \\
y_3 = \dfrac{1}{\sqrt{5}}y_3,
\end{cases}
$$

而 $f(x_1, x_2, x_3)$ 化为规范形

$$
f = y_1^2+y_2^2-y_3^2,
$$

所作可逆线性替换为 $\boldsymbol{x}=\boldsymbol{Cy}$，其中

$$
\boldsymbol{C}=\begin{pmatrix} 1 & -1 & \dfrac{2}{\sqrt{5}} \\ 0 & 1 & -3 \\ 0 & 0 & \dfrac{1}{\sqrt{5}} \end{pmatrix},
$$

且 f 的正惯性指数是 2.

例 9.7 判断以下两个实对称矩阵是否合同？是否相似？

$$
\boldsymbol{A}=\begin{pmatrix} 2 & -1 & -1 \\ -1 & 2 & -1 \\ -1 & -1 & 2 \end{pmatrix}, \quad \boldsymbol{B}=\begin{pmatrix} 1 & & \\ & 1 & \\ & & 0 \end{pmatrix}.
$$

解 容易求得矩阵 $\boldsymbol{A}$ 的特征值为 3, 3, 0，矩阵 $\boldsymbol{B}$ 的特征值是 1, 1, 0，由定理 9.8 的推论知 $\boldsymbol{A}$, $\boldsymbol{B}$ 合同.

然而 $\boldsymbol{A}$, $\boldsymbol{B}$ 的特征值不相同，所以 $\boldsymbol{A}$, $\boldsymbol{B}$ 不相似.（另一方面，$\mathrm{tr}(\boldsymbol{A})=6$, $\mathrm{tr}(\boldsymbol{B})=$

2,即 $\boldsymbol{A}$, $\boldsymbol{B}$ 的迹不相等,也可以判断 $\boldsymbol{A}$, $\boldsymbol{B}$ 不相似.)

例 9.8 求二次型

$$f(x_1, x_2, \cdots, x_n)=(n-1)\sum_{i=1}^{n}x_i^2-2\sum_{1\leqslant i<j\leqslant n}x_ix_j$$

的符号差.

解 此二次型的矩阵为

$$\boldsymbol{A}=\begin{pmatrix} n-1 & -1 & \cdots & -1 \\ -1 & n-1 & \cdots & -1 \\ \vdots & \vdots & & \vdots \\ -1 & -1 & \cdots & n-1 \end{pmatrix},$$

特征方程

$$|\lambda\boldsymbol{E}-\boldsymbol{A}|=\begin{vmatrix} \lambda-(n-1) & 1 & \cdots & 1 \\ 1 & \lambda-(n-1) & \cdots & 1 \\ \vdots & \vdots & & \vdots \\ 1 & 1 & \cdots & \lambda-(n-1) \end{vmatrix}=\lambda(\lambda-n)^{n-1}=0.$$

特征值为 $\lambda_1=\cdots=\lambda_{n-1}=n$, $\lambda_n=0$.因此,f 的正惯性指数为 $n-1$,负惯性指数为 0,符号差为 $n-1$.

习题 9.3

1. 化下列实二次型为规范形.

(1) $x_1^2+3x_2^2+5x_3^2+2x_1x_2-4x_1x_3$;

(2) $2x_1^2+x_2^2+4x_3^2+2x_1x_2-2x_2x_3$.

2. 设实二次型

$$f(x_1, x_2, x_3)=ax_1^2+ax_2^2+(a-1)x_3^2+2x_1x_3-2x_2x_3$$

的规范形是 $y_1^2+y_2^2$,求 a 的值.

3. 设矩阵

$$\boldsymbol{A}=\begin{pmatrix} 0 & 0 & 1 \\ 0 & 1 & 0 \\ 1 & 0 & 0 \end{pmatrix}, \quad \boldsymbol{B}=\begin{pmatrix} 2 & 0 & 0 \\ 0 & 1 & 0 \\ 1 & 0 & -2 \end{pmatrix},$$

(1) 证明矩阵 $\boldsymbol{A}$ 与 $\boldsymbol{B}$ 合同,并求可逆矩阵 $\boldsymbol{C}$,使得 $\boldsymbol{C}^{\mathrm{T}}\boldsymbol{A}\boldsymbol{C}=\boldsymbol{B}$;

(2) 如果 $\boldsymbol{A}+k\boldsymbol{E}$ 与 $\boldsymbol{B}+k\boldsymbol{E}$ 合同,求 k 的取值范围.

4. 判断下列两个矩阵是否合同?是否相似?并说明理由.

(1) $\boldsymbol{A}=\begin{pmatrix}0&1&1\\1&2&1\\1&1&0\end{pmatrix}$, $\boldsymbol{B}=\begin{pmatrix}2&1&1\\1&0&1\\1&1&0\end{pmatrix}$;

(2) $\boldsymbol{A}=\begin{pmatrix}1&1&0\\1&0&1\\0&1&-1\end{pmatrix}$, $\boldsymbol{B}=\begin{pmatrix}0&-1&2\\-1&-1&1\\2&1&0\end{pmatrix}$.

5. 求可逆矩阵$\boldsymbol{C}$,使得$\boldsymbol{C}^{\mathrm{T}}\boldsymbol{AC}$是矩阵$\boldsymbol{A}$的合同规范形.

(1) $\begin{pmatrix}0&1&1\\1&0&-3\\1&-3&0\end{pmatrix}$;　　(2) $\begin{pmatrix}2&1&-2\\1&0&3\\-2&3&1\end{pmatrix}$.

6. 证明：秩为r的实对称矩阵可以表示成r个秩为1的实对称矩阵之和.

9.4　正定二次型

在实二次型中,正定二次型占有特殊地位.本节主要讨论正定二次型的概念和判别方法.

9.4.1　正定二次型的概念

先看下面的例子.

设实二次型$f(x_1, x_2, \cdots, x_n)=x_1^2+x_2^2+\cdots+x_n^2$,显然,对任意不全为零的实数$x_1, x_2, \cdots, x_n$,或者说,对任意非零向量$\boldsymbol{x}=(x_1, x_2, \cdots, x_n)^{\mathrm{T}}\in\mathbf{R}^n$,都有

$$f(x_1, x_2, \cdots, x_n)>0,$$

称二次型$f(x_1, x_2, \cdots, x_n)=x_1^2+x_2^2+\cdots+x_n^2$为正定二次型.

定义 9.9　设$f(x)=\boldsymbol{x}^{\mathrm{T}}\boldsymbol{Ax}$是实二次型,如果对任意非零向量$\boldsymbol{x}\in\mathbf{R}^n$,都有

$$f(x)=\boldsymbol{x}^{\mathrm{T}}\boldsymbol{Ax}>0,$$

则称$f(x)=\boldsymbol{x}^{\mathrm{T}}\boldsymbol{Ax}$为**正定二次型**,而实对称矩阵$\boldsymbol{A}$称为**正定矩阵**;如果对任意非零向量$\boldsymbol{x}\in\mathbf{R}^n$,都有

$$f(x)=\boldsymbol{x}^{\mathrm{T}}\boldsymbol{Ax}<0,$$

则称$f(x)=\boldsymbol{x}^{\mathrm{T}}\boldsymbol{Ax}$为**负定二次型**,而实对称矩阵$\boldsymbol{A}$称为**负定矩阵**.

例如,上面实例中,$f(x_1, x_2, \cdots, x_n)=x_1^2+x_2^2+\cdots+x_n^2$为正定二次型,其矩阵$\boldsymbol{E}$是正定矩阵;而$f(x_1, x_2, \cdots, x_n)=-x_1^2-x_2^2-\cdots-x_n^2$为负定二次型,

其矩阵 $-\boldsymbol{E}$ 是负定矩阵.

显然，$f(x_1, x_2, x_3)=x_1^2+\frac{1}{2}x_2^2+3x_3^2$ 也是正定二次型.一般地,有下面的定理.

定理 9.9 实二次型 $f(x_1, x_2, \cdots, x_n)=d_1x_1^2+d_2x_2^2+\cdots+d_nx_n^2$ 是正定二次型的充分必要条件是 $d_i>0$, $i=1, 2, \cdots, n$.

证明 充分性.显然成立.

必要性.令 $(x_1, x_2, \cdots, x_n)^{\mathrm{T}}=\boldsymbol{e}_j$(第 i 个单位坐标向量),因为 $f(x_1, x_2, \cdots, x_n)$ 是正定二次型,所以

$$f(\boldsymbol{e}_i)=f(0, \cdots, 0, \overset{(i)}{1}, 0, \cdots, 0)=d_i>0, \quad i=1, 2, \cdots, n.$$

证毕.

定理 9.9 用矩阵的语言描述为下面的推论.

推论 对角矩阵 $\operatorname{diag}(d_1, d_2, \cdots, d_n)$ 是正定矩阵当且仅当 $d_i>0$, $i=1, 2, \cdots, n$.

例 9.9 设 $\boldsymbol{A}$, $\boldsymbol{B}$ 是 n 阶正定矩阵,证明: $\boldsymbol{A}+\boldsymbol{B}$ 是正定矩阵.

证明 首先,由 $\boldsymbol{A}$, $\boldsymbol{B}$ 为实对称矩阵知, $\boldsymbol{A}+\boldsymbol{B}$ 是实对称矩阵.

其次,对任意非零向量 $\boldsymbol{x}\in\mathbf{R}^n$, 由于 $\boldsymbol{A}$, $\boldsymbol{B}$ 是正定矩阵,因此,

$$\boldsymbol{x}^{\mathrm{T}}\boldsymbol{A}\boldsymbol{x}>0, \quad \boldsymbol{x}^{\mathrm{T}}\boldsymbol{B}\boldsymbol{x}>0,$$

所以

$$\boldsymbol{x}^{\mathrm{T}}(\boldsymbol{A}+\boldsymbol{B})\boldsymbol{x}=\boldsymbol{x}^{\mathrm{T}}\boldsymbol{A}\boldsymbol{x}+\boldsymbol{x}^{\mathrm{T}}\boldsymbol{B}\boldsymbol{x}>0,$$

故 $\boldsymbol{A}+\boldsymbol{B}$ 是正定矩阵. **证毕.**

下面讨论实二次型正定性的判别方法.

9.4.2 正定二次型的判别法

判断一般的实二次型的正定性是比较困难的,但由前面的结论可知,实二次型的标准形的正定性是很容易判断的,而每一个实二次型又都可以通过可逆线性替换化为标准形,因此要判别可逆线性替换是否不改变二次型的正定性?如果不改变的话,那么就可以用化二次型为标准形的方法来判断二次型的正定性.

定理 9.10 可逆线性替换不改变二次型的正定性.

证明 设实二次型 $f(x)=\boldsymbol{x}^{\mathrm{T}}\boldsymbol{A}\boldsymbol{x}$ 经过可逆线性替换 $\boldsymbol{x}=\boldsymbol{C}\boldsymbol{y}$ 化为实二次型 $g(y)=\boldsymbol{y}^{\mathrm{T}}\boldsymbol{B}\boldsymbol{y}$, 其中 $\boldsymbol{B}=\boldsymbol{C}^{\mathrm{T}}\boldsymbol{A}\boldsymbol{C}$.

设 $f(x)=\boldsymbol{x}^{\mathrm{T}}\boldsymbol{A}\boldsymbol{x}$ 是正定二次型,则对任意非零向量 $\boldsymbol{y}\in\mathbf{R}^n$, 由 $\boldsymbol{C}$ 可逆及 $\boldsymbol{x}=$

$\boldsymbol{Cy}$ 可知，$\boldsymbol{x}$ 为非零列向量，从而由 $f(x)>0$ 知

$$g(y)=f(x)>0,$$

于是 $g(y)=\boldsymbol{y}^{\mathrm{T}}\boldsymbol{By}$ 是正定二次型.

反之，由于实二次型 $g(y)=\boldsymbol{y}^{\mathrm{T}}\boldsymbol{By}$ 可经过可逆线性替换 $\boldsymbol{y}=\boldsymbol{C}^{-1}\boldsymbol{x}$ 化为 $f(x)=\boldsymbol{x}^{\mathrm{T}}\boldsymbol{Ax}$，则由前面的证明可知，若 $g(y)=\boldsymbol{y}^{\mathrm{T}}\boldsymbol{By}$ 是正定二次型，则 $f(x)=\boldsymbol{x}^{\mathrm{T}}\boldsymbol{Ax}$ 也为正定二次型.

证毕.

有了这个定理就可以用化二次型为标准形的方法来判断二次型的正定性.

定理 9.11 n 元实二次型 $f(x)=\boldsymbol{x}^{\mathrm{T}}\boldsymbol{Ax}$ 为正定二次型的充分必要条件是它的正惯性指数等于 n.

证明 设 $f(x)=\boldsymbol{x}^{\mathrm{T}}\boldsymbol{Ax}$ 经过可逆线性替换化为标准形

$$d_1y_1^2+d_2y_2^2+\cdots+d_ny_n^2,$$

由定理 9.10 可知 $f(x)=\boldsymbol{x}^{\mathrm{T}}\boldsymbol{Ax}$ 是正定二次型的充分必要条件是

$$d_1y_1^2+d_2y_2^2+\cdots+d_ny_n^2$$

是正定二次型.

又由定理 9.9 知，$d_1y_1^2+d_2y_2^2+\cdots+d_ny_n^2$ 是正定二次型当且仅当 $d_i>0$，$i=1, 2, \cdots, n$，故 $f(x)=\boldsymbol{x}^{\mathrm{T}}\boldsymbol{Ax}$ 为正定二次型的充分必要条件是它的正惯性指数等于 n.

证毕.

定理 9.11 说明：实二次型为正定二次型的充分必要条件是它对应的实对称矩阵与对角矩阵合同，而且该对角矩阵的主对角线上的元素全为正数.定理 9.11 还说明，正定二次型 $f(x)=\boldsymbol{x}^{\mathrm{T}}\boldsymbol{Ax}$ 的规范形为

$$y_1^2+y_2^2+\cdots+y_n^2.$$

由此，可得以下结论.

推论 1 设 $\boldsymbol{A}$ 是 n 阶实对称矩阵，则下列说法等价.

(1) $\boldsymbol{A}$ 是正定矩阵；

(2) $\boldsymbol{A}$ 的特征值全大于零；

(3) $\boldsymbol{A}$ 合同于 n 阶单位矩阵 $\boldsymbol{E}$，即存在 n 阶可逆矩阵 $\boldsymbol{C}$，使得 $\boldsymbol{A}=\boldsymbol{C}^{\mathrm{T}}\boldsymbol{C}$.

推论 2 正定矩阵的行列式大于零.

证明 由推论 1 的(2)知结论成立. **证毕.**

推论 2 的逆命题不成立.例如，设矩阵 $\boldsymbol{A}=\begin{pmatrix}1 & 0 & 0\\ 0 & -1 & 0\\ 0 & 0 & -1\end{pmatrix}$，显然，$|\boldsymbol{A}|=1>0$，

但 $\boldsymbol{A}$ 不是正定矩阵.

例 9.10 证明：n 阶实矩阵 $\boldsymbol{A}$ 是正定矩阵的充分必要条件是存在正定矩阵 $\boldsymbol{B}$，使得 $\boldsymbol{A}=\boldsymbol{B}^2$.

证明 充分性的证明很容易，留给读者自己完成.下面证明必要性.

因为 $\boldsymbol{A}$ 是正定矩阵，所以存在正交矩阵 $\boldsymbol{Q}$，使得

$$\boldsymbol{A}=\boldsymbol{Q}^{\mathrm{T}}\begin{pmatrix}\lambda_1 & & & \\ & \lambda_2 & & \\ & & \ddots & \\ & & & \lambda_n\end{pmatrix}\boldsymbol{Q},$$

其中，$\lambda_i>0$, $i=1, 2, \cdots, n$，是 $\boldsymbol{A}$ 的全部特征值.

令

$$\boldsymbol{B}=\boldsymbol{Q}^{\mathrm{T}}\begin{pmatrix}\sqrt{\lambda_1} & & & \\ & \sqrt{\lambda_2} & & \\ & & \ddots & \\ & & & \sqrt{\lambda_n}\end{pmatrix}\boldsymbol{Q},$$

就有 $\boldsymbol{A}=\boldsymbol{B}^2$，其中 $\boldsymbol{B}$ 与正定的对角矩阵 $\operatorname{diag}(\sqrt{\lambda_1}, \sqrt{\lambda_2}, \cdots, \sqrt{\lambda_n})$ 合同，从而 $\boldsymbol{B}$ 为正定矩阵. **证毕.**

以上判断实二次型(或实对称矩阵)正定性的方法是通过可逆线性替换化为标准形或规范形，才能判断出正定性，这比较麻烦，最好能通过实二次型(或实对称矩阵)自身来判断正定性，下面介绍的判别法常能较方便地判别二次型的正定性.

由上面的推论 2 可知，行列式大于零是实对称矩阵为正定矩阵的必要非充分条件，为了利用行列式来判断实二次型(或实对称矩阵)的正定性，引入如下概念.

定义 9.10 设 $\boldsymbol{A}=(a_{ij})_{n\times n}$ 为 n 阶矩阵，位于 $\boldsymbol{A}$ 的左上角的子式

$$P_k=\begin{vmatrix}a_{11} & a_{12} & \cdots & a_{1k}\\ a_{21} & a_{22} & \cdots & a_{2k}\\ \vdots & \vdots & & \vdots\\ a_{k1} & a_{k2} & \cdots & a_{kk}\end{vmatrix}, \quad k=1, 2, \cdots, n,$$

称为 $\boldsymbol{A}$ 的 $\boldsymbol{k}$ **阶顺序主子式**.

定理 9.12(霍尔维兹定理) n 元实二次型 $f(x)=\boldsymbol{x}^{\mathrm{T}}\boldsymbol{A}\boldsymbol{x}$ 为正定二次型的充分必要条件是 $\boldsymbol{A}$ 的各阶顺序主子式全大于零，即 $P_k>0$, $k=1, 2, \cdots, n$.

证明 必要性.设实二次型 $f(x)=\boldsymbol{x}^{\mathrm{T}}\boldsymbol{A}\boldsymbol{x}=\sum_{i=1}^{n}\sum_{j=1}^{n}a_{ij}x_ix_j$ 是正定二次型,对于每一个 k,令

$$f_k(x_1, x_2, \cdots, x_k)=\sum_{i=1}^{k}\sum_{j=1}^{k}a_{ij}x_ix_j,$$

因此,$\forall$ 不全为零的实数 $x_1, x_2, \cdots, x_k$,有

$$f_k(x_1, x_2, \cdots, x_k)=\sum_{i=1}^{k}\sum_{j=1}^{k}a_{ij}x_ix_j=f(x_1, x_2, \cdots, x_k, 0, \cdots, 0)>0.$$

所以,二次型 $f_k(x_1, x_2, \cdots, x_k)=\sum_{i=1}^{k}\sum_{j=1}^{k}a_{ij}x_ix_j$ 是正定二次型,由推论 2 知对应矩阵的行列式大于零,即

$$P_k=\begin{vmatrix} a_{11} & a_{12} & \cdots & a_{1k} \\ a_{21} & a_{22} & \cdots & a_{2k} \\ \vdots & \vdots & & \vdots \\ a_{k1} & a_{k2} & \cdots & a_{kk} \end{vmatrix}>0, \quad k=1, 2, \cdots, n,$$

故矩阵 $\boldsymbol{A}$ 的各阶顺序主子式全大于零.

充分性.对 n 用数学归纳法.

当 $n=1$ 时,$f(x_1)=a_{11}x_1^2$,由条件 $a_{11}>0$,显然 $f(x_1)=a_{11}x_1^2$ 是正定二次型.

假设结论对于 $n-1$ 元二次型已经成立,现在来证明 n 元的情形.

令

$$\boldsymbol{A}_1=\begin{pmatrix} a_{11} & \cdots & a_{1,n-1} \\ \vdots & & \vdots \\ a_{n-1,1} & \cdots & a_{n-1,n-1} \end{pmatrix}, \quad \boldsymbol{\alpha}=\begin{pmatrix} a_{1n} \\ \vdots \\ a_{n-1,n} \end{pmatrix},$$

则

$$\boldsymbol{A}=\begin{pmatrix} \boldsymbol{A}_1 & \boldsymbol{\alpha} \\ \boldsymbol{\alpha}^{\mathrm{T}} & \boldsymbol{a}_{nn} \end{pmatrix}.$$

由归纳假设知 $\boldsymbol{A}_1$ 是正定矩阵,由推论 1 知,$\boldsymbol{A}_1$ 与单位矩阵 $\boldsymbol{E}_{n-1}$ 合同,即

$$\boldsymbol{A}_1 \xrightarrow{\text{合同变换}} \boldsymbol{E}_{n-1}.$$

于是

$$A=\begin{pmatrix} a_{11} & \cdots & a_{1,n-1} & a_{1n} \\ \vdots & & \vdots & \vdots \\ a_{n-1,1} & \cdots & a_{n-1,n-1} & a_{n-1,n} \\ a_{n1} & \cdots & a_{n,n-1} & a_{nn} \end{pmatrix} \xrightarrow{\text{同上合同变换}} \begin{pmatrix} 1 & & & b_1 \\ & \ddots & & \vdots \\ & & 1 & b_{n-1} \\ b_1 & \cdots & b_{n-1} & b_n \end{pmatrix}$$

$$\xrightarrow{\text{合同变换}} \begin{pmatrix} 1 & & & \\ & \ddots & & \\ & & 1 & \\ & & & a \end{pmatrix} \triangleq B,$$

其中 $a=b_n-\sum_{i=1}^{n-1}b_i$. 故存在可逆矩阵 C，使得

$$C^{\mathrm{T}}AC=B,$$

上式两边取行列式得

$$|C|^2|A|=|B|=a,$$

由条件，$|A|>0$，因此 $a>0$，这样 B 就是正定矩阵，从而 A 是正定矩阵，即二次型 $f(x)=x^{\mathrm{T}}Ax=\sum_{i=1}^{n}\sum_{j=1}^{n}a_{ij}x_ix_j$ 是正定二次型.

根据数学归纳法原理，充分性得证.

推论　n 阶实对称矩阵 A 为正定矩阵的充分必要条件是 A 的各阶顺序主子式全大于零，即 $P_k>0$, $k=1, 2, \cdots, n$.

显然，若二次型 $f(x)=x^{\mathrm{T}}Ax$ 为正定二次型，则 $-f(x)=x^{\mathrm{T}}(-A)x$ 为负定二次型；反之，若 $f(x)=x^{\mathrm{T}}Ax$ 为负定二次型，则 $-f(x)=x^{\mathrm{T}}(-A)x$ 为正定二次型.所以，从判别正定二次型的充分必要条件，可得出判别负定二次型的以下四个等价命题.

(1) n 元实二次型 $f(x)=x^{\mathrm{T}}Ax$ 为负定二次型；

(2) $f(x)=x^{\mathrm{T}}Ax$ 的负惯性指数等于 n；

(3) $f(x)=x^{\mathrm{T}}Ax$ 的矩阵 A 的所有特征值全为负数；

(4) $f(x)=x^{\mathrm{T}}Ax$ 的矩阵 A 的奇数阶顺序主子式为负，而偶数阶顺序主子式为正，即

$$(-1)P_k>0, \quad k=1, 2, \cdots, n,$$

其中 P_k 是 A 的 k 阶顺序主子式.

例 9.11　判别二次型

$$f(x_1, x_2, x_3)=2x_1^2+2x_2^2+x_3^2-2x_1x_2+2x_2x_3$$

的正定性.

解 因为二次型 $f(x_1, x_2, x_3)$ 的矩阵为

$$\boldsymbol{A}=\begin{pmatrix} 2 & -1 & 0 \\ -1 & 2 & 1 \\ 0 & 1 & 1 \end{pmatrix},$$

而其各阶顺序主子式为

$$P_1=2>0,\quad P_2=\begin{vmatrix} 2 & -1 \\ -1 & 2 \end{vmatrix}=3>0,\quad P_3=|\boldsymbol{A}|=\begin{vmatrix} 2 & -1 & 0 \\ -1 & 2 & 1 \\ 0 & 1 & 1 \end{vmatrix}=1>0,$$

所以 $f(x_1, x_2, x_3)$ 为正定二次型.

例 9.12 当 λ 取何值时,二次型

$$f(x_1, x_2, x_3)=x_1^2+2x_2^2+3x_3^2+2x_1x_2-2x_1x_3+2\lambda x_2x_3$$

为正定二次型.

解 二次型 $f(x_1, x_2, x_3)$ 的矩阵为

$$\boldsymbol{A}=\begin{pmatrix} 1 & 1 & -1 \\ 1 & 2 & \lambda \\ -1 & \lambda & 3 \end{pmatrix},$$

因为 $f(x_1, x_2, x_3)$ 为正定二次型,所以 $\boldsymbol{A}$ 的所有顺序主子式全大于零,即

$$P_1=1>0,\quad P_2=\begin{vmatrix} 1 & 1 \\ 1 & 2 \end{vmatrix}=1>0,\quad P_3=|A|=-(\lambda^2+2\lambda-1)>0,$$

解得 $-\sqrt{2}-1<\lambda<\sqrt{2}-1$, 即为所求.

下面简单介绍其他类型的二次型.

定义 9.11 设 $f(x)=\boldsymbol{x}^{\mathrm{T}}\boldsymbol{A}\boldsymbol{x}$ 是实二次型,如果对任意非零向量 $\boldsymbol{x}\in\mathbf{R}^n$, 都有 $f(x)=\boldsymbol{x}^{\mathrm{T}}\boldsymbol{A}\boldsymbol{x}\geqslant 0$, 则称 $f(x)=\boldsymbol{x}^{\mathrm{T}}\boldsymbol{A}\boldsymbol{x}$ 为**半正定二次型**,而矩阵 $\boldsymbol{A}$ 称为**半正定矩阵**;如果对任意非零向量 $\boldsymbol{x}\in\mathbf{R}^n$, 都有 $f(x)=\boldsymbol{x}^{\mathrm{T}}\boldsymbol{A}\boldsymbol{x}\leqslant 0$, 则称 $f(x)=\boldsymbol{x}^{\mathrm{T}}\boldsymbol{A}\boldsymbol{x}$ 为**半负定二次型**,而矩阵 $\boldsymbol{A}$ 称为**半负定矩阵**;如果 $f(x)=\boldsymbol{x}^{\mathrm{T}}\boldsymbol{A}\boldsymbol{x}$ 既不是半正定二次型又不是半负定二次型,则称 $f(x)=\boldsymbol{x}^{\mathrm{T}}\boldsymbol{A}\boldsymbol{x}$ 为**不定二次型**.

例如, $f(x_1, x_2, x_3)=x_2^2+2x_3^2$ 是半正定二次型, $f(x_1, x_2, x_3)=-(x_1+x_2-2x_3)^2$ 是半负定二次型, $f(x_1, x_2)=x_1^2-2x_2^2$ 是不定二次型.

下面的定理是关于二次型半正定性的等价刻画,其详细证明从略.

***定理 9.13** 设实二次型 $f(x)=\boldsymbol{x}^{\mathrm{T}}\boldsymbol{A}\boldsymbol{x}$,那么下列说法等价.

(1) $f(x)=\boldsymbol{x}^{\mathrm{T}}\boldsymbol{A}\boldsymbol{x}$ 是半正定二次型;

(2) $f(x)=\boldsymbol{x}^{\mathrm{T}}\boldsymbol{A}\boldsymbol{x}$ 的正惯性指数等于它的秩;

(3) 存在可逆实矩阵 $\boldsymbol{C}$,使得

$$\boldsymbol{C}^{\mathrm{T}}\boldsymbol{A}\boldsymbol{C}=\operatorname{diag}(d_1, d_2, \cdots, d_n),$$

其中,$d_i \geqslant 0$, $i=1, 2, \cdots, n$;

(4) $\boldsymbol{A}$ 的特征值全是非负实数;

(5) 存在实 $m\times n$ 矩阵 $\boldsymbol{C}$,使得 $\boldsymbol{A}=\boldsymbol{C}^{\mathrm{T}}\boldsymbol{C}$.

最后给出实二次型的规范形与其正定性之间的关系,即下面的定理.

***定理 9.14** 设秩为 r 的 n 元实二次型 $f(x)=\boldsymbol{x}^{\mathrm{T}}\boldsymbol{A}\boldsymbol{x}$ 的规范形为

$$z_1^2+z_2^2+\cdots+z_p^2-z_{p+1}^2-\cdots-z_r^2,$$

则

(1) $f(x)=\boldsymbol{x}^{\mathrm{T}}\boldsymbol{A}\boldsymbol{x}$ 为正定二次型的充分必要条件是 $p=r=n$(即正定二次型的规范形为 $z_1^2+z_2^2+\cdots+z_n^2$);

(2) $f(x)=\boldsymbol{x}^{\mathrm{T}}\boldsymbol{A}\boldsymbol{x}$ 为负定二次型的充分必要条件是 $p=0$,且 $r=n$(即负定二次型的规范形为 $-z_1^2-z_2^2-\cdots-z_n^2$);

(3) $f(x)=\boldsymbol{x}^{\mathrm{T}}\boldsymbol{A}\boldsymbol{x}$ 为半正定二次型的充分必要条件是 $p=r<n$(即半正定二次型的规范形为 $z_1^2+z_2^2+\cdots+z_r^2$, $r<n$);

(4) $f(x)=\boldsymbol{x}^{\mathrm{T}}\boldsymbol{A}\boldsymbol{x}$ 为半负定二次型的充分必要条件是 $p=0$, $r<n$(即半负定二次型的规范形为 $-z_1^2+z_2^2-\cdots-z_r^2$, $r<n$);

(5) $f(x)=\boldsymbol{x}^{\mathrm{T}}\boldsymbol{A}\boldsymbol{x}$ 为不定二次型的充分必要条件是 $0<p<r\leqslant n$(即不定二次型的规范形为 $z_1^2+z_2^2+\cdots+z_p^2-z_{p+1}^2-\cdots-z_r^2$).

习题 9.4

1. 判别下列二次型的正定性.

(1) $f(x_1, x_2, x_3)=x_1^2+3x_2^2+9x_3^2-2x_1x_2+4x_1x_3$;

(2) $f(x_1, x_2, x_3)=-x_1^2-2x_2^2-3x_3^2+2x_1x_2+2x_2x_3$;

(3) $f(x_1, x_2, x_3, x_4)=x_1^2+3x_2^2+9x_3^2+19x_4^2-2x_1x_2+4x_1x_3+2x_1x_4-6x_2x_4-12x_3x_4$.

2. t 满足什么条件时,下列二次型是正定二次型.

(1) $f(x_1, x_2, x_3)=x_1^2+x_2^2+5x_3^2+2tx_1x_2-2x_1x_3+4x_2x_3$;

(2) $f(x_1, x_2, x_3)=x_1^2+2x_2^2+3x_3^2-2tx_1x_2+2x_2x_3$.

3. 设 $\boldsymbol{A}$ 是正定矩阵,证明:

(1) $k\boldsymbol{A}\ (k>0)$ 是正定矩阵; (2) $\boldsymbol{A}^{-1}$ 是正定矩阵;

(3) $\boldsymbol{A}^*$ 是正定矩阵; (4) $\boldsymbol{A}$ 的主对角线上元素都大于零.

4. 设 $\boldsymbol{A}$ 为 $m\times n$ 实矩阵,证明矩阵 $\boldsymbol{E}+\boldsymbol{A}^{\mathrm{T}}\boldsymbol{A}$ 为正定矩阵.

5. 设 $\boldsymbol{A}$ 是 n 阶正定矩阵,证明: $|\boldsymbol{A}+\boldsymbol{E}|>1$.

6. 设 $\boldsymbol{A}$ 是实对称矩阵,且 $\boldsymbol{A}^2-5\boldsymbol{A}+6\boldsymbol{E}=\boldsymbol{O}$, 证明: $\boldsymbol{A}$ 是正定矩阵.

7. 设 $\boldsymbol{A}$ 是 n 阶可逆实矩阵,则 $\boldsymbol{A}$ 可以分解成 $\boldsymbol{A}=\boldsymbol{BC}$, 其中, $\boldsymbol{B}$ 是正定矩阵, $\boldsymbol{C}$ 是正交矩阵.

8. 设 $\boldsymbol{A}$ 是 n 阶实对称矩阵,且 $|\boldsymbol{A}|<0$, 证明: 存在非零向量 $\boldsymbol{x}\in\mathbf{R}^n$, 使得 $\boldsymbol{x}^{\mathrm{T}}\boldsymbol{A}\boldsymbol{x}<0$.

9. 设 $\lambda_1\leqslant\lambda_2\leqslant\cdots\leqslant\lambda_n$ 是 n 阶实对称矩阵 $\boldsymbol{A}$ 的特征值,证明: 对任意向量 $\boldsymbol{x}\in\mathbf{R}^n$, 都有

$$\lambda_1\boldsymbol{x}^{\mathrm{T}}\boldsymbol{x}\leqslant\boldsymbol{x}^{\mathrm{T}}\boldsymbol{A}\boldsymbol{x}\leqslant\lambda_n\boldsymbol{x}^{\mathrm{T}}\boldsymbol{x}.$$

总 习 题 9

一、单项选择题

1. (　　)可作为二次型 $x_1^2+5x_2^2+x_3^2-4x_1x_2+2x_2x_3$ 的标准形.

A. $y_1^2-y_2^2$　　B. $y_1^2+4y_2^2$

C. $y_1^2+6y_2^2-2y_3^2$　　D. $y_1^2+5y_2^2+y_3^2$

2. 设 $\boldsymbol{A}$ 是 n 阶矩阵,将 $\boldsymbol{A}$ 的第 i 行和第 j 行对换得到 $\boldsymbol{B}$,再将 $\boldsymbol{B}$ 的第 i 列和第 j 列对换得到 $\boldsymbol{C}$,则 $\boldsymbol{A}$ 与 $\boldsymbol{C}$(　　).

A. 等价但不相似　　B. 相似但不合同

C. 合同但不等价　　D. 等价、合同且相似

3. 设 $\boldsymbol{A}=\begin{pmatrix}1&2\\2&1\end{pmatrix}$,则在实数域上与 $\boldsymbol{A}$ 合同的矩阵是(　　).

A. $\begin{pmatrix}-2&1\\1&-2\end{pmatrix}$　　B. $\begin{pmatrix}2&-1\\-1&2\end{pmatrix}$　　C. $\begin{pmatrix}2&1\\1&2\end{pmatrix}$　　D. $\begin{pmatrix}1&-2\\-2&1\end{pmatrix}$

4. 设实对称矩阵 $\boldsymbol{A}$ 的符号差为 s,负惯性指数为 q,则 $\boldsymbol{A}$ 的秩 $R(\boldsymbol{A})=$(　　).

A. $s-2q$　　B. $s+2q$　　C. $s-q$　　D. $s+q$

5. 设 $\boldsymbol{A}$ 是 n 阶实矩阵,则以下说法错误的是(　　).

A. 若 $\boldsymbol{A}$ 合同于 $\boldsymbol{E}$,则 $\boldsymbol{A}$ 必是正定矩阵

B. 若 $\boldsymbol{A}$ 为可逆矩阵,则 $\boldsymbol{A}^{\mathrm{T}}\boldsymbol{A}$ 必是正定矩阵

C. 若 $\boldsymbol{A}$ 的特征值全大于零,则 $\boldsymbol{A}$ 必是正定矩阵

D. 若 $\boldsymbol{A}$ 为可逆半正定矩阵,则 $\boldsymbol{A}$ 必是正定矩阵

二、填空题

1. 二次型 $f(x_1, x_2, x_3)=(x_1+x_2)^2+(x_2-x_3)^2+(x_3+x_1)^2$ 的秩为________.

2. 设三阶实对称矩阵 $\boldsymbol{A}$ 满足 $\boldsymbol{A}^2+2\boldsymbol{A}=\boldsymbol{O}$,且 $R(\boldsymbol{A})=2$,则 $\boldsymbol{A}$ 在 R 上必与________合同.

3. 设二次型 $f(x)=\boldsymbol{x}^{\mathrm{T}}\boldsymbol{A}\boldsymbol{x}$ 的秩为1，$\boldsymbol{A}$ 的各行元素之和为3，则 $f(x)=\boldsymbol{x}^{\mathrm{T}}\boldsymbol{A}\boldsymbol{x}$ 在正交线性替换 $\boldsymbol{x}=\boldsymbol{Q}\boldsymbol{y}$ 下的标准形为________.

4. 二次型 $f(x_1,x_2,x_3)=x_1^2+3x_2^2+x_3^2+2x_1x_2+2x_1x_3+2x_2x_3$ 的正惯性指数为________.

5. 设实二次型

$$f(x_1,x_2,x_3)=a(x_1^2+x_2^2+x_3^2)+4x_1x_2+4x_1x_3+4x_2x_3$$

经过正交线性替换 $\boldsymbol{x}=\boldsymbol{Q}\boldsymbol{y}$ 可化成标准形 $6y_1^2$，则 $a=$ ________.

三、计算题

1. 如果把 n 阶实对称矩阵按合同分类，即两个 n 阶实对称矩阵属于同一类当且仅当它们合同，问共有几类？

2. 设二次型 $f(x_1,x_2,x_3)=x_1^2+x_2^2+x_3^2+2\alpha x_1x_2+2\beta x_2x_3+2x_1x_3$ 经正交线性替换 $\boldsymbol{x}=\boldsymbol{Q}\boldsymbol{y}$ 化成 $y_2^2+2y_3^2$，$\boldsymbol{Q}$ 是三阶正交矩阵，试求常数 α，β.

3. 设二次型 $f(x_1,x_2,x_3)=\boldsymbol{x}^{\mathrm{T}}\boldsymbol{A}\boldsymbol{x}=ax_1^2+2x_2^2-2x_3^2+2bx_1x_3\,(b>0)$，其中二次型的矩阵 $\boldsymbol{A}$ 的特征值之和为1，特征值之积为 -12.

(1) 求 a，b 的值；

(2) 利用正交线性替换将二次型 $f(x_1,x_2,x_3)$ 化为标准形，并写出所用的正交线性替换和对应的正交矩阵.

4. 设有 n 元实二次型

$$f(x_1,x_2,\cdots,x_n)=(x_1+a_1x_2)^2+(x_2+a_2x_3)^2+\cdots+(x_{n-1}+a_{n-1}x_n)^2+(x_n+a_nx_1)^2.$$

试问：当实数 a_1，a_2，$\cdots$，a_n 满足何种条件时，$f(x_1,x_2,\cdots,x_n)$ 为正定二次型？

5. 设矩阵 $\boldsymbol{A}=\begin{pmatrix}1&0&1\\0&2&0\\1&0&1\end{pmatrix}$，$\boldsymbol{B}=(k\boldsymbol{E}+\boldsymbol{A})^2$，其中 k 为实数，求对角矩阵 $\boldsymbol{\Lambda}$，使得 $\boldsymbol{B}$ 与 $\boldsymbol{\Lambda}$ 相似，并讨论 k 为何值时，$\boldsymbol{B}$ 为正定矩阵.

四、证明题

1. 设 $\boldsymbol{A}$，$\boldsymbol{B}$ 分别为 m，n 阶正定矩阵，证明 $\begin{pmatrix}\boldsymbol{A}&\boldsymbol{O}\\\boldsymbol{O}&\boldsymbol{B}\end{pmatrix}$ 是正定矩阵.

2. 设 $\boldsymbol{A}$ 是 m 阶正定矩阵，$\boldsymbol{B}$ 是 $m\times n$ 实矩阵.证明：$\boldsymbol{B}^{\mathrm{T}}\boldsymbol{A}\boldsymbol{B}$ 是正定矩阵的充分必要条件是 $R(\boldsymbol{B})=n$.

3. 设 $\boldsymbol{A}$，$\boldsymbol{B}$ 是两个 n 阶实对称矩阵，且 $\boldsymbol{B}$ 是正定矩阵，证明：存在 n 阶实可逆矩阵 $\boldsymbol{P}$，使得

$$\boldsymbol{P}^{\mathrm{T}}\boldsymbol{A}\boldsymbol{P}\quad 与 \quad\boldsymbol{P}^{\mathrm{T}}\boldsymbol{B}\boldsymbol{P}$$

同时为对角矩阵.

4. 设 $\boldsymbol{A}$，$\boldsymbol{B}$ 是 n 阶正定矩阵，证明：$\boldsymbol{A}\boldsymbol{B}$ 是正定矩阵的充分必要条件是 $\boldsymbol{A}\boldsymbol{B}=\boldsymbol{B}\boldsymbol{A}$.

参 考 答 案

习题 5.1

1. (1) 不是；(2) 不是；(3) 是；(4) 是；(5) 是.

2. (1) 不是；(2) 是；(3) 不是.

习题 5.2

2. (1) $\left(0, \frac{3}{2}, -\frac{1}{2}\right)^{\mathrm{T}}$； (2) $\left(\frac{5}{4}, \frac{1}{4}, -\frac{1}{4}, -\frac{1}{4}\right)^{\mathrm{T}}$； (3) $(0, 0, 1, 2)^{\mathrm{T}}$.

3. V 的一个基：$\begin{pmatrix} 1 & 0 \\ 0 & \frac{1}{2} \end{pmatrix}$，$\begin{pmatrix} 0 & 1 \\ 1 & -\frac{1}{2} \end{pmatrix}$，$\dim V = 2$，$V$ 中的向量 $\boldsymbol{\alpha} = \begin{pmatrix} a & b \\ 0 & c \end{pmatrix}$ 在这个基下坐标是 $(a, b)^{\mathrm{T}}$.

5. (1) $\begin{pmatrix} 1 & 0 & 1 \\ 1 & 1 & 0 \\ 0 & 1 & 1 \end{pmatrix}$；(2) $\begin{pmatrix} 1 & 0 & 1 \\ 2 & 2 & 0 \\ 0 & 3 & 3 \end{pmatrix}$.

6. (1) $\begin{pmatrix} -23 & -7 & -9 & 8 \\ 6 & 3 & 3 & -1 \\ 2 & 3 & 2 & 1 \\ 3 & 2 & 2 & -1 \end{pmatrix}$；(2) $(-101, 21, -4, 3)^{\mathrm{T}}$.

7. $\begin{pmatrix} 1 & 0 & 2 \\ 0 & 3 & -4 \\ 1 & -1 & 3 \end{pmatrix}$；$(-25, 18, 14)^{\mathrm{T}}$.

8. $k(\boldsymbol{\alpha}_1 + \boldsymbol{\alpha}_2 + \boldsymbol{\alpha}_3 - \boldsymbol{\alpha}_4)$，$k \in F$.

习题 5.3

2. (1) 是，一个基：$\boldsymbol{E}_{ii}(i = 1, 2, \cdots, n)$，$\boldsymbol{E}_{ij} + \boldsymbol{E}_{ji}(1 \leqslant i < j \leqslant n)$，$\dim V_1 = \frac{n(n+1)}{2}$；

(2) 是，一个基：$\boldsymbol{E}_{ij} - \boldsymbol{E}_{ji}(1 \leqslant i < j \leqslant n)$，$\dim V_2 = \frac{n(n-1)}{2}$；

(3) 是，一个基：$\boldsymbol{E}_{ij}(1 \leqslant j \leqslant i \leqslant n)$，$\dim V_3 = \frac{n(n+1)}{2}$；

(4) 是,一个基: $\boldsymbol{E}_{ij}(1 \leqslant i \leqslant j \leqslant n)$, $\dim V_4 = \dfrac{n(n+1)}{2}$;

(5) 是,一个基: $\boldsymbol{E}_{ii}(1 \leqslant i \leqslant n)$, $\dim V_5 = n$;

(6) 不是.

3. 6.

4. $\dim L(\boldsymbol{\alpha}_1, \boldsymbol{\alpha}_2, \boldsymbol{\alpha}_3) = 2$,一个基: $\boldsymbol{\alpha}_1, \boldsymbol{\alpha}_2$,扩充为 $\mathbf{F}^3$ 的基: $\boldsymbol{\alpha}_1, \boldsymbol{\alpha}_2, \boldsymbol{\alpha}_3$.

6. 一个基: $\begin{pmatrix} 1 & 0 \\ 0 & 1 \end{pmatrix}, \begin{pmatrix} 0 & 1 \\ -1 & 0 \end{pmatrix}$, $\dim V = 2$.

7. (2) 一个基: $\begin{pmatrix} 1 & 0 & 0 \\ 0 & 1 & 0 \\ 0 & 0 & 1 \end{pmatrix}, \begin{pmatrix} 0 & 1 & 0 \\ 0 & 0 & 1 \\ 0 & 0 & 0 \end{pmatrix}, \begin{pmatrix} 0 & 0 & 1 \\ 0 & 0 & 0 \\ 0 & 0 & 0 \end{pmatrix}$, $\dim C(\boldsymbol{A}) = 3$.

习题 5.4

2. $\dim(L(\boldsymbol{\alpha}_1, \boldsymbol{\alpha}_2) + L(\boldsymbol{\beta})) = 2$, 一个基: $\boldsymbol{\alpha}_1, \boldsymbol{\alpha}_2$;

$\dim(L(\boldsymbol{\alpha}_1, \boldsymbol{\alpha}_2) \cap L(\boldsymbol{\beta})) = 1$,一个基: $\boldsymbol{\beta}$.

4. (2) 记 $\boldsymbol{\alpha}_1 = (1, -1, 0, 0)^{\mathrm{T}}$, $\boldsymbol{\alpha}_2 = (0, 0, 1, 0)^{\mathrm{T}}$, $\boldsymbol{\alpha}_3 = (0, 0, 0, 1)^{\mathrm{T}}$, $\boldsymbol{\beta}_1 = (1, 0, -1, 0)^{\mathrm{T}}$, $\boldsymbol{\beta}_2 = (0, 1, 0, 0)^{\mathrm{T}}$, $\boldsymbol{\beta}_3 = (0, 0, 0, 1)^{\mathrm{T}}$, 则 $\dim(V_1 + V_2) = 4$,一个基: $\boldsymbol{\alpha}_1, \boldsymbol{\alpha}_2, \boldsymbol{\alpha}_3, \boldsymbol{\beta}_1$; $\dim(V_1 \cap V_2) = 2$,一个基: $\boldsymbol{\gamma}, \boldsymbol{\beta}_3$,其中 $\boldsymbol{\gamma} = (1, -1, -1, 0)^{\mathrm{T}}$.

总习题 5

一、**1.** C. **2.** D. **3.** A. **4.** C. **5.** B.

二、**1.** $t^3 + 1 \neq 0$. **2.** $\boldsymbol{A}^{-1}\boldsymbol{B}$,其中 $\boldsymbol{A} = (a_{ij})_{4\times4}$, $\boldsymbol{B} = (b_{ij})_{4\times4}$. **3.** 3. **4.** 1. **5.** 2.

三、**1.** 当 $a \neq 1$, $a \neq -3$ 时,线性无关;当 $a = 1$ 或 -3 时,线性相关.

2. (1) 线性相关; (2) $\boldsymbol{\alpha}_1 + \boldsymbol{\alpha}_2, \boldsymbol{\alpha}_2 + \boldsymbol{\alpha}_3, \boldsymbol{\alpha}_3 + \boldsymbol{\alpha}_4$ 是 W 的一个基, $\dim W = 3$.

3. $\boldsymbol{E}_{11} - \boldsymbol{E}_{nn}, \boldsymbol{E}_{22} - \boldsymbol{E}_{nn}, \cdots, \boldsymbol{E}_{n-1,n-1} - \boldsymbol{E}_{nn}, \boldsymbol{E}_{ij} + E_{ji}(i \neq j; i, j = 1, 2, \cdots, n)$ 是 W 的一个基, $\dim W = \dfrac{n^2 + n - 2}{2}$.

4. $1, x, \sin^2 x$ 是 V_1 的一个基, 也是 $V_1 + V_2$ 的一个基, $V_1 + V_2 = V_1$, $\dim V_1 = \dim(V_1 + V_2) = 3$;

$1, \sin^2 x$ 是 V_2 的一个基,也是 $V_1 + V_2$ 的一个基, $V_1 + V_2 = V_2$, $\dim V_2 = \dim(V_1 + V_2) = 2$.

5. $\begin{pmatrix} 1 & -1 \\ 0 & 0 \end{pmatrix}, \begin{pmatrix} 0 & 0 \\ 1 & 0 \end{pmatrix}, \begin{pmatrix} 0 & 0 \\ 0 & 1 \end{pmatrix}, \begin{pmatrix} 0 & 1 \\ 0 & 0 \end{pmatrix}$ 是 $V_1 + V_2$ 的一个基, $\dim(V_1 + V_2) = 4$; $\begin{pmatrix} 1 & -1 \\ -1 & 0 \end{pmatrix}$, $\begin{pmatrix} 0 & 0 \\ 0 & 1 \end{pmatrix}$ 是 $V_1 \cap V_2$ 的一个基, $\dim(V_1 \cap V_2) = 2$.

习题 6.1

1. (1) 是; (2) 不是; (3) 是; (4) 不是; (5) 当 $\alpha_0 = 0$ 时,是;当 $\alpha_0 \neq 0$ 时,不是.

习题 6.2

1. (2) $(\sigma+\tau)(a, b)^{\mathrm{T}}=(a+b, -a-b)^{\mathrm{T}}$, $(\sigma\tau)(a, b)^{\mathrm{T}}=(-b, -a)^{\mathrm{T}}$, $(\tau\sigma)(a, b)^{\mathrm{T}}=(b, a)^{\mathrm{T}}$.

习题 6.3

1. (1) $\begin{pmatrix}0&0&1\\2&0&0\\0&1&1\end{pmatrix}$; (2) $\begin{pmatrix}1&0&1\\1&0&0\\0&2&0\end{pmatrix}$.

2. $\begin{pmatrix}\frac{11}{2}&8&\frac{7}{2}\\-\frac{13}{2}&-7&\frac{1}{2}\\-\frac{5}{2}&-6&-\frac{1}{2}\end{pmatrix}$.

3. $\begin{pmatrix}-4&-3&3\\3&3&0\\-1&-1&-1\end{pmatrix}$; $\begin{pmatrix}-4&-3&3\\3&3&0\\-1&-1&-1\end{pmatrix}$.

4. $\begin{pmatrix}-1&1&-2\\2&2&0\\3&0&2\end{pmatrix}$.

5. $(-8, 14, 2)^{\mathrm{T}}$.

习题 6.4

1. (1) $\lambda_1=-1$,对应特征向量为 $k_1\boldsymbol{\xi}_1=k_1(0, -2, 1)^{\mathrm{T}}(k_1\neq 0)$;

$\lambda_2=2$,对应特征向量为 $k_2\boldsymbol{\xi}_2=k_2(0, 1, 1)^{\mathrm{T}}(k_2\neq 0)$;

$\lambda_3=-2$,对应特征向量为 $k_3\boldsymbol{\xi}_3=k_3(0, 1, 1)^{\mathrm{T}}(k_3\neq 0)$.

(2) $\lambda_1=\lambda_2=2$,对应特征向量为 $k_1(-2, 1, 1)^{\mathrm{T}}+k_2(1, 0, 1)^{\mathrm{T}}$($k_1$, k_2 不同时为零);

$\lambda_3=-4$,对应特征向量为 $k_3\boldsymbol{\xi}_3=k_3(1, -2, 3)^{\mathrm{T}}(k_3\neq 0)$.

(3) $\lambda_1=\lambda_2=1$,对应特征向量为 $k_1(1, 0, 1)^{\mathrm{T}}+k_2(0, 1, 0)^{\mathrm{T}}$($k_1$, k_2 不同时为零);

$\lambda_3=-1$,对应特征向量为 $k_3\boldsymbol{\xi}_3=k_3(1, 0, -1)^{\mathrm{T}}(k_3\neq 0)$.

(4) $\lambda_1=\lambda_2=5$,对应特征向量为 $k_1(1, -2, 0)^{\mathrm{T}}+k_2(0, -2, 1)^{\mathrm{T}}$($k_1$, k_2 不同时为零);

$\lambda_3=4$,对应特征向量为 $k_3\boldsymbol{\xi}_3=k_3(2, 1, 2)^{\mathrm{T}}(k_3\neq 0)$.

2. (1) $\lambda_1=\lambda_2=\lambda_3=-1$,对应特征向量为 $k(\boldsymbol{\varepsilon}_1+\boldsymbol{\varepsilon}_2-\boldsymbol{\varepsilon}_3)$ $(k\neq 0)$.

(2) $\lambda_1=1$,对应特征向量为 $k_1(\boldsymbol{\varepsilon}_1+\boldsymbol{\varepsilon}_2+\boldsymbol{\varepsilon}_3)$ $(k_1\neq 0)$;

$\lambda_2=\lambda_3=2$,对应特征向量为 $k_2(\boldsymbol{\varepsilon}_1+\boldsymbol{\varepsilon}_2)+k_3(-\boldsymbol{\varepsilon}_3+3\boldsymbol{\varepsilon}_3)$ (k_2, k_3 不同时为零).

(3) $\lambda_1=-1$,对应特征向量为 $k_1(\boldsymbol{\varepsilon}_1-2\boldsymbol{\varepsilon}_2+3\boldsymbol{\varepsilon}_3)$ $(k_1\neq 0)$;

$\lambda_2=\lambda_3=2$,对应特征向量为 $k_2(-2\boldsymbol{\varepsilon}_1+\boldsymbol{\varepsilon}_2)+k_3(\boldsymbol{\varepsilon}_1+\boldsymbol{\varepsilon}_3)$ (k_2, k_3 不同时为零).

(4) $\lambda_1=10$,对应特征向量为 $k_1(\boldsymbol{\varepsilon}_1+2\boldsymbol{\varepsilon}_2-2\boldsymbol{\varepsilon}_3)$ ($k_1\neq 0$);

$\lambda_2=\lambda_3=1$,对应特征向量为 $k_2(2\boldsymbol{\varepsilon}_1-\boldsymbol{\varepsilon}_2)+k_3(2\boldsymbol{\varepsilon}_1+\boldsymbol{\varepsilon}_3)$ (k_2, k_3 不同时为零).

3. (1) $1,\ 3,\ \frac{5}{2};\ \frac{15}{2}$. (2) $2,\ -2,\ -1;\ -1$. (3) $3,\ -3,\ -3;\ 27;-3$.

4. (1) 0 或 1.

6. $\begin{pmatrix}1&0&0\\0&0&1\\-1&1&0\end{pmatrix}$.

7. $\frac{1}{3}\begin{pmatrix}7&0&-2\\0&5&-2\\-2&-2&6\end{pmatrix}$.

习题 6.5

2. (1) 不可对角化; (2) 不可对角化;

(3) 可对角化, $\boldsymbol{P}=\begin{pmatrix}1&-2&1\\-2&1&0\\3&0&1\end{pmatrix}$, $\boldsymbol{P}^{-1}\boldsymbol{AP}=\begin{pmatrix}-4&&\\&2&\\&&2\end{pmatrix}$;

(4) 可对角化, $\boldsymbol{P}=\begin{pmatrix}-1&2&0\\-2&0&1\\2&1&1\end{pmatrix}$, $\boldsymbol{P}^{-1}\boldsymbol{AP}=\begin{pmatrix}-7&&\\&2&\\&&2\end{pmatrix}$.

3. (2) $\boldsymbol{P}=\begin{pmatrix}2&-1&0\\1&0&1\\0&1&1\end{pmatrix}$, $\boldsymbol{P}^{-1}\boldsymbol{AP}=\begin{pmatrix}1&&\\&1&\\&&3\end{pmatrix}$; (3) $\begin{pmatrix}1&0&0\\1-3^m&-1+2\times 3^m&1-3^m\\1-3^m&-2+2\times 3^m&2-3^m\end{pmatrix}$.

4. $a=0$, $b=-2$; $\boldsymbol{P}=\begin{pmatrix}0&0&-1\\-2&1&0\\1&1&1\end{pmatrix}$, $\boldsymbol{P}^{-1}\boldsymbol{AP}=\begin{pmatrix}-1&&\\&2&\\&&-2\end{pmatrix}$.

5. $a=3$; $\boldsymbol{P}=\begin{pmatrix}0&-1&1\\1&0&3\\1&1&4\end{pmatrix}$, $\boldsymbol{P}^{-1}\boldsymbol{AP}=\begin{pmatrix}6&&\\&1&\\&&1\end{pmatrix}$.

6. 当 $a=-2$ 时,可对角化; 当 $a=-\frac{2}{3}$ 时,不可对角化.

8. (2) $\boldsymbol{P}=\begin{pmatrix}3&0&-3\\-2&1&2\\1&0&3\end{pmatrix}$, $\boldsymbol{P}^{-1}\boldsymbol{AP}=\begin{pmatrix}0&&\\&1&\\&&4\end{pmatrix}$;

(3) $\boldsymbol{\eta}_1=3\boldsymbol{\varepsilon}_1-2\boldsymbol{\varepsilon}_2+\boldsymbol{\varepsilon}_3$, $\boldsymbol{\eta}_2=\boldsymbol{\varepsilon}_2$, $\boldsymbol{\eta}_3=-3\boldsymbol{\varepsilon}_1+2\boldsymbol{\varepsilon}_2+\boldsymbol{\varepsilon}_3$.

习题 6.6

1. (1) $\mathrm{Im}\sigma=\{\boldsymbol{Ax}\mid \boldsymbol{x}\in\mathbf{F}^n\}=L(\boldsymbol{\alpha}_1,\boldsymbol{\alpha}_2,\cdots,\boldsymbol{\alpha}_n)$,其中 $\boldsymbol{\alpha}_i$ $(i=1,2,\cdots,n)$ 是 $\boldsymbol{A}$ 的第 i 列;

$\operatorname{Ker}\sigma=\{x\in \mathbf{F}^n \mid Ax=\mathbf{0}\}$.

(2) $\operatorname{Im}\sigma=\left\{\begin{pmatrix} a & b \\ a & -a \end{pmatrix} \middle| a, b\in F\right\}$; $\operatorname{Ker}\sigma=\left\{\begin{pmatrix} a+b & -a \\ 0 & b \end{pmatrix} \middle| a, b\in F\right\}$.

2. $\operatorname{Im}\sigma=L(\boldsymbol{\alpha}_1, \boldsymbol{\alpha}_2)$; $\operatorname{Ker}\sigma=L(\boldsymbol{\alpha}_1-\boldsymbol{\alpha}_2, \boldsymbol{\alpha}_1-\boldsymbol{\alpha}_3)$;

$\operatorname{Im}\sigma+\operatorname{Ker}\sigma=L(\boldsymbol{\alpha}_1, \boldsymbol{\alpha}_2, \boldsymbol{\alpha}_1-\boldsymbol{\alpha}_3)$; $\operatorname{Im}\sigma\cap\operatorname{Ker}\sigma=L(\boldsymbol{\alpha}_1-\boldsymbol{\alpha}_2)$.

3. (1) $\operatorname{Im}\sigma=\{xf'(x)-f(x) \mid f(x)\in F[x]_n\}$, $\operatorname{Ker}\sigma=\{a\boldsymbol{x} \mid a\in F\}$.

习题 6.7

4. F 是 σ 的不变子空间, $V=\{xf(x) \mid f(x)\in F[x]\}$ 不是 σ 的不变子空间.

总习题 6

一、**1.** A. **2.** C. **3.** C. **4.** B. **5.** D.

二、**1.** $\boldsymbol{A}^3\boldsymbol{B}^{-1}+2\boldsymbol{E}$. **2.** 4. **3.** 24. **4.** $1+2^{2021}$. **5.** $\{\mathbf{0}\}$和 $\mathbf{R}^2$.

三、**1.** $\begin{pmatrix} 1 & 3 & 2 \\ 0 & 1 & 3 \\ 0 & 0 & 1 \end{pmatrix}$. **2.** 1 或−2. **3.** $a=2, b=1, \lambda=1$ 或 $a=2, b=-2, \lambda=4$.

4. (1) $\begin{pmatrix} 1 & 0 & 0 \\ 1 & 2 & 2 \\ 1 & 1 & 3 \end{pmatrix}$; (2) 1, 1, 4;

(3) $\boldsymbol{P}=(-\boldsymbol{\alpha}_1+\boldsymbol{\alpha}_2, -2\boldsymbol{\alpha}_1+\boldsymbol{\alpha}_3, \boldsymbol{\alpha}_2+\boldsymbol{\alpha}_3)$, $\boldsymbol{\Lambda}=\begin{pmatrix} 1 & 0 & 0 \\ 0 & 1 & 0 \\ 0 & 0 & 4 \end{pmatrix}$.

5. (1) $\begin{pmatrix} x_{n+1} \\ y_{n+1} \end{pmatrix}=\begin{pmatrix} 1-p & q \\ p & 1-q \end{pmatrix}\begin{pmatrix} x_n \\ y_n \end{pmatrix}$;

(2) $\begin{pmatrix} x_n \\ y_n \end{pmatrix}=\dfrac{1}{2(p+q)}\begin{pmatrix} 2q+(p-q)(1-p-q)^n \\ 2p+(q-p)(1-p-q)^n \end{pmatrix}$.

四、**4.** (2) $\begin{pmatrix} 0 & 0 & 6 \\ 1 & 0 & -11 \\ 0 & 1 & 6 \end{pmatrix}$.

习题 7.1

1. (1) 满秩,可逆,其逆矩阵为 $\begin{pmatrix} \dfrac{\lambda^2}{2}+\dfrac{\lambda}{2}+1 & -\lambda \\ -\dfrac{\lambda}{2}-\dfrac{1}{2} & 1 \end{pmatrix}$; (2) 满秩,但不可逆;

(3) 满秩、可逆,其逆矩阵为 $-\dfrac{1}{2}\begin{pmatrix} \lambda^3+\lambda-2 & -\lambda^3-\lambda & \lambda \\ -\lambda^2-1 & \lambda^2+1 & -1 \\ 4-\lambda-\lambda^3 & \lambda^3+\lambda-2 & -\lambda \end{pmatrix}$; (4) 降秩,且不可逆.

3. (1) $\begin{pmatrix}\lambda & 0\\ 0 & \lambda^3-10\lambda^2-3\lambda\end{pmatrix}$；(2) $\begin{pmatrix}1 & & \\ & 1 & \\ & & \lambda(\lambda-1)\end{pmatrix}$；

(3) $\begin{pmatrix}1 & & \\ & 1 & \\ & & 1\end{pmatrix}$；(4) $\begin{pmatrix}1 & 0 & 0 & 0\\ 0 & \lambda & 0 & 0\\ 0 & 0 & \lambda(\lambda-1) & 0\\ 0 & 0 & 0 & 0\end{pmatrix}$.

4. $\begin{pmatrix}1 & 0 & 0\\ 0 & 1 & 0\\ 0 & 0 & \lambda^3-4\lambda^2+7\lambda-8\end{pmatrix}$，$\begin{pmatrix}1 & 0 & 0\\ 0 & 1 & 0\\ 0 & 0 & \lambda^3-3\lambda^2+14\lambda-6\end{pmatrix}$.

习题 7.2

1. (1) 行列式因子：$D_1(\lambda)=1$，$D_2(\lambda)=\lambda(\lambda+1)$，$D_3(\lambda)=\lambda^2(\lambda+1)^3$；

等价标准形：$\begin{pmatrix}1 & 0 & 0\\ 0 & \lambda(\lambda+1) & 0\\ 0 & 0 & \lambda(\lambda+1)^2\end{pmatrix}$.

(2) 行列式因子：$D_1(\lambda)=1$，$D_2(\lambda)=\lambda(\lambda-1)$，$D_3(\lambda)=\lambda^2(\lambda-1)^2$，

$D_4(\lambda)=\lambda^4(\lambda-1)^4$；

等价标准形：$\begin{pmatrix}1 & 0 & 0 & 0\\ 0 & \lambda(\lambda-1) & 0 & 0\\ 0 & 0 & \lambda(\lambda-1) & 0\\ 0 & 0 & 0 & \lambda^2(\lambda-1)^2\end{pmatrix}$.

2. (1) $d_1(\lambda)=d_2(\lambda)=1$，$d_3(\lambda)=(\lambda-2)^3$；

(2) $d_1(\lambda)=1$，$d_2(\lambda)=\lambda$，$d_3(\lambda)=\lambda(\lambda+1)$；

(3) $d_1(\lambda)=d_2(\lambda)=1$，$d_3(\lambda)=(\lambda+2)^3$；

(4) $d_1(\lambda)=d_2(\lambda)=d_3(\lambda)=1$，$d_4(\lambda)=\lambda^4+2\lambda^3+3\lambda^2+4\lambda+5$.

3. $|\boldsymbol{A}(\lambda)|=\lambda^4+a_4\lambda^3+a_3\lambda^2+a_2\lambda+a_1$；

不变因子：$d_1(\lambda)=d_2(\lambda)=d_3(\lambda)=1$，$d_4(\lambda)=\lambda^4+a_4\lambda^3+a_3\lambda^2+a_2\lambda+a_1$；

等价标准形：$\begin{pmatrix}1 & 0 & 0 & 0\\ 0 & 1 & 0 & 0\\ 0 & 0 & 1 & 0\\ 0 & 0 & -1 & \lambda^4+a_4\lambda^3+a_3\lambda^2+a_2\lambda+a_1\end{pmatrix}$.

习题 7.3

1. $d_1(\lambda)=1$，$d_2(\lambda)=\lambda(\lambda+1)$，$d_3(\lambda)=\lambda^2(\lambda-1)(\lambda+1)$，$d_4(\lambda)=\lambda^2(\lambda-1)(\lambda+1)^3$.

2. (1) 不变因子：$\lambda+1$，$(\lambda+1)(\lambda^2+1)$，在$\mathbf{Q}$，$\mathbf{R}$上的初等因子：$\lambda+1$，$\lambda+1$，λ^2+1，在$\mathbf{C}$上的

初等因子：$\lambda+1$, $\lambda+1$, $\lambda+\mathrm{i}$, $\lambda-\mathrm{i}$；

(2) 不变因子：1, 1, $(\lambda^2-2)(\lambda^2+1)$，在 $\mathbf{Q}$ 上的初等因子：λ^2-2, λ^2+1，在 $\mathbf{R}$ 上的初等因子：$\lambda-\sqrt{2}$, $\lambda+\sqrt{2}$, λ^2+1，在 $\mathbf{C}$ 上的初等因子：$\lambda-\sqrt{2}$, $\lambda+\sqrt{2}$, $\lambda+\mathrm{i}$, $\lambda-\mathrm{i}$；

(3) 不变因子：1, 1, 1, $(\lambda+2)^4$，在 $\mathbf{Q}$, $\mathbf{R}$ 和 $\mathbf{C}$ 上的初等因子：$(\lambda+2)^4$；

(4) 不变因子：1, 1, $\lambda-1$, $(\lambda-1)(\lambda^2+1)$，在 $\mathbf{Q}$, $\mathbf{R}$ 上的初等因子：$\lambda-1$, $\lambda-1$, λ^2+1，在 $\mathbf{C}$ 上的初等因子：$\lambda-1$, $\lambda-1$, $\lambda+\mathrm{i}$, $\lambda-\mathrm{i}$.

3. (1) 初等因子：$(\lambda+1)^2$, $\lambda+1$, λ, λ；

不变因子：$d_1(\lambda)=1$, $d_2(\lambda)=\lambda(\lambda+1)$, $d_3(\lambda)=\lambda(\lambda+1)^2$；

等价标准形：$\begin{pmatrix}1 & 0 & 0\\ 0 & \lambda(\lambda+1) & 0\\ 0 & 0 & \lambda(\lambda+1)^2\end{pmatrix}$.

(2) 初等因子：$\lambda+\sqrt{2}$, $\lambda-\sqrt{2}$, λ^2, λ, $\lambda+\sqrt{2}$；

不变因子：$d_1(\lambda)=1$, $d_2(\lambda)=\lambda(\lambda+\sqrt{2})$, $d_3(\lambda)=\lambda^2(\lambda^2-2)$；

等价标准形：$\begin{pmatrix}1 & 0 & 0 & 0\\ 0 & \lambda(\lambda+\sqrt{2}) & 0 & 0\\ 0 & 0 & \lambda^2(\lambda^2-\sqrt{2}) & 0\\ 0 & 0 & 0 & 0\end{pmatrix}$.

4. (1) λ^2, $\lambda-1$； (2) $\lambda-2$, $(\lambda-2)^2$；(3) $\lambda-1$, $(\lambda+1)^2$；(4) $\lambda+2$, $(\lambda-1)^2$.

习题 7.4

1. (1) 相似；(2) 相似；(3) 不相似.

2. $\boldsymbol{A}$ 与 $\boldsymbol{C}$ 相似，但 $\boldsymbol{A}$ 与 $\boldsymbol{B}$ 不相似，$\boldsymbol{A}$ 与 $\boldsymbol{C}$ 也不相似.

习题 7.5

1. (1) $\begin{pmatrix}2 & 0 & 0\\ 0 & 1 & 0\\ 0 & 1 & 1\end{pmatrix}$；(2) $\begin{pmatrix}1 & 0 & 0\\ 0 & -1 & 0\\ 0 & 0 & 2\end{pmatrix}$；(3) $\begin{pmatrix}-3 & 0 & 0\\ 0 & 1 & 0\\ 0 & 1 & 1\end{pmatrix}$；

(4) $\begin{pmatrix}2 & 0 & 0\\ 1 & 2 & 0\\ 0 & 1 & 2\end{pmatrix}$；(5) $\begin{pmatrix}0 & 0 & 0\\ 0 & 0 & 0\\ 0 & 1 & 0\end{pmatrix}$；(6) $\begin{pmatrix}1 & 0 & 0\\ 0 & -1 & 0\\ 0 & 1 & -1\end{pmatrix}$.

2. 不变因子：$d_1(\lambda)=d_2(\lambda)=d_3(\lambda)=1$, $d_4(\lambda)=(\lambda^2-4\lambda^2+13)^2$；

初等因子：$(\lambda-2+3\mathrm{i})^2$, $(\lambda-2-3\mathrm{i})^2$；

约当标准形：$\begin{pmatrix}2-3\mathrm{i} & 0 & 0 & 0\\ 1 & 2-3\mathrm{i} & 0 & 0\\ 0 & 0 & 2+3\mathrm{i} & 0\\ 0 & 0 & 1 & 2+3\mathrm{i}\end{pmatrix}$.

习题 7.6

1. (1) $(\lambda-2)^2$；(2) $(\lambda-5)(\lambda+4)$； (3) $(\lambda+1)^2$； (4) $\lambda^3-3\lambda^2+14\lambda-6$.

2. $\begin{pmatrix} 6 & 4 & -1 \\ 4 & 6 & -1 \\ -4 & -4 & 3 \end{pmatrix}$.

总习题 7

一、 **1.** A. **2.** C. **3.** B. **4.** B. **5.** D.

二、**1.** $\mathrm{diag}(1, \lambda, (\lambda-1)(\lambda+1), \lambda^2(\lambda-1)(\lambda+1)^3, 0)$. **2.** $\begin{pmatrix} 0 & & & & & \\ 1 & 0 & & & & \\ & & \mathrm{i} & & & \\ & & 1 & \mathrm{i} & & \\ & & & & -\mathrm{i} & \\ & & & & 1 & -\mathrm{i} \end{pmatrix}$.

3. $\mathrm{diag}(1, 1, -1, -1)$. **4.** 5. **5.** 0(4 重)，1(6 重).

三、**1.** λ^2-1. **2.** $\boldsymbol{J}=\begin{pmatrix} 1 & 0 & 0 \\ 0 & 1 & 0 \\ 0 & 1 & 1 \end{pmatrix}$，$\boldsymbol{P}=\begin{pmatrix} 1 & 1 & -1 \\ 1 & 2 & -1 \\ 0 & -1 & -1 \end{pmatrix}$.

3. (1) 不变因子：1, 1, 1, 1, $(\lambda+1)(\lambda-2)$, $(\lambda+1)^2(\lambda-2)(\lambda+3)$；

(2) 约当标准形：$\begin{pmatrix} -3 & & & & & \\ & 2 & & & & \\ & & 2 & & & \\ & & & -1 & & \\ & & & & -1 & \\ & & & & 1 & -1 \end{pmatrix}$.

习题 8.1

1. (1) 不是； (2) 不是； (3) 不是.

2. (1) $\langle \boldsymbol{\alpha}, \boldsymbol{\beta} \rangle = \frac{\pi}{2}$, $d(\boldsymbol{\alpha}, \boldsymbol{\beta}) = 2\sqrt{7}$；

(2) $\langle \boldsymbol{\alpha}, \boldsymbol{\beta} \rangle = \frac{\pi}{4}$, $d(\boldsymbol{\alpha}, \boldsymbol{\beta}) = 3\sqrt{2}$；

(3) $\langle \boldsymbol{\alpha}, \boldsymbol{\beta} \rangle = \frac{3\sqrt{77}}{77}$, $d(\boldsymbol{\alpha}, \boldsymbol{\beta}) = 2\sqrt{3}$.

3. (2) 长度：$|\boldsymbol{A}|=2$，$|\boldsymbol{B}|=\sqrt{10}$，夹角：$\arccos\left(-\frac{1}{\sqrt{10}}\right)$.

6. $\frac{1}{\sqrt{26}}(-4, 0, -1, 3)^{\mathrm{T}}$.

7. $\begin{pmatrix} 6 & -5 & 1 \\ -5 & 10 & -7 \\ 1 & -7 & 14 \end{pmatrix}$.

习题 8.2

1. (1) $\frac{\sqrt{5}}{5}(0, 2, -1)^{\mathrm{T}}, \frac{\sqrt{5}}{5}(0, 1, 2)^{\mathrm{T}}, (1, 0, 0)^{\mathrm{T}}$;

(2) $\frac{\sqrt{3}}{3}(1, 1, 1)^{\mathrm{T}}, \frac{\sqrt{2}}{2}(-1, 0, 1)^{\mathrm{T}}, \frac{\sqrt{6}}{6}(1, 2, 1)^{\mathrm{T}}$;

(3) $\frac{\sqrt{2}}{2}(1, 1, 0, 0)^{\mathrm{T}}, \frac{\sqrt{6}}{6}(1, -1, 2, 0)^{\mathrm{T}}, \frac{\sqrt{12}}{12}(-1, 1, 1, 3)^{\mathrm{T}}, \frac{1}{2}(1, -1, -1, 1)^{\mathrm{T}}$.

2. $\frac{1}{2}(1, 1, 1, 1)^{\mathrm{T}}, \frac{1}{2}(1, 1, -1, -1)^{\mathrm{T}}, \frac{1}{2}(1, -1, 1, -1)^{\mathrm{T}}, \frac{1}{2}(1, -1, -1, 1)^{\mathrm{T}}$.

3. $\frac{\sqrt{2}}{2}(1, 0, 1, 0)^{\mathrm{T}}, \frac{\sqrt{10}}{5}\left(-\frac{1}{2}, 1, \frac{1}{2}, 1\right)^{\mathrm{T}}$.

4. $\frac{\sqrt{2}}{2}, \frac{\sqrt{6}}{2}x, \frac{3\sqrt{10}}{4}\left(x^2-\frac{1}{3}\right)$.

5. $\frac{\sqrt{2}}{2}(0, -1, 1, 0)^{\mathrm{T}}, \frac{1}{2}(0, -1, -1, \sqrt{2})^{\mathrm{T}}$.

习题 8.3

3. (1) 是；(2) 是.

习题 8.4

1. (1) $\boldsymbol{Q}=\begin{pmatrix} \frac{2}{3} & \frac{2}{3} & \frac{1}{3} \\ -\frac{1}{3} & \frac{2}{3} & -\frac{2}{3} \\ -\frac{2}{3} & \frac{1}{3} & \frac{2}{3} \end{pmatrix}, \boldsymbol{Q}^{-1}\boldsymbol{AQ}=\begin{pmatrix} 2 & & \\ & -1 & \\ & & 5 \end{pmatrix}$;

(2) $\boldsymbol{Q}=\begin{pmatrix} 0 & 1 & 0 \\ \frac{\sqrt{2}}{2} & 0 & \frac{\sqrt{2}}{2} \\ -\frac{\sqrt{2}}{2} & 0 & \frac{\sqrt{2}}{2} \end{pmatrix}, \boldsymbol{Q}^{-1}\boldsymbol{AQ}=\begin{pmatrix} 2 & & \\ & 4 & \\ & & 4 \end{pmatrix}$;

(3) $\boldsymbol{Q}=\begin{pmatrix} \frac{\sqrt{5}}{5} & -\frac{4\sqrt{5}}{15} & \frac{2}{3} \\ -\frac{2\sqrt{5}}{5} & -\frac{2\sqrt{5}}{15} & \frac{1}{3} \\ 0 & \frac{\sqrt{5}}{3} & \frac{2}{3} \end{pmatrix}, \boldsymbol{Q}^{-1}\boldsymbol{AQ}=\begin{pmatrix} -3 & & \\ & -3 & \\ & & 6 \end{pmatrix}$;

(4) $Q=\begin{pmatrix}-\frac{\sqrt{2}}{2} & \frac{\sqrt{6}}{6} & \frac{\sqrt{3}}{3}\\ \frac{\sqrt{2}}{2} & -\frac{\sqrt{6}}{6} & \frac{\sqrt{3}}{3}\\ 0 & \frac{\sqrt{6}}{3} & \frac{\sqrt{3}}{3}\end{pmatrix}$, $Q^{-1}AQ=\begin{pmatrix}0 & & \\ & 0 & \\ & & 3\end{pmatrix}$.

2. $P=\begin{pmatrix}1 & 1 & -1\\ 1 & 0 & 1\\ 0 & 1 & 1\end{pmatrix}$, $|A-E|=a^2(a-3)$.

3. $A=\begin{pmatrix}-2 & 3 & -3\\ -4 & 5 & -3\\ -4 & 4 & -2\end{pmatrix}$.

4. $\lambda_1=\lambda_2=-2$, $\lambda_3=0$.

习题 8.5

1. $V_1^{\perp}=L(\boldsymbol{\alpha}_3,\boldsymbol{\alpha}_4)$,其中,$\boldsymbol{\alpha}_3=(1,0,1,0)^{\mathrm{T}}$,$\boldsymbol{\alpha}_4=(-2,-2,0,1)^{\mathrm{T}}$.

2. $V_1^{\perp}=L(\boldsymbol{\alpha}_3,\boldsymbol{\alpha}_4)$,其中,$\boldsymbol{\alpha}_3=(1,2,3,0)^{\mathrm{T}}$,$\boldsymbol{\alpha}_4=(0,3,0,3)^{\mathrm{T}}$.

总习题 8

一、**1.** B. **2.** C. **3.** A. **4.** D. **5.** D.

二、**1.** $\boldsymbol{\alpha}=\boldsymbol{\beta}$. **2.** $\left(\left(\boldsymbol{\alpha},\frac{\boldsymbol{\varepsilon}_1}{(\boldsymbol{\varepsilon}_1,\boldsymbol{\varepsilon}_1)}\right),\left(\boldsymbol{\alpha},\frac{\boldsymbol{\varepsilon}_2}{(\boldsymbol{\varepsilon}_2,\boldsymbol{\varepsilon}_2)}\right),\cdots,\left(\boldsymbol{\alpha},\frac{\boldsymbol{\varepsilon}_n}{(\boldsymbol{\varepsilon}_n,\boldsymbol{\varepsilon}_n)}\right)\right)^{\mathrm{T}}$.

3. $\pm\left(\frac{\sqrt{2}}{2},-\frac{\sqrt{2}}{2},0\right)^{\mathrm{T}}$. **4.** $\dim V_1+\dim V_2^{\perp}\leqslant n$. **5.** $\pm\left(\frac{2\sqrt{5}}{5},-\frac{\sqrt{5}}{5}\right)^{\mathrm{T}}$.

三、**1.** $\boldsymbol{\alpha}_1$, $\boldsymbol{\alpha}_1+\boldsymbol{\alpha}_2$, $\frac{1}{\sqrt{2}}(-2\boldsymbol{\alpha}_1-\boldsymbol{\alpha}_2+\boldsymbol{\alpha}_3)$.

2. (1) $\frac{1}{\sqrt{7}}(\boldsymbol{\varepsilon}_1+\boldsymbol{\varepsilon}_2-\boldsymbol{\varepsilon}_3+2\boldsymbol{\varepsilon}_4)$, $\frac{1}{\sqrt{3}}(\boldsymbol{\varepsilon}_1-\boldsymbol{\varepsilon}_3-\boldsymbol{\varepsilon}_4)$;

(2) $\frac{1}{\sqrt{2}}(\boldsymbol{\varepsilon}_1+\boldsymbol{\varepsilon}_3)$, $\frac{1}{\sqrt{42}}(\boldsymbol{\varepsilon}_1-6\boldsymbol{\varepsilon}_2-\boldsymbol{\varepsilon}_3+2\boldsymbol{\varepsilon}_4)$;

(3) $3\boldsymbol{\varepsilon}_1+\boldsymbol{\varepsilon}_2-3\boldsymbol{\varepsilon}_3$.

3. (1) $a=-2$;

(2) $Q=\begin{pmatrix}\frac{1}{\sqrt{2}} & \frac{1}{\sqrt{6}} & \frac{1}{\sqrt{3}}\\ 0 & -\frac{2}{\sqrt{6}} & \frac{1}{\sqrt{3}}\\ -\frac{1}{\sqrt{2}} & \frac{1}{\sqrt{6}} & \frac{1}{\sqrt{3}}\end{pmatrix}$, $\boldsymbol{\Lambda}=\begin{pmatrix}3 & & \\ & -3 & \\ & & 0\end{pmatrix}$.

4. (1) 特征值$\lambda_1=\lambda_2=0$的全部特征向量为$k_1\boldsymbol{\alpha}_1+k_2\boldsymbol{\alpha}_2$($k_1$, k_2同时为零);特征值$\lambda_3=3$的全部特征向量为$k_3\boldsymbol{\alpha}_3$($k_3\neq 0$),其中$\boldsymbol{\alpha}_3=(1,1,1)^{\mathrm{T}}$.

(2) $\boldsymbol{Q}=\begin{pmatrix}-\frac{1}{\sqrt{6}} & -\frac{1}{\sqrt{2}} & \frac{1}{\sqrt{3}}\\ \frac{2}{\sqrt{6}} & 0 & \frac{1}{\sqrt{3}}\\ -\frac{1}{\sqrt{6}} & \frac{1}{\sqrt{2}} & \frac{1}{\sqrt{3}}\end{pmatrix}$, $\boldsymbol{\Lambda}=\begin{pmatrix}0 & & \\ & 0 & \\ & & 3\end{pmatrix}$.

(3) $\boldsymbol{A}=\begin{pmatrix}1 & 1 & 1\\ 1 & 1 & 1\\ 1 & 1 & 1\end{pmatrix}$, $\left(\boldsymbol{A}-\frac{3}{2}\boldsymbol{E}\right)^6=\left(\frac{3}{2}\right)^6\boldsymbol{E}$.

习题 9.1

1. (1) $\begin{pmatrix}2 & -2 & 3\\ -2 & 1 & -1\\ 3 & -1 & 0\end{pmatrix}$; (2) $\begin{pmatrix}1 & 1 & -2\\ 1 & -2 & 1\\ -2 & 1 & 3\end{pmatrix}$.

2. (1) $f(x_1,x_2)=3x_1^2+4x_2^2-4x_1x_2$;

(2) $f(x_1,x_2,x_3)=-x_1^2+2x_3^2+2x_1x_2+4x_1x_3-2x_2x_3$.

3. (1) $f(x_1,x_2,x_3)=(x_1,x_2,x_3)\begin{pmatrix}0 & -2 & 1\\ -2 & 0 & 1\\ 1 & 1 & 0\end{pmatrix}\begin{pmatrix}x_1\\ x_2\\ x_3\end{pmatrix}$;

(2) $f(x,y,z)=(x,y,z)\begin{pmatrix}1 & 2 & 1\\ 2 & 4 & 2\\ 1 & 2 & 1\end{pmatrix}\begin{pmatrix}x\\ y\\ z\end{pmatrix}$;

(3) $f(x_1,x_2,x_3,x_4)=(x_1,x_2,x_3,x_4)\begin{pmatrix}1 & -1 & 2 & -1\\ -1 & 1 & 3 & -2\\ 2 & 3 & 1 & 0\\ -1 & -2 & 0 & 1\end{pmatrix}\begin{pmatrix}x_1\\ x_2\\ x_3\\ x_4\end{pmatrix}$.

4. $a=b\neq\pm 1$.

7. (1) $\begin{pmatrix}2 & 2\\ 2 & 1\end{pmatrix}$; (2) $\begin{pmatrix}1 & 3 & 5\\ 3 & 5 & 7\\ 5 & 7 & 9\end{pmatrix}$.

习题 9.2

1. (1) $\boldsymbol{x}=\boldsymbol{Cy}$, $\boldsymbol{C}=\begin{pmatrix}1 & 1 & -1\\ 0 & 1 & 0\\ 0 & -1 & 1\end{pmatrix}$, $f=y_1^2-y_2^2-y_3^2$;

(2) $\boldsymbol{x}=\boldsymbol{C}\boldsymbol{z}$, $\boldsymbol{C}=\begin{pmatrix}1 & 1 & 3\\ 0 & -1 & -1\\ 0 & 0 & 1\end{pmatrix}$, $f=3z_1^2-3z_2^2+9z_3^2$;

2. (1) $\boldsymbol{x}=\boldsymbol{C}\boldsymbol{y}$, $\boldsymbol{C}=\begin{pmatrix}1 & -\frac{\sqrt{6}}{2} & -1\\ 0 & -\frac{\sqrt{6}}{3} & -1\\ 0 & \frac{5\sqrt{6}}{12} & 1\end{pmatrix}$, $f=y_1^2+y_2^2-y_3^2$;

(2) $\boldsymbol{x}=\boldsymbol{C}\boldsymbol{y}$, $\boldsymbol{C}=\begin{pmatrix}1 & 0 & 0\\ 0 & \frac{\sqrt{2}}{2} & \frac{\sqrt{2}}{2}\\ 0 & \frac{\sqrt{2}}{2} & -\frac{\sqrt{2}}{2}\end{pmatrix}$, $f=2y_1^2+5y_2^2+y_3^2$.

3. (1) $\boldsymbol{x}=\boldsymbol{C}\boldsymbol{y}$, $\boldsymbol{C}=\begin{pmatrix}1 & 0 & 0\\ 0 & -\frac{2\sqrt{5}}{5} & \frac{\sqrt{5}}{5}\\ 0 & \frac{\sqrt{5}}{5} & \frac{2\sqrt{5}}{5}\end{pmatrix}$, $f=y_1^2+y_2^2+6y_3^2$;

(2) $\boldsymbol{x}=\boldsymbol{C}\boldsymbol{y}$, $\boldsymbol{C}=\begin{pmatrix}\frac{\sqrt{3}}{3} & \frac{\sqrt{2}}{2} & -\frac{\sqrt{6}}{6}\\ \frac{\sqrt{3}}{3} & 0 & \frac{\sqrt{6}}{3}\\ -\frac{\sqrt{3}}{3} & \frac{\sqrt{2}}{2} & \frac{\sqrt{6}}{6}\end{pmatrix}$, $f=2y_1^2+y_2^2-y_3^2$;

(3) $\boldsymbol{x}=\boldsymbol{C}\boldsymbol{y}$, $\boldsymbol{C}=\begin{pmatrix}\frac{1}{2} & \frac{\sqrt{2}}{2} & 0 & \frac{1}{2}\\ -\frac{1}{2} & \frac{\sqrt{2}}{2} & 0 & -\frac{1}{2}\\ -\frac{1}{2} & 0 & \frac{\sqrt{2}}{2} & \frac{1}{2}\\ \frac{1}{2} & 0 & \frac{\sqrt{2}}{2} & -\frac{1}{2}\end{pmatrix}$, $f=-3y_1^2+y_2^2+y_3^2+y_4^2$.

4. $\begin{cases}x=\frac{2\sqrt{2}}{3}u+\frac{1}{3}v,\\ y=-\frac{\sqrt{2}}{6}u+\frac{2}{3}v+\frac{\sqrt{2}}{2}w,\\ z=\frac{\sqrt{2}}{6}u-\frac{2}{3}v+\frac{\sqrt{2}}{2}w,\end{cases}$ $2u^2+11v^2=1$.

习题 9.3

1. (1) $\boldsymbol{x}=\boldsymbol{C}\boldsymbol{y}$, $\boldsymbol{C}=\begin{pmatrix}1 & -\frac{5\sqrt{2}}{2} & 2\\ 0 & \frac{\sqrt{2}}{2} & 0\\ 0 & -\sqrt{2} & 1\end{pmatrix}$, $f=y_1^2-y_2^2+y_3^2$;

(2) $\boldsymbol{x}=\boldsymbol{C}\boldsymbol{y}$, $\boldsymbol{C}=\begin{pmatrix}\frac{\sqrt{2}}{2} & -\frac{\sqrt{2}}{2} & -\frac{\sqrt{2}}{2}\\ 0 & \sqrt{2} & \sqrt{2}\\ 0 & 0 & \frac{\sqrt{2}}{2}\end{pmatrix}$, $f=y_1^2+y_2^2+y_3^2$.

2. 2.

3. (2) $(-\infty,-2)\cup(-2,2)\cup(2,+\infty)$.

4. (1) 合同且相似；(2) 合同但不相似.

5. (1) $\boldsymbol{C}^{\mathrm{T}}\boldsymbol{A}\boldsymbol{C}=\begin{pmatrix}1 & & \\ & 1 & \\ & & -1\end{pmatrix}$, $\boldsymbol{C}=\begin{pmatrix}\frac{1}{\sqrt{2}} & \frac{3}{\sqrt{6}} & -\frac{1}{\sqrt{2}}\\ \frac{1}{\sqrt{2}} & -\frac{1}{\sqrt{6}} & \frac{1}{\sqrt{2}}\\ 0 & \frac{1}{\sqrt{6}} & 0\end{pmatrix}$;

(2) $\boldsymbol{C}^{\mathrm{T}}AC=\begin{pmatrix}1 & & \\ & 1 & \\ & & -1\end{pmatrix}$, $\boldsymbol{C}=\begin{pmatrix}\frac{1}{\sqrt{2}} & -\frac{3}{\sqrt{31}} & -\frac{1}{\sqrt{2}}\\ 0 & \frac{8}{\sqrt{31}} & \sqrt{2}\\ 0 & \frac{1}{\sqrt{31}} & 0\end{pmatrix}$.

习题 9.4

1. (1) 正定；(2) 负定；(3) 正定.

2. (1) $-\frac{2}{5}<t<0$；(2) $-\frac{\sqrt{15}}{3}<t<\frac{\sqrt{15}}{3}$.

总习题 9

一、1. B. 2. D. 3. D. 4. B. 5. C.

二、1. 2. 2. $\begin{pmatrix}-2 & & \\ & -2 & \\ & & 0\end{pmatrix}$. 3. $3y_1^2$. 4. 2. 5. 2.

三、1. $\dfrac{(n+1)(n+2)}{2}$.

2. $\alpha=\beta=0$.

3. (1) $a=1$, $b=2$; (2) $\boldsymbol{x}=\boldsymbol{Q}\boldsymbol{y}$, $\boldsymbol{Q}=\begin{pmatrix}\frac{2}{\sqrt{5}} & 0 & \frac{1}{\sqrt{5}}\\ 0 & 1 & 0\\ \frac{1}{\sqrt{5}} & 0 & -\frac{2}{\sqrt{5}}\end{pmatrix}$.

4. $a_1a_2\cdots a_n\neq(-1)^n$.

5. $\boldsymbol{\Lambda}=\begin{pmatrix}(k+2)^2 & & \\ & (k+2)^2 & \\ & & k^2\end{pmatrix}$,当 $k\neq-2$,且 $k\neq0$ 时,$\boldsymbol{B}$ 为正定矩阵.

参 考 文 献

[1] 北京大学数学系几何与代数教研室前代数小组.高等代数[M].4 版.北京:高等教育出版社,2013.

[2] 林亚南.高等代数[M].北京:高等教育出版社,2013.

[3] 安军,蒋娅.高等代数[M].北京:北京大学出版社,2016.

[4] 魏献祝.高等代数[M].修订版.上海:华东师范大学出版社,1997.

[5] 辛林,周德旭.高等代数[M].杭州:浙江大学出版社,2012.

[6] 庄瓦金.高等代数教程[M].北京:科学出版社,2013.

[7] 阳庆节.高等代数简明教程[M].2 版.北京:中国人民大学出版社,2015.

[8] 杨子胥.高等代数[M].2 版.北京:高等教育出版社,2007.

[9] 胡康秀.高等代数简明教程[M].上海:上海交通大学出版社,2018.

[10] 王萼芳,石生明.高等代数辅导与习题解答[M].北京:高等教育出版社,2013.

[11] 林亚南,林鹭,杜妮,等.高等代数学习辅导[M].北京:高等教育出版社,2020.

[12] 杨子胥.高等代数习题解[M].修订版.下册.济南:山东科学技术出版社,2002.

[13] 黄光谷,黄东,李杨,等.高等代数辅导与习题解答[M].北京:华中科技大学出版社,2005.

[14] 钱吉林.高等代数题解精粹[M].北京:中央民族大学出版社,2002.

[15] 王尊全.高等代数考研试题解析[M].北京:机械工业出版社,2009.

[16] 同济大学数学系.线性代数[M].6 版.北京:高等教育出版社,2014.

[17] 陈建龙,杨建华,张小向,等.线性代数[M].2 版.北京:科学出版社,2018.

[18] 齐民友.线性代数[M].北京:高等教育出版社,2003.

[19] 唐晓文.线性代数[M].北京:高等教育出版社,2018.

[20] 戴立辉.线性代数[M].上海:同济大学出版社,2007.

[21] 林大华.线性代数学习指导[M].上海:同济大学出版社,2007.